核电厂技术岗位必读丛书

机械工程师岗位必读

主　编　山雪峰

副主编　刘德军　潘　强　郭　逸　谭　勇

哈尔滨工程大学出版社

Harbin Engineering University Press

内 容 简 介

本书介绍核电厂工艺系统实际安装运行的机械设备相关原理知识、标准规范、运维项目及验收准则,让机械专业人员清楚了解核电厂各系统/设备运行原理、适用的法规标准、运维项目及验收标准、重要缺陷处理及经验反馈,为机械专业人员开展各项工作提供贴合核电厂实际需求的技术支持和经验反馈。书中结合核电厂的泵、阀、容器等常见机械设备,对设备的润滑、密封和传动等功能组件进行了论述,并列出了典型设备的故障案例,对于机械专业设备工程师的入门和提高有较强的指导价值。

图书在版编目(CIP)数据

机械工程师岗位必读 / 山雪峰主编. —哈尔滨：
哈尔滨工程大学出版社, 2023.1
ISBN 978 – 7 – 5661 – 3759 – 3

Ⅰ. ①机… Ⅱ. ①山… Ⅲ. ①核电厂 – 机械设备 – 岗
位培训 – 教材 Ⅳ. ①TM623.4

中国版本图书馆 CIP 数据核字(2022)第 208454 号

机械工程师岗位必读
JIXIE GONGCHENGSHI GANGWEI BIDU

选题策划	石 岭
责任编辑	张志雯 秦 悦
封面设计	李海波

出版发行	哈尔滨工程大学出版社
社 址	哈尔滨市南岗区南通大街 145 号
邮政编码	150001
发行电话	0451 – 82519328
传 真	0451 – 82519699
经 销	新华书店
印 刷	黑龙江天宇印务有限公司
开 本	787 mm × 1 092 mm 1/16
印 张	29.5
字 数	755 千字
版 次	2023 年 1 月第 1 版
印 次	2023 年 1 月第 1 次印刷
定 价	128.00 元

http://www.hrbeupress.com
E-mail:heupress@hrbeu.edu.cn

核电厂技术岗位必读丛书
编 委 会

本书编委会

序

　　秦山核电是中国大陆核电的发源地，9台机组总装机容量666万千瓦，年发电量约520亿千瓦时，是我国目前核电机组数量最多、堆型最丰富的核电基地。秦山核电并网发电三十多年来，披荆斩棘、攻坚克难、追求卓越，实现了从原型堆到百万级商用堆的跨越，完成了从商业进口到机组自主化的突破，做到了在"一带一路"上的输出引领；三十多年的建设发展，全面反映了我国核电发展的历程，也充分展现了我国核电自主发展的成果；三十多年的积累，形成了具有深厚底蕴的核安全文化，练就了一支能驾驭多堆型运行和管理的专业人才队伍，形成了一套成熟完整的安全生产运行管理体系和支持保障体系。

　　秦山核电"十四五"规划高质量推进"四个基地"建设，打造清洁能源示范基地、同位素生产基地、核工业大数据基地及核电人才培养基地，拓展秦山核电新的发展空间。技术领域深入学习贯彻公司"十四五"规划要求，充分挖掘各专业技术人才，组织编写了"核电厂技术岗位必读丛书"。该丛书以"规范化""系统化""实践化"为目标，以"人才培养"为核心，构建"隐性知识显性化，显性知识系统化"的体系框架，旨在将三十多年的宝贵经验固化传承，使人员达到运行技术支持所需的知识技能水平，同时培养人员的软实力，让员工能更快更好地适应"四个基地"建设的新要求，用集体的智慧，为实现中核集团"三位一体"奋斗目标、中国核电"两个十五年"发展目标、秦山核电"一体两翼"发展战略和"1+1+2+4"发展思路贡献力量，勇做新时代核电领跑者，奋力谱写"国之光荣"崭新篇章。

秦山核电 副总经理

2021.6.30

前　　言

　　本套"核电厂技术岗位必读丛书"由秦山核电副总经理尚宪和总体策划,技术领域管理组组织落实。

　　本册《机械工程师岗位必读》由山雪峰、刘德军、潘强、郭逸、谭勇组织编写,其中第1章、第2章、第3章、第4章、第6.3节由胡亦磊编写,谭勇校核;第5.1节由张王超编写,谭勇校核;第5.2节由白双荧编写,谭勇校核;第5.3、5.4、5.5节由张炜编写,陈文博校核;第6.1节由周振栋编写,谭勇校核;第6.2、6.5节由金戈编写,谭勇校核;第6.4节由张唯编写,谭勇校核;第6.6节由黄勇波编写,潘强校核;第6.7.1、6.7.2小节由高兵兵编写,潘强校核;第6.7.3小节由陈嘉文编写,潘强校核;第6.7.4小节由吴奈勋编写,潘强校核;第6.8节由刘少伟编写,潘强校核;第7.1节由傅仁浦、邱磊编写,孙永信校核;第7.2节由王琳琳、潘翔编写,刘德军校核;第7.3节由邱波、李开盈编写,陈松校核;第7.4节由史庆峰、张精干、刘斌编写,李定强校核;第7.5节由邵家泉、钟俊良编写,刘德军校核;第7.6节由董玉领、钟俊良编写,陈松校核;第7.7.1、7.7.2小节由章鹏华编写,郭逸校核;第7.7.3小节由刘可燃编写,郭逸校核;第8.1节由李政编写,郭逸校核;第8.2.1、8.2.2小节由孙庆男、林仲编写,郭逸校核;第8.3节由李政编写,郭逸校核;第8.4节由方力、谢斌编写,郭逸校核;第8.5节由胡则栋、田亮编写,郭逸校核。在此感谢他们的辛勤付出,因为他们的努力本教材才会如此精彩。

　　由于编者经验和水平所限,本教材尚有许多不足之处。如在使用过程中有任何建议或意见,请直接反馈给编写组,以便进一步改进提高。

编　者

2022 年 10 月

目　录

第1章 概　　述

《机械工程师岗位必读》介绍核电厂工艺系统实际安装运行的机械设备相关原理、标准规范、运维项目及验收准则,让机械专业人员清楚了解核电厂各系统/设备运行原理、适用的法规标准、运维项目及验收标准、重要缺陷处理及经验反馈,为机械专业人员开展各项工作提供贴合核电厂实际需求的技术支持和经验反馈。

第2章　岗位职责

机械工程师负责核电厂生产相关机械设备管理等工作,具体内容如下:

(1)机械设备预防性维修大纲制定及应用评价,机械设备日常及大修预防性维修项目确定、预防性维修等效分析、预防性维修执行偏差风险评估;

(2)机械设备不合格报告(NCR),技术方案、设备质量缺陷报告(QDR)及质量控制(QC)管理;

(3)机械设备维修效果分析(AS-FOUND 记录分析);

(4)重要机械设备故障的根本原因分析和制定纠正措施;

(5)机械设备历史数据收集与维护;

(6)机械设备监督及性能趋势分析;

(7)机械维修规则所涉及系统、结构和部件(SSCs)的性能监督与评价;

(8)建立和维护机械设备信息库;

(9)机械设备的备品、备件技术管理,包括制定定额管理,采购申请,采购技术规范,预维计划、监造、验收,修复件技术鉴定、替代及国产化;

(10)机组范围内工艺系统、设施、设备中使用的机械类成型件等设备材料的归口管理,包括辖区材料目录建立、材料编码、材料年度采购计划和预算集中申报管理等工作;

(11)机械设备固定资产技术鉴定;

(12)机械设备变更设计,参与系统变更审查;

(13)重大转动设备振动测量和分析。

第3章 法规标准

核电站机械工程师应了解和掌握的法规及标准简列如下：

(1)《中华人民共和国核安全法》

(2)《中华人民共和国民用核设施安全监督管理条例》

(3) HAF、HAD 核安全法规、导则

(4) ASME 美国机械工程师协会标准

(5) ASME QME - 1《核电厂能动机械设备的鉴定》

(6) ASTM 美国材料与试验协会标准

(7) ANSI/ANS 美国国家标准学会标准

(8) RCC - M《压水堆核岛机械设备设计和建造规则》

(9) RCC - P《压水堆核电厂系统设计和建造规则》

(10) RSE - M《压水堆核电厂核岛机械设备在役检查规则》

(11) EJ、NB 核行业标准、能源行业标准

(12) GB 国家标准

(13) JB 机械行业标准

(14) DL 电力行业标准

第4章 核级与非核级的要求及分类

依据 HAD 102/03《用于沸水堆、压水堆和压力管式反应堆的安全功能和部件分级》规定,对执行安全功能的机械系统的设备和部件应进行安全分级。

安全一级:组成反应堆冷却剂系统压力边界的所有部件,包括反应堆压力容器、主冷却剂循环管道和延伸到并包括第二个隔离阀的连接管线、控制棒驱动机构的壳体、主循环泵压力边界、稳压器和蒸汽发生器一次侧。

安全二级:反应堆冷却剂系统压力边界组成部分内不属于安全一级的部件;为防止预计运行事件导致事故工况而要求的停堆和为减轻事故工况后果而要求的停堆相关部件;在所有事故工况(不包括反应堆冷却剂压力边界的失效事故)期间和之后,保持足够的反应堆冷却剂总量用以冷却堆芯的部件;在反应堆冷却剂系统压力边界失效之后排出堆芯热量,以限制燃料损坏的部件;在反应堆冷却剂系统压力边界完整的情况下,在某种运行工况和事故工况期间和之后,排出堆内余热的部件;在事故工况期间和之后,限制放射性物质从反应堆安全壳内向外释放的部件。

安全三级:防止发生不可接受的反应性瞬变的部件;在所有停堆动作完成后,将反应堆保持在安全停堆状态的部件;在所有运行工况期间和之后,保持足够的反应堆冷却剂总量,用以冷却堆芯的部件;将其他安全系统的热量传输到最终热阱的部件;作为一种支持性功能,为安全系统提供必要的公用设施;在反应堆安全壳以外发生放射性物质释放的事故工况期间和之后,使公众或厂区人员的辐射照射保持在可接受的限值以内的部件;对核电厂厂区环境保持控制,以便各安全系统能够正常运行,并为进行安全上重要操作的运行人员提供必要的可拘留性的部件;在所有运行工况期间,对在反应堆冷却剂系统以外,但仍在厂区以内运输或贮存中的乏燃料的放射性释放进行控制的部件;从贮存在反应堆冷却剂系统以外,但仍在厂区以内的辐照过的燃料中排出衰变热的部件;使贮存在反应堆冷却剂系统以外,但仍在厂区以内的燃料把持充分的次临界度的部件;在所有运行工况下,为将放射性废物和气载放射性物质的排放或释放限制在规定的限值以内而设置的部件。

安全四级:在所有运行工况下,将放射性废物和气载放射性物质排放或释放限制在规定的限值以内的部件。如果这些部件失效,不会使公众或厂区人员的辐射照射超过规定的限值。

依据 HAD 102/02《核动力厂抗震设计与鉴定》规定,为使厂址地震不致危及核动力厂安全,提出抗震分类建议。

抗震Ⅰ类:要求在发生安全停堆地震(SSE 或 SL-2)时仍能保持其功能的物项。抗震Ⅰ类物项包括所有安全重要物项。

抗震Ⅱ类:要求在发生运行基准地震(OBE 或 SL-1)时仍能保持其安全功能的物项。

抗震Ⅱ类物项包括有放射性风险但与反应堆无关的物项、不属于抗震Ⅰ类但在足够长的时间内预防或缓解核动力厂事故工况的物项、与场址可达性相关的物项及实施应急撤离计划所需的物项。

特别注意:不是所有的非核安全级设备都没有抗震要求,比如核岛消防系统在设计时就需要考虑抗震要求。

第5章 基础知识

5.1 机械制图基础

机械工程师的一部分工作是备件管理,备件管理工作的源头是设备装配图,因此要求机械工程师能够读懂设备装配图,能够正确地通过装配图申请物资编码、核对已有物资编码的正确性、确定备件的数量、确定各零部件是可以单独更换的还是需要成套更换的。本节主要针对机械装配图进行说明。

装配图是用来表达部件或机器的一种图样,是进行设计、装配、检验、安装、调试和维修时所必需的技术文件。图5-1所示为机械密封装配图样例。

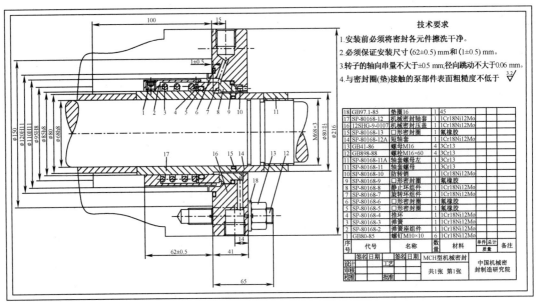

图5-1 机械密封装配图样例(单位:mm)

技术要求

1. 安装前必须将密封各元件擦洗干净。
2. 必须保证安装尺寸(62±0.5)mm和(1±0.5)mm。
3. 转子的轴向串量不大于±0.5 mm;径向跳动不大于0.06 mm。
4. 与密封圈(垫)接触的泵部件表面粗糙度不低于 $\sqrt{\frac{3.2}{}}$

18	GB97.1-85	垫圈16	1	45		
17	SP-80168-12	机械密封轴套	1	1Cr18Ni12Mo		
16	12SHG-9-0107	机械密封压盖	1	1Cr18Ni12Mo		
15	SP-80168-13	O形密封圈	1	氟橡胶		
14	SP-80168-12A	短轴套	1	1Cr18Ni12Mo		
13	GB41-86	螺母M16	4	3Cr13		
12	GB898-88	螺栓M16×60	4	3Cr13		
11	SP-80168-11A	轴套螺母左	1	3Cr13		
11	SP-80168-11	轴套螺母	1	3Cr13		
10	SP-80168-10	防转销	1	1Cr18Ni12Mo		
9	SP-80168-9	O形密封圈	1	氟橡胶		
8	SP-80168-8	静环组件	1	1Cr18Ni12Mo		
7	SP-80168-7	旋转环组件	1	1Cr18Ni12Mo		
6	SP-80168-6	O形密封圈	1	氟橡胶		
5	SP-80168-5	O形密封圈	1	氟橡胶		
4	SP-80168-4	推环	1	1Cr18Ni12Mo		
3	SP-80168-3	弹簧	1	1Cr18Ni12Mo		
2	SP-80168-2	弹簧座组件	1	1Cr18Ni12Mo		
1	GB80-85	螺钉M10×10	1	1Cr18Ni12Mo		
序号	代号	名称	数量	材料	单件 总计 质量	备注

设计	签名	日期	工艺	签名	日期	MCH型机械密封	中国机械密封制造研究院
审核							
校审			批准			共1张 第1张	

装配图至少应包括以下内容。

(1)一组图形

该组图形用于表达设备各部件的工作原理、零件之间的装配关系和主要结构形状。

(2)必要的尺寸

这些尺寸包括与设备或部件相关的规格、装配、安装、外形等方面的尺寸。

(3)技术要求

这些要求包括设备或部件有关的性能、装配、检验、试验、使用等方面的要求。

(4)零件编号和明细栏

零件编号和明细栏用于说明设备或部件的组成情况,至少包括零件号、零件名称、零件数量、零件材料等。

（5）标题栏

在标题栏填写图名、图号、设计单位、制图、审核、日期等。

特别说明：装配图中的每一个零部件都有清晰的零部件编号,理论上讲每一个零部件都是可以单独采购的。但是,装配图不一定会明确标注各零部件之间的配合形式或装配工艺,因此在订购备件时需要清楚了解各零部件是单独供货还是成套供货。如果是成套供货,即装配图中几个零部件组合在一起供货,那么这几个零部件必须合并在一个物资编码下进行采购。若单独采购成套供货中的某一个零部件,会出现现场无法使用从而影响生产的情况。备件采购用物资编码需要注明装配图中零部件编号、零部件图号、零部件材料,其他信息按照物料主数据要求完成。

表面粗糙度是指零件加工表面上由较小间距的峰谷组成的微观几何形状特征。它是由加工时机床、刀具的振动及材料在切削中产生的变形、刀痕等原因造成的,是评定零件表面质量的一项重要指标。

表面粗糙度对零件使用性能的影响很大,主要表现在以下几个方面。

（1）对耐磨性的影响

零件表面越粗糙,摩擦阻力就越大,零件的磨损也越快。但若零件表面过于光滑,一方面将增加制造成本,另一方面不利于润滑油的储存,形成干摩擦,也会使磨损加剧。

（2）对配合性能的影响

对于间隙配合,表面越粗糙,就越容易磨损,使工作过程中的配合间隙逐渐增大;对于过盈配合,孔轴在压入装配时会把粗糙表面凸峰挤平,减小实际有效过盈量,降低连接强度。因此,表面粗糙度影响配合的稳定性。

（3）对工作精度的影响

表面粗糙的两个物体相互接触,由于实际接触面积小,容易产生变形,影响机器的工作精度。

（4）对疲劳强度的影响

零件表面越粗糙,较大的微观峰谷对应力集中就越敏感,特别是在交变应力作用下,零件的疲劳强度大大降低。

（5）对耐腐蚀性的影响

零件表面越粗糙,则集聚在表面上的腐蚀气体和液体就越多,这些气体或液体在微观凹谷中堆积并渗入到金属内部,使腐蚀加剧。

此外,表面粗糙度对零件表面的密封性及零件的外观都有很大影响。因此,在保证零件尺寸、形状和位置精度的同时,对表面粗糙度要有相应的要求,特别是对高速度、高精度和密封要求较高的产品,尤为重要。

表面粗糙度要求应按照国际规定标注在零件图上,图样上所标注的表面粗糙度符号及意义和说明如表5-1、表5-2所示。

表5-1 机械制图常用符号和含义:表面粗糙度符号及意义

序号	符号	意义
1	$\sqrt{}$	基本符号,表示表面可用任何方法获得。当不加注粗糙度参数值或有关说明(如表面处理、局部热处理状况等)时,仅适用于简化代号标注

表 5 -1（续）

序号	符号	意义
2	∇	基本符号加一短划,表示表面是用去除材料的方法获得的,如车、铣、刨、磨、钻、剪切、抛光、腐蚀、电火花加工、气割等
3	∇	基本符号加一小圆,表示表面是用不去除材料方法获得的,如铸、锻、冲压变形、热轧、粉末冶金等,或者是用于保持原供应状况的表面(包括保持上道工序的状况)
4	√ ∇ ∇	在 1~3 符号的长边上加一横线,用于标注有关参数和说明
5	√ ∇ ∇	在 1~3 符号的长边再加上一个小圆,表示所有表面具有相同的表面粗糙度要求

表 5 -2 表面粗糙度参数、加工方法和应用举例

表面粗糙度参数 Ra/μm	加工方法	应用举例
12.5 ~ 25	粗车、粗铣、粗刨、钻、毛锉、锯断等	粗加工非配合表面,如轴端面、倒角、钻孔、齿轮和带轮侧面、键槽底面、垫圈接触面及不重要的安装支承面
6.3 ~ 12.5	车、铣、刨、镗、钻、粗铰等	半精加工表面,如轴上不安装轴承、齿轮等处的非配合表面,轴和孔的退刀槽、支架、衬套、端盖、螺栓、螺母、齿顶圆、花键非定心表面等
3.2 ~ 6.3	车、铣、刨、镗、磨、拉、粗刮、铣齿等	半精加工表面,如箱体、支架、套筒、非传动用梯形螺纹等及与其他零件结合而无配合要求的表面
1.6 ~ 3.2	车、铣、刨、镗、磨、拉、刮等	接近精加工表面,如箱体上安装轴承的孔和定位销的压入孔表面及齿轮齿条、传动螺纹、键槽、皮带轮槽的工作面、花键结合面等
0.8 ~ 1.6	车、镗、磨、拉、刮、精铰、磨齿、滚压等	要求有定心及配合的表面,如圆柱销和圆锥销的表面,卧式车床导轨面,与 P0、P6 级滚动轴承配合的表面等
0.4 ~ 0.8	精铰、精镗、磨、刮、滚压等	要求配合性质稳定的配合表面及活动支承面,如高精度车床导轨面、高精度活动球状接头表面等
0.2 ~ 0.4	精磨、珩磨、研磨、超精加工等	精密机床主轴锥孔、顶尖圆锥面、发动机曲轴和凸轮轴工作表面、高精度齿轮齿面、与 P5 级滚动轴承配合面等
0.1 ~ 0.2	精磨、研磨、普通抛光等	精密机床主轴轴颈表面、一般量规工作表面、汽缸内表面、阀的工作表面、活塞销表面等

表 5 - 2(续)

表面粗糙度参数 $Ra/\mu m$	加工方法	应用举例
0.025 ~ 0.1	超精磨、精抛光、镜面磨削等	精密机床主轴轴颈表面,滚动轴承套圆滚道、滚珠及滚柱表面,工作量规的测量表面,高压液压泵中的柱塞表面等
0.012 ~ 0.025	镜面磨削等	仪器的测量面、高精度量仪等
≤0.012	镜面磨削、超精研等	量块的工作面、光学仪器中的金属镜面等

　　零件经过加工后,其表面、轴线、中心对称平面等的实际形状和位置相对于所要求的理想形状和位置,不可避免地存在着误差,这种误差称为形状和位置误差,简称形位误差。零件的形位误差一般是由加工设备、刀具、夹具、原材料的内应力、切削力等因素造成的。零件的形位误差对机械产品的工作精度、配合性质、密封性、运动平稳性、耐磨性和使用寿命等都有很大影响。一个零件的形位误差越大,其形位精度越低;反之,则越高。为了保证机械产品的质量和零件的互换性,必须将形位误差控制在一个经济、合理的范围内。这一允许形状和位置误差变动的范围,称为形状和位置公差,简称形位公差。

　　我国关于形位公差的标准有 GB/T 1182、GB/T 1184、GB/T 4249、GB/T 16671 和 GB/T 13319 等。

　　按国家标准《形状和位置公差通则、定义、符号和图样表示法》(GB/T 1182)的规定,形位公差共有 14 个特征项目,各个特征项目的名称及符号如表 5 - 3 所示。

表 5 - 3　机械制图常用符号和含义:形位公差特征项目名称及符号

公差		特征项目	符号	有或无基准要求
形状	形状	直线度	—	无
		平面度	▱	无
		圆度	○	无
		圆柱度	⌀	无
形状或位置	轮廓	线轮廓度	⌒	有或无
		面轮廓度	⌓	有或无
位置	定向	平行度	∥	有
		垂直度	⊥	有
		倾斜度	∠	有

表 5 – 3(续)

公差		特征项目	符号	有或无基准要求
位置	定位	位置度	$\oplus$	有或无
		同轴(同心)度	$\odot$	有
		对称度	$=$	有
	跳动	圆跳动	$\nearrow$	有
		全跳动	$\nearrow\!\!\nearrow$	有

5.2 工 程 力 学

5.2.1 概述

工程力学是研究物体机械运动及其承载能力的一门学科。工程力学所涵盖的内容十分广泛,本书内容仅包含该学科中最基础的理论和方法,这些内容是工程设计中的基本知识。

在企业生产与工程实践中,存在着大量被称为构件的物体,如结构的元件、设备与机器的零件。它们有的处于静止状态,有的在做机械运动。机械运动是指物体在空间的位置随时间而改变,静止是机械运动的特例。

构件在外力作用下丧失正常工作能力的现象称为失效或破坏。为了保证构件的正常工作,即保证其具有必要的承载能力,首先需要对构件所受的外力进行分析。物体受力分析是分析某个物体共受几个力作用,每个力作用的位置与方向,同时还要研究物体保持"平衡"(静止是平衡的一种)时,所受各力之间应满足的关系。这些知识是研究物体机械运动及其承载能力的基础。

为了保证构件的正常工作,仅仅研究其外部受力及关系是不够的,还要进一步研究构件的内部受力、变形及失效规律,从而建立保证构件正常工作的准则或条件。

综上所述,工程力学是工程设计的基础,其内容包括三部分。

(1)静力学

静力学主要分析物体的受力及平衡问题。

(2)材料力学

材料力学主要研究承载构件的内力、变形与失效的规律。

(3)运动学

运动学抛开引起运动的原因不计,单纯从几何角度研究点和刚体的运动。

科学研究的过程就是认识客观世界的过程,任何正确的科学研究方法一定要符合辩证唯物主义的认识论。工程力学也必须遵循这个正确的认识规律。

首先,通过观察生活和生产实践中的各种现象,进行多次科学实验,经过分析、综合与归纳,总结出力学最基本的规律。纵观力学发展的历史,如"二力平衡""杠杆原理"及"万有引力定律"等力学基本定律的发现,无不证明了这一认识规律。

其次,在对客观现象进行观察与实验的基础上,找出哪些是影响事物的主要因素,哪些是次要因素。抓住主要因素,将研究对象抽象为力学模型。例如,在研究静平衡问题时,物体的变形是次要因素,忽略这一次要因素就可用刚体这一模型来代替真实物体。在研究物体内力、变形及失效规律时,物体变形是主要因素,故刚体这一力学模型已不能反映问题的本质,于是用变形固体来代替真实物体。

对不同的问题,采用不同的力学模型,是工程力学研究问题的重要方法。

将实践中所得的结果,经过抽象化建立力学模型,形成概念,在基本定律的基础上,经过逻辑推理和数学运算,就可以得到工程上所需要的定理与公式。当然,这些定理和公式的正确与否,还需要在实践中验证、发展。

工程力学是高等工科学校工艺类专业的技术基础课。对于工艺类专业,工程力学在基础课与专业课之间起着桥梁与纽带作用。一方面,工程力学可以解决工艺过程中的一些实际问题;另一方面,对工程力学的学习,可为机械设计等后续课程提供重要的理论与工程分析基础。

5.2.2 静力学

静力学是研究物体在力系作用下平衡规律的一门科学。

静力学中所指的物体都是刚体。所谓刚体是指物体在力的作用下,其内部任意两点之间的距离始终保持不变,这是一种理想化的力学模型。

"平衡"是指物体相对于惯性参考系(如地面)保持静止或做匀速直线运动的状态,是物体运动的一种特殊形式。

静力学主要研究以下三个问题。

(1)物体的受力分析

分析物体共受几个力作用,每个力的作用位置及方向。

(2)力系的简化

所谓力系是指作用在物体上的一群力。如果作用在物体上两个力系的作用效果是相同的,则这两个力系互称为等效力系。用一个简单力系等效地替换一个复杂力系的过程称为力系的简化。力系简化的目的是简化物体受力,以便于进一步分析和研究。

(3)建立各种力系的平衡条件

刚体处于平衡状态时,作用于刚体上的力系应该满足的条件,称为力系的平衡条件。满足平衡条件的力系称为平衡力系。力系平衡条件在工程中有着特别重要的意义,是设计结构、构件和零件的静力学基础。

1.力的概念

力是人们从长期生产实践中经抽象得出的一个科学概念。例如,当人们用手推、举、抓、掷物体时,由于肌肉伸缩逐渐产生了对力的感性认识。随着生产的发展,人们逐渐认识到,物体运动状态及形状的改变,都是其他物体对其施加作用的结果。这样,由感性到理性建立了力的概念:力是物体间相互的机械作用,其作用结果是使物体运动状态或形状发生改变。

实践表明力的效应有两种:一种是使物体的运动状态发生改变,称为力对物体的外效应;另一种是使物体的形状发生改变,称为力对物体的内效应。在静力学部分将物体视为刚体,只考虑力的外效应;而在材料力学部分则将物体视为变形体,必须考虑力的内效应。

力是物体之间的相互作用,力不能脱离物体而独立存在。在分析物体受力时,必须注意物体间的相互作用关系,分清施力体与受力体。否则,就不能正确地分析物体的受力情况。

由经验可知,力对物体的作用效果取决于三个要素:大小、方向、作用点,此即力的三要素。在国际单位制(SI)中以 N(牛顿)作为力的计量单位,有时也用 kN 作为力的计量单位,1 kN = 1 000 N。

2. 静力学的公理

在生产实践中,人们对物体的受力进行了长期观察和试验,对力的性质进行了概括和总结,得出了一些经过实践检验是正确的、大家都承认的、无须证明的力学理论,这就是静力学公理。

公理 1 二力平衡 作用在刚体上的两个力,使刚体保持平衡的充分必要条件是:两个力大小相等,方向相反,作用在同一直线上(图 5 - 2)。简称此二力等值、反向、共线,即 $F_1 = -F_2$。

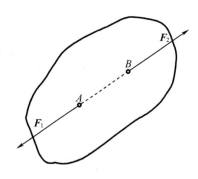

图 5 - 2 二力平衡示意图

图 5 - 2 中 A、B 是刚体上力的两个作用点。上述条件对于刚体来说,既是必要又是充分的,但是对于变形来说,仅仅是必要条件。例如,绳索受两个等值反向的拉力作用时可以平衡,而两端受一对等值反向的压力作用时就不能平衡。

在两个力作用下处于平衡的刚体称为二力体。如果物体是某种杆件或构件,有时也称为二力杆或二力构件。

此公理阐明了由两个力组成的最简单力系的平衡条件,是一切力系平衡的基础。此公理只适用于刚体,对于变形体来说,它只给出了必要条件,而非充分条件。

工程中经常遇到不计自重,且只在两点各受一个集中力作用而处于平衡状态的刚体,即二力构件(二力杆)。二力构件的形状可以是直线形的,也可以是其他任何形状的。作用于二力构件上的两个力必然等值、反向、共线。在结构中找出二力构件,对整个结构系统的受力分析是至关重要的。

公理 2 加减平衡力系公理 在已知力系上,加上或减去任意平衡力系,不改变原力系对刚体的作用效果。

也就是说,如果两个力系只相差一个或几个平衡力系,则它们对刚体的作用效果相同。

此公理是力系简化的基础。

由二力平衡和加减平衡力系公理这两条力的基本规律,可以得到下面的推论:作用在刚体上的一个力,可沿其作用线任意移动作用点而不改变此力对刚体的效应。这个性质称为力的可传性,说明力是移矢量。在图5-3中,作用在物体 A 点的力 F,将它的作用点移到其作用线上的任意一点 B,而力对刚体的作用效果不变。需要特别强调的是,当必须考虑物体的变形时,这个性质不再适用。如图5-4所示拉伸弹簧,力 F 作用于 A 处与 B 处效果完全不同。

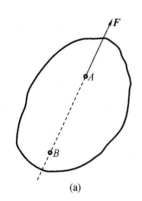 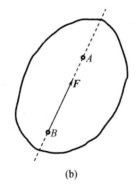 

图5-3 力的可传递性示意图   图5-4 力作用于弹簧上示意图

推论1 力的可传性 作用于刚体某点上的力,其作用点可以沿其作用线移动到刚体内任意一点,不改变原力对刚体的作用效果。

由此可见,对于刚体来说,力的作用点不是决定力作用效果的要素,已被作用线所替代。因此,作用于刚体上力的三要素是:大小、方向、作用线的位置。

公理2及其推论只适用于刚体,而不适用于变形体。对于变形体来说力将产生内效应,当力沿其作用线移动时,内效应将发生改变。

公理3 力的平行四边形法则 作用在物体上同一点的两个力,可以合成为一个合力。合力作用点也在该点,合力的大小和方向由这两个力为邻边构成的平行四边形的对角线所决定。图5-5中 R 表示合力,F_1、F_2 表示分力。这种求合力的方法称为矢量加法,用公式表示为 $R = F_1 + F_2$。

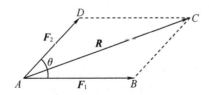

图5-5 力的平行四边形法则

上述求合力的方法又称为力的平行四边形法则。

为了方便起见,在用矢量加法求合力时,可不必画出整个平行四边形,而是从 A 点作用一个与力 F_1 大小相等、方向相同的矢量 $\overrightarrow{AB}$,过 B 点作一个与力 F_2 大小相等、方向相同的矢量 $\overrightarrow{BC}$,则 $\overrightarrow{AC}$ 就是力 F_1 和 F_2 的合力 R。这种求合力的方法,称为力的三角形法则,如图5-6

所示。

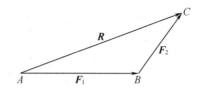

图 5 - 6 力的三角形法则

如果一个力与一个力系等效,则该力称为此力系的合力,力系中的各个力称为该合力的分力。将分力替换成合力的过程称为力系的合成;将合力分解成分力的过程称为力系的分解。

推论 2 三力平衡汇交定理 作用于刚体上三个相互平衡的力,若其中两个力的作用线汇交于一点,则此三力必在同一平面内,且第三个力的作用线通过汇交点。

证明 如图 5 - 7 所示,刚体上 A、B、C 三点分别作用着互成平衡的三个力 F_1、F_2、F_3。

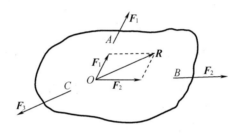

图 5 - 7 三力平衡

它们的作用线都在平面 ABC 内,但不平行。F_1 与 F_2 的作用线交于 O 点,根据力的可传递性原理,将此两个力分别移至 O 点,则此两个力的合力 R 必定在此平面内且通过 O 点,且 R 与 F_3 平衡。由力的平衡条件可知 F_3 与 R 共线,所以 F_3 的作用线亦必通过力 F_1、F_2 的交点 O,即三个力的作用线交于一点。

公理 4 作用与反作用定律 两物体之间的相互作用力总是等值、反向、共线,分别作用在两个相互作用的物体上。

如车刀在加工工件时(图 5 - 8),车刀作用于工件上的切屑力为 P,同时工件有反作用力 P' 加到车刀上,P 和 P' 总是等值、反向、共线。

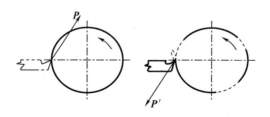

图 5 - 8 车刀加工工件示意图

这个定律揭示了物体之间相互作用的定量关系,它是对物体系进行受力分析的基础。

注意:作用与反作用定律中的两个力分别作用于两个相互作用的物体上,而二力平衡中的两个力作用于同一个物体。

公理5 刚化原理 变形体在某一力系作用下处于平衡状态,如果将此变形体刚化为刚体,其平衡状态保持不变。

此公理提供了把变形体视为刚体模型的条件。如图5-9所示,作用在柔性绳上的力等值、反向、共线。在图中,柔性绳在等值、反向、共线两个力作用下处于平衡,如将柔性绳刚化为刚性杆,其平衡状态保持不变;反之,就不一定成立。如刚性杆在等值、反向、共线的两个力作用下平衡,若将其换为柔性绳就不一定能平衡了。

图5-9 柔性绳和刚性杆受力示意图

由此可见,刚体的平衡条件是变形体平衡的必要条件,而非充分条件。在刚体静力学的基础上,考虑变形体的特性,可进一步研究变形体的平衡问题。

3. 物体的受力分析和受力图

在工程中,可用平衡条件求出未知的约束反力。为此,需要确定构件受几个力作用,以及每个力的作用位置和方向,这个过程称为物体的受力分析。

为了分析某个构件的受力,必须将所研究物体从周围物体中分离出来,而将周围物体对它的作用用相应的约束力来代替,这一过程称为取分离体。取分离体是显示周围物体对研究对象作用力的一种重要方法。

作用在物体上的力可分为两类:一类是主动力,即主动地作用于物体上的力,如作用于物体上的重力、风力、气体压力、工作载荷等,这类力一般是已知的或可以测得的;另一类是被动力,在主动力作用下物体有运动趋势,而约束限制了这种运动,这种限制作用是以约束反力的形式表现出来的,称之为被动力。

受力分析的主要任务是画受力图。一般来说,约束反力的大小是未知的,需要利用平衡条件来求出,但其方位是已知的,或可通过某种方式分析出来。用受力图清楚、准确地表达物体的受力情况,是学习静力学不可缺少的基本训练之一。

作受力图的一般步骤如下:

(1)选研究对象;

(2)取分离体;

(3)画主动力;

(4)逐个分析约束并画出被动力。

图5-10所示为受力图示例。

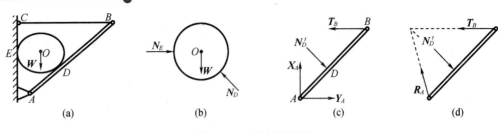

图 5 - 10　受力图示例

4. 基础理论及公式

平面力系中各力作用线汇交于一点的力系称为平面汇交力系,各力作用于同一点的力系称为平面共点力系,共点力系是汇交力系的特殊情形。设某刚体受一平面汇交力系作用,根据力的可传性,可将各力沿其作用线移至汇交点 A,形成一等效的共点力系,如图 5 - 11 所示。

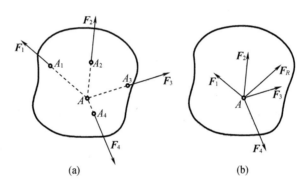

图 5 - 11　平面汇交力系转换为等效共点力系

平面汇交力系可合成为一合力,合力的大小、方向由各分力的矢量和所决定,合力的作用线通过汇交点,即有公式

$$F_R = F_1 + F_2 + \cdots + F_n = \sum_{i=1}^{n} F_i \qquad (5-1)$$

若已知力 F 的大小为 F,它与 x、y 轴的夹角分别为 α、β,如图 5 - 12 所示,则 F 在 x、y 轴的投影分别为

$$\begin{cases} F_x = F\cos \alpha \\ F_y = F\sin \alpha \end{cases} \qquad (5-2)$$

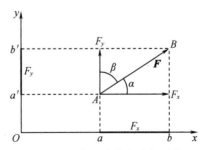

图 5 - 12　力 F 在直角坐标系中

如图5-13所示,当用扳手拧紧螺母时,力 F 使扳手连同螺母绕 O 点的转动效应不仅与力 F 的大小有关,还与转动中心 O 到力 F 作用线的距离 h(力臂)有关。实践表明,转动效应随 F 或 h 的增大而增强,其大小可用 Fh 来度量。此外,转动方向不同效应也不同。为了表示不同的转动方向,还应在乘积前冠以适当的正负号。

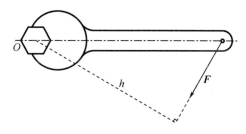

图5-13 用扳手拧螺母

在平面问题中,为了度量力使刚体绕某点(矩心 O)的转动效应,将 Fh 冠以适当正负号所得的物理量称为力 F 对 O 点之矩,记作 $M_o(F)$,即

$$M_o(F) = \pm Fh \qquad (5-3)$$

力对点之矩是一个代数量,规定为当力使物体绕矩心逆时针转向时为正,反之为负。在国际单位制中,力矩的常用单位为 N·m、N·mm 或 kN·m。

静摩擦力可以看作是接触面约束对具有滑动趋势物体的切向约束反力。通过图5-14所示的实验装置可以看出静摩擦力与一般约束反力的异同点,从而认识静摩擦力的性质。

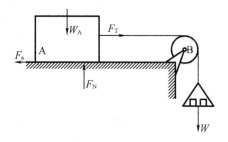

图5-14 静摩擦力实验装置

所受重力为 W_A 的物体 A 放在粗糙的水平面上,通过绳与托盘相连,固定面对物体 A 的约束反力有法向反力 F_N 和切向摩擦力 F_a。

当盘中无砝码时(盘自重不计),由物块的平衡可知: $F_a = F_T = W = 0$,即主动力为零时摩擦力也为零。逐渐增加盘中砝码的质量,但不超过某一极限值(该极限值时砝码所受重力为 W_0),有 $F_a = W$;当砝码所受重力达到极限值 W_0 时,物块将处于临界平衡状态,即处于将要滑动但尚未滑动的平衡状态,这时静摩擦力达到最大值, $F_a = F_{amax} = W_0$;若再增加砝码的质量,摩擦力不再增加,物块开始滑动,从而失去平衡。由此可知:一方面摩擦力的数值随主动力的变化而改变,其方向与物体运动趋势的方向相反;另一方面摩擦力的数值不随主动力的增大而无限增大,而是不能超过某一个极限值,这个极限值称为最大静摩擦力,记为 F_{amax}。于是静摩擦力的取值范围是

$$0 \leqslant F_a \leqslant F_{amax} \qquad (5-4)$$

最大静摩擦力的取值满足摩擦定律:临界平衡状态时,静摩擦力达到最大值,其大小与物体间的法向反力成正比,其方向与物体的滑动趋势方向相反。其数学表达式为

$$F_{amax} = f_a F_N \qquad (5-5)$$

这是一个近似的实验定律,其中 f_a 称为静摩擦因数,它是反映摩擦表面物理性质的一个比例常数。其数值与相互接触物体的材料、接触表面的粗糙度、湿度、温度等因素有关,而与接触面面积的大小无关,具体数值可由试验测得或查阅有关工程手册获得。

当物体已经滑动时,接触面上作用着阻碍相对滑动的动滑动摩擦力,在数值上它与接触面的法向反力成正比,即

$$F = f F_N \qquad (5-6)$$

式中,f 是动摩擦因数。它除了与接触表面的物理性质有关外,还与物体的相对滑动速度有关,一般速度增大,f 将略减小,且趋于一个极限值,而在工程应用中常把 f 作为常数。因此,在处理滑动摩擦问题时,可用式(5-6)计算动滑动摩擦力大小。

表5-4为力学单位换算表。

表5-4　力学单位换算表

单位	牛顿(N)	千牛顿(kN)	兆牛顿(MN)	公斤力(kgf)	吨力(tf)
1 N	1	0.0010	10^{-6}	0.102 0	0.000 1
1 kN	1 000	1	0.001 0	101.972 0	0.102 0
1 MN	1 000 000	1 000	1	101 972	101.972 0
1 kgf	9.806 6	0.009 8	$9.806\ 6 \times 10^{-6}$	1	0.001 0
1 tf	9 806.613 6	9.806 6	0.009 8	1 000	1
1 dyn	10^{-5}	10^{-8}	10^{-11}	$0.102\ 0 \times 10^{-5}$	$0.102\ 0 \times 10^{-8}$
1 lbf	4.448 3	0.004 4	$4.448\ 3 \times 10^{-6}$	0.453 6	0.000 5
1 tonf	9 964.081 7	9.964 1	0.010 0	1 016.057 3	1.016 1
1 US tonf	8 896.501 5	8.896 5	0.008 9	907.194 0	0.907 2

5.2.3　材料力学

1.简述

在工程实际中,各种机械与结构得到广泛应用。组成机械与结构的零部件统称为构件。在静力学中,将构件抽象为刚体,研究其受力分析与力系的平衡问题。实际上,刚体是不存在的,当机械与结构工作时,构件受到外力作用,其尺寸与形状都要发生改变。构件尺寸与形状的变化称为变形。构件的变形分为两类:一类为外力解除后可消失的变形,称为弹性变形;另一类为外力解除后不能消失的变形,称为塑性变形或残余变形。材料力学在刚体静力学的基础上研究构件在外力作用下的变形和失效现象,即研究构件的强度、刚度和稳定性问题。

构件在外力作用下丧失正常工作能力的现象称为失效或破坏。构件的失效形式很多,

工程力学范围内的失效通常可分为三类:强度失效、刚度失效和稳定失效。

实践表明,外力愈大,构件的变形愈大;而当外力过大时,构件将发生断裂或发生显著塑性变形。显然,构件工作时发生意外断裂或显著塑性变形是不容许的。这种失效形式称为强度失效。

对于许多构件,工作时产生过量的弹性变形一般也是不容许的。例如,齿轮传动轴如果弹性变形过大,不仅会影响齿轮间的正常啮合,缩短齿轮的寿命,而且会加大轴与轴承的磨损,从而导致传动机构丧失正常功能。这种失效形式称为刚度失效。

实践中还发现,有些构件在某种外力作用下,将发生不能保持其原有平衡形式的现象。例如,内燃机中凸轮机构的挺杆,由于过于细长,当所承受的压力超过一定数值时,杆件将从直线形状突然变弯。在一定外力作用下,构件突然发生不能保持原有平衡形式的现象,称为失稳。构件工作时产生失稳一般也是不容许的,它会导致结构或机械的整体或局部塌毁。这种失效形式称为稳定失效。

工程设计的主要任务之一就是保证构件在确定的外力作用下正常工作而不失效。针对上述情况,对构件设计提出如下基本要求:

(1)构件应具备足够的强度(即抵抗破坏的能力),以保证在规定的使用条件下不发生意外断裂或显著塑性变形;

(2)构件应具备足够的刚度(即抵抗变形的能力),以保证在规定的使用条件下不产生过量变形;

(3)构件应具备足够的稳定性(即保持原有平衡状态的能力),以保证在规定的使用条件下不产生失稳现象。

在设计构件时,除应满足上述要求外,还应尽可能合理地选用材料与节省材料,从而降低制造成本并减轻构件质量。为了保证安全性,往往选用优质材料和较大的横截面尺寸,但是由此又可能造成材料浪费与结构笨重。可见,安全与经济及安全与质量之间存在矛盾。所以,如何合理地选用材料,如何恰当地确定构件的横截面形状与尺寸,便成为构件设计中的重要问题。

材料力学是固体力学的一个分支,主要研究构件在外力作用下的变形、受力与破坏的规律,为合理设计构件提供有关强度、刚度与稳定性分析的基本理论和方法。

工程实际中的构件形状多种多样,按照其几何特征可分为杆件和板件。

一个方向尺寸远大于其他两个方向尺寸的构件称为杆件。杆件是工程中最常见、最基本的构件,梁、轴、柱等均属于杆件。杆件横截面形心的连线称为轴线,轴线与横截面相互正交。轴线为直线的杆称为直杆;轴线为曲线的杆称为曲杆。所有横截面形状和尺寸均相同的杆称为等截面杆,否则称为变截面杆。

一个方向尺寸远小于其他两个方向尺寸的构件称为板件。平分板件厚度的几何面称为中面。中面为平面的板件称为板,中面为曲面的板件称为壳。薄壁容器等均属于此类构件。

材料力学的主要研究对象是杆,以及由若干个杆组成的简单杆系,同时也研究一些形状与受力均比较简单的板与壳。至于较复杂的杆系与板壳问题则属于结构力学与弹性力学的研究范畴。

杆件在不同的外力作用下将产生不同形式的变形,基本受力与变形有轴向拉伸(或压缩)、剪切、扭转与弯曲。其他受力与变形形式无论多么复杂,在一定的条件下,都可以将其视为上述基本受力与变形形式的组合。

制造构件所用的材料多种多样,其具体组成与微观结构更是非常复杂。为便于进行强度、刚度和稳定性理论分析,根据工程材料的主要性质对其做如下假设。

(1)连续性假设

在材料力学中,假设在构件所占有的几何空间内均毫无间隙地充满了物质,即认为是密实的。这样,构件内的一些力学量(例如各点的位移)即可用坐标的连续函数来描述,并可采用无限小分析方法进行研究。

应该指出,连续性不仅存在于构件变形前,而且存在于构件变形后,即构件内变形前相邻近的质点变形后仍保持邻近,既不产生新的空隙或空洞,也不出现重叠现象。所以,上述假设也称为变形连续性假设。

(2)均匀性假设

材料在外力作用下所表现的性能,称为材料的力学性能。在材料力学中,假设材料的力学性能与其在构件中的位置无关。按此假设,从构件内部任何部位所切取的微小单元体(简称微体),都具有与构件完全相同的性能;同样,通过试样所测得的材料性能,也可用于构件内的任何部位。

对于实际材料,其基本组成部分的力学性能往往存在不同程度的差异。例如,金属是由无数微小晶粒所组成的,各个晶粒的力学性能不完全相同,晶粒交界处的晶界物质与晶粒本身的力学性能也不完全相同。但是,由于构件的尺寸远大于其组成部分的尺寸,因此按照统计学观点,仍可将材料看成是均匀的。

(3)各向同性假设

沿各个方向均具有完全相同力学性能的材料,称为各向同性材料。例如,玻璃为典型的各向同性材料。金属的各个晶粒,均属于各向异性体,但由于金属构件所含晶粒极多,而且在构件内的排列又是随机的,因此宏观上仍可将金属视为各向同性材料。

(4)小变形假设

假定物体的几何形状及尺寸的改变量与原尺寸相比较是很微小的,由于物体变形很小,因而在建立静平衡方程需要用到物体的尺寸时,可以采用变形前的尺寸。这样使实际计算大为简化,而引起的误差非常微小。

综上所述,在材料力学中,一般将实际材料看作是连续、均匀和各向同性的可变形固体。实践表明,在此基础上所建立的理论与分析计算结果,与大多数工程材料制成的构件的实际情况相吻合,符合工程要求。但是,上述假设并不适用于所有材料。例如,纤维增强复合材料,其宏观力学性能是各向异性的;某些高强度或超高强度钢材对缺陷具有较强的敏感性。考虑这些材料制成的构件的强度时,便不能采用均匀、连续假设。

2. 基础理论及公式

对于轴向拉压杆,分析 $m—m$ 横截面上的内力(图 5 – 15)。由截面法截取分离体,根据二力平衡条件和共线力系平衡方程可知,该截面上分布内力的合力 F 一定是沿杆件轴线方向的,称为轴力。轴力或为拉力,或为压力。为区别起见,通常规定拉力为正,压力为负。

如上所述,利用截面法可以求得杆件截面上分布内力的合力(或主矢与主矩)。为了描述内力的分布情况,现引入内力分布集度,即应力的概念。在截面 $m—m$ 上任一 K 点的周围取一微小面积 ΔA,并设作用在该面积上的内力为 ΔF,则 ΔF 与 ΔA 的比值称为 ΔA 内的平均应力,并用 $\overline{p}$ 表示,即

$$\bar{p} = \frac{\Delta F}{\Delta A} \qquad (5-6)$$

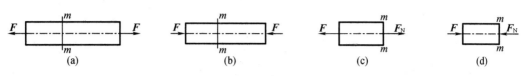

图 5 – 15　m—m 横截面上的内力情况

一般情况下,内力沿截面并非均匀分布,平均应力 $\bar{p}$ 之值及其方向将随所取面积 ΔA 的大小而异。为了更精确地描述内力的分布情况,应使 ΔA 趋于零,由此所得平均应力 $\bar{p}$ 的极限值,称为截面 m—m 上 K 点处的应力,并用 p 表示,即

$$p = \lim_{\Delta A \to 0} \frac{\Delta F}{\Delta A} \qquad (5-7)$$

显然,应力 p 的方向即为 ΔF 的极限方向。为了分析方便,通常将应力 p 沿截面的法向与切向分解为两个分量。沿截面法向的应力分量称为正应力,并用 σ 表示;沿截面切向的应力分量称为切应力,并用 τ 表示,如图 5 – 16 所示。显然有

$$p^2 = \sigma^2 + \tau^2 \qquad (5-8)$$

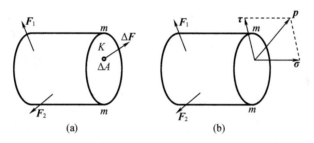

图 5 – 16　应力与正应力和切应力的关系

低碳钢是工程中广泛应用的金属材料,其应力 – 应变($\sigma - \varepsilon$)曲线也具有典型意义。图 5 – 17 所示为低碳钢 Q235 的应力 – 应变曲线。从图中可以看出,其应力 – 应变关系呈现四个阶段。

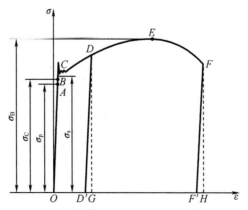

图 5 – 17　低碳钢 Q235 的应力 – 应变曲线

（1）弹性阶段(O—B)

在拉伸的初始阶段,应力－应变曲线为一直线(图中 OA),说明在此阶段内,正应力与正应变成正比,即

$$\sigma \propto \varepsilon \tag{5-9}$$

引进比例常数 E,于是得

$$\sigma = E\varepsilon \tag{5-10}$$

上述关系称为胡克定律,比例常数 E 称为弹性模量。

线性阶段最高点 A 所对应的应力,称为材料的比例极限,用 σ_p 表示;直线 OA 的斜率,数值上即等于材料的弹性模量 E。

超过比例极限后,从 A 点到 B 点,应力与应变之间不再是线性关系,但外载荷卸除后,变形仍能完全消失,这种变形称为弹性变形。B 点所对应的应力 σ_C 是材料只出现弹性变形时的最大值,称为弹性极限。在应力－应变曲线上,A,B 两点非常接近,所以工程上对弹性极限和比例极限并不严格区分。

（2）屈服阶段(B—C)

当应力超过 B 点,增加至某一数值时,应变有非常明显的增加,而应力先下降,然后做微小波动。在此阶段内,应力几乎不变,而应变急剧增长,材料失去抵抗变形的能力,此种现象称为屈服。此时所对应的应力称为材料的屈服应力或屈服极限,用 σ_s 表示。

（3）硬化阶段(C—E)

经过屈服阶段之后,材料又有了抵抗变形的能力。这时,要使材料继续变形需要增大应力。经过屈服滑移之后,材料重新呈现抵抗继续变形的能力,称为应变硬化。硬化阶段的最高点 E 所对应的应力称为材料的强度极限,并用 σ_B 表示,强度极限是材料所能承受的最大应力。

（4）颈缩阶段(E—F)

当应力增长至最大值 σ_B 之后,试样的某一局部显著收缩,产生所谓颈缩。颈缩出现后,使试样继续变形所需拉力减小,应力－应变曲线相应呈现下降趋势,最后导致试样断裂。

综上所述,在整个拉伸过程中,材料经历了弹性、屈服、硬化与颈缩四个阶段,并存在四个特征点,相应的应力依次为比例极限、弹性极限、屈服极限与强度极限。

传动轴是机械设备中的重要构件,其功能是传递动力。对于传动轴等传动构件,一般已知其转速与所传递的功率,因此在传动轴的分析和设计中,首先需要根据转速和功率计算轴所承受的外力偶矩。

由物理学可知,匀速转动轴的功率 P 等于作用于该轴上的力偶矩 M_e 与角速度 ω 的乘积,即

$$P = M_e \omega \tag{5-11}$$

在工程实际中,功率 P 的常用单位为 kW,转速 n 的常用单位为 r/min,力偶矩的常用单位为 N·m。又因为

$$1 \text{ W} = 1 \text{ N} \cdot \text{m/s}$$

于是,采用上述常用单位时,式(5-11)变为

$$P \cdot 10^3 = M_e \cdot \frac{2\pi n}{60} \tag{5-12}$$

由此可得计算外力偶矩的表达式为

$$M_e = 9\,549\,\frac{P}{n} \qquad\qquad (5-13)$$

对于传动轴,外力偶矩的方向可根据下列原则确定:输入功率的齿轮或皮带轮为主动轮,所承受的外力偶矩方向与轴的转动方向一致;输出功率的齿轮或皮带轮为从动轮,所承受的外力偶矩方向与轴的转动方向相反。

在小变形条件下,且当应力不超过比例极限时,梁的挠度和转角与载荷均为线性齐次关系。当梁同时受几个载荷作用时,由每一个载荷所引起的变形将不受其他载荷的影响。梁的总位移等于各个载荷单独作用时,所产生的位移的线性叠加,这就是求梁位移的叠加法。用叠加决求梁的变形很方便,只要分别计算梁在每个载荷单独作用下的位移,或直接查阅梁的挠度与转角图表(表5-5),将之叠加起来,就可得到梁在几个载荷共同作用之下的总位移。

表 5 - 5　梁的挠度、转角与载荷线性齐次关系

序号	梁的简图	挠曲线方程	挠度和转角
1		$y = \dfrac{Fx^2}{6EI}(x - 3l)$	$y_B = -\dfrac{Fl^3}{3EI}$ $\theta_B = -\dfrac{Fl^2}{2EI}$
2		$y = \dfrac{Fx^2}{6EI}(x - 3a)$ $(0 \leqslant x < a)$ $y = \dfrac{Fa^2}{6EI}(a - 3x)$ $(a \leqslant x \leqslant l)$	$y_B = -\dfrac{Fa^2}{6EI}(3l - a)$ $\theta_B = -\dfrac{Fa^2}{2EI}$
3		$y = \dfrac{qx^2}{24EI}(4lx - 6l^2 - x^2)$	$y_B = -\dfrac{ql^4}{8EI}$ $\theta_B = -\dfrac{ql^3}{6EI}$
4		$y = -\dfrac{M_e x^2}{2EI}$	$y_B = -\dfrac{M_e l^2}{2EI}$ $\theta_B = -\dfrac{M_e l}{EI}$
5		$y = -\dfrac{M_e x^2}{2EI}$ $(0 \leqslant x < a)$ $y = -\dfrac{M_e a}{EI}\left(\dfrac{a}{2} - x\right)$ $(a \leqslant x < l)$	$y_B = -\dfrac{M_e a}{EI}\left(l - \dfrac{a}{2}\right)$ $\theta_B = -\dfrac{M_e a}{EI}$

表 5 - 5(续)

序号	梁的简图	挠曲线方程	挠度和转角
6		$y = \dfrac{Fx}{12EI}\left(x^2 - \dfrac{3l^2}{4}\right)$ $\left(0 \leqslant x \leqslant \dfrac{l}{2}\right)$	$y_C = -\dfrac{Fl^3}{48EI}$ $\theta_A = -\theta_B = -\dfrac{Fl^2}{16EI}$
7		$y = \dfrac{Fbx}{6lEI}(x^2 - l^2 + b^2)$ $(0 \leqslant x \leqslant a)$ $y = \dfrac{Fa(l-x)}{6lEI} \cdot$ $(x^2 + a^2 + 2lx)$ $(a \leqslant x \leqslant l)$	$\delta = -\dfrac{Fb(l^2 - a^2)^{\frac{3}{2}}}{9\sqrt{3}\,lEI}$ $\left(在\ x = \sqrt{\dfrac{l^2 - b^2}{3}}\ 处\right)$ $\theta_A = -\dfrac{Fb(l^2 - b^2)}{6lEI}$ $\theta_B = -\dfrac{Fa(l^2 - a^2)}{6lEI}$
8		$y = \dfrac{qx}{24EI}(2lx^2 - x^3 - l^3)$	$\delta = -\dfrac{5ql^4}{384EI}$ $\theta_A = -\theta_B = -\dfrac{ql^3}{24EI}$
9		$y = -\dfrac{M_{\mathrm{e}}x}{6lEI}(l^2 - x^2)$	$\delta = \dfrac{5ql^2}{9\sqrt{3}\,lEI}$ $(位于\ x = l/\sqrt{3}\ 处)$ $\theta_A = \dfrac{M_{\mathrm{e}}l}{6EI}$ $\theta_B = -\dfrac{M_{\mathrm{e}}l}{3EI}$
10		$y = -\dfrac{M_{\mathrm{e}}x}{6lEI}(l^2 - 3b^2 - x^2)$ $(0 \leqslant x \leqslant a)$ $y = -\dfrac{M_{\mathrm{e}}(l-x)}{6lEI} \cdot$ $(3a^2 - 2lx + x^2)$ $(a \leqslant x \leqslant l)$	$\delta_1 = -\dfrac{M_{\mathrm{e}}(l^2 - 3b^2)^{\frac{3}{2}}}{9\sqrt{3}\,lEI}$ $\left(在\ x = \sqrt{\dfrac{l^2 - 3b^2}{3}}\ 处\right)$ $\delta_2 = -\dfrac{M_{\mathrm{e}}(l^2 - 3a^2)^{\frac{3}{2}}}{9\sqrt{3}\,lEI}$ $\left(位于距\ B\ 端\ \bar{x} = \sqrt{\dfrac{l^2 - 3a^2}{3}}\ 处\right)$ $\theta_A = -\dfrac{M_{\mathrm{e}}(l^2 - 3b^2)}{6lEI}$ $\theta_B = -\dfrac{M_{\mathrm{e}}(l^2 - 3a^2)}{6lEI}$ $\theta_C = -\dfrac{M_{\mathrm{e}}(l^2 - 3a^2 - 3b^2)}{6lEI}$

5.2.4 运动学

1. 简述

运动学是用几何观点描述物体机械运动的,只阐明运动过程中几何特征及各运动要素之间的关系,完全不涉及运动的物理原因。因此,运动学的任务是建立物体机械运动规律的描述方法,确定物体运动的有关特征量(轨迹、运动方程、速度、加速度等)及其相互关系。研究运动学完全以几何公理为基础,不需要建立新的物理定律。运动学是研究物体运动的几何性质的科学。

要确定一个物体在空间的位置,必须选取另一个物体作为参照物,这个作为参照物的物体称为参考体,固结于参考体上的坐标系称为参考系,同一个物体相对于不同的参考系有不同的运动。在一般的工程问题中,都取固结于地面的坐标系为参考系。以后不做特别说明,都应如此理解。

运动学里经常遇到"瞬时"和"时间间隔"两个概念,对这两个概念应当严格区分。"瞬时"是指某一具体时刻,而"时间间隔"是两个瞬时之间的一段时间。

运动学是动力学与机构运动分析的基础,是理论力学的一个重要组成部分。

2. 基础理论及公式

当物体的几何形状与尺寸在运动过程中不起主要作用时,物体的运动可简化为点的运动进行研究。二点的运动学是研究一般物体运动的基础,又具有独立的工程实际意义。

设设点 M 沿某空间曲线运动[图 5-18(a)],选取参考系上定点 O 为坐标原点,自 O 点向动点 M 作矢量 r,称 r 为 M 点相对原点 O 的位置矢量,简称矢径。当动点 M 运动时,矢径 r 就是时间 t 的单值连续函数,即

$$r = r(t) \tag{5-14}$$

式(5-14)称为点的矢径形式的运动方程。因为对于给定的瞬时 t,它给出了点在空间的确定位置,所以若点的运动方程确定了,则点的运动就完全确定了。

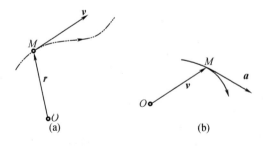

图 5-18 动点 M 的运动状况

动点 M 在运动过程中,其矢径 r 的端点将在空间划出一条连续曲线,称为矢端曲线。显然,矢径 r 的矢端曲线就是动点 M 的运动轨迹。

为了描述点运动的快慢及方向,引入速度矢量 v[图 5-18(b)]。点的速度是描述点的运动特征的基本物理量。动点 M 的速度矢量等于它的矢径 r 对时间 t 的一阶导数,即

$$v = \frac{\mathrm{d}r}{\mathrm{d}t} = \dot{r} \tag{5-15}$$

点的速度矢量方向沿着矢径 r 的矢端曲线的切线,即沿动点运动轨迹的切线,并与动点运动的方向一致。速度的大小称为速率,它表征了点运动的快慢程度。

点的速度矢量对时间的变化率 a 称为加速度。点的加速度也是矢量,它表征了速度的大小和方向的变化。点的加速度矢量等于该点的速度矢量对时间的一阶导数,或等于矢径对时间 t 的二阶导数,即

$$a = \frac{\mathrm{d}v}{\mathrm{d}t} = \dot{v} = \ddot{r} \tag{5-16}$$

选定一点 O 为起点,如果作出点的速度矢端曲线,点加速度矢量 a 的方向平行于速度矢端曲线在相应点 M 的切线。

刚体是一种几何不变的质点系,其上各点的距离始终保持不变。刚体是实际物体在变形可忽略条件下的抽象模型。

在运动的过程中,刚体上任一直线始终平行于其初始位置,这种运动称为刚体的平行移动,简称为平移。机车在直线轨道上行驶时连杆 AB 的运动(图 5-19)、汽缸内活塞的运动、车床上刀架的运动等,都是刚体平移的实例。

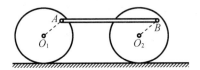

图 5-19 连杆 AB 的运动示意图

在刚体内任选两点 A 和 B,令 A 点的矢径为 r_A,B 点的矢径为 r_B,两条矢端曲线就是两点的轨迹。由图 5-20 可知

$$r_A = r_B + \overrightarrow{BA} \tag{5-17}$$

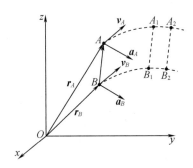

图 5-20 刚体内两点 A、B 在坐标系中的运动情况

当刚体平移时,矢量 $\overrightarrow{BA}$ 的长度和方向都不变,所以 $\overrightarrow{BA}$ 是恒矢量,因此只要把 B 点的轨迹沿 $\overrightarrow{BA}$ 方向平行搬移一段距离 BA,就能与 A 点的轨迹完全重合。由此可知,刚体平移时,其上各点运动轨迹的形状、大小完全相同。点的运动轨迹是直线的平移称为直线平移,点的运动轨迹是曲线的平移称为曲线平移。例如,发动机活塞的运动即为直线平移,机车上连杆的运动即为曲线平移。

将式(5-17)对时间 t 求一阶、二阶导数,可得

$$\begin{cases} \boldsymbol{v}_A = \boldsymbol{v}_B \\ \boldsymbol{a}_A = \boldsymbol{a}_B \end{cases} \tag{5-18}$$

因为 A、B 是平移刚体上的任意两点,因此可得结论:平移刚体上各点运动轨迹相同,同一瞬时各点的速度相同,加速度也相同。因此,研究刚体的平移,可归结为研究刚体上任意一点的运动。

对某一机构进行运动分析时,首先应寻找该机构中作平移运动的构件。

刚体运动时,若其上有一根直线始终保持不动,这种运动称为刚体的定轴转动,这根不动的直线称为转动轴(转轴)。刚体定轴转动的运动形式大量存在于工程实际中,如各种旋转机械、轮系传动装置等。但有时定轴转动刚体的转轴不一定在刚体内部,可将刚体抽象地扩大,转轴看成是刚体外一条抽象的轴线,如放置在大转盘边缘的物体的运动即为此种情况。

取坐标系 $Oxyz$,令 Oz 轴与刚体的转轴重合。通过转轴作一固定平面 A,再过转轴作一固结于刚体的平面 B,B 平面相对于固定面的位置可用转角 φ 描述,转角 φ 可完全确定刚体的位置。φ 称为刚体的转角,它是一个代数量,其正负规定如下:逆着 z 轴方向看,逆时针方向转动为正,顺时针方向转动为负,φ 的单位为弧度(rad)。当刚体定轴转动时,转角 φ 是时间 t 的单值连续函数,定轴转动方程可写为

$$\varphi = f(t) \tag{5-19}$$

转角对时间 t 的一阶导数称为刚体的角速度,用字母 ω 表示,即

$$\omega = \frac{\mathrm{d}\varphi}{\mathrm{d}t} \tag{5-20}$$

角速度的大小表征了刚体转动的快慢和转向,其单位为 rad/s。角速度也是代数量,其正负规定与转角 φ 的正负规定相同。

角速度对时间 t 的一阶导数称为刚体的角加速度,用字母 α 表示,即

$$\alpha = \frac{\mathrm{d}\omega}{\mathrm{d}t} \tag{5-21}$$

角加速度的大小表征角速度变化的快慢,其单位为 rad/s²。角加速度也是代数量,其正负规定与转角 φ 的正负规定相同。如果 α 与 ω 同号,转动为加速转动;如果 α 与 ω 异号,则转动为减速转动。

5.3 防 腐 基 础

5.3.1 概述

1. 腐蚀

腐蚀是指材料在环境介质作用下发生化学、电化学或物理作用引起的变质、退化和破坏现象。一般所说的腐蚀,如果不特别说明,都指金属腐蚀。

2. 腐蚀检查

腐蚀检查是指对电厂系统设备腐蚀状况或设备防护措施有效性进行检查、测量、记录

和分析,并将分析结果作为后续处理的依据。

3. 防腐施工

针对电厂系统设备材料腐蚀、设备防护措施有效性下降等情况进行设备防腐蚀功能恢复的活动即为防腐施工,处理后设备在防腐蚀功能上应能保证在规定周期内的运行安全。防腐施工既包括对现有涂层、衬胶、玻璃钢、水泥砂浆等的局部修复,也包括设备的整体防腐和材料部件更换等措施。

4. 防腐技术文件

防腐技术文件用于描述电厂的腐蚀与防护技术属性,指导人员开展腐蚀与防护相关技术活动。

5.3.2 防腐管理模式

对电厂系统设备的腐蚀环境、材料、防腐设计要求进行分析筛选,确定系统设备防腐管理重点,建立和完善以预防性防腐为主并结合纠正性防腐的防腐管理模式。

1. 预防性防腐

通过系统设备的腐蚀敏感性分析,对腐蚀敏感性为中或高的系统设备建立预防性防腐大纲,按预防性防腐大纲的相关要求进行周期性的腐蚀检查及防腐处理。

2. 纠正性防腐

对预防性防腐以外的系统,如发现腐蚀问题进行纠正性防腐处理。

5.3.3 预防性防腐系统筛选

电厂腐蚀环境总体可分为大气环境、水环境、化学介质环境、油环境等。大气环境细分为室内干燥大气、室内潮湿大气、露天海洋性大气;水环境细分为反应堆一回路水、二回路水和蒸汽、设备冷却水、冷冻水、原水、淡水、海水;化学介质环境细分为 HCl 质量分数 ≤37%、H_2SO_4 质量分数 ≤98%、H_3BO_3 质量分数 ≤4%、NaOH 质量分数 ≤32%;油环境细分为柴油、润滑油。

以腐蚀环境分类为前提,参考 ISO 9223(GB/T 19292.1)金属和合金的耐腐蚀性——大气腐蚀性分类,结合碳钢在特定腐蚀环境中的均匀腐蚀速率,对电厂各种腐蚀环境的腐蚀性进行评估,最终得出机组典型环境腐蚀性分类。

电厂各系统中主要结构材料有奥氏体不锈钢、镍基合金、铝合金、锆合金、低合金钢、碳钢、钛合金、铜合金、高分子材料。根据金属材料均匀腐蚀十级标准,结合机组实际用材情况,对电厂主要结构材料耐蚀性进行分类。

根据上述腐蚀环境、结构材料耐蚀性分类,对电厂系统进行筛选。通过腐蚀风险矩阵分析,将材料在工况环境中的腐蚀风险分为低腐蚀风险、中腐蚀风险和高腐蚀风险三类。把存在中腐蚀风险、高腐蚀风险的机组各系统列入系统设备预防性防腐大纲,纳入预防性防腐管理模式。

5.3.4 系统设备腐蚀风险分析及筛选

对电厂系统设备的工作环境、结构材料、材料和环境的相容性、防腐措施等进行分析,对系统设备的腐蚀风险进行评价,根据系统设备分析评价结果,筛选出系统设备预防性防腐管理项目,编制《XX 系统设备基本信息及腐蚀风险分析表》。

5.3.5 防腐项目

通过系统设备腐蚀风险分析,确定设备面临的潜在腐蚀问题,并制定相应防腐项目,进行有针对性的预防性防腐管理。预防性防腐项目分为两大类——腐蚀检查和防腐处理。

1. 腐蚀检查

腐蚀检查以目视检查为主,一般用肉眼检查设备腐蚀部位、严重程度、腐蚀模式,测量并记录腐蚀损伤的位置、面积、深度等。一些涂层、衬胶层的检查需要测厚仪、电火化检测仪、邵氏硬度计等相关工具来完成。

2. 防腐处理

防腐处理一般指表面处理后的局部或整体防腐层施工。此外,还可能涉及电化学保护措施的清理和更换等防腐工作。

5.3.6 防腐周期

防腐周期是指执行同一防腐项目的时间间隔。一般情况下,防腐项目的周期应与预防性维修大纲的周期相适应,避免对设备进行频繁解体。但对于腐蚀风险较高的设备,或腐蚀是设备失效的主要因素时,应结合设备实际情况,如设备/部件的材质、工况环境、腐蚀模式、防腐措施设计寿命等,制定腐蚀检查和防腐处理的周期。防腐周期的代码如表 5 – 6 所示。

表 5 – 6 防腐周期代码

时机	中文单位	单位代码
日常(N)	年	Y
	月	M
	周	W
大修(O)	换料周期	C

5.3.7 预防性防腐大纲内容

预防性防腐大纲内容包括目的、适用范围、编写依据、系统风险分析、腐蚀检查、防腐处理的原则和要求及预防性防腐项目。

5.3.8 防腐规程

具体的防腐实施工作应根据相应的防腐规程开展。一般防腐规程应包括风险分析及安全措施,人员、材料、工器具等准备工作,工作步骤及质量控制要求,施工记录表格等。

5.3.9 防腐技术文件优化与完善

电站机组防腐技术文件在执行过程中,根据执行情况、外部环境、技术升级、状态报告、经验反馈等对文件进行优化和完善,实现持续改进。防腐技术文件优化与完善的内容包括：

（1）根据机组系统设备预防性防腐大纲防腐实施情况，对预防性防腐实施项目进行优化，包括防腐项目、工作内容、周期频度等调整和优化；

（2）机组系统设备预防性防腐大纲腐蚀检查项目执行后，机组系统设备腐蚀检查基础数据将不断积累，为机组系统设备腐蚀评估提供依据；

（3）通过腐蚀与防护相关新法规标准、新技术规范的学习和应用，完善机组系统防腐技术文件；

（4）通过良好实践、经验反馈、状态报告、腐蚀失效分析等多种渠道，完善机组系统设备防腐技术文件。

5.3.10 标准规范[①]

ISO 9223（GB/T 19292.1）《金属和合金的腐蚀 大气腐蚀性 第 1 部分：分类、测定和评估》

GB/T 18590《金属和合金的腐蚀 点蚀评定方法》

GB/T 10123《金属和合金的腐蚀 术语》

GB/T 18839.1《涂覆涂料前钢材表面处理 表面处理方法 总则》

GB/T 8264《涂装技术术语》

GB/T 18241.1《橡胶衬里 第 1 部分：设备防腐衬里》

GB/T 4948《铝－锌－铟系合金牺牲阳极》

GB/T 4950《锌合金牺牲阳极》

GB/T 7387《船用参比电极技术条件》

GB/T 8923.1《涂覆涂料前钢材表面处理 表面清洁度的目视评定 第 1 部分：未涂覆过的钢材表面和全面清除原有涂层后的钢材表面的锈蚀等级和处理等级》

GB/T 9286《色漆和清漆 漆膜的划格试验》

GB/T 11375《金属和其他无机覆盖层 热喷涂 操作安全》

GB/T 13288《涂装前钢材表面粗糙度等级的评定 比较样块法》

GB/T 17731《镁合金牺牲阳极》

GB/T 17848《牺牲阳极电化学性能试验方法》

GB/T 17850《涂覆涂料前钢材表面处理喷射清理用非金属磨料的技术要求》

GB/T 18838《涂覆涂料前钢材表面处理喷射清理用金属磨料的技术要求》

5.3.11 典型案例分析

2014 行业协会评估 AFI（13 - AFI - ER.4）部分材料的腐蚀监控和评价不足，增加了电厂设备性能受损及安全生产受威胁的风险，并可能导致大修时间延长、停机停堆事件的发生。

1.原因分析

（1）硼酸腐蚀技术管理要求不够完善；

---

① 凡是不注日期的引用文件，其最新版本（包括所有修改版）适用于本书。

（2）FAC（流体加速腐蚀）检测结果的分析及评价不足；

（3）埋地管线的腐蚀状态未受到有效跟踪，存在失效风险；

（4）腐蚀引起的设备故障未受到妥善跟踪处理，增加了设备本身失效风险及类似设备失效风险；

（5）电站防腐管理体系不完善。

2. 纠正行动

根据发现的问题，鉴于不同机组的特殊性，对涉及 9 台机组的问题分别进行分析和评价，并制定相应的行动建议。

5.3.12 课后思考

（1）电厂腐蚀环境分为哪几种？

（2）预防性防腐项目分为哪几个大类？

5.4 焊 接 基 础

5.4.1 概述

我国应用焊接技术的历史源远流长，早在战国时期就已初露雏形，但近代的电厂焊接技术在新中国成立前几乎空白。解放后，随着科学技术的高速发展，焊接技术也得到了不断发展创新。20 世纪 50 年代初，焊接在各个领域，特别是电力行业得到了广泛的应用，尤其是 20 世纪 80 年代后，焊接材料、焊接设备及焊接工艺技术的发展，已形成了系列化、标准化的可喜局面。近年来，各电厂培训了大批合格的高压焊工，这支队伍是电厂检修不可缺少的力量。随着焊接技术日新月异的发展，焊接在电厂检修中起到了举足轻重的作用，焊接质量的好坏决定着电厂检修的质量，与电厂的安全运行息息相关。

过去，金属部件的连接方式以铆接为主。氧 – 乙炔气焊的局限性很大，电弧焊更是很少采用。自从电焊机得以改进和焊条能够机械化制造后，电焊技术发生了很大变化，在生产中占据主导地位。

氧 – 乙炔气焊由于火焰温度低、热量不集中、焊接变形大、力学性能差、生产效率低、接头质量不能满足要求等缺点，在电力行业几乎被淘汰，只在焊接有色金属、表管及轴瓦补焊等小范围内使用。

手工电弧焊与气焊相比，具有设备简单、工艺灵活、实用性强、容易控制焊接变形等优点，但操作有一定难度，主要是对接接头的根层焊缝质量难以控制，容易出现未焊透、夹渣、气孔等缺陷。究其原因，主要是工艺方法落后，过去手工电弧焊均采用浸透焊法施焊，依靠电弧吹力，将焊条金属熔滴从对口间隙内挤过去，以达到焊缝焊透的目的，这是很难做到的。为了解决不易焊透的难题，对大、中径管（$\phi108$ mm 及以上）对接接头曾采取背面加垫圈（或称垫环）的办法，这样不但保证了焊缝透度，避免根部对口被烧穿的可能，而且也方便操作。但从使用情况看，由于管内加有垫圈，妨碍了流体介质的流动，在流体介质长期的冲刷下，垫圈会被冲薄或冲掉。垫圈与管内壁间，易造成盐碱浓缩腐蚀，形成裂纹。故加垫圈的方法在大中型电厂的管道焊接中已被淘汰，已经投入运行的电厂也在大修中逐步按计划将加垫圈的主蒸汽管道焊口割掉,加工成 U 形或双 V 形坡口,采用手工钨极氩弧焊打底、电弧焊盖面的焊接方法重新焊接。

小径管的焊接采用击穿法施焊,在操作技术上有了重大的改进。所谓击穿法,就是利用电弧将对口的两个钝边击穿,再形成比焊条直径稍大的熔孔,将焊条的金属熔滴填充进去。同时,电弧在焊接前进中又将未熔的钝边再击穿再焊接,这样连续地一直将根层焊缝焊完,并能获得良好的根部透度。但击穿法的操作难度大,焊工培训时间长,成本高。尽管如此,手工电弧焊仍然是现在电厂检修中使用最为普遍的一种焊接方法。

在运条工艺上,通常采用灭弧焊和连弧焊两种。过去都采取连弧焊法,该焊法的特点是将直流焊机上的电流调节器移到焊工身旁,焊工右手操作焊钳,左手调节电流,这样不但可以很好地控制熔池温度,也保证了根层焊缝质量。

20 世纪 80 年代,氩弧焊技术在电厂检修中推广使用,该方法有非熔化极氩弧焊和熔化极氩弧焊两种。非熔化极氩弧焊又叫手工钨极氩弧焊,目前电厂检修普遍采用手工钨极氩弧焊打底、电弧焊盖面或全氩弧焊的焊接方法焊接高压管道。

手工钨极氩弧焊之所以很快被广泛采用,主要是由其焊接工艺特点所决定的。这种焊接方法具有电弧温度高、热量集中、保护气体气流挺度大、电弧可见度强、焊后无焊渣及焊接质量好等优点。

初期推广氩弧焊时,由于没有适当的氩弧焊丝相匹配,故采取熔化母材本身的自熔焊法。但该焊法的根层焊缝容易产生烧焦(过烧)、裂纹等缺陷,虽然采取管内充氢气保护的办法,但效果不佳。自从研制出专用氩弧焊丝后,才改为填丝焊法。填丝焊法有内填丝法和外填丝法两种,各有利弊,但外填丝法在电厂检修中应用较为广泛。

目前,小直径薄壁管(壁厚不大于 5 mm)的焊接均采取全氩弧焊法,该焊法的表面焊缝成形非常美观,多用在锅炉受热面管的焊接上。大直径厚壁管均采取氩弧焊打底、电弧焊盖面的方法,故多用在主汽、给水等高压管道的焊接上。

在焊接设备上,过去多采用旋转直流焊机,目前已普遍用可控硅焊机及逆变焊机代替旋转直流焊机。因为旋转直流焊机体积大而笨重、制造时耗材多、电能耗用多、噪声大,已被列入国家规定的淘汰产品目录,现在逆变焊机成为主导产品。

焊后热处理的装置变化较大,早期多采用火焰(氧–乙炔、煤气、液化石油气等气体)、电阻炉和硅碳棒炉等辐射加热方式。后来采取缠绕导线或铜排的感应加热,其电源也由工频进入中频,但因中频电源的集肤效应大,管道内外壁温差大,只限于在壁厚为 50 mm 以下的管道上使用。近年来,远红外线加热装置应用极广,特别是绳状加热装置具有感应加热和电阻加热两种效果,且节约金属材料,透烧能力强,损耗小,可调性强,尤其配备了电脑自动控制装置以后设置方便,记录准确,为操作者带来了极大便利。

5.4.2 常用的焊接材料焊条

电厂检修常用的焊接材料是指焊接时所消耗材料的总称,它包括手工电弧焊所用的电焊条,气焊所用的气焊丝、焊剂和气体(氧气、乙炔),手工钨极氩弧焊所用的氩弧焊丝、钨极、保护气体氩气等。在电厂检修过程中,焊接人员不但要了解各种焊接材料的分类、牌号、型号和特性,还要灵活地掌握正确选用焊接材料的知识。焊接材料的选用不但与它本身的特性有关,还与焊接接头所处的结构形式和环境温度有关。一个大型的检修工程如果焊接材料选用不当,就很有可能造成焊口大面积开裂,影响检修工期和检修质量。

焊条是手工电弧焊的主要焊接材料,它不仅影响焊接过程的稳定性、工艺性和焊接效率,而且决定焊缝金属组织和性能。焊条由焊芯和药皮两部分组成。手工电弧焊时,焊条既作为电极传导焊接电流,又作为填充金属直接过渡到熔池,与熔化的母材熔合后形成焊缝金属。

1. 焊条分类

可按焊条的熔渣性质、化学成分和用途等进行分类。

(1)焊条按熔渣性质分类

焊条按熔渣性质可分为酸性焊条和碱性焊条两大类。熔渣以酸性氧化物为主的焊条称为酸性焊条;熔渣以碱性氧化物和氟化钙为主的焊条称为碱性焊条。在碳钢焊条和低合金钢焊条中,低氢型焊条(包括低氢钠型、低氢钾型和铁粉低氢型)是碱性焊条,其他涂料类型的焊条均属酸性焊条。

①碱性焊条

碱性焊条与强度级别相同的酸性焊条相比,其熔敷金属延性和韧性高、综合力学性能好、抗裂性能强。因此,在焊接重要结构和母材合金成分比较复杂时,均采用碱性焊条。如焊接工艺规定用碱性焊条时,不能用酸性焊条代替。碱性焊条的焊接工艺性能(包括稳弧性、脱渣性、飞溅等)较差,对铁锈、水分、油污的敏感性大,易生成气孔,所以碱性焊条在使用前必须按要求烘干,焊条焊接时放出有毒气体和烟尘较多,毒性也大。目前在我国碱性焊条多用于直流电源短弧焊接。牌号为 J507、R317、R347、R407、A127 等的焊条是碱性焊条。

②酸性焊条

酸性焊条中含有大量的酸性氧化物,焊接时易放出氧,所以对油、锈、水等不敏感,工艺性能和焊缝成形较好,广泛用于钢结构焊接。目前我国酸性焊条焊缝金属的冲击韧性较低,抗裂性差,此外熔渣多为长渣,仰焊较困难。酸性焊条用于交直流两用电源,一般用于 Q235、10、20、209 等不太重要的结构和管道的焊接。牌号为 J422、R310、A132 等的焊条是酸性焊条。

(2)焊条按化学成分分类

按化学成分将焊条分为以下标准中所列种类:

GB/T 5117《非合金刚及细晶粒钢焊条》

GB/T 5118《热强钢焊条》

GB/T 983《不锈钢焊条》

GB/T 3670《铜及铜合金焊条》

GB/T 3669《铝及铝合金焊条》

JB 2835《低温钢焊条》(目前仍予以保留,但要逐步向 GB/T 5118 过渡)

(3)焊条按用途分类

原国家机械工业委员会在"焊接材料产品样本"中,将电焊条按用途划分为十大类。

①结构钢焊条;

②钼和铬钼耐热钢焊条;

③低温钢焊条;

④不锈钢焊条;

⑤堆焊焊条;

⑥铸铁焊条；

⑦镍及镍合金焊条；

⑧铜及钢合金焊条；

⑨铝及铝合金焊条；

⑩特殊用途焊条。

2. 焊条的型号和牌号

焊条型号是国家标准中对焊条的编号,用来区别各种焊条熔敷金属的力学性能、化学成分、药皮类型、焊接位置和焊接电流种类。

(1)焊条型号的编制方法

①碳钢焊条型号编制方法

焊条型号是根据熔敷金属的抗拉强度、药皮类型、焊接位置和焊接电流种类编制的,下面以电厂检修广泛使用的焊条 E4303 为例解释型号的含义(图5-21)。

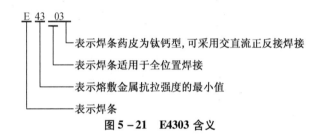

图 5-21 E4303 含义

根据 GB/T 5117 的规定,碳钢焊条型号用大写字母"E"表示焊条;前两位数字表示熔敷金属抗拉强度的最小值,单位为 kgf/mm²;第三位数字表示焊接位置,"0"或"1"表示焊条适用于全位置焊接(平、立、横、仰),"2"表示焊条适用于平焊及平角焊,"4"表示焊条适用于向下立焊;第三位和第四位数字组合时表示焊接电流种类及药皮类型。

②低合金钢焊条型号编制方法

以电厂检修常用的低合金钢焊条 E5515-B2-V 为例解释型号含义(图5-22)。

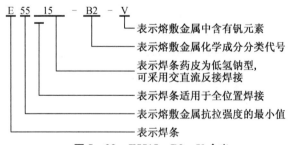

图 5-22 E5515-B2-V 含义

根据 GB/T 5118 的规定,低合金钢焊条型号用大写字母"E"表示焊条;前两位数字表示熔敷金属抗拉强度的最小值,单位为 kgf/mm²;第三位数字表示焊条位置,"0"或"1"表示焊条适用于全位置焊接(平、立、横、仰),"2"表示焊条适用于平焊及平角焊,"4"表示焊条适用于向下立焊;第三位和第四位数字组合时表示焊接电流种类及药皮类型;后缀字母为熔敷金属的化学成分分类代号,并以短划"-"与前后缀字母分开。

③不锈钢焊条型号编制方法

以不锈钢焊条 E0 - 19 - 10Nb - 15 为例解释型号含义(图5 - 23)。

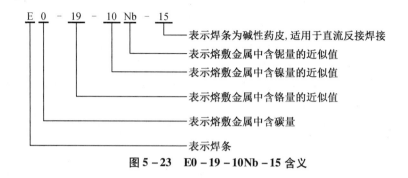

图 5 - 23 E0 - 19 - 10Nb - 15 含义

根据 GB/T 983 的规定,不锈钢焊条型号用大写字母"E"表示焊条;第一位数字表示熔敷金属中含碳量,"00"表示含碳量不大于 0.04%,"0"表示含碳量不大于 0.10%,"1"表示含碳量不大于 0.15%,"2"表示含碳量不大于 0.20%,"3"表示含碳量不大于 0.45%;第二位和第三位数字表示熔敷金属中含铬量的近似值的百分比,以短划线" - "与代表含碳量的数字分开;第四位和第五位数字表示熔敷金属中含镍量近似值的百分比,以短划线" - "与代表含铬量的数字分开;之后的字母表示熔敷金属中含有的其他重要合金元素,当元素平均含量低于 1.5% 时,型号中只标明元素符号,而不标注具体含量,当元素平均含量不小于 1.5%、2.5%、3.5% 等时,一般在元素符号后面相应标注 2,3,4 等数字;最后两位数字表示焊条药皮类型及焊接电流种类,后缀 15 表示焊条为碱性药皮,适用直流反接焊接,后缀 16 表示焊条为碱性或其他类型药皮,适用于交流或直流反接焊接。

(2)焊条牌号

焊条牌号是焊条制造厂为实际生产出的每一种焊条给定的编号,用来区别不同焊条的熔敷金属的力学性能、化学成分、药皮类型和焊接电流种类。与型号相比,牌号中没有区别焊接位置的编号,但增加了特殊性能的符号(如超低氢、高韧性、打底用、立向下用等)。所有出厂的焊条都可标以一定牌号,如 J422、J507、R317、R407 等。

5.4.3 常用焊接方法

焊接是利用加热、加压(或者两者兼用)并用填充材料(也可以不用)使两个焊件达到原子间结合,从而形成一个整体的工艺过程。焊接方法很多,按采用的能源和工艺特点可将焊接分为熔化焊、压力焊和钎焊三大类,每类义可分为各种不同的焊接方法。

电厂检修常用焊接方法有手工电弧焊、手工钨极氩弧焊、气焊三种,这三种都属于熔化焊。

1. 手工电弧焊

手工电弧焊是各种电弧焊方法中发展最早,目前仍应用最广的一种焊接方法。它是以外部涂有药皮的焊条作为电极和填充金属,电弧在焊条端部和被焊工件之间燃烧,药皮在电弧热作用下,一方面产生气体保护电弧,另一方面产生熔渣覆盖在熔池表面防止周围气体的相互作用,熔渣更重要的作用是与熔化金属产生物理、化学反应或添加合金元素改造焊缝金属性能。

手工电弧焊具有设备简单、工艺灵活、容易控制变形、对空间位置要求低等优点,但也有生产效率低、焊条利用率低、焊接质量与焊工操作水平有直接关系等缺点。尽管如此,手工电弧焊仍然是电厂检修中最普遍、最实用的焊接方法。特别是大、中径锅炉压力容器管道均采用氩弧焊打底、电弧焊盖面。

2. 手工钨极氩弧焊

手工钨极氩弧焊是一种以惰性气体(一般常用氩气,故称手工钨极氩弧焊)作为保护气体,以钨极作为电极,以氩弧焊丝为填充材料的非熔化极气体保护焊方法。手工钨极氩弧焊时,利用钨极和工件之间建立的电弧熔化母材和氩弧焊丝形成焊接熔池,完成焊件之间的连接。焊接过程中钨极不熔化,只起电极作用,同时由喷嘴送进氩气作为保护气。

手工钨极氩弧焊具有电弧稳定、热量集中、熔透能力强、表面张力大、焊接质量好等优点,所以特别适合管道打底焊缝,满足单面焊双面成形的要求。

手工钨极氩弧焊有交、直流之分,手工直流钨极氩弧焊主要用于碳钢、合金钢、不锈钢的焊接;手工交流钨极氩弧焊主要用于铝、镁及其合金的焊接。

3. 气焊

气焊是利用可燃气体(主要是氧气和乙炔气)的火焰作为热源,将两个工件的接头部分熔化,加入焊丝形成熔池,熔池凝固后使之成为一个牢固整体的一种熔化焊方法。气焊具有设备简单、搬运方便、容易控制输入的热量等优点,经常用于仪表管、有色金属和薄铁板的焊接。由于气焊焊缝强度低、焊接速度慢、热影响区宽和焊件变形量大、接头强度低等缺点,在焊接高压管道时一般不采用。

5.5　材　　料

5.5.1　金属材料的性能

由于各种机器零件工作情况不同,对材料的性能要求也不一样。例如,用作发电厂蒸汽管道的材料,要求有高强度、耐热性和耐腐蚀性等;用作轴瓦的材料,要求有高的耐磨性和疲劳强度;而用作室温下连接螺栓的材料,只要求有一定的强度即可。金属材料的性能是选用材料的重要技术依据。此外,对零件进行各种加工时,也必须了解材料的性能,如铸铁的铸造性良好,但不能锻造,钢既可以锻造又可以铸造等。

在机器制造中所用的金属材料以合金为主,很少使用纯金属,原因是合金常比纯金属具有更好的机械性能和工艺性能,纯金属成本较高。只有在为了满足机器的某些特殊性能的要求时,才考虑使用纯金属来制造机器零件。

合金是以一种金属为基础,加入其他金属或非金属元素,经过熔合而获得的金属材料。最常用的合金有以铁为基础的铁碳合金,如碳素钢、合金钢、灰口铸铁等。此外,还有以铜或铝为基础的铜合金和铝合金,如青铜、黄铜、铝镁合金等。

用来制造机器零件的金属及合金,应具有优良的机械性能和工艺性能,较好的化学稳定性和一定的物理性能。因此,在设计机器零件时,必须首先熟悉金属及合金的主要性能,才能根据零件的技术要求,合理地选用所需的金属材料。

1. 金属材料的物理和化学性能

金属材料的物理性能是指熔点、密度、热膨胀系数、导热性及导电性等。

在蒸汽管道、汽轮机转子等高温设备上，必须考虑到由于热膨胀系数不同，使构件产生的应力和变形。例如，导电材料要用导电性好的铜、铝等，制造保险丝可用熔点低的铅、锡及其合金。

金属及合金抵抗各种介质（如空气、海水、酸、碱、盐、蒸汽等）侵蚀的性质属于化学性能，称为耐蚀性。一般钢铁很易生锈，而铝或铜合金则不易生锈。为了防止腐蚀，可在设备表面涂油漆，有时则必须采取防锈合金制造零件，如汽轮机叶片就是用不锈钢制造的。

2. 金属材料的力学性能

机器零件在工作时常受到各种复杂的外力作用，这些外力将使零件产生变形或破坏。例如，蒸汽管道受到蒸汽压力的长期作用，可以发生变形或破裂。金属材料在外力的作用下抵抗产生变形的能力称为金属材料的力学性能，包括弹性、塑性、强度、硬度、冲击韧性等。

（1）弹性

金属材料受外力作用时产生变形，外力去掉后又恢复原来形状的能力称为弹性。

对于细长的或薄板零件，弹性变形达到一定值即失去弹性。利用金属弹性可以制造弹簧等零件。

（2）塑性

金属材料受到外力作用后产生永久变形而不破坏的能力称为塑性。塑性常以金属材料拉伸试验时所得的延伸率和断面收缩率来衡量。

拉伸试样的试样被拉断后，其标距部分所增加的长度与原标距的比值的百分率称为延伸率。

拉伸试样被拉断后，其横截面积的缩减量与试验前试样的横截面积之比的百分率称为断面收缩率。

延伸率和断面收缩率越大，塑性就越好。塑性大的材料，可以制成薄板或拉制很细的丝。

（3）强度

金属材料抵抗变形或断裂的能力称为强度。金属材料的强度常用的指标有屈服强度和抗拉强度。

屈服强度就是金属材料发生屈服现象时的屈服极限，亦即抵抗微量塑性变形的应力。

抗拉强度就是金属材料在拉断前所能承受的最大应力。

屈服强度和抗拉强度在设计机械和选择、评定金属材料时有重要意义，因为金属材料不能在超过其屈服强度的条件下工作，否则会引起机件的塑性变形；金属材料也不能在超过其抗拉强度的条件下工作，否则会导致机件破坏。

（4）硬度

金属材料抵抗更硬物体压入的能力称为硬度。常用的硬度表示方法有布氏硬度和洛氏硬度两种。

布氏硬度是用一定直径的钢球，在一定压力的作用下压入金属表面，用压痕的单位表面积上的压力来表示的硬度，用 HB 表示。因为压痕表面积与压痕直径有关，在实际中只要根据压力和压痕直径的大小,利用专门的布氏硬度表就可查出布氏硬度,而不必进行计算。布氏硬度愈大,表示材料愈硬。一般钢、铁和有色金属常用布氏硬度来表示其硬度,但布氏硬度不能用于表示硬度值大于 450 的材料,如淬火的硬钢。

对于布氏硬度大于 450 的材料,可采用洛氏硬度测定法。洛氏硬度测定法是用顶角为 120°的金刚石圆锥或直径为 1/16 或 1/8 的钢球压入材料表面,以压入深度表示硬度值,用 HR 表示。但压入深度愈大,表示硬度值愈小。

(5)冲击韧性

金属材料抵抗冲击性外力作用而不断裂的能力称为冲击韧性。常以带缺口的试样在冲击试验时所测得的冲击值来表示。

冲击韧性是金属材料的动力强度。其值越大,韧性越好;反之,其值越小,材料的脆性就越大。对于重要的零件,必须选用高韧性的材料。

机械中的冲击载荷应设法减除,但实际上很难避免。例如汽轮发电机,当外电路短路时,等于急刹车,轴上就作用一很大的冲击载荷,因此汽轮发电机的轴远比正常运转下所要求的粗得多。

3. 金属材料的工艺性能

金属材料适应于某种加工方法的能力称为工艺性能。例如,铸造性、可锻性、可焊性、切削加工性等。我们选择零件材料时,不仅要考虑它的使用性能,还要考虑工艺性能的好坏,否则在使用上虽然能满足要求,但制造不出来也不行。

(1)铸造性

铸造性是指金属材料是否容易铸造出优质的铸件的性能。金属液体的流动性、收缩性、偏析性、吸气及氧化性等,决定了金属材料的铸造性。如灰口铸铁铸造性好,能获得复杂形状的铸件;而铸钢的铸造性较差。为得到优质的铸件,就要采用很多特殊措施。

(2)可锻性

可锻性是指金属材料是否容易锻造的性能,它与金属材料的塑性有直接关系。可锻性好的金属不但塑性好,而且锻造所需的外力也较小。

钢在高温加热后一般是有优良的可锻性的,但高合金钢可锻性不好,而铸铁则根本不能锻造。

(3)可焊性

可焊性是指金属材料是否容易焊接的性能。可焊性好的金属,在焊接接头处不易产生裂纹、气孔、夹渣等缺陷,而且具有良好的力学性能。

低碳钢具有良好的可焊性,铸铁的可焊性就相当差。

(4)切削加工性

切削加工性是指金属材料是否容易被切削工具进行切削加工的性能。切削加工性好的金属在进行加工时,消耗切削动力少,刀具寿命长,加工后的零件表面很光洁。

切削加工性与金属材料的硬度、强度、导热性、晶粒大小及金属内部组织有关。例如,一般 HB < 220 的材料切削加工性良好;HB > 280 的材料切削加工性很差;HB > 450(相当于 HR > 45)的材料则只能采用磨削等加工方法了。从材料的种类来看,灰口铸铁、铜合金、铝合金均有较好的切削加工性,高碳钢和高合金钢的切削加工性则较差。

5.5.2 碳素钢与合金钢

1. 含 C 量对钢的影响

按需要而言,钢应当只由 Fe 和 C 构成,但由于在自然界中,Fe 均以氧化物或其他化合物的形式存在于铁矿石中,如 Fe_2O_3、Fe_3O_4、$FeCO_3$ 等,铁矿石还含有 Si、Mn、P、S 等杂质。要得到钢首先要将 Fe 的氧化物还原,将其他杂质去除,并经过吸 C 得到生铁,再减低生铁中的杂质和含 C 量从而得到钢。经过冶炼后,只是将钢的杂质控制在一定范围内,并不能完全去除杂质。

因此,钢的化学成分为含 C 量≤1.4%、含 Si 量≤0.37%、含 Mn 量≤0.15% ~0.2%、含 S 量≤0.04% ~0.05%、含 P 量≤0.045% ~0.055%,其余为 Fe,其中 S 和 P 是有害的杂质。

C 对钢的性能影响很大,随着含 C 量的增加,渗碳体的数量也增加,因此钢的强度、硬度增加,而塑性、韧性则降低。含 C 量大于 0.3% 的钢,较易淬硬,但对钢的焊接和锻造不利。钢中含 C 量愈高,压力加工愈困难。

2. 碳素钢的分类

(1)按含 C 量分类

按含 C 量将碳素钢分成低碳钢、中碳钢和高碳钢三种。

低碳钢含 C 量 <0.25%,强度低,塑性和可焊性好,常用作建筑材料或渗碳零件。

中碳钢含 C 量为 0.25% ~0.7%,有较高强度,塑性和可焊性较差,可以用热处理方法提高其力学性能,常用作齿轮、轴、螺钉等。

高碳钢含 C 量为 0.7% ~1.4%,它的塑性和韧性差,淬火后有很高的硬度和耐磨性,大多用于制作工具。

(2)按质量及用途分类

按质量可将碳素钢分为普通钢、优质钢和高级优质钢三类;按用途可将碳素钢分为结构钢和工具钢。

①普通

碳素钢按国标(GB/T 700)规定,有 Q195、QZ15、Q235、Q255、Q275 五个牌号,牌号由钢材的屈服点的"屈"字汉语拼音首字母 Q、屈服点强度值、质量等级符号、脱氧方法符号等四个部分组成。

例如,Q235 - A.F,其中 Q 为钢材的屈服点的"屈"字汉语拼音首字母;235 为屈服点强度值;A 为钢材质量等级,即 A 级;F 为钢材脱氧方法,即沸腾钢。

普通钢一般用于 450 ℃以下工作受力不大的零部件、焊接构件、汽轮机后汽缸、凝汽器外壳、发电机机壁隔板、中心轴、支座及汽轮机、锅炉上的密封板、平台和栏杆等。

②优质钢

优质钢与普通钢不同,在冶金工厂生产时,不仅要保证钢材的力学性能,同时还要保证其化学成分。优质钢中有害杂质含量较少,S 和 P 的含量控制在 0.040% 左右,多用于制造需经热处理的零件,如工作温度低于 450 ℃的汽轮机转子、联轴器、螺栓(母)、齿轮、凸轮和容器、管子、垫圈及焊接构件、过热器管、水冷壁管等。

这类钢的牌号只用两位数字表示,这两位数字表示钢中平均含 C 量,如 10 号钢表示钢中平均含 C 量为 0.1%。优质钢有 08F、08、10F、10、15、20、25、30、35、80、85 等钢号,F 表示沸腾钢。

高级优质钢中含 S、P 等有害杂质更少,其中含 S 量 <0.030%,含 P 量 <0.035%,对力学性能也有严格的规定,用于制造较重要的机器零件和工具。

3. 合金钢的分类

对于一般机械零件、金属结构或工具,碳素钢的性能是能够满足要求的,但是现代工业的发展对钢材性能提出了更高的要求,如汽轮机、锅炉上高温、高压、高应力下工作的零件,不仅要求其强度高,而且要求在高温下还能保持足够的强度,还要求具有强的耐腐蚀性;又如电气上用的某些材料,有的要求有高磁性,有的又要求有反磁性。为了使钢具有以上所要求的种种性能,人们在碳素钢中加入其他元素,这样的钢就是合金钢,特意加入钢中的元素称为合金元素。

合金钢的种类很多,为了便于研究、生产和选择使用,必须根据钢的特性对其加以分类,常用的分类方法如下。

(1)按合金元素含量分

低合金钢:合金元素总含量 <5%;

中合金钢:合金元素总含量为 5% ~10%;

高合金钢:合金元素总含量 >10%。

(2)按正火后钢的组织分

按此种方式可将合金钢分为

珠光体钢、贝氏体钢、马氏体钢、奥氏体钢、铁素体钢等。

(3)按用途分

合金结构钢:制造机械零件或工程结构用;

合金工具钢:制造刀具、量具、模具等;

特殊性能合金钢:包括不锈钢、耐热钢、耐磨钢、磁钢等,是具有特殊物理、化学性能钢的总称。

4. 合金钢编号标识方法

按照国家标准(GB/T 3077)规定,合金钢编号采用合金元素符号和数字表示。

(1)含 C 量表示方法

合金钢编号最前面的数字表示钢的平均含 C 量,对于低合金钢、合金结构钢、珠光体钢及合金弹簧钢等用两位数字表示平均含 C 量(表示万分之几),如 12Cr1MoV 钢号中的"12"表示平均含 C 量为 0.12%。

不锈耐酸钢、高合金耐热钢等,一般用一位数字表示平均含 C 量(表示千分之几),平均含 C 量小于千分之一的用"0"表示;含 C 量不大于 0.03% 的用"00"表示。如 1Cr18Ni9Ti 钢号中的"1"表示含 C 量为 0.04% ~ 0.1%;0Cr18Ni9Ti 钢号中的"0"表示含 C 量小于 0.08%;00Cr18Ni10 钢号中的"00"表示含 C 量小于 0.03%。

对于含 C 量大于或等于 1% 的合金工具钢、高速工具钢等,含 C 量不标注;含 C 量小于 1% 时,则以一位数字表示含 C 量(以千分之几计)。例如,5CrNiMo 中,含 C 量为 0.5%,Cr、Ni、Mo 含量各占 1% 左右。

(2)合金元素表示方法

此种方法即用化学元素符号表示所含的合金元素,符号后面的数字表示该元素的含量。平均合金含量小于1.5%时,钢号中仅注明符号,一般不标明含量。平均合金含量为1.5%、2.49%……时,化学元素符号之后相应地写成2、3……。这种表示方法不适用于铬轴承钢和低铬合金工具钢。

合金铸钢在钢号前加符号"ZC"。

高级优质合金钢在牌号尾部加"A"。

5.5.3 金属热处理及表面处理

热处理是机械零件制造过程中的重要工序之一,它对发掘金属材料的强度潜力及改善零件的使用性能、提高产品质量和延长其使用寿命都具有重要意义。热处理在改善毛坯的工艺性能以利于进行各种冷、热加工方面也有重要作用。所以,在许多情况下,热处理质量的高低对产品的质量有着举足轻重的影响。

金属材料的热处理即在固态下将金属材料(或零件)放在一定的介质中,经过加热、保温和冷却处理的一种工艺方法。金属材料通过热处理,可以在很大程度上改变其组织结构,从而获得所需的工艺或使用性能。

根据作用机理的不同,热处理主要分为基本热处理和化学热处理两种。

基本热处理主要通过热的作用改变金属材料的内部(或表面)组织结构和性能。这种热处理方法对材料的化学成分、零件的形状和尺寸影响不大。通常,基本热处理有退火、正火、淬火、回火、调质、时效等几种形式。

化学热处理是指将金属材料(或零件)放在含有某一种或几种化学元素(如C、N、Al、B、Cr等)的介质中进行加温和保温,并将热作用和化学作用有机地结合起来,使这些元素的活性原子渗入金属材料(或零件)的表面,改变金属材料的组织结构、表面的化学成分,从而获得良好的表面性能的一种热处理工艺方法。

根据渗入元素的不同,化学热处理有渗碳、渗氮、碳氮共渗、渗铝和渗铬等。化学热处理的作用有两个方面:一是强化表面,常见的处理方法有渗碳、渗氮、碳氮共渗等,如用低碳钢制成的零件经过表面渗碳、淬火后,其表面层含C量增加,零件表面具有高硬度、高耐磨性的高碳钢淬火后的性能,而零件的中心部分却保留了低碳钢淬火后所具有的良好塑性、韧度;二是改善表面物理、化学性能,如渗铝、渗铬等,可以提高零件表面的耐腐蚀能力、抗氧化能力。表5-7所示为常见的化学热处理方法及其用途。

表5-7 常见的化学热处理方法及其用途

处理方法	渗入元素	用途
渗碳	C	提高硬度、耐磨性及疲劳强度
渗氮	N	提高硬度、耐磨性、疲劳强度及耐腐蚀性
碳氮共渗	C、N	提高硬度、耐磨性及疲劳强度
渗硼	B	提高硬度、耐磨性及耐腐蚀性
渗铝	Al	提高抗氧化及耐含硫介质的腐蚀性
渗铬	Cr	提高抗氧化性、耐腐蚀性及耐磨性

表面处理是指经表面涂覆、表面改性或多种表面技术复合处理,改变固体金属表面或

非金属表面的形态、化学成分、组织结构和应力状态,以达到保护零件表面,改善其耐磨性、传热性、导电性,满足零件加工工艺要求或美化外观、防锈等目的的一种处理方法。常用的表面处理方法有热喷涂、电镀、化学镀、涂装、激光表面改性等。表5-8所示为几种常用的金属材料热处理、表面处理方法及其应用。

表5-8 几种常用的金属材料热处理、表面处理方法及其应用

名称	说明	应用举例
退火	将钢件加热到临界温度以上,保持一段时间,然后随炉缓慢地冷却下来	用于改善铸、锻件和焊接件焊缝的组织不均匀性,消除内应力,降低硬度,增加韧度,提高切削性
正火	将钢件加热到临界温度以上,保持一段时间,然后在空气中冷却,冷却速度比退火快	用于低碳钢和中碳钢及渗碳零件,使其组织均匀、细化,增强韧度与强度,减小内应力,改善切削加工性
淬火	将钢件加热到临界温度以上,保持一段时间,然后在水、盐水或油中(个别材料在空气中)急冷下来	用来提高钢的硬度和强度,但淬火时会引起内应力使钢变脆,所以淬火后必须回火
回火	将淬硬的钢件加热到临界温度以下,保持一段时间,然后在空气中或油中冷却	用来消除或降低淬火后的内应力,提高零件的韧度,改善其综合力学性能
调质	淬火后,将钢件高温回火(即将钢件加热到500~650 ℃,保持一段时间,然后在空气中或油中冷却)	用来使钢获得高的韧度和足够的强度,很多重要的零件,如齿轮、轴及丝杠等常需要调质处理
表面淬火 高频感应加热淬火	用火焰或高频电流将零件表面迅速加热到临界温度以上,随即进行淬火冷却,再进行低温回火	可使零件表面有高的硬度和耐磨性,而心(内)部保持原有的强度和韧度,常用来处理齿轮等零件
时效	低温回火后,精加工之前,加热到100~150 ℃保温较长时间(一般为5~20 h)。对铸件可用天然时效方法(放在露天中1年以上)	消除或减小工件的内应力,防止变形及开裂,稳定零件的形状和尺寸,用于处理量具、精密丝杠、机床导轨、床身等
发蓝、发黑	将金属零件放入很浓的碱和氧化剂溶液中加热氧化,使金属表面形成一层氧化铁所组成的保护性薄膜	防腐蚀、美观,用于一般连接的标准件和其他电子类零件
热喷涂	利用热源将熔点很低的金属熔化为液态,再用外加的压缩空气流吹拂液态金属,使其雾化并喷射到零件表面,从而获得金属的喷涂层。有火焰喷涂、电弧喷涂等几种	可使零件表面有高的耐腐蚀性和耐磨性,可提高零件的使用寿命或进行零件表面磨损失效的修复
电镀	将零件放入含有欲镀金属的盐类溶液中,在直流电的作用下,通过电解作用,在零件表面获得一层结合牢固的金属膜	改善零件的外观,并使零件表面获得良好的物理、化学性能,如耐腐蚀性、耐磨性和导电性

表 5 -8(续)

名称	说明	应用举例
化学镀	在无外加电流的状态下,借助合适的还原剂,使镀液中的金属离子还原成金属,并沉积到零件表面。常见的有镀镍、镀铜等	镀镍可使零件具有表面硬度高、磁性好、耐腐蚀性强的特点,一般用于汽车、航空、电子、化工、精密仪器工业中。镀铜主要用于非导体材料的金属化处理,在电子工业中有着非常重要的地位
涂装	将有机涂料涂覆在物体表面并干燥成膜的过程,有机涂料又简称为"涂料"或"油漆"	改善零件及其设备的外观,提高其耐腐蚀、隔热、防火、防污等性能

第6章 通用设备

6.1 滚动轴承与润滑

6.1.1 概述

滚动轴承是广泛应用于各类机械中的重要基础元件,国际标准化组织给滚动轴承下的定义是在承受载荷和彼此相对运动的零件间做滚动(不是滑动)运动的支承件,它包括滚道的零件和带或不带隔离或引导件的滚动体组。

润滑是人们同摩擦、磨损做斗争的一种手段。在摩擦副对偶表面加入一种物质而将两表面分隔开来,变两对偶表面的干摩擦为加入物质分子间的内摩擦,以达到控制摩擦、降低磨损、延长使用寿命的目的,这种措施叫作润滑。

凡是能降低摩擦力的介质都可作为润滑材料,润滑材料亦称润滑剂。机械设备中常用的润滑剂有液体润滑剂、半固体润滑剂和固体润滑剂。其中,最常用的润滑剂是液体润滑剂(润滑油)。

向摩擦副提供适量的润滑剂进行润滑的主要目的是减少摩擦、磨损和保证设备的正常运行。为达到此目的,除了应根据摩擦副的工况条件选用合适的润滑剂外,还应有合理的润滑方法,以保证润滑剂的可靠供给。由于近年来各种机械设备向高速度、大功率、高精度和高度自动化方向发展,因而对润滑方法的选择也日趋重要。

6.1.2 结构与原理

1. 滚动轴承的结构及原理

滚动轴承一般由内圈、外圈、滚动体和保持架四部分组成(图6-1)。内圈的作用是与轴相配合并与轴一起旋转;外圈的作用是与轴承座相配合,起支撑作用;滚动体是借助保持架均匀地分布在内圈和外圈之间的部件,其形状大小和数量直接影响着滚动轴承的使用性能和寿命;保持架能使滚动体均匀分布,引导滚动体旋转,起润滑作用。

为了适应某些使用要求,有些轴承会增加或减少一些零件,如无内圈或无外圈,既无内圈又无外圈[内圈和外圈则由相配的主机零件(轴或机座)代替],无保持架,或带防尘盖、密封圈及安装调整用的紧定套等。

滚动体的两种基本形式为球-球轴承、滚子-滚子轴承。

球和滚子的区别在于它们与滚道接触的方式不同。

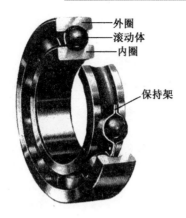

图 6-1 滚动轴承

球与轴承圈滚道进行点接触(图 6-2)。随着作用于轴承的载荷越来越大,接触点变成一个椭圆形区域。接触区域小则滚动摩擦也小,从而使得球轴承能够适应高速运行,但其承载能力有限。

滚子与轴承圈滚道进行线接触(图 6-3)。随着作用于轴承的载荷越来越大,接触线会变成一个矩形区域。由于接触区域变大导致摩擦变大,与同尺寸的球轴承相比,滚子轴承可承受更重的载荷,但速度较低。

图 6-2 点接触

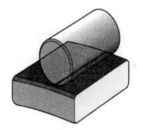

图 6-3 线接触

2. 滚动轴承的分类

滚动轴承根据主要承受的载荷方向分为两类。

(1)径向轴承

径向轴承能够承受与轴垂直的载荷。有些径向轴承只能承受纯径向载荷,而大部分径向轴承还能承受某一方向的轴向载荷,有些情况下,也能承受两个方向的轴向载荷(图 6-4)。

(2)推力轴承

推力轴承主要承受沿着轴向方向的载荷。根据其设计,推力轴承可以支撑单向或双向的纯轴向载荷(图 6-5),且有些可以额外承受径向载荷,即承受联合载荷(图 6-6)。推力轴承不能达到与同尺寸径向轴承一样高的转速。

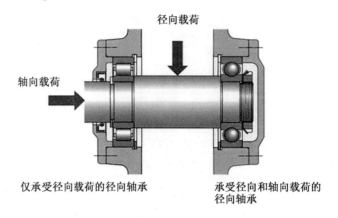

图 6 - 4　径向轴承载荷

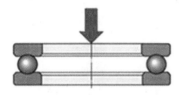

图 6 - 5　承受纯轴向载荷的推力轴承

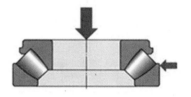

图 6 - 6　承受联合载荷的推力轴承

接触角决定轴承属于哪一类别。接触角≤45°的轴承是径向轴承,其他为推力轴承。

3. 滚动轴承的基本尺寸符号

滚动轴承基本尺寸符号如图 6 - 7 所示。

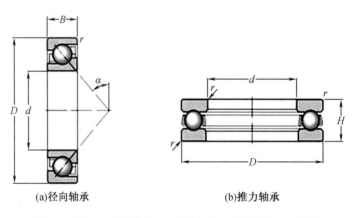

(a)径向轴承　　　　(b)推力轴承

d—内径;D—外径;B—轴承宽度;H—轴承高度;r—倒角尺寸;α—接触角。

图 6 - 7　滚动轴承基本尺寸符号

4. 滚动轴承的相关术语

径向轴承组成如图 6 - 8 所示。

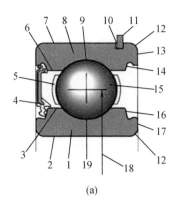
(a)

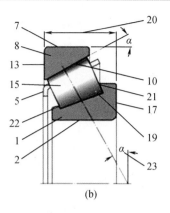
(b)

1—内圈;2—内圈内孔;3—内圈肩部表面;4—密封装置(密封件以橡胶制造、防尘盖以钢板制造);
5—保持架;6—外圈肩部表面;7—外圈外表面;8—外圈;9—外圈滚道;10—止动槽;11—止动环;12—倒角;
13—外圈端面;14—密封装置凹槽;15—滚动体:球、圆柱滚子、滚针、圆锥滚子、球面滚子、圆环滚子;
16—密封装置凹槽;17—内圈端面;18—轴承节圆直径;19—内圈滚道;20—轴承总宽度;21—引导挡边;
22—定位挡边;23—接触角。

图 6-8 径向轴承组成

推力轴承组成如图 6-9 所示。

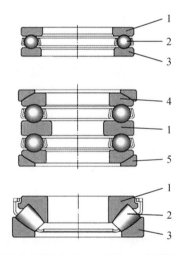

1—轴圈;2—滚动体和保持架组件;3—座圈;4—球面调心座圈;5—座垫圈。

图 6-9 推力轴承组成

典型的滚动轴承包含内圈、外圈、滚动体(球和滚子)、保持架(图 6-10)。

下述为滚动轴承专业术语。

(1)轴承套圈

轴承套圈包括内圈和外圈滚动接触区域及循环碾压的压力在轴承运行中导致轴承套圈疲劳。为应对此类疲劳,必须对钢制轴承套圈进行硬化处理。用于轴承套圈和垫圈的标准钢材为100Cr6,其含有约1%的 C 和1.5%的 Cr。

(2)滚动体

滚动体(球和滚子)在内圈和外圈之间传递载荷。通常滚动体与轴承套圈和垫圈采用同样的钢材。根据需求,滚动体也可以采用陶瓷材料制成。带有陶瓷滚动体的轴承被视为混合陶瓷轴承,且越来越常见。

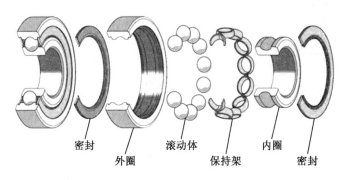

密封　外圈　　滚动体　保持架　内圈　密封

图6-10　滚动轴承组件

（3）保持架

保持架的主要用途是:

①分离滚动体以减小轴承产生的摩擦热量;

②使滚动体均匀隔开,以优化载荷分布;

③在轴承的无载区引导滚动体;

④对于分离型的轴承,在安装或拆卸其中一个轴承套圈时,可以把滚动体保持为一体。

保持架的类型包括:

①冲压金属保持架[图6-11(a)]:冲压金属保持架(钢板或黄铜薄板)质量轻且可耐受高温。

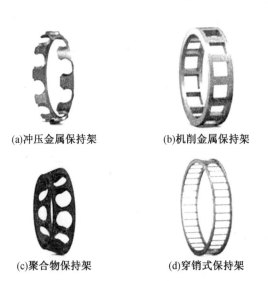

(a)冲压金属保持架　　　　(b)机削金属保持架

(c)聚合物保持架　　　　(d)穿销式保持架

图6-11　保持架的类型

②机削金属保持架[图6-11(b)]:机削金属保持架由黄铜、钢或轻合金制成,可承受高速、高温、高加速度和高振动。

③聚合物保持架[图6-11(c)]:聚合物保持架由聚酰胺66(PA66)、聚酰胺46(PA46)、

聚醚醚酮(PEEK)或其他聚合物材料制成。聚合物材料保持架良好的滑动属性几乎不会产生摩擦,因此可以用于高速运行。在润滑不良的情况下,这些保持架可降低突发故障及二次损伤的风险,因为它们可以在润滑不足条件下工作一段时间。

④穿销式保持架[图6-11(d)]:穿销式保持架以销钉连接在滚子上,并且只用于大尺寸滚子轴承。这种保持架的质量相对较轻,可以装入更多数量的滚子。

(4)内置密封

内置密封将润滑剂保留在轴承内,可大幅延长轴承的使用寿命,并防止污染物侵入。轴承可提供各种不同的密封装置。

(5)防尘盖

防尘盖和内圈之间有一条小缝隙。带防尘盖的轴承[图6-12(a)]适用于相对清洁的工况,或鉴于速度或工作温度考虑必须低摩擦的情况。

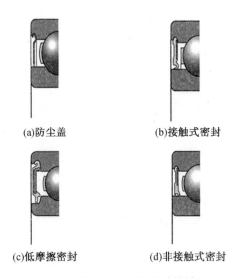

(a)防尘盖   (b)接触式密封

(c)低摩擦密封   (d)非接触式密封

图6-12 带防尘盖和密封件的轴承

(6)密封件

带密封件的轴承是中度污染配置的首选。在无法隔离水分和湿气的情况下,通常采用接触式密封件[图6-12(b)]。这种密封件与其中一个轴承套圈的滑动表面形成直接接触。低摩擦密封件[图6-12(c)]和非接触式密封件[图6-12(d)]可承受与带防尘盖的轴承相同的速度,但密封效能有所改进。

(7)游隙

轴承内部游隙(图6-13)定义为一个轴承圈可沿径向(径向内部游隙)或轴向(轴向内部游隙)相对于另一轴承圈移动的总距离。

在几乎所有应用中,轴承的初始间隙都大于其工作间隙。这种差异主要由以下两种因素引起:

①轴承通常以过盈配合的方式安装在轴或轴承座上。内圈的膨胀或外圈的压缩会减少内部间隙。

②轴承在运行时会发热。轴承和配合组件的热膨胀差异会影响内部游隙。

重要的是,对于某些轴承类型,轴承在运行过程中的内部游隙可以进行预紧(间隙小于零)。

　　为了能够选择合适的初始内部游隙以实现所需的工作内部游隙,制造了不同游隙等级的轴承。

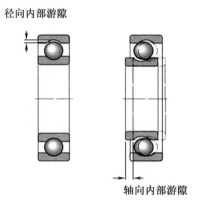

图6-13　轴承内部游隙

(8)存放时间

　　存放时间是指轴承可储存且不会对其运行性能产生不良影响的时间。轴承涂有高品质的防锈油以保护其免受腐蚀。若将轴承放置在未打开、未损坏的原始包装内,可以实现长期存放。轴承的存放时间还取决于其所处的环境条件。为保持轴承潜在的运行性能,推荐"先进先出"的存放原则。

　　①开式(非密封型)轴承的存放时间

　　开式轴承的一般存放时间列于表6-1。

表6-1　开式(非密封型)轴承一般存放时间

存储环境条件			存储时间
空气湿度/%	环境温度/℃	环境温度/℉	/年
65	20~25	70~75	10
75	20~25	70~75	5
75	35~40	95~105	3
无法控制的热带气候条件			1

　　开式轴承建议的存放时间为5年。根据存放环境条件的不同,可以延长至10年,超过10年则不建议继续使用。存放时间超过5年的轴承,若要延长使用需满足下列条件:

　　a.首先满足对应存放环境的要求(表6-1)。

　　b.原始包装未被打开或破坏。

　　c.使用前必须先使用清洗剂对轴承进行清洗,边清洗边检查轴承是否有锈蚀情况,在确保轴承没有锈蚀的情况下才可以继续使用。

　　②闭式轴承的存放时间

　　闭式轴承(带密封件或防尘盖的轴承)的最长存放时间是3年,否则预填的油脂会老

化。为避免存放期间轴承的性能出现退化,需考如下因素:

a.室内存放,存放于无霜无凝结的环境中,最高室温为40 ℃,避免气流。

b.存储在无振动的条件下,因为振动可能导致滚道损坏。

c.最好水平放置,避免轴承掉落造成损坏。

d.不要打开或破坏原始包装。

5.润滑剂的作用

润滑剂在机械设备的正常运转和维护保养中起着重要的作用。

(1)控制摩擦

对摩擦副进行润滑后,由于润滑剂介于对偶表面之间,使摩擦状态改变,相应摩擦因数及摩擦力也随之改变。试验证明:摩擦因数和摩擦力的大小是随着半干摩擦、边界摩擦、半流体摩擦、流体摩擦的顺序递减的,即使在同种润滑状态下,因润滑剂种类及特性不同也各不相同。

(2)减少磨损

摩擦副的黏着磨损、磨粒磨损、表面疲劳磨损及腐蚀磨损等,都与润滑条件有关。在润滑剂中加入抗氧化和抗腐蚀添加剂,有利于抑制腐蚀磨损;而加入油性和极压抗磨添加剂,可以有效减轻黏着磨损和表面疲劳磨损;流体润滑剂对摩擦副具有清洗作用,也可相应减轻磨粒磨损。

(3)降温冷却

降低摩擦副的温度是润滑剂的一个重要作用。众所周知,摩擦副运动时必须克服摩擦力做功,消耗在克服摩擦力上的功全部转化为热量,将引起摩擦副温度上升。摩擦热的大小与润滑状态有关,干摩擦热量最大,流体摩擦热量最小,而边界摩擦的热量则介于两者之间。因此,润滑是减少摩擦热的有效措施。摩擦副温度的高低,除了与摩擦热的高低有关外,还与热的散失快慢有关。一般情况下,固体润滑剂的散热性最差,液体润滑剂的散热性最好,半固体润滑剂的散热性则介于两者之间。由此可见,用液体润滑剂不仅可以实现液体润滑,减少摩擦热的产生,而且还可以将摩擦热及时带走。

(4)防止腐蚀

摩擦副不可避免地要与周围介质接触,引起腐蚀、锈蚀而被破坏。在摩擦副对偶表面上,若有含防腐、防锈添加剂的润滑剂覆盖,就可避免或减少由腐蚀引起的损坏。

上述四点是润滑剂的主要作用。对于某些润滑剂而言,还有如下所述的独特作用。

(5)密封作用

半固体润滑剂具有自封作用,它不仅可以防止润滑剂流失,还可以防止水分和杂质等的侵入;使用在蒸汽机、压缩机和内燃机等设备上的润滑剂不仅能保证润滑,还可以使汽缸与活塞之间处于高度密封的状态,使之在运动中不漏气,起到密封作用并提高工作率。

(6)传递动力

很多润滑剂具有传递动力的作用。例如,齿轮啮合时,其动力不是齿面间直接传递,而是通过一层润滑膜传递。液压传动、液力传动都是以润滑剂作传动介质而传力的。

(7)减振作用

所有润滑剂都有在金属表面附着的能力,且本身的剪切阻力小,所以在摩擦副对偶表面受到冲击载荷时,都具有吸振的能力。例如,汽车的吸振器就是利用油液来减振的,当汽车车体上下振动时,会带动吸振器中的活塞在密封液压缸中上下移动,缸中的油液则逆着活塞运动方向,从活塞的一端流向另一端,通过液体摩擦将机械能吸收,从而达到稳定车体的目的。

6.润滑剂的选用

(1)润滑油的选用

通常,设备制造厂在其说明书中对设备各部位的润滑用油均有规定,设备润滑管理人员只要按照设备说明书的要求选用油品即可。但实际工作中往往出现下述状况:

①某些设备说明书不齐或没有规定用油。

②说明书规定用油落后。

③由于各种原因不能按说明书规定用油(例如,进口设备推荐的外国油品国内很难买到,或为了国产化而需选用国产油)。

这时可按下述原则选油:

①根据设备工况条件选油

a.负荷:负荷大,则选用黏度大、油性或极压性良好的油;负荷小,则选用黏度低的油;冲击较大的场合,也应选用黏度大、极压性好的油品。

b.运动速度:高速部件可选用低黏度油,低速部件可选用黏度大一些的油,但对加有抗磨添加剂的油品,不必过分强调高黏度。

c.温度:温度分为环境温度和工作温度。环境温度低,选用黏度和凝点(或倾点)较低的润滑油,反之可以选用参数高一些的;工作温度高,选用黏度较大、闪点较高、氧化安定性好的润滑油,甚至可选用固体润滑剂;温度变化范围大的,要选用黏温特性好(黏度指数高)的润滑油。

d.环境湿度及与水接触:潮湿环境及与水接触较多的工况条件,应选用抗乳化性较强、油性和防锈性能较好的润滑油。

②参考设备说明书的推荐选油

设备说明书推荐的油品可作为选油的主要参考,但应注意随着技术进步,劣质油品将被逐渐淘汰,合理选用高质油品在经济上是合算的。因此,即使是旧设备,也不应继续使用被淘汰的劣质油品;进口、先进设备所用润滑油应立足国产。

③根据应用场合选用润滑油品种及黏度等级

国产润滑油是按应用场合、组成和特性,用编码符号进行命名的。因此,选用时可先根据应用场合确定组别,再根据工况条件确定品种和黏度等级。

(2)润滑脂的选用

①工作温度:润滑脂在使用部位的最高工作温度下不发生软化流失,是选用的重要指标之一。矿油润滑脂的工作温度一般在 120～130 ℃,更高一些的工作温度应选用合成脂。

②抗水性:常用润滑脂抗水性的顺序为烃基脂＞铝基脂＞钙基脂＞锂基脂＞钙钠脂＞钠基脂。因此,常接触水的部位应使用铝基脂,潮湿部位应使用钙基脂或锂基脂。

③负荷和极压性:对载荷高的场合,应选用加入极压抗磨添加剂的极压润滑脂。

④润滑脂牌号的选择:润滑脂常用稠度等级为 00、0、1、2、3、4、5 等,低稠度等级(0 和 1)润滑脂的泵送分配性好,适用于集中供脂的润滑系统。汽车和大多数机械应按说明书规定用稠度等级为 1 或 2 的脂;小型封闭齿轮用稠度等级为 0 或 00 的脂;采矿、建筑、农业机械等粉尘大的场合下工作的机械,可用稠度等级为 3 或更硬的脂,以阻止污染物侵入。

7. 润滑方法

（1）油润滑方法

油润滑方法的优点是油的流动性较好、散热效果佳、易于过滤除去杂质，因而适用于所有速度范围的润滑，油还可以循环使用，换油也比较方便。其缺点是密封比较困难。

①手工润滑

手工润滑是一种最普遍、最简单的方法。一般是由设备操作工人用油壶或油枪向油孔、油嘴加油。油注入油孔中后，沿着摩擦副对偶表面扩散以进行润滑。因润滑油量不均匀、不连续、无压力而且依靠操作人员的自觉性，所以有时不够可靠，故只适用于低速、轻负荷和间歇工作的部件及部位，如开式齿轮、链条、钢丝绳及不经常使用的粗糙机械。

②滴油润滑

滴油润滑主要是滴油式油杯润滑，它依靠油的自重向滴滑部位滴油，构造简单、使用方便。其缺点是给油量不易控制，机械的振动、温度的变化和液面的高低都会改变滴油量。

③油池润滑

油池润滑是依靠淹没在油池中的旋转零件，将油带到需润滑的部位进行润滑。这种润滑方法适用于封闭箱体内转速较低的摩擦副，如齿轮副、蜗杆蜗轮副、凸轮副等。油池润滑的优点是自动可靠，给油充足；缺点是油的内摩擦损失较大，且易引起发热，油池中的油可能积聚冷凝水。

④飞溅润滑

飞溅润滑是利用高速旋转零件或附加的甩油盘、甩油片，将油池中的油溅散成飞沫向摩擦副供油，主要用于闭式齿轮副及曲轴轴承等处。另外，箱体内壁的油槽还能将部分溅散的润滑油引到轴承内润滑轴承。飞溅润滑时，浸在油池中的零件或附件的圆周速度不应超过 12.5 m/s，否则将产生大量泡沫及温升而使油迅速氧化变质。应装设通风孔以加强箱内外空气的对流，以便油面指示器显示油位。

⑤油绳、油垫润滑

这种润滑方法是将油绳、油垫或泡沫塑料等浸在油中，利用毛细管的虹吸作用进行供油。油绳、油垫本身可起到过滤作用，因此能使油保持清洁，且供油连续均匀。其缺点是油量不易调节，另外，当油中的水分超过 0.5% 时，油绳就会停止供油。油绳不能与运动表面接触，以免被卷入摩擦面之间。为了使给油量比较均匀，油杯中的油位应保持在油绳全高的 3/4 处，最低也要在 1/3 以上。这种润滑方法多用在低、中速的机械上。

⑥油环、油链润滑

这种润滑方法只用于水平轴，如电风扇、电动机、机床主轴等的润滑。这种方法非常简单，它依靠套在轴上的环或链把油从油池中带到轴上，再流向润滑部位。如能在油池中保持一定油位，这种方法是很可靠的。

油环最好做成整体，为了便于装配也可做成拼凑式，但接头处一定要平滑以免妨碍转动。油环的直径一般比轴大 1.5~2 倍，通常采用矩形断面。如果想增大给油量，可以在内表面车几个圆环槽，当需油量较少时，最好采用圆形断面。油环润滑适用于转速为 50 ~ 3 000 r/min 的水平轴，如转速过高时，环将在轴上剧烈地跳动，而转速过低时油环所带的油量将不足，甚至不能随轴转动。

由于油链与轴、油的接触面积都较大，在低速时也能随轴转动并带起较多的油，因此油链润滑最适于低速机械。在高速运转时，油被剧烈搅动，内摩擦增大，且链易脱节，故不适于高速机械。

⑦强制送油润滑

强制送油润滑是用泵将油压送到润滑部位,由于具有压力的油到达润滑部位时能克服旋转零件表面产生的离心力,给油量也比较丰富,因此不但润滑效果较好,而且冷却效果也较好。强制送油润滑方法和其他方法比较起来,更易控制供油量的大小,也更可靠。因此,它被广泛地用于大型、重载、高速、精密、自动化的各种机械设备。强制送油润滑又可以分为全损耗性润滑、循环润滑和集中润滑三种类型。

a. 全损耗性润滑

全损耗性润滑是指经过摩擦副的润滑油不再循环使用的一种润滑方式。它用于需油量较少的各种设备的润滑点,而且常常是通过运动的机械或电动机带动柱塞泵从油池中把油压送至润滑点。供油是间歇的,油的流量可以由柱塞的行程来调整,慢的几分钟发送一滴油,快的每秒钟发送几滴油,它既可以做单独润滑也可以将几个泵组合起来做集中润滑。

b. 循环润滑

循环润滑是指液压泵从机身油池中把油压送到各摩擦副进行润滑,经过润滑部位后的油又回流到机身油池内而循环使用。

c. 集中润滑

集中润滑是指由一个中心油箱向数个润滑部位供油。因此,它主要用于有大量润滑点的机械设备甚至整个车间或工厂。这种方式不但可以手工操作,也可自动配送适量的润滑油。集中润滑的优点是可以任意连接许多润滑部位,可以适应润滑部位的改变,能精确地分配润滑剂,容易实现各种机械的自动化生产,可实现机器启动前的预润滑,可控制润滑剂流动状态或整个润滑过程,简化维修,当机械中的润滑剂缺乏或集中润滑系统发生故障时,可使机械停车。

d. 油雾润滑

油雾润滑是指利用压缩空气将油雾化,再经喷嘴(缩喉管)喷射到需要润滑的部位。由于压缩空气和油一起被送到润滑部位,因此有较好的冷却润滑效果。压缩空气具有一定压力,可以防止摩擦表面被灰尘、磨屑所污染。其缺点是排出的空气中含有油雾粒子,会造成污染。油雾润滑主要用于高速的滚动轴承及封闭齿轮、链条等。

(2)脂润滑方法

润滑脂是非牛顿型流体,与润滑油相比,脂的流动性、冷却效果都较差,杂质也不易除去。因此,脂润滑多用于低、中速机械。如果密封装置设计得比较合理,并采用高速型润滑脂,则也可以用于高速部位的润滑。

①手工润滑

手工润滑主要是利用脂枪把脂从注脂孔注入,或手工将脂填入润滑部位。这种润滑方法适用于高速运转而不需要经常补充润滑脂的部位。

②滴下润滑

滴下润滑是指将润滑脂装在脂杯里向润滑部位滴入润滑脂进行润滑。脂杯可分为两种形式,一种是受热式,另一种是压力式。

③集中润滑

集中润滑是指由脂泵将脂罐里的脂输送到各管路,再经过分配阀将脂定时定量地分送至各润滑点。这种润滑方法主要用于润滑点很多的车间或工厂。

6.1.3 标准规范

GB/T 271《滚动轴承 分类》

GB/T 272《滚动轴承 代号方法》

GB/T 273.1《滚动轴承 外形尺寸总方案 第1部分:圆锥滚子轴承》

GB/T 273.2《滚动轴承 外形尺寸总方案 第2部分:推力轴承》

GB/T 273.3《滚动轴承 外形尺寸总方案 第3部分:向心轴承》

GB/T 274《滚动轴承 倒角尺寸最大值》

GB/T 275《滚动轴承配合》

GB/T 276《滚动轴承 深沟球轴承 外形尺寸》

GB/T 281《滚动轴承 调心球轴承 外形尺寸》

GB/T 283《滚动轴承 圆柱滚子轴承 外形尺寸》

GB/T 285《滚动轴承 双列圆柱滚子轴承 外形尺寸》

GB/T 288《滚动轴承 调心滚子轴承 外形尺寸》

GB/T 290《滚动轴承 无内圈轴承 外形尺寸》

GB/T 292《滚动轴承 角接触球轴承 外形尺寸》

GB/T 294《滚动轴承 三点和四点接触球轴承 外形尺寸》

GB/T 296《滚动轴承 双列角接触球轴承 外形尺寸》

GB/T 297《滚动轴承 圆锥滚子轴承 外形尺寸》

GB/T 299《滚动轴承 双列圆锥滚子轴承 外形尺寸》

GB/T 300《滚动轴承 四列圆锥滚子轴承 外形尺寸》

GB/T 301《滚动轴承 推力球轴承 外形尺寸》

GB/T 305《滚动轴承 向心轴承止动槽和止动环 尺寸、产品几何技术规范(GPS)和公差值》

GB/T 307.1《滚动轴承 向心轴承 产品几何技术规范(GPS)和公差值》

GB/T 307.2《滚动轴承 测量和检验的原则和方法》

GB/T 307.3《滚动轴承 通用技术规则》

GB/T 307.4《滚动轴承 推力轴承 产品几何技术规范(GPS)和公差值》

GB/T 308.1《滚动轴承 第1部分:钢球》

GB/T 309《滚动轴承 滚针》

GB/T 3882《滚动轴承 外球面球轴承和偏心套 外形尺寸》

GB/T 4199《滚动轴承 公差定义》

GB/T 4604.1《滚动轴 第1部分:向心轴承的径向游隙》

GB/T 4648《滚动轴承 圆锥滚子轴承 凸缘外圈 外形尺寸》

GB/T 4661《滚动轴承 圆柱滚子》

GB/T 4662《滚动轴承 额定静载荷》

GB/T 4663《滚动轴承 推力圆柱滚子轴承 外形尺寸》

GB/T 5859《滚动轴承 推力调心滚子轴承 外形尺寸》

GB/T 5868《滚动轴承 安装尺寸》

GB/T 6391《滚动轴承 额定动载荷和额定寿命》

GB/T 7811《滚动轴承 参数符号》

GB/T 7813《滚动轴承 剖分立式轴承座 外形尺寸》

GB/T 8597《滚动轴承 防锈包装》

GB/T 7632《机床用润滑剂的选用》

GB/T 13608《合理润滑技术通则》

GB/T 6576《机床润滑系统》

GB 7324《通用锂基润滑脂》

GB 7323《极压锂基润滑脂》

GB 491《钙基润滑脂》

GB 440《20 号航空润滑油》

GB 439《航空喷气机润滑油》

GB/T 3141《工业液体润滑剂 ISO 粘度分类》

JB/T 10465《稀油润滑装置 技术条件》

NB/SH/T 0882《润滑油极压性能的测定 SRV 试验机法》

NB/SH/T 0869《润滑脂离心分油测定法》

NB/SH/T 0864《润滑脂中金属元素的测定 电感耦合等离子体发射光谱法》

NB/SH/T 0858《润滑脂低温锥入度测定法》

NB/SH/T 0851《精密机械和光学仪器用润滑脂》

6.1.4 预维项目

1. 轴承的预维

滚动轴承在使用过程中,由于制造和使用中各因素的影响,其承载能力、旋转精度等性能会发生变化,当其性能指标达不到使用要求时就产生了失效或损坏。影响滚动轴承失效的因素很多,如设计、材料、制造、安装条件、环境条件、维护保养等。大多数滚动轴承的失效分析表明,轴承失效大部分是由于使用或维护不当引起的,如选型不合理、轴承安装不当、润滑不良、密封失效、支承部位设计和制造缺陷、操作失误等。

滚动轴承常见的失效形式有疲劳剥落、磨损、塑性变形、腐蚀、裂纹和缺损、电腐蚀、保持架损坏等。

由于轴承是一种通用的设备零部件,通常在设备检修时作为必换件进行更换,所以不需要建立单独的检修项目,可以在设备预防性维修项目中定期更换,以确保轴承的精度、性能和可靠性,满足主设备长期稳定运行的要求。

润滑剂的补充和更换预维一般跟随主设备的检查维护和解体检查执行。

2. 润滑油的质量指标

润滑油的质量指标可分为两类,一类是油品的理化性能指标,另一类是油品的使用性能指标。

(1)油品的理化性能指标

①颜色

润滑油的颜色与基础油的精制深度及所加的添加剂有关;在使用或贮存过程中则与油品的氧化、变质程度有关。如呈乳白色,则有水或气泡存在;颜色变深,则说明已被氧化变质或污染。润滑油颜色的测定可按 GB/T 6540 进行。

②黏度

黏度是润滑油最重要和最基本的性能指标。大多数润滑油都按运动黏度来划分牌号。润滑油的黏度越大,所形成的油膜越厚,越有利于承受高负荷,但其流动性差,这也增加了机械运动的阻力,或者不能及时流到需要润滑的部位,以致失去润滑作用。

③黏温特性

温度变化时,润滑油的黏度也随之变化。温度升高则黏度降低,反之则黏度升高。润滑油黏度随温度变化的特性称为润滑油的黏温特性,它是润滑油的重要指标之一。表示润滑油黏温特性的方法有两种:一种是黏度比,另一种是黏度指数。

④凝点

凝点是指在规定的冷却条件下油品停止流动的最高温度,一般润滑油的使用温度应比凝点高 $5 \sim 7$ ℃。凝点可按 GB/T 510 规定的方法进行测定。

⑤倾点

倾点是油品在规定的条件下冷却到能继续流动的最低温度,也是油品流动的极限温度,故能更好地反映油品的低温流动性,实际使用性比凝点好。润滑油的最低使用温度应高于油品倾点 3 ℃以上。倾点可按 GB/T 3535 规定的方法进行测定。

⑥闪点

闪点是描述油品蒸发性的一项指标。油品蒸发性越大,其闪点越低。同时,闪点又是衡量石油产品着火危险性的指标。在选用润滑油时,应根据使用温度和润滑油的工作条件进行确定。一般认为,闪点比使用温度高 $20 \sim 30$ ℃即可安全使用。闪点可按 GB/T 267 或 GB/T 261 规定的方法测定。

⑦酸值

酸值指中和 1 g 油样中全部酸性物质所需的氢氧化钾的质量,用 mg KOH/g 的数值表示。对于新油,酸值表示油品精制的深度或添加剂的加入量(当加有酸性添加剂时);对于旧油,酸值表示氧化变质的程度。一般润滑油在贮存和使用过程中,由于与空气中的氧发生反应,生成一定的有机酸,或由于碱性添加剂的消耗,油品的酸值会发生变化。因此,酸值过大说明氧化变质严重,应考虑换油。酸值可按 GB/T 264 规定的方法进行测定。

⑧水溶性酸碱

水溶性酸碱主要用于鉴别油品在精制过程中是否将无机酸碱水洗干净;在贮存、使用过程中,有无受无机酸碱的污染或因包装、保管不当而使油品氧化分解产生有机酸类。通常油品中不允许有水溶性酸碱,否则与水、汽接触的油品容易腐蚀机械设备。这是一项定性试验,可按 GB/T 259 规定的方法进行测定。

⑨机械杂质

机械杂质是润滑油中不溶于溶剂的沉淀物或胶状悬浮物的统称。它们大部分是砂石和铁屑之类,或由添加剂带来的一些难溶于溶剂的有机金属盐。机械杂质将加速机械设备的正常磨损,严重时将堵塞油路、油嘴和过滤器,破坏正常润滑。此外,金属碎屑在一定的温度下对油起催化作用,会加速油品氧化变质。机械杂质可按 GB/T 511 规定的方法进行测定。

⑩水分

水分指润滑油中的含水量,以质量分数表示。润滑油中的水分一般以三种状态存在,即游离水、乳化水、溶解水。润滑油中水分的存在会破坏润滑油膜,使润滑效果变差,加速有机酸对金属的腐蚀作用,还会使添加剂(尤其是金属盐类)发生水解反应而失效,从而产生沉淀,堵塞油路,妨碍润滑油的循环和供应。此外,在使用温度接近凝点时,会使润滑油流动性变差,黏温性能变坏。当使用温度高时,水汽化,这不但破坏油膜,而且产生气阻,影响润滑油的循环。水分测定可按 GB/T 260 的规定进行。

⑪灰分

灰分是指在规定的条件下,灼烧后剩下的未燃烧物含量,以质量分数表示,可按 GB/T 508 规定的方法进行测定。灰分一般是一些金属元素及其盐类。对于基础油或不加添加剂的油品,灰分可用来判断油品的精制深度。对于加有金属盐类添加剂的油品(新油),灰分是定量控制添加剂加入量的参照,此时的灰分不是越少越好,而是不得低于某个指标,如内燃机油的产品标准中,既规定了基础油的最高灰分,又规定了最低灰分。

(2)油品的使用性能指标

润滑油使用性能指标是在试验室内模拟机械设备的工作状态和润滑油的使用条件,对油品的性能进行评估,是润滑油配方筛选和产品质量控制及评定的重要手段。

①抗腐蚀性

一般采用金属片试验(如 GB/T 5096)来判断润滑油的抗腐蚀性。为提高润滑油的抗腐蚀性,可适当加入防腐添加剂。

②防锈蚀性

润滑油延缓金属零部件生锈的能力称为防锈蚀性,可按 GB/T 11143 规定的方法进行试验测定。由于基础油的防锈能力较低,为此常要加入防锈添加剂。

③抗乳化性

润滑油的抗乳化性是指防止乳化或一时乳化但经静置油水能迅速分离的性质,一般可按 GB/T 7305 或 GB/T 8022 规定的方法进行测定。液压油、齿轮油、汽轮机油等工业润滑油,在使用中常常不可避免地要混入一些冷却水,若其抗乳化性不好,将与混入的水形成乳化液,降低润滑性能,损坏机件,且易形成油泥。油品精制深度差或随着使用时间增长发生氧化、酸值增大、混入杂质等,都会使抗乳化性变差。因此,为保证油品有良好的抗乳化性,就必须尽可能地提高基础油的精制深度,在调制、贮运和使用过程中,要尽量避免杂质的混入。

④抗泡性

润滑油的抗泡性是指油中通入空气时或搅拌时发泡体积的大小及消泡的快慢等性能,可按 GB/T 12579 规定的方法进行测定。润滑油在使用过程中,由于受到振荡、搅拌作用,使空气混入润滑油中而形成泡沫。这些泡沫造成润滑油的流动性变坏,润滑性能变差,甚至发生气阻而影响供油等。因此,润滑油必须有一定的抗泡性能。

⑤氧化安定性

润滑油在一定的外界条件下抵抗氧化作用的能力称为润滑油的氧化安定性。试验方法是在一定温度并有金属催化剂存在的条件下,向油品中通入氧(纯氧气或空气),经过强烈氧化后测定油品质量的变化,以氧化后酸值、沉淀物数量或黏度增长率等表示。氧化后酸值大、沉淀物多、黏度增长率大则表明油的氧化安定性差,使用寿命不长。此项试验对于长期循环使用的汽轮机油、液压油、工业齿轮油、压缩机油、变压器油、内燃机油等均有重要意义。

⑥润滑油氧化

润滑油氧化主要是油中溶解的氧与烃反应引起的。氧化作用受油与氧接触程度的影响,因此搅拌或强烈振荡的油比静止的油更易被氧化。氧化的速度受温度的影响最大,温度每升高 8～10 ℃,氧化速度提高一倍。铜、铁等金属和水的存在,可极大地加速氧化过程。为防止或减缓润滑油的氧化变质,即提高润滑油的氧化安定性,调制润滑油必须加入抗氧化添加剂。润滑油在贮存和使用过程中,也应避免高温、混入水和杂质等。

⑦极压抗磨性

极压抗磨性是衡量润滑油在苛刻工况条件下防止或减轻运动副磨损的润滑能力指标。评价油品极压抗磨性使用最为普遍的仪器是四球试验机,其次为梯姆肯试验机和 FZG 齿轮试验机等。

⑧热安定性

热安定性表示油品的耐高温能力。在隔绝氧气和水蒸气的条件下,油品受到热的作用后发生性质变化的程度越小其热安定性就越好。热安定性的好坏在很大程度上取决于基础油的组成和馏分。很多分解温度较低的添加剂,往往对油品的热安定性有不利影响。

⑨剪切安定性

润滑油在通过泵、阀的间隙及小孔或齿轮轮齿啮合部位、活塞与汽缸壁的摩擦部位时,都受到强烈的剪切作用,这时油中的高分子物质就会发生裂解,生成相对分子质量较低的物质,从而导致油品的黏度降低。油品的抵抗剪切作用而使黏度保持稳定的性能称为剪切安定性(抗剪切性)。一般不含高分子添加剂(如增黏剂)的油品,其剪切安定性都比较好,而含高分子添加剂的油品其剪切安定性就比较差。

3. 润滑脂的理化性能指标

(1)锥入度

锥入度是评价润滑脂稠度的常用指标,它是在规定负荷、时间和温度的条件下,标准锥体沉入润滑脂的深度,用 0.1 mm 的数值表示。锥入度愈大,表示润滑脂稠度愈小,反之则稠度愈大。润滑脂的稠度等级是按锥入度来划分的,国内外都采用美国润滑脂协会(NLGI)按工作锥入度划分的润滑脂稠度等级。润滑脂的级号愈小,锥入度愈大,润滑脂愈软。

(2)滴点

在试验条件下,润滑脂从杯中滴下第一滴或成柱状触及试管底部时的温度称为润滑脂的滴点。滴点是衡量润滑脂耐温程度的参考指标,一般润滑脂的最高使用温度要低于滴点 0～30 ℃,这样才能使润滑脂长期工作而不至于流失。润滑脂滴点的高低,主要取决于稠化剂的种类和数量。

(3)保护性能

润滑脂的保护性能是指保护金属表面、防止生锈的作用。它包括三个方面:

①本身不锈蚀金属;

②抗水性好,即不吸水、不乳化、不易被水冲掉;

③黏附性好、高温不滑落、低温不龟裂,能有效地黏附于金属表面而将空气和腐蚀性物质隔绝。

(4)安定性

润滑脂的安定性包括胶体安定性、化学安定性和机械安定性。润滑脂在贮存和使用中的抑制析油的能力称为润滑脂的胶体安定性。胶体安定性差的润滑脂析油严重,不宜长期贮存。发现润滑脂轻度析油时,可将其搅拌均匀后尽早使用。润滑脂在贮存和使用中抵抗氧化的能力叫作润滑脂的化学安定性。皂基脂比较容易氧化,严重氧化的皂基脂,颜色变深,有恶臭,对金属产生腐蚀,自身变软或结块。润滑脂的机械安定性是指润滑脂受到机械剪切时,稠度立即下降,当剪切作用停止后,其稠度又可恢复(但不能恢复到原来的程度)。机械安定性差的润滑脂使用寿命短。

(5)流变性

润滑脂在外力作用下产生形变流动的性能称为流变性,其参考指标有强度极限和相似黏度。从降低机械摩擦力和便于管道供脂出发,润滑脂的强度极限和相似黏度不宜过大。

(6)蒸发损失

润滑脂在使用中常常由于流失、蒸发和氧化变质而逐渐消耗,特别在高温工作时蒸发更易导致润滑脂消耗。蒸发夺去了脂中的润滑液体成分,从而改变了润滑脂组织,影响其使用性能。润滑脂的蒸发性对既需要在高温同时也需要在低温条件下工作具有重要意义,因为在低温(零下)工作的润滑脂,其基础油的黏度和凝点都要求很低,而大多数低黏度、低凝点的矿油都含有较轻的馏分,在温度不高(100 ℃)时就会大量蒸发。因此,宽温度范围使用的润滑脂常常只能用合成润滑油作基础油。将蒸发损失和滴点结合起来,可以较好地评价高温润滑脂的高温性能。

(7)游离酸或碱

在润滑脂中含有游离酸,特别是低分子有机酸和过多的游离碱都会引起机件的腐蚀,故应加以限制。游离酸多是矿油的氧化或皂的分解产物。少量游离碱的存在对抑制皂的水解有利,但过多又会影响胶体的安定性(易引起皂的凝聚)。

6.1.5 典型案例分析

1. 状态报告

1GEV311ZV/1GEV232ZV 主变冷却风扇电机故障,解体电机发现故障原因为轴承缺少润滑脂,而且油脂已碳化造成轴承卡涩。

2. 事件描述

104/204 大修执行 1 号/2 号机组主变 A 相、B 相、C 相冷却器风扇解体检查,更换了现场 72 台主变冷却器风扇电机轴承。

2019 年 10 月 23 日,维修二处现场巡检发现 1GEV311ZV 有异音。

2019 年 11 月 1 日,更换了 1GEV311ZV 电机,解体缺陷电机,发现电机两端轴承油脂已变质,造成轴承卡涩,产生了异音。

2019 年 12 月 31 日,运行二处现场巡检发现 1GEV232ZV 有异音。

2020 年 1 月 14 日,更换了 1GEV232ZV 电机,解体缺陷电机,发现电机非驱动端轴承润滑脂已碳化,造成轴承卡涩,产生了异音。轴承室及轴颈尺寸测量合格,无其他异常。

3. 原因分析

(1)直接原因

轴承润滑油脂变质,严重氧化提早失效,导致轴承润滑不足致使轴承磨损产生异音。

(2)根本原因

轴承座公差配合不当使得轴承游隙变小温度升高,最终导致轴承故障。

（3）促成原因

电机长期在潮湿环境下运行,不良的密封使得轴承润滑脂在水分的作用下加速氧化;公差带测量不精确,无法保证轴承配合处于正确的公差带范围;没有电机轴承在线温度、振动测量数据,无法获取轴承温度、振动变化趋势,从而不能提早发现轴承故障隐患。

4. 纠正行动

（1）105 大修解体主变冷却风扇电机,更换新轴承。

（2）修改主变冷却风扇电机解体规程,明确轴承座配合公差为 J6 公差带:90(− 0. 006 ～ +0. 016)mm。

（3）咨询主变冷却风扇电机生产厂家电机出厂设计时的轴承公差带。

（4）105 大修使用技术四处调研后的新轴承更换两台主变冷却风扇电机作为试点。

（5）205 大修使用技术四处调研后的新轴承更换两台主变冷却风扇电机作为试点。

（6）205 大修解体主变冷却风扇电机,更换新轴承。

（7）调研替换可长期在潮湿环境下运行的轴承,并申请采购。

（8）调研加装主变冷却风扇电机轴承温度传感器可行性。

（9）调研加装主变冷却风扇电机轴承振动传感器可行性。

（10）根据现场电机振动、温度、声音情况排查存在相同问题轴承故障的电机。

6.1.6 课后思考

（1）滚动轴承的基本结构一般由哪几部分构成?

（2）关于轴承的存放期限,开式轴承和密封轴承分别是多久?

（3）轴承存放时,需要注意哪些问题?

（4）润滑油和润滑脂的主要性能指标包含哪几项?

（5）润滑油和润滑脂的选用要求有哪些?

（6）润滑油和润滑脂的主要润滑方式有哪几种?

6.2 密 封

6.2.1 动密封

1. 概述

在很多机械中,都需要进行密封才能够正常工作,如果机械不进行密封的话就很有可能造成外泄和内漏,甚至会有微小灰尘颗粒侵入系统中,引起或加剧机械元件摩擦副的磨损,进一步导致泄漏。

简单而言,密封就是将机器或设备某一空间内的介质与其内部其他空间或外部环境空间的介质分隔开来,并控制介质在不同空间内"流窜"的功能和功能装置。如家里自来水管接头密封,汽轮机高、中压腔体之间的密封,旋转泵的轴封,法兰的垫片密封,阀门的填料密封等。

介质从一个空间"流窜"到另一个空间,就叫作泄漏。

　　动密封是指设备中相对运动件之间的密封,根据密封面间是相对滑动还是相对旋转运动,分为往复密封和旋转密封两种基本类型。活塞环密封、唇形密封、隔膜密封是典型的用于往复式运动的密封,往复密封均为接触式密封。机械密封、油封密封、浮环密封、迷宫密封、螺旋密封、离心密封、磁流体密封等属于典型的用于旋转运动的密封。填料密封两者均有。旋转密封中,填料密封、油封密封和机械密封大部分属于接触式密封,通过隔离或切断泄漏通道来达到密封的目的。浮环密封、迷宫密封、螺旋密封、离心密封、停车密封、磁流体密封属于非接触式密封,其中迷宫密封是利用增加泄漏通道中的阻力和流体能量损失来阻漏的;螺旋密封、离心密封是在泄漏通道上加设做功元件,产生与泄漏流体方向相反的压力,与引起泄漏的压差部分抵消或完全平衡,以阻止泄漏;浮环密封和磁流体密封属于流阻形非接触式密封,是依靠密封间隙内的流体阻力效应而达到阻漏目的。通常密封面线速度较低的场合,采用接触式密封,而高速旋转的机械,应采用非接触式密封。核电厂设备中常见的动密封有填料密封、机械密封、迷宫密封和油封密封。图 6 – 14 所示为常见动密封。

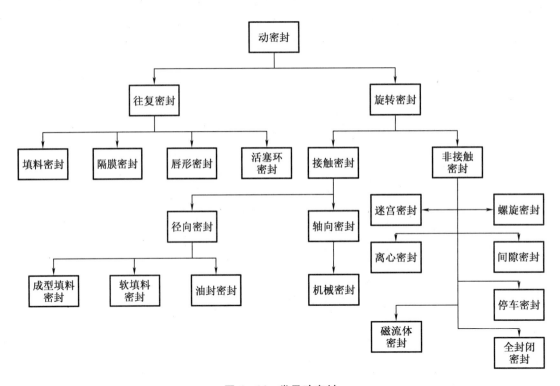

图 6 – 14　常见动密封

2. 结构与原理

（1）填料密封

填料密封按结构特点可分为软填料密封、硬填料密封和成型填料密封。

核电厂内设备使用较多的为软填料密封,即盘根。盘根通常由较柔软的线状物编织而成,通过截面积是正方形的条状物填充在密封腔体内,靠压盖产生压紧力,压紧填料,迫使填料压紧在密封表面（轴的外表面和密封腔）上,产生密封效果的径向力,从而起到密封作用,如图 6 – 15 所示。

图6-15 盘根

盘根填料所选择的制造材料,决定了盘根的密封效果。一般来说盘根制造材料要受工作介质温度、压力及酸碱度的限制,且盘根所工作的机械设备的表面粗糙程度、偏心及线速度等,也会对盘根的材质选择有所要求。

石墨盘根能耐高温、高压,是解决高温、高压密封问题的最有效的产品之一。耐腐蚀,密封性能优异,且作用稳定、可靠。秦山第一核电厂(秦一厂)部分海水阀门、辅助给水泵就使用了石墨盘根。

硬填料密封主要有开口环和分瓣环两类,应急柴油机等活塞上使用的密封环就属于开口环,如图6-16所示。

图6-16 开口环

(2)机械密封

机械密封是一种用来解决旋转轴与机体之间密封的装置(图6-17)。它是由至少一对垂直于旋转轴线端面的在流体压力和补偿机构弹力(或磁力)的作用及辅助密封的配合下保持贴合并相对滑动的密封环构成的防止流体泄漏的装置。其中随轴做旋转运动的密封环称作动环,不随轴旋转的密封环称作静环。动、静环结合的端面即为密封端面。机械密封必须具备轴向补偿能力,以便密封端面磨损后仍能保持良好的贴合,一般由弹簧、弹簧座等部件组成补偿机构为某一密封环提供轴向补偿能力(补偿环可以是动环,也可以是静环)。

图 6 - 17　机械密封

机械密封主要有以下优点。

①密封性能好

密封端面的表面光洁度和平面度都很高,一般处于半流体润滑、边界润滑状态,泄漏量很小,一般在 3 ~ 5 mL/h,根据使用工况要求,甚至能限制在 0.01 mL/h 以下。

②使用寿命长

机械密封具备自润滑性,采用耐磨材料且具备补偿机构。

③无须经常调整

在密封流体压力和补偿弹力作用下,密封端面能保持贴合,无须调整。

④摩擦功耗小

摩擦接触面小,且处于半流体润滑、边界润滑状态,摩擦功率一般为填料密封的 0.2 ~ 0.3 倍。

⑤耐振性强

机械密封具备缓冲能力,在设备允许的振动范围内,仍能保持良好的密封性能。

⑥使用范围广

机械密封可用于高温、低温、强腐蚀、高速等恶劣工况。

泄漏是机械密封失效的主要表现形式,对机械密封泄漏通道进行一般性分析,典型的泄漏点有 7 处:密封端面之间、补偿环辅助密封圈处、非补偿环辅助密封圈处、机体与压盖结合端面之间、轴套与转轴之间、碳石墨环有泄漏孔隙及镶嵌件配合面处。

(3)迷宫密封

迷宫密封是在转轴周围设若干个依次排列的环行密封齿,齿与齿之间形成一系列截流间隙与膨胀空腔,被密封介质在通过曲折迷宫的间隙时产生节流效应而达到阻漏的目的。

迷宫密封是离心式压缩机级间和轴端最基本的密封形式,根据结构特点的不同,可分为平滑式迷宫密封、曲折式迷宫密封、阶梯式迷宫密封及蜂窝式迷宫密封等类型。

①平滑式迷宫密封

平滑式迷宫密封有整体和镶片两种结构,它结构简单,便于制造,但密封效果较差。

②曲折式迷宫密封

曲折式迷宫密封分为整体和镶片两种结构,这种迷宫密封的结构特点是密封齿的伸出高度不一样,而且高低齿相间排列,与之相配的轴表面是特制的凹凸沟槽,这种高低齿与凹凸槽相配合的结构,使平滑的密封间隙变成了曲折式,增加了流动阻力,提高了密封效能。但只能用在有水平剖分面的缸体或隔板中,并且密封体也要做成水平剖分型。

③阶梯式迷宫密封

阶梯式迷宫密封从结构上分析类似于平滑式迷宫密封,而密封效果却与曲折式迷宫密封近似,常用于叶轮盖板和平衡盘处。

④蜂窝式迷宫密封

蜂窝式迷宫密封的密封齿片焊成蜂窝状,以形成复杂形状的膨胀室,它的密封性能优于一般密封形式,适用于压力差较大的场合,如离心式压缩机的平衡盘密封。蜂窝式迷宫密封制造工艺复杂,密封片强度高,密封效果较好。

(4)油封密封

油封密封是一种自紧式唇状密封,其结构简单,尺寸小,成本低廉,维护方便,阻转矩较小,既能防止介质泄漏,也能防止外部尘土和其他有害物质侵入,而且对磨损有一定的补偿能力,但不耐高压,所以一般用在低压场合的化工泵上。

3. 标准规范

JB/T 7370《柔性石墨编织填料》

GB/T 33509《机械密封通用规范》

GB/T 9877《液压传动 旋转轴唇形密封圈设计规范》

4. 预维项目

机械密封属于必换件,一般随设备解体工作一并更换。特殊设备如秦一厂主泵、上充泵等,安排独立的机械密封定期更换预防性维修项目。

5. 典型案例分析

(1)状态报告

CR201608587"04 厂房 0M2#主给水泵运行时前置泵机械密封自由端滴水,解体更换机械密封,工期严重超预期"。

(2)直接原因

机械密封静环压盖螺栓安装紧力过大,使密封静环受压变形。

(3)根本原因

①说明书缺少关键尺寸数据,维修规程不完善,没有给出对机械密封安装过程中的具体要求和技术标准;

②相关人员对主给水前置泵的机械密封的认知和检修技能不足,没能及时判断出导致密封失效的原因机理并采取应对措施。

(4)促成原因

①主给水前置泵密封压盖在多次解体检修后,几何尺寸存在偏差,使密封静环受压变形;

②机械密封备件 O 形圈尺寸与三菱公司提供的机械密封 O 形圈标准尺寸存在偏差。

6. 课后思考

(1)列举出 4 种动密封类型。

(2)列举出 4 种机械密封泄漏通道。

6.2.2 静密封

1. 概述

静密封通常指两个静止面之间的密封。

2. 结构与原理

静密封的机理:垫片密封是靠外力压紧密封垫片,使其本身发生弹性或塑性变形,以填满密封面上的微观凹凸不平来实现密封的。

静密封可按如下方式分类。

（1）按密封原理分类

强制式密封垫：完全靠外力（如螺栓）对垫片施加载荷；

自紧式密封垫：主要利用介质的压力对垫片施加载荷；

半自紧式密封垫：上述两种方法兼而有之。

（2）按压力等级分类

低压密封垫：$p \leqslant 1.6$ MPa；

中低压密封垫：1.6 MPa $< p \leqslant 10$ MPa；

高压密封垫：10 MPa $< p \leqslant 100$ MPa；

超高压密封垫：$p > 100$ MPa。

（3）按垫片密封应力作用方向分类

按此方式可分为轴向密封、径向密封、倾角密封。

（4）按密封接合面分类

线密封：如透镜垫、C 形密封环等；

面密封：如平垫、缠绕垫等。

（5）按材料分类

按此方式可分为非金属垫片、半金属垫片（金属与非金属复合垫片）、金属垫片。

其中，按材料分类是法兰用密封垫片常用分类方式（表 6-2）。

表 6-2　法兰用密封垫片常用分类方式

法兰用密封垫片	非金属垫片	非金属平垫片
		非金属包覆垫片
	半金属垫片（金属与非金属复合垫片）	金属缠绕式垫片
		柔性石墨复合增强垫片
		金属包覆垫片
		柔性石墨金属波齿复合垫片
		金属齿形组合垫片
		金属波纹组合垫片
		金属石墨垫片（金属碰金属）
	金属垫片	金属平垫片
		金属齿形垫片
		金属环形垫片（八角形环垫、椭圆形环垫）
		金属透镜垫片
		金属双锥环垫片
		金属 C 形环
		金属 O 形环

①非金属垫片

a. 非金属平垫片

非金属平垫片(图6-18)指用非金属密封材料加工制作的垫片,包括切割成型垫片与模压垫片。非金属平垫片常用于 RF、MFM、TG 和 FF 型法兰面密封形式,其中用于 FF 型法兰面密封形式的会带有螺栓孔。

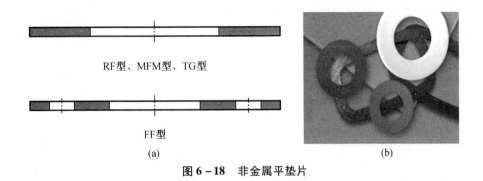

RF型、MFM型、TG型

FF型

(a)　　　　　　　　　　　　(b)

图6-18　非金属平垫片

非金属平垫片常用材料有:橡胶、石棉橡胶、无石棉橡胶、聚四氟乙烯(包括纯聚四氟乙烯、填充聚四氟乙烯和膨胀聚四氟乙烯)、石墨等。

b. 非金属包覆垫片

聚四氟乙烯包覆垫片(图6-19)是一种非金属包覆垫片,一般由包封皮及嵌入物两部分组成。包封皮主要起耐腐蚀作用,通常由聚四氟乙烯材料制成;嵌入物(填料)通常为石棉橡胶板、无石棉橡胶板和橡胶板等。

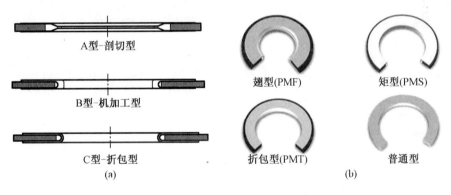

A型-剖切型

B型-机加工型

C型-折包型

(a)

翅型(PMF)　　　　矩型(PMS)

折包型(PMT)　　　普通型

(b)

图6-19　聚四氟乙烯包覆垫片

②半金属垫片

a. 金属缠绕式垫片

金属缠绕式垫片(图6-20)是以特种 V、W 形等断面的金属带与非金属填充材料缠绕而成的金属与非金属组合垫片,具有良好的回弹性和密封性。其可分为基本型(A 型)、带内环型(B 型)、带对中环型(C 型)、带内环和对中环型(D 型),是目前运用最为广泛的密封垫片形式之一,适用于化工、炼油、石化、冶金、能源、核电等工业部门的中高低温、中高压设备及管线法兰的密封。

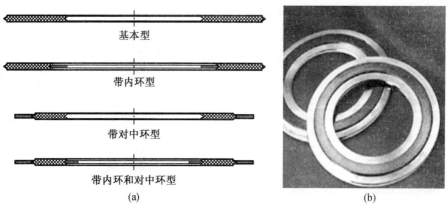

图6-20 金属缠绕式垫片

b. 柔性石墨复合增强垫片

柔性石墨复合增强垫片(图6-21)以柔性石墨板材与金属冲刺板或金属箔板经过特殊工艺处理复合而成,充分运用了石墨材料耐腐蚀、耐高温、耐辐照等优势,具有易切割、易成型和广泛的适用性等优点,可作为管件法兰垫片、阀体箱盖垫片、入孔垫片等。

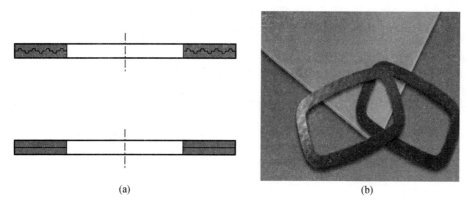

图6-21 柔性石墨复合增强垫片

c. 金属包覆垫片

金属包覆垫片(图6-22)是采用金属薄板以特定的冷作工艺包覆非金属材料(如柔性石墨、石棉橡胶板、无石棉板、陶瓷纤维等)制成的复合型垫片。其按垫片截面通常分为平面型包覆和波纹型包覆两种,适用于热交换器、压力容器、泵、阀及法兰面密封,在表面可继续覆合柔性石墨、聚四氟乙烯等软性密封材料,可在保持相同紧密度的前提下,大幅降低所需要的密封应力。

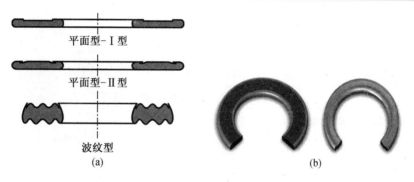

平面型-Ⅰ型

平面型-Ⅱ型

波纹型

(a)

(b)

图6-22 金属包覆垫片

d. 金属波齿复合垫片

金属波齿复合垫片(图6-23)是在金属平垫片的两个面加工成同心的波状沟槽,上下两面齿尖相互错开,以提高压缩回弹性能,密封接合面为多个同心圆的线接触,具有类似迷宫密封的作用,不带粘贴密封层直接使用,也能达到良好的密封效果。但根据介质和工况条件,可选择柔性石墨、聚四氟乙烯、无石棉板或其他一些软金属覆合在垫片的两个面上,以达到更好的密封效果。金属波齿复合垫片一般不需要很大的压紧力即可达到密封效果。

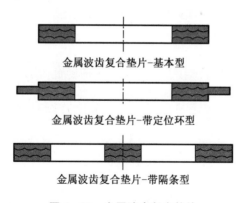

金属波齿复合垫片-基本型

金属波齿复合垫片-带定位环型

金属波齿复合垫片-带隔条型

图6-23 金属波齿复合垫片

e. 金属齿形组合垫片

金属齿形组合垫片(图6-24)是在金属平垫片的两个面加工成同心的90°夹角波形的锯齿状沟槽,兼有迷宫密封作用。根据不同的介质,可选择柔性石墨、聚四氟乙烯、无石棉板或其他一些软金属,粘贴在垫片的两个面上,提高密封性能。同时,这样做避免了金属与金属的直接接触,即使在较高的载荷下,也能保护金属法兰不被损伤。

f. 金属波纹组合垫片

金属波纹组合垫片(图6-25)是一种有规则均匀同心圆波浪形的金属薄板,根据介质和工况条件,覆合柔性石墨、聚四氟乙烯、无石棉板或其他一些软金属,以达到更好的密封效果。金属薄板可以做成双层,外缘焊接,内缘开口,能起到自紧的作用。

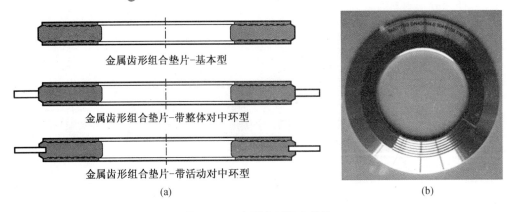

金属齿形组合垫片-基本型

金属齿形组合垫片-带整体对中环型

金属齿形组合垫片-带活动对中环型

(a)　　　　　　　　　　　　　(b)

图 6-24　金属齿形组合垫片

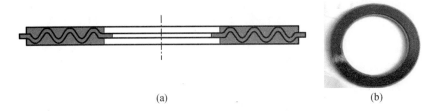

(a)　　　　　　　　　　　　　(b)

图 6-25　金属波纹组合垫片

g. 金属石墨垫片

在密封连接部件安装和服役期内,保证法兰金属表面和密封件限制环金属表面持续接触,螺栓载荷通过法兰面分别作用于密封面和金属限制环上,从而保证了垫片工作密封应力在密封服役期间的恒定。同时,法兰金属与密封件金属限制环的充分接触,限制了法兰的刚性变形,提高了整个连接部件的刚度,大大降低了密封连接部件对外加弯矩、温度、压力变化等的敏感性——这就是金属石墨垫片的设计理念。

金属石墨垫片(图 6-26)遵循"金属碰金属"密封理念,由石墨密封环和金属内、外环组成,在温度压力波动下仍可保持密封面和法兰接触面之间的密封应力恒定,从而有效保证密封的安全、可靠。

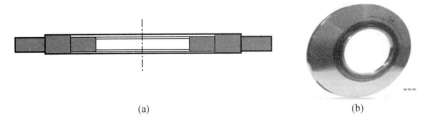

(a)　　　　　　　　　　　　　(b)

图 6-26　金属石墨垫片

③金属垫片

a. 金属平垫片

金属平垫片(图 6-27)是由整体金属经机加工制成,用于压力容器、塔、槽、阀盖等部位的密封。其主要包括铝平垫片、紫铜垫片、不锈钢垫片及特种金属材料垫片。

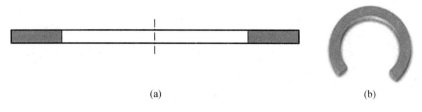

图 6 - 27　金属平垫片

b. 金属齿形垫片

金属齿形垫片(图 6 - 28)与金属齿形组合垫片的区别是前者不带覆盖密封层,其密封性能比组合垫片低,在高压场合中容易对法兰的表面造成损伤,因此不推荐单独使用。

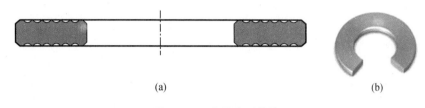

图 6 - 28　金属齿形垫片

c. 金属环形垫片(图 6 - 29)

金属环形垫片(八角形环垫、椭圆形环垫)是用金属材料加工成截面形状为八角形或椭圆形的实体金属垫片,具有径向半自紧密封作用。金属环形垫片是靠垫片与法兰梯形槽的内外侧面(主要是外侧面)接触,并通过压紧而形成密封的,适用于高温高压的应用场合,但在温度交变的过程中,由于其缺乏有效回弹性能及法兰连接接头各部件的变形不协调,容易导致泄漏。另外,每次拆卸重新安装之前,都需要对法兰密封面进行处理。

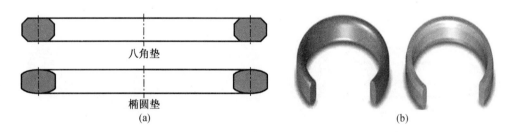

八角垫

椭圆垫

(a)　　　　　　　　　　　　　　　　　　(b)

图 6 - 29　金属坏形垫片

d. 金属透镜垫片

金属透镜垫片的密封面均为球面,与管道的锥形密封面相接触,初始状态为一环线。在预紧力作用下,金属透镜垫片在接触处产生塑性变形,环线变成环带,密封性能较好。由于接触面是由球面和斜面自然形成的,故垫片易对中。金属透镜垫片常常使用在高压管道连接中,耐高温高压,密封持久可靠,适应载荷频变,属于强制密封。其密封面为球面与锥面相接触,易出现压痕,零件的互换性较差。此外,该垫片制造成本较高,加工也较困难。

e.金属双锥环垫片

金属双锥环垫片(图6-30)应用于金属双锥环密封中。金属双锥环密封是指密封元件为双锥面金属环的一种高压密封结构,属于径向自紧密封。双锥环由中等强度的碳钢、不锈钢或其他金属材料制成,在环的两个锥面上垫有软金属,如退火铝、退火紫铜或不锈钢等。当介质压力升高时端盖上移,双锥环依靠自身回弹及介质压力作用产生径向扩张,双锥环上的密封力随着压力的增加而增大,从而保证了密封。

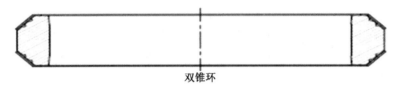

双锥环

图6-30 金属双锥环垫片

f.金属C形环和金属O形环

金属C形环和金属O形环(图6-31)属轴向或径向自紧密封,因密封垫横断面呈C形或O形而得名,其内部可以加入螺旋弹簧,外部可加以软性密封材料。在螺栓载荷或径向压紧作用下,密封环受到轴向或径向压缩,产生预紧密封比压,当介质压力上升时,密封环便产生径向或轴向扩张,从而产生径向或轴向自紧力,使密封应力增大达到自紧密封的效果,这是典型的弹性自紧密封。

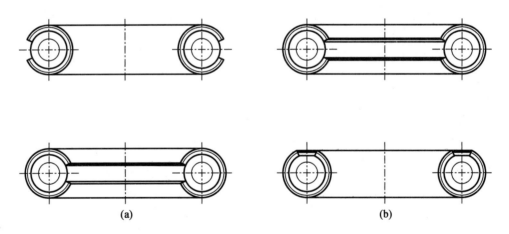

(a)   (b)

图6-31 金属C形环和金属O形环

3.标准规范

(1)国外主要垫片标准

ASME B16.20《管法兰用环垫式、螺旋缠绕垫和夹层式金属垫片》

ASME B16.21《管法兰用非金属平垫片》

BS EN 12560-1《法兰及其连接件——法兰用垫片(英制) 第1部分:带或不带填充物的非金属平垫片》

BS EN 12560-2《法兰及其连接件——法兰用垫片(英制) 第2部分:钢制法兰用螺旋

缠绕垫片》

BS EN 12560 –3《法兰及其连接件——法兰用垫片（英制） 第 3 部分:非金属聚四氟乙烯(PTFE)包覆式垫片》

BS EN 12560 –4《法兰及其连接件——法兰用垫片（英制） 第 4 部分:钢制法兰用带或不带填充物的波纹、平或齿形金属垫片》

BS EN 12560 –5《法兰及其连接件——法兰用垫片（英制） 第 5 部分:钢制法兰用金属环连接垫片》

API 601《用于凸面管法兰和法兰连接的金属垫片(包覆和缠绕式)》

DIN 2690《公称压力 1 至 40 用于凸面密封面法兰的扁平密封垫片》

DIN 2691《带槽和键的法兰用平面密封件 公称压力 10 至 160》

JIS B2404《法兰用垫片尺寸》

ISO 7483《适用 ISO 7005 法兰的垫圈尺寸》

ASTM F36《测定垫片材料压缩率及回弹率的标准试验方法》

ASTM F37《垫片材料密封性的标准试验方法》

ASTM F38《垫片材料蠕变松弛的试验方法》

（2）国内主要垫片标准

GB/T 9126《管法兰用非金属平垫片 尺寸》

GB/T 4622.2《缠绕式垫片 管法兰用垫片尺寸》

GB/T 9128《钢制管法兰用金属环垫 尺寸》

GB/T 9126《钢制管法兰用非金属平垫片 尺寸》

GB/T 13404《管法兰用非金属聚四氟乙烯包覆垫片》

GB/T 17727《船用法兰非金属垫片》

GB/T 15601《管法兰用金属包覆垫片》

GB/T 19675.1《管法兰用金属冲齿板柔性石墨复合垫片 尺寸》

GB/T 19066.1《管法兰用金属波齿复合垫片 第 1 部分:PN 系列》

GB/T 539《耐油石棉橡胶板》

GB/T 13403《大直径碳钢管法兰用垫片》

GB/T 3985《石棉橡胶板》

GB/T 29463.1《管壳式热交换器用垫片 第 1 部分:金属包垫片》

GB/T 29463.2《管壳式热交换器用垫片 第 2 部分:缠绕式垫片》

GB/T 29463.3《管壳式热交换器用垫片 第 3 部分:非金属软垫片》

GB/T 5574《工业用橡胶板》

GB/T 22209《船用垫片用非石棉纤维增强橡胶板》

HG/T 20606《钢制管法兰用非金属平垫片(PN 系列)》

HG/T 20607《钢制管法兰用聚四氟乙烯包覆垫片(PN 系列)》

HG/T 20609《钢制管法兰用金属包覆垫片(PN 系列)》

HG/T 20610《钢制管法兰用缠绕式垫片(PN 系列)》

HG/T 20611《钢制管法兰用具有覆盖层的齿形组合垫(PN 系列)》

HG/T 20612《钢制管法兰用金属环形垫(PN 系列)》

HG/T 20627《钢制管法兰用非金属平垫片(Class 系列)》

HG/T 20628《钢制管法兰用聚四氟乙烯包覆垫片(Class 系列)》

HG/T 20630《钢制管法兰用金属包覆垫片(Class 系列)》

HG/T 20631《钢制管法兰用缠绕式垫片(Class 系列)》

HG/T 20632《钢制管法兰用具有覆盖层的齿形组合垫(Class 系列)》

HG/T 20633《钢制管法兰用金属环形垫(Class 系列)》

NB/T 47026《金属包垫片》

NB/T 47025《缠绕垫片》

NB/T 47024《非金属软垫片》

JB/T 87《管路法兰用非金属平垫片》

JB/T 2776《阀门零部件 高压透镜垫》

JB/T 6628《柔性石墨复合增强(板)垫》

JB/T 88《管路法兰用金属齿形垫片》

JB/T 89《管路法兰用金属环垫》

JB/T 90《管路法兰用缠绕式垫片》

JB/T 8559《金属包垫片》

JB/T 6618《金属缠绕垫用聚四氟乙烯带 技术条件》

GB/T 12622《管法兰用垫片压缩率及回弹率试验方法》

GB/T 12385《管法兰用垫片密封性能试验方法》

GB/T 12621《管法兰用垫片应力松弛试验方法》

GB/T 14180《缠绕式垫片试验方法》

NB/T 20366《核电厂核级石墨密封垫片试验方法》

GB/T 20671.1《非金属垫片材料分类体系及试验方法 第 1 部分:非金属垫片材料分类体系》

GB/T 20671.2《非金属垫片材料分类体系及试验方法 第 2 部分:垫片材料压缩率回弹率试验方法》

GB/T 20671.3《非金属垫片材料分类体系及试验方法 第 3 部分:垫片材料耐液性试验方法》

GB/T 20671.4《非金属垫片材料分类体系及试验方法 第 4 部分:垫片材料密封性试验方法》

GB/T 20671.5《非金属垫片材料分类体系及试验方法 第 5 部分:垫片材料蠕变松弛率试验方法》

GB/T 20671.6《非金属垫片材料分类体系及试验方法 第 6 部分:垫片材料与金属表面黏附性试验方法》

GB/T 20671.7《非金属垫片材料分类体系及试验方法 第 7 部分:非金属垫片材料拉伸强度试验方法》

GB/T 20671.8《非金属垫片材料分类体系及试验方法 第 8 部分:非金属垫片材料柔软性试验方法》

GB/T 20671.9《非金属垫片材料分类体系及试验方法 第 9 部分:软木垫片材料胶结物耐久性试验方法》

GB/T 20671.10《非金属垫片材料分类体系及试验方法 第 10 部分:垫片材料导热系数测定方法》

GB/T 20671.11《非金属垫片材料分类体系及试验方法 第 11 部分:合成聚合材料抗霉

性测定方法》

4. 预维项目

静密封为检修项目必换件,无须单独进行检修试验,在设备运行或试验时,可以综合判断密封是否有效,如有泄漏则进行调整或重新进行设备检修。在垫片采购验收时可以进行一些试验来验证相关产品是否满足现场需求,典型静密封主要试验项目如表6-3所示。

表6-3 典型静密封主要试验项目

序号	对应号	垫片类型	试验项目	标准
1	2.7	金属石墨垫片(金属碰金属)	压缩回弹率、密封性能、应力松弛、水压试验、热循环试验	NB/T 20366《核电厂核级石墨密封垫片试验方法》 客户技术规格书
2	2.1	金属环形	压缩回弹率、密封性能、应力松弛、水压试验、热循环试验	GB/T 12622《管法兰用垫片压缩率和回弹率试验方法》 GB/T 12621《管法兰用垫片应力松弛试验方法》 GB/T 12385《管法兰用垫片密封性能试验方法》 GB/T 14180《缠绕式垫片试验方法》 NB/T 20010.15《压水堆核电厂阀门 第15部分:柔性石墨金属缠绕垫片技术条件》
4	2.3	金属包覆垫片	压缩回弹率、密封性能、应力松弛	GB/T 12622《管法兰用垫片压缩率和回弹率试验方法》 GB/T 12621《管法兰用垫片应力松弛试验方法》 GB/T 12385《管法兰用垫片密封性能试验方法》
5	2.2	柔性石墨复合增强垫片	压缩回弹率、密封性能、应力松弛	GB/T 12622《管法兰用垫片压缩率和回弹率试验方法》 GB/T 12621《管法兰用垫片应力松弛试验方法》 GB/T 12385《管法兰用垫片密封性能试验方法》
6	1.1	非金属平垫片	压缩回弹率、密封性能、应力松弛	GB/T 12622《管法兰用垫片压缩率和回弹率试验方法》 GB/T 12621《管法兰用垫片应力松弛试验方法》 GB/T 12385《管法兰用垫片密封性能试验方法》
7	3.6/3.7	金属C形环/金属O形环	载荷特性密封性能试验、热循环	客户规格书

5. 典型案例分析

(1)事件描述

118大修期间压力容器顶盖O形圈密封环泄漏(秦一厂):2018年7月8日,秦一厂1号机组118大修换料后冷停堆平台期间系统压力为2.94 MPa,温度为82 ℃,操作员发现容控箱液位有下降趋势,检查压力容器法兰引漏总管温度T0134上升至57 ℃。在就地值班员打开压力容器法兰密封引漏实验阀 V01 -48C 后持续水流,判断 O 形圈内环出现泄漏。主系统降温降压。反应堆通大气并降低堆芯液位,当堆芯水位降至 4.9 m 后,压力壳法兰密封实验阀 V01 -48C 阀后无水流。

(2)泄漏原因

O 形环表面镀银层被破坏导致密封失效。

(3)事件后果

损坏 O 形密封环一套,造成大修工期延后。对电厂核安全无影响。

图 6 - 32 所示为泄漏点照片及示意图。

6. 课后思考

(1)简述静密封的分类方法。

(2)静密封按材质可以分为哪几类?

(3)各种类型密封垫的特点是什么?

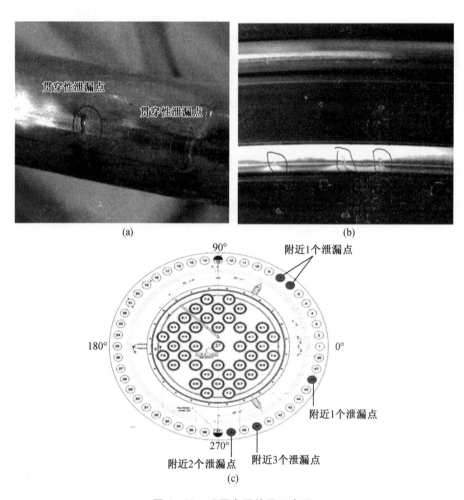

图 6 - 32　泄漏点照片及示意图

6.3 支 吊 架

6.3.1 概述

管道支吊架是指用于支撑管道或约束管道位移的各种结构(管部、连接件、功能件及根部)的总称,但不包括土建的建构。

支吊装置是管道系统的重要组成部分,支吊架(位置、类型及状态)决定着管系的应力水平与安全性,对管道的安全可靠运行具有非常重要的作用。

管道支吊技术是管道技术的重要组成部分,是专门研究和解决合理地对管道支撑、悬吊、限位和固定的技术;是控制管系的应力水平及其对设备的推力和力矩,保证管道和设备长期安全运行的技术。

6.3.2 结构与原理

1. 管道支吊架的功能

(1)承受管道载荷

承受管道载荷是管道支吊架最主要的功能,作用于管道上的载荷有静载荷和动载荷。

①静载荷:

a. 永久载荷(如自重),其大小和位置与时间无关;

b. 变化载荷(如压力、温度、断电附加位移)。

②动载荷:指随时间迅速变化的载荷。例如,由于外部或内部条件引起的冲击力、地震及热冲击等。这种载荷在运行期间不一定出现,也可能偶尔发生,故又称为偶然载荷。

(2)限制管道位移

管道在各种载荷作用下会产生不同程度的变形和位移。导致管道位移的载荷通常又分为非自限性载荷和自限性载荷。

对于非自限性载荷作用下产生的管道变形位移,大都需要通过设置支吊装置加以约束限制,以防止管道因受非自限性荷载作用而被破坏,该情况下需要限制位移。

对于自限性载荷,为防止管道因疲劳而被破坏,要求管道能自由位移而不被约束限制,在管系中的适当位置设置限位装置,对管道位移给予适当的约束和限制,保证管系整体的应力水平在安全范围内。这不仅是可能的,而且是必要的。

(3)控制管道振动

管道在动载荷作用下,会产生不同程度的摆动、振动或冲击,振动对管道的危害很大,不但会造成管道本身的损伤,而且容易引发阀门及支吊架的破坏。

管道支吊架的设置,一定程度上提高了管系的刚度,增加了管系的阻尼。一般来说,支吊架都或多或少地起到减小管道振动效应的作用。但支吊架设置不当,也可能加剧管道的振动,而且以承重为主要目的的支吊架,其减振效果往往不太明显。

2. 管道支吊架的类型

管道支吊架可分为承重支吊架、限位支吊装置及振动控制装置三大类,具体形式详见表6-4。

表6-4　管道支吊架具体形式

序号	分类		形式	
	名称	用途	名称	用途
1	承重支吊架	以承受管系质量为目的的装置	恒力支吊架	用于管道垂直位移较大或需要限制转移载荷的吊点处
			弹簧支吊架	用于管道垂直位移不太大的吊点处
			刚性支吊架	用于管道无垂直位移或垂直位移很小且允许约束的地方
2	限位支吊装置	以限制和约束管道位移为目的的装置	限位装置	用于管系中需要限制某一方向位移的地方
			导向装置	用于管系中需要引导管道位移方向的地方
			固定装置	用于管道上不允许有任何方向位移(包括线位移和角位移)的地方
3	振动控制装置	用于控制管道摆动、振动或冲击的装置	弹簧减振器	用于需要控制持续性流体振动的地方
			刚性拉撑杆	
			隔而固阻尼器	
			阻尼器	用于需要控制冲击性的流体振动和承受其他偶然载荷的地方

(1)承重支吊架

以承受管道自重(包括管件、保温层及管内介质的质量)为目的的装置统称为承重支吊架。承重支吊架按其承载结构和管道在空间的相对位置分为支架和吊架两类。通常将管道经可摆动吊杆悬吊在承载结构下方的装置称为吊架;将管道经支撑部件在承载结构上方的装置称为支架。承重支吊架按其在管道垂直位移时荷重的变化情况主要分为恒力支吊架、弹簧支吊架和刚性支吊架三种。

(2)限位支吊装置

以限制和约束因热胀引起管系自由位移为目的的装置统称为限位支吊装置。限位支吊装置按其是否承受管系荷重可分为限位支吊架和限位装置两种。在限制管道位移的同时也承受管系质量的装置称为限位支吊架,如固定支架、导向支架。单纯限制管道位移而不承受管系质量的装置称为限位装置。

(3)振动控制装置

专门用来控制管道摆动、振动或冲击的装置统称为振动控制装置。振动控制装置通常分为减振装置和阻尼装置两类。

①减振装置

减振装置在一定程度上限制了管道的正常热位移,但能有效地控制管道的摆动或振动。其能够提高管系结构的刚度和管系结构的固有频率。常采用的减振装置有弹簧减振器、刚性拉撑杆(亦为限位装置)、螺纹顶杆装置等。

②阻尼装置

液压阻尼器:它是一种对速度灵敏的振动控制装置,对管道正常的热位移不限制。其一般有两种类型,一种为抗振动型,另一种为抗安全阀排气反力型。

隔而固阻尼器:与动力响应速度成正比的黏性阻尼筒,不承受静载荷,即不限制管道正常的热位移。

3. 管道支吊架的构成

每个支吊架装置都是由装在管道上的部件和固定在承载结构(建筑结构或设备)上的部件及与这两类部件相连的中间部件(支吊架的功能部件和中间连接件)所组成,即支吊架由管部结构、功能件、连接件和根部结构组成。

(1)管部结构

管部结构是管道连接部件的简称,是直接安装在管道上的部件。它是与管道或其绝热层直接相连的部件,常见的有管夹、管卡、管座、焊接吊板等。

(2)功能件

功能件是用于实现各种类型支吊架功能的核心部件或组件,常见的有恒力弹簧支吊架、变力弹簧支吊架、刚性支吊架、弹簧减振器、液压阻尼器等。

(3)连接件

连接件是管道支吊架中间连接部件的简称。它是用于连接管部与功能件、管部与根部、功能件与根部及自身相互连接的部件,常见的有螺纹吊杆、花篮螺丝、环形耳子、U形耳子、吊板等。

(4)根部结构

根部结构是管道支吊架生根部件的简称。它是支吊装置与承载结构直接连接的部件,常见的有悬臂梁、简支梁、三脚架等。

6.3.3 标准规范

DLT 616《火力发电厂汽水管道与支吊架维修调整导则》

DLT 1113《火力发电厂管道支吊架验收规程》

DLT 982《核电厂汽水管道与支吊架维修调整导则》

DLT 5054《火力发电厂汽水管道设计规范》

DLT 5366《发电厂汽水管道应力计算技术规程》

GB 50316《工业金属管道设计规范》

GB 50764《电厂动力管道设计规范》

ASMEB 31.1《动力管道》

ASMEOM 规范 ISTD 分卷

华东电力设计院《汽水管道支吊架手册》

水利电力部西北电力设计院《火力发电厂汽水管道支吊架设计手册》

6.3.4 预维项目

在核电站的长期运行中,坚持对管道支吊架进行监督和维护是保证管道和设备长期安全运行的重要措施之一。对支吊架进行监督检查的一项经常性工作是定期外观检验,包括在冷态和热态对支吊架的状态和承载情况进行测量和记录。

1. 支吊架检查

（1）检查大载荷刚性支吊架结构状态是否正常；

（2）限位支架的冷态间隙检查（具体间隙标准根据实际不同型号的支吊架确定）；

（3）便利弹簧支吊架冷态和热态的位置检查，其弹簧是否过渡压缩（拉伸）、偏斜或失载；

（4）检查承载结构和根部辅助结构是否有明显变形，焊缝是否有裂纹，混凝土是否开裂。

2. 阻尼器定期维护

（1）目视检查阻尼器结构是否完整，有无变形或腐蚀；

（2）检查紧固件有无松动、腐蚀或变形；

（3）外表面有无泄漏痕迹；

（4）液压油液位是否正常；

（5）阻尼器冷、热态长度测量。

3. 阻尼器功能试验

（1）目视检查阻尼器结构是否完整，有无变形或腐蚀；

（2）检查紧固件有无松动、腐蚀或变形；

（3）外表面有无泄漏痕迹；

（4）液压油液位是否正常；

（5）阻尼器冷、热态长度测量；

（6）更换液压油和密封件（不同厂家的阻尼器建议更换周期不同）；

（7）球铰摆角检查；

（8）低速位移阻力测试；

（9）闭锁速度测试；

（10）动态刚度测试；

（11）单项释放速度测试。

6.3.5　典型案例分析

1. 状态报告

外部经验反馈：阳江核电厂 Y6VVP522003 管道阻尼器松脱。

报告摘要：2020 年 3 月 28 日，运行人员现场巡检发现 Y6VVP 主蒸汽管道旁路联箱上 Y6VVP－522－003 管道阻尼器与厂房钢结构侧销座脱开。维修人员检查发现阻尼器连接销轴上的一侧挡圈缺失，阻尼器本体、销座与销轴无异常，领取新的挡圈备件后进行了回装。本报告对 Y6VVP－522－003 管道阻尼器松脱的原因进行调查分析，并制定纠正措施。

2. 原因分析

直接原因：Y6VVP－522－003 管道阻尼器销轴一侧挡圈缺失。

根本原因：Y6VVP－522－003 管道阻尼器挡圈未安装到位。

促成原因：阻尼器检查相关文件对于挡圈是否安装到位无针对性检查内容。

3. 纠正行动

(1)安装新的挡圈备件,恢复阻尼器功能;

(2)编制阻尼器拆装标准包,增加挡圈安装到位提醒及见证点;

(3)编制阻尼器外观检查程序,明确挡圈检查要求。

6.3.6 课后思考

(1)管道支吊架通常分由哪四个部件组成?

(2)管道支吊架可分为哪三大类?

6.4 卡套式管接头

6.4.1 概述

卡套式管接头是适用于油、水、气等非腐蚀性或腐蚀性介质的密封管接头。卡套式管接头具有结构简单、密封性能可靠、使用方便、不用加垫圈、不用焊接、节省材料、可反复装拆、外形轻巧美观等特点。由于其不用焊接、安装方便,从而减少了管道杂质对系统性能的影响,因此被广泛应用在以油、气为介质的液压气动设备中,特别适用于有燃烧危险、高空作业和装拆频繁的场合。目前在我国炼油、化工、轻工、纺织、国防、冶金、航空、船舶等系统中广泛使用卡套式管接头。

6.4.2 结构与原理

卡套式管接头由三部分组成:接头体、卡套、螺母。卡套式管接头起主要密封作用的部件是卡套,在起压紧作用的螺母力的轴向分力作用下,卡套沿接头体的内锥孔轴向移动,同时卡套刃口端在反向力径向分力的作用下产生径向收缩,消除了卡套与管子的间隙,而使刃口接触管子表面,此时管子不再旋转,继续旋转螺母使卡套刃口牢牢地切入管子确保密封。另一个密封环节是卡套刃口端点130°倒角与外圆的交线(棱)和接头体环形锥面紧紧接触形成密封带,这是卡套式密封的主要部位。卡套尾端锥面在力的作用下产生径向收缩,紧抱被连管子,同时中部稍有拱起,因而卡套具有轴向弹性变形,这对卡套密封及防止压紧螺母松动均起有利作用。

卡套式管接头适用的工作压力最高可达63 MPa,通常钢管外径最大为42 mm。常用的卡套式管接头分为单卡套接头和双卡套接头。

1. 单卡套接头

单卡套接头又分单刃口卡套接头、双刃口卡套接头和弹性密封式卡套接头。

(1)单刃口卡套接头结构和原理

单刃口卡套接头如图6-33所示,管子插入接头并保证与接头底部1接触,卡套右端被拧紧的螺母顶压,左端被挤进接头体内锥孔与管子间的间隙里,使卡套的外锥面形成锥面接触密封,卡套的内刃口3嵌入钢管外壁,在钢管的外壁压出一个闭口环形槽和一个环形凸起2并形成密封;进一步拧紧螺母,使卡套中部稍微凸起,产生弹性变形,弹性应力使卡套右端面与螺母锥面产生摩擦力,以防螺母松动,弹性变形部分可吸收液压管道中的振动。另外,卡套尾部4也紧抱钢管形成一道抵触密封。

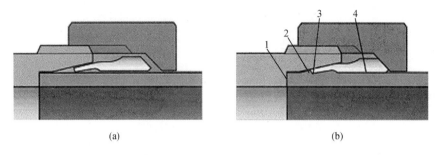

1—接头底部;2—环形凸起;—内刃口;4—尾部。

图6-33 单刃口卡套接头

(2)双刃口卡套接头结构

双刃口卡套接头如图6-34所示。双刃口卡套接头有两个刃口卡套,即一个切入刃口1和一个止动刃口2。止动刃口不仅形成了第二道密封,而且可防止切入刃口咬伤管子,从而提高了接头的耐振能力、抗脱拔能力。

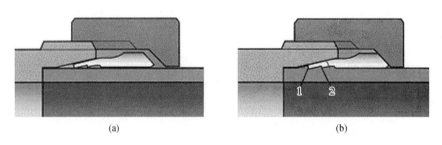

1—切入刃口;2—止动刃口。

图6-34 双刃口卡套接头

(3)弹性密封式卡套接头结构

弹性密封式卡套接头如图6-35所示,弹性密封式卡套接头多为金属对金属的硬密封形式,对密封管道的表面精度要求高,同时重复安装不当易泄漏。为了提高卡套接头的密封性和重复安装性,发明了带有弹性密封圈的卡套,以弹性密封取代传统卡套接头采用的硬密封方式,密封效果更加理想,复装性更佳,但高温高压时多采用硬密封。

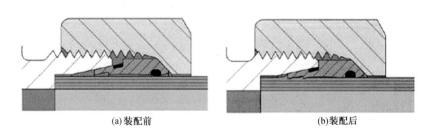

(a)装配前   (b)装配后

图6-35 弹性密封式卡套接头结构

（4）单卡套接头性能分析

目前我们使用的单卡套大部分都是双刃卡套。双刃卡套起到了双密封的作用,卡套的前刃切入管子并形成一圈凸缘,卡套固定咬紧钢管外壁。后刃能将卡套受到的力均匀地分布到卡套的整个锥形区,提高了密封可靠性。

卡套是在螺母的推动下逐渐切入钢管的。卡套的前刃和后刃相继切入钢管到设计深度时,接头内端面起到了止动作用,使作用于卡套的应力均匀分配,降低刃口对管子造成损伤的可能性。螺母压紧后,加上卡套尾环抱紧钢管,有效增强了抗振性和耐冲击性。

单卡套接头适用于45 MPa以下的液压、气动管路。由于卡套具有一定的弹性,当温度变化时,卡套通过自身的压缩或膨胀自行调节,既能预防刃部应力集中,又能增加抗振性能。

虽然单卡套接头优点很多,但它仍存在不足之处。

①在温差变化大的环境中密封性能下降

因为卡套与钢管、接头体材质不同,热膨胀系数不同,在温差变化较大时,接头体与卡套之间、卡套与钢管之间可能产生间隙,产生泄漏。

②多次拆装性能差

根据经验,国产的单卡套接头多次拆装后,多会出现接头体内锥面受损、接头体或螺母脱丝现象,易产生泄漏。

③装配的一致性差

接头体硬度较低,为避免装配时损伤接头体内锥面,需先进行卡套预装。单卡套接头大多靠手工预装,对装配技能要求较高,工人的技术水平、工作态度直接影响装配质量。

2. 双卡套接头

双卡套接头也叫双卡套管接头（two ferrule tube fitting）,是由美国人佛瑞德·雷能在1947年发明的。双卡套采用两个卡环密封结构形式,两个卡环相互作用更有利于钢管的密封和紧固,是一种兼顾密封及安全的小口径管道连接件。

（1）双卡套接头的结构（图6-36）

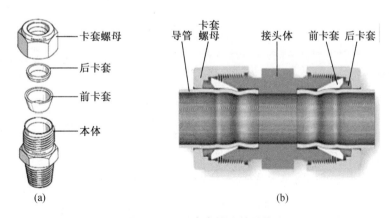

图6-36 双卡套接头的结构

（2）双卡套接头原理

卡套螺母通过螺纹向前运动,推动后卡套向前,同时后卡套推动前卡套向前运动被挤进接头体内锥孔与管子间的间隙里,使前卡套的外锥面形成锥面接触密封,随着后卡套的推进,前卡套后端被抬起,与接头本体锥面形成密封,随着管子更大的变形和本体锥面与前卡套接触面的增大,更大的阻力迫使后卡套向内动作,从而抱紧管子并形成第二道牢固的密封(图6-37)。

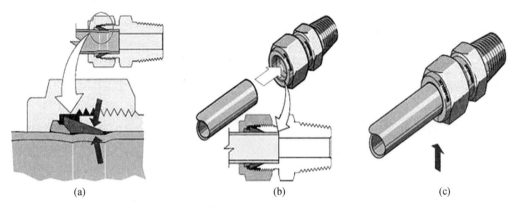

图6-37　双卡套接头原理

(3)双卡套接头的密封性能优点

①具有优良的密封性能

管接头泄漏率与密封面间的间隙宽度成正比,与密封贴合长度成反比。由于卡套外锥面与接头体内锥面之间紧密贴合,加上卡套加工精度非常高,两者之间几乎没有间隙,故密封面间的间隙在3~10 mm,其密封贴合长度几乎等于卡套外锥长度,根据泄漏公式计算泄漏率是9~10 mL/min,几乎零泄漏。

②具有良好的抗振和耐冲击性能

后卡套对前卡套有防松作用,同时后卡套抱紧钢管使之产生变形对于管路振动起阻尼作用,加上螺母螺纹与接头体的连接螺纹加工精度高,自锁能力好,使得双卡套具有特别优良的抗振和耐冲击的性能。

③具有良好的温差补偿功能

在后卡套的推力作用下,前卡套外锥与接头体内锥之间有一定的弹性变形补偿能力,且前、后卡套抱紧钢管产生塑性变形,故两者之间有一定的弹性补偿能力。当温度变化较大时,不会产生泄漏。

④具有良好的多次拆装功能

因为前卡套外锥面有弹性,再次装配时,卡套、接头体受损小,所以多次拆装后双卡套接头能满足密封要求。因双卡套接头装配力矩比单卡套接头要小得多,在装配外径小于25 mm的钢管时可以直接进行装配,卡套不用预紧。

双卡套接头是面密封,而单卡套接头是线密封。双卡套接头具有更优良的密封性能和抗振性能。

6.4.3　标准规范

GB/T 3733《卡套式端直通管接头》

GB/T 3734《卡套式锥螺纹直通管接头》

GB/T 3735《卡套式端直通长管接头》

GB/T 3736《卡套式锥螺纹长管接头》

GB/T 3737《卡套式直通管接头》

GB/T 3743《卡套式可调向端弯通三通管接头》

GB/T 3744《卡套式锥螺纹弯通三通管接头》

GB/T 3745《卡套式三通管接头》

GB/T 3746《卡套式四通管接头》

GB/T 3747《卡套式焊接管接头》

6.4.4 预维项目

卡套式管接头具有结构简单、使用方便和不用焊接等优点。但在中高压液压系统中，若操作不当往往会影响其密封效果造成泄漏。多年的实践经验表明，卡套式管接头正确预装和安装能取得很好的密封效果。

1.卡套式管接头的装配

预装是卡套式管接头的最重要环节，直接影响密封的可靠性。即使是同一厂家的同一批货，几种接头体上锥形孔的深度往往也存在误差，结果就造成了泄漏，而此问题常常被忽视。一般需要专用的预装器预装，管径小的接头可以在台钳上进行预装（图6-38）。

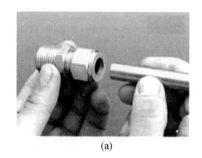 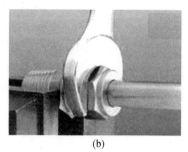

    (a)   (b)

图6-38 预装卡套式管接头

（1）切割合适长度的管道，清除端口处毛刺。管子端面要与轴线垂直，角度公差不大于0.5°。如果管子需要折弯，则从管子端面至弯曲部位的直线段长度不能少于3倍螺母长。

（2）把螺母和卡套套在管道上。注意螺母和卡套的方向，防止装反。

（3）接头体螺纹和卡套上涂上润滑油，把管子插入接头体（管子一定要插到底），用手拧紧螺母。

（4）拧紧螺母直至卡套卡住管子，预装力不宜太大要按规定拧紧力矩（如$\phi 6 \sim 10$ mm卡套的拧紧力为$64 \sim 115$ N，$\phi 16$ mm为259 N，$\phi 18$ mm为450 N等）。应使卡套的内刃刚好嵌入管子外壁，卡套不应有明显变形。

（5）达到力矩点后，再将压紧螺母拧紧$1/4 \sim 1/2$圈。

（6）将预装配接头体拆下，检查卡套刃边的嵌入情况，可见的突起带必须填满卡套端面的空间。卡套可以稍旋转，但不能轴向推移。

（7）预装检查合格开始最终安装，将实际安装中的接头体的螺纹涂上润滑油，压紧螺母与之配合拧至力矩要求，再拧紧$1/2$圈安装完毕。

2. 卡套式管接头泄漏的原因

卡套式管接头密封是一种静密封,它能够在高温高压的环境下使用,因为卡套式管结构具有使用安全方便、密封性能良好的优点,被广泛应用于液压、气压设备系统中,但还是需要对选材、生产、检验和安装维护过程进行严格管理,否则将会出现泄漏事件,严重时将会引发生产事故而造成损失。

卡套式管接头泄漏的主要原因如下:

(1)管材与卡套间隙过大,致使卡套后端与接管不能紧密接触;

(2)管材硬度太高,导致卡套刃口与接管嵌入不足;

(3)长期使用的管接头和管道在振动时出现预紧力矩下降,卡套弹性不足;

(4)卡套式管接头与管道材质不同,温差变化引起热胀冷缩不一致,产生间隙;

(5)卡套尺寸不达标,接头体内圆锥不满足 $24° ±30'$ 的要求,导致卡套与接管外壁结合密封不良;

(6)管道表面精度、光洁度和圆整度不佳,影响与卡套配合密封;

(7)管道端口有毛刺,管道未插到管接头底部,引起密封不良;

(8)卡套式管接头与管道连接时采用密封胶、填料等密封材料,引起密封性能下降。

6.4.5 典型案例分析

1. 状态报告

内部 A 类状态报告:GIS 开关站 2012 开关一号进气阀阀前管道接口脱落状态报告。

状态报告摘要:事件发生在 R11 大修期间,2009 年 3 月 19 日 14:00,GIS 开关站 2012 开关一号进气阀阀前管道接口突然脱落,1/2 号储气罐及压空系统压力瞬间到零,导致 GIS 开关站压缩空气丧失。由检修机人员急抢修,重新安装管道,启动空气压缩机压缩空气恢复至正常运行状态。

2. 原因分析

(1)直接原因

卡套式管接头紧固螺母松动,导致试验过程中管道脱落。

(2)间接原因

卡套式管接头与管道连接部件由于长期使用缺乏有效的维护检查和保养。

(3)根本原因

①由于温度变化,管道与卡套式管接头热胀冷缩形变存在差异,长期使用引起螺母、卡套与管道配合预紧能力下降至松动;

②空气压缩机运行振动和系统压力波动能量传递至管道和卡套式管接头,长期振动影响螺母、卡套与管道配合,使预紧能力下降至松动。

3. 纠正行动

(1)升版预防性维修大纲,补充 GIS 压空管道的预防性维护检查内容和维护频度;

(2)细化维修规程内容,补充压空系统管线管接的泄漏和松动检查;

(3)质量计划中补充管道和管附件松动检查控制内容。

6.4.6 课后思考

卡套式管接头分为哪几种类型?

6.5 贯 穿 件

6.5.1 概述

所有贯穿安全壳的工艺管道均需设贯穿件,贯穿件的功能如下:

(1)与各系统管道连接,用来完成系统进出反应堆安全壳传递流体的管道功能,并在系统压力等作用下保持系统流体压力边界的完整;

(2)在安全壳的压力作用下保持安全壳完整,防止放射性气体泄漏;

(3)作为管道的锚固点约束管道移动和提供支承力。

6.5.2 结构与原理

贯穿件一般由工艺管、封头和套管三部分组成。

贯穿件工艺管是连接安全壳内外工艺系统管道的中间管道,工艺管道的管径和压力等级与连接的系统管道相同,贯穿件工艺管的材料与系统工艺管道相同。

贯穿件封头用来将工艺管道固定在套管上,并在安全壳的压力作用下保持安全壳完整,防止放射性气体从套管和工艺管之间泄漏。贯穿件封头分为圆板型平封头和碗碟型封头。高温用的贯穿件是将碟型封头与工艺管道的中间段锻造成整体,并称为管接头。

套管预理于安全壳混凝土结构中,用于工艺管道进出安全壳的通道。套管的材料一般与安全壳钢衬里的材料相同,套管与安全壳钢衬里焊接连接并固定在安全壳上。

工艺管道贯穿件按其材质、使用工况及结构进行区分,一般分为碳钢贯穿件和不锈钢贯穿件、热贯穿件和冷贯穿件、单管贯穿件和多管贯穿件。具体如下:

(1)工艺管和封头的材料是碳钢的称为碳钢贯穿件;

(2)工艺管和封头的材料是不锈钢的称为不锈钢贯穿件;

(3)工作温度等于或在 100 ℃ 以上的称为热贯穿件;

(4)工作温度在 100 ℃ 以下的称为冷贯穿件;

(5)在一个贯穿件套管中只穿一根工艺管的称为单管贯穿件;

(6)在一个贯穿件套管中穿两根或两根以上工艺管的称为多管贯穿件。

6.5.3 标准规范

GB 3087《低中压锅炉用无缝钢管》

GB 5310《高压锅炉用无缝钢管》

GB/T 1047《管道元件 DN(公称尺寸)的定义和选用》

GB/T 6402《钢锻件超声检验方法》

GB/T 1048《管道元件 公称压力的定义和选用》

GB/T 17395《无缝钢管尺寸、外型、重量及允许偏差》

GB/T 708《冷轧钢板和钢带的尺寸、外形、重量及允许偏差》

GB/T 709《热轧钢板和钢带的尺寸、外形、重量及允许偏差》

GB 713《锅炉和压力容器用钢板》

6.5.4 预维项目

贯穿件承担进出反应堆安全壳传递流体的管道功能,并承担在系统压力等作用下保持系统流体压力边界完整及在安全壳的压力作用下保持安全壳完整的功能。随着运行时间的增加,贯穿件各部件在温度、压力、辐照、腐蚀、振动和磨损等影响下会引起材料性能变化,例如老化、脆化、疲劳及材料中缺陷的形成和发展。所以必须对贯穿件进行定期检验,及时发现和跟踪运行过程中出现的各种缺陷,通过对缺陷的分析,判断受检部件的完整程度,预测发展趋势,从而确定该部件是继续运行、有条件运行、检修还是更换,确保核电厂安全可靠运行。

以秦山核电有限公司一号机组为例,所有对于贯穿件的定期检查项目包括在役检查和定期试验两类。关于在役检查,秦山核电有限公司编制了电厂在役检查大纲和在役检查实施细则。该细则对贯穿件需做在役检查的项目、检查的数量、检查的手段和检查的时间做了明确的规定。

1. 在役检查的频度

(1)役前检查在首次装料前完成。

(2)在役检查按表 6 - 5 实施。

表 6 - 5 在役检查计划表

检查间隔/年	检查年度 (电厂累计年)	要求完成的 最低检查量/%	允许完成的 最高检查量/%
1	3	16	34
	7	50	67
	10	100	100
2	13	16	34
	17	50	67
	20	100	100
3	23	16	34
	27	50	67
	30	100	100

2. 在役检查的方法

(1)PT——表面渗透检验;

(2)ET——涡流检验;

(3)UT——超声检验;

(4)VT——目视检验;

（5）RT——射线检验。

具体检验标准及方法按照《秦山核电厂在役检查大纲》执行。

关于定期试验，秦山核电有限公司编制了核电厂有关系统定期检查文件和安全壳贯穿件泄漏试验细则，对有关系统定期检查和安全壳贯穿件泄漏试验的频度和要求做了规定。试验主要分为以下三类。

（1）A类试验

A类试验是指对安全壳压力边界整体加压进行的整体性密封性试验（整体安全壳泄漏率测量）。

定期的A类试验在电厂每10年使用期内，须以 40 ± 10 月的间隔，在停堆时，按 P_a（0.26 MPa）或 P_t（0.13 MPa）的压力进行三次（总的整体安全壳泄漏率测量）。每一组试验的第三次试验须在电厂的10年在役检查停堆时进行。在试验工况下，24 h 内安全壳整体试验测得的泄漏率不超过安全壳内干空气质量的0.165%（该值用 F_a 表示），即 $F_m + \Delta F_m < F_a$（F_m 为测量泄漏率；ΔF_m 为测量系统误差）。

相邻两次试验的安全壳整体泄漏率测量值与允许极限值之间裕度如果减少75%以上时，或显著增加的泄漏未能找到泄漏点并加以密封，则随后的试验间隔要缩短到5年。

A类试验的目的是检验在相当于LOCA事故压力（230 kPa·g）下安全壳的泄漏率，验证安全壳的整体密封性能是否满足设计要求。

（2）B类试验

B类试验是指对构成安全壳边界的密封部件（如电气贯穿件、人员闸门和设备闸门等）加压进行的局部试验。

涉及机械部分的B类试验项目有人员闸门、设备闸门泄漏率试验和管道贯穿件（包括燃料运输通道）泄漏率试验。

人员闸门（贯穿件和密封门）：闸门的密封门和局部密封性试验（当没有进行闸门的整体密封性试验时）每6个月进行一次，或在每次停堆换料时进行。当局部试验结果不佳时，至少每2年进行一次闸门的整体密封性试验。

设备闸门：在每次密闭之后或至少每2年进行一次。

运输通道：在每次密闭之后或至少每2年进行一次。

贯穿件的柔性密封件：两次试验的时间间隔不超过2年，在停堆换料时进行。

承受B类试验的每个部件的泄漏率不得超过下列数值：

人员闸门：每个闸门的泄漏率为安全壳的总允许泄漏率（$0.75F_e$）的1%。

设备闸门：为安全壳总允许泄漏率（$0.75F_e$）的1%。

运输通道：为安全壳总允许泄漏率（$0.75F_e$）的1%。

B类试验的目的是对构成安全壳边界的密封部件进行检验，确保其泄漏率在允许范围以内。

（3）C类试验

C类试验是指对安全壳隔离阀加压进行的局部试验（确定安全壳的管道贯穿件隔离阀的泄漏，如隔离阀、止回阀等）。

C类试验的时间间隔不超过2年，一些仅能在A类整体试验时进行密封性试验的隔离装置除外，这些隔离装置的密封性试验频率与A类试验相同。

C类试验一般在电厂换料停堆期间或其他方便的时间进行，根据系统介质的不同，试验方法可采用气体流量法和液体流量法。以气体流量法为例,对被检测安全壳隔离阀及贯穿件管路增加加压装置(气源)、局部检漏仪通过试验接头与试验管路相连接,然后对试验管路进行缓慢加压,使压力上升到 0.23 MPa,压力维持不小于 15 min,测定泄漏率,如图 6 - 39 所示。

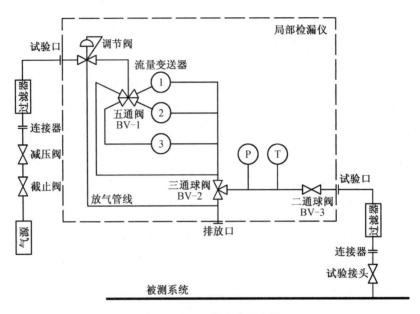

图 6 - 39   C 类试验示意图

承受 C 部试验的全部隔离阀的泄漏率不超过安全壳的总允许泄漏率($0.75F_e$)的 50%。

C 类试验的目的是检验安全壳隔离阀及贯穿件的密封性,验证隔离阀的泄漏率在允许范围以内,并对贯穿件的密封性进行评价。

6.5.5   典型案例分析

秦山核电有限公司 1 号机组 120 大修期间,因 EC8322、X1 - 9 安全壳环廊冷却风机拆除变更中冷冻水进回水管道,拆除后需对安全壳贯穿件(PN65、PN67)采用焊接管帽进行围焊封堵,压力边界延伸至管帽处。

封堵用管帽为核安全二级,相关材质及技术要求参照《中核核电运行管理有限公司一厂一回路系统核级碳钢管件技术条件》执行;管帽规格为 GB/T 12459 表"11 - 管帽尺寸"中的 DN150,坡口处外径为 159 mm。

管帽焊接做法按照 728FS23《碳素钢及低合金钢施工焊接技术条件》,焊缝为Ⅱ级,施工需确保焊接质量,焊缝无损检验按照 728ES29《施工焊缝无损检验技术条件》中 3.1 节检验方案和检验范围,采用磁粉(MT)进行表面检验和射线照相(RT)进行体积检验。

安全壳内侧封堵完成后,需对贯穿件进行局部密封性能试验,局部试验的允许泄漏率及试验大纲按照 Q11 - 2CIS - TPTSL - 0017《安全壳密封性 C 类试 - PN65\PN66\PN67\PN68 冷冻水进回水系统》要求实施,采用气体流量法,对封堵管道冲压至 0.23 MPa,保压 15 min。

局部密封性试验合格后,拆除外侧打压用多余管道,并用管帽对安全壳外侧贯穿件管道进行焊接封堵,焊接要求及无损检验要求与内侧焊缝一致,如图6-40所示。

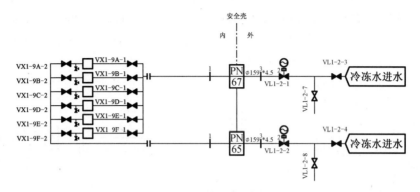

图6-40 局部密封性试验示意图

本次安全壳贯穿件封堵为永久性封堵,封堵完成后作为安全壳的一部分,需按照《秦山核电厂最终安全分析报告》第16章《技术规格书》中监测要求中A类试验验证,并应遵照10CFR50附录J规定的准则,采用ANSI N45.4的方法和条款确定。在每10年使用期内,须以40 ± 10月的间隔,在停堆时,按P_a(0.26 MPa)或P_t(0.13 MPa)压力进行3次A类试验(总的整体安全壳泄漏率测量),每一组试验的第三次试验须在电厂的10年在役检查停堆时进行。

6.5.6 课后思考

(1)贯穿件的功能有哪些?
(2)贯穿件的定期检查项目主要有哪几类?
(3)贯穿件的在役检查方法有哪几类?
(4)涉及贯穿件泄漏率检查的试验有哪些?

6.6 传动与输送

6.6.1 概述

一台机器通常由三个基本部分组成,即动力机、传动装置和工作机构。此外,根据机器工作需要,可能还有控制系统和润滑、照明等辅助系统。机械传动装置是指将动力机产生的机械能以机械的方式传送到工作机构的中间装置。机械传动装置的作用如下:

(1)改变动力机输出的速度(减速、增速或变速),以适合工作机构的工作需要。

(2)改变动力机输出的转矩,以满足工作机构的要求。

(3)把动力机输出的运动形式转变为工作机构所需的运动形式(如将旋转运动改变为直线运动,或反之)。

(4)将一个动力机的机械能传送到数个工作机构,或将数个动力机的机械能传递到一个工作机构。

(5)其他的特殊作用,如为有利于机器的装配、安装、维护和安全等而采用机械传动装置。

机械传动装置是机械传动机构的具体产品。机械传动的种类很多,并可从不同角度对其分类。常用的机械传动分类如图6-41所示。图中各种机械传动形式还可按不同特征细分,如按齿廓曲线不同,可将齿轮传动分为渐开线、圆弧、摆线齿轮等;按能量的流动路线不同,可分为单流传动和多流传动等。

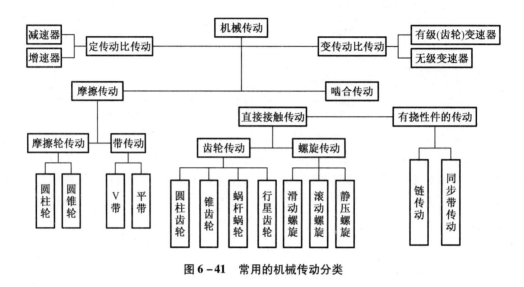

图6-41 常用的机械传动分类

机械传动装置主要是由传动元件(齿轮、带、链等)、轴、轴承和机体等组成。此外,联轴器、离合器、制动器等组件在完成机械能的传送和停止等方面起到了重要的作用。

6.6.2 结构与原理

1. 带传动结构原理

带传动是柔性传动。根据带传动的原理不同,带传动可分为摩擦型和啮合型两大类。摩擦型带传动过载时可以打滑(滑动率在2%以下),但传动比不准确;啮合型带传动可保证同步传动。根据带的形状不同,带传动可分为平带传动、V带传动和同步带传动;按照传动用途分类,有一般工业用、汽车用和农机用带传动等。

就摩擦类型而言,可将带传动分为平带传动和V带传动。平带传动的抗拉强度较大,耐温性好,价格便宜,耐油性和耐热性能差,开边式较柔软,传动比$i \leqslant 7$,带速为15~30 m/s,传递功率可达500 kW;而V带传动,带两侧与轮槽附着良好,当量摩擦因数较大,允许包角小,传动比较大($i \leqslant 10$),带速为20~30 m/s,最佳速度为20 m/s,中心距较小,预紧力较小,传递功率可达700 kW。

带轮材料常采用灰铸铁、钢、铝合金或工程塑料等,其中灰铸铁应用最广。当带速$v \leqslant$ 30 m/s时用HT200带轮,v为25~45 m/s时则宜采用球墨铸铁或铸钢带轮,也可采用钢板冲压-焊接带轮。小功率传动可用铸造铝合金或塑料带轮。

带轮的技术要求如下:

(1)V带轮槽工作表面的表面粗糙度Ra为1.6 μm或3.2 μm,轴孔表面Ra为3.2 μm,

轴孔端面 Ra 为 6.3 μm，其余表面 Ra 为 12.5 μm。轮槽的棱边要倒圆或倒钝。

（2）带轮外圆的径向圆跳动和基准圆的斜向圆跳动公差 t 不得大于普通 V 带轮和窄 V 带轮（基准宽度制）直径系列（GB/T 10412）和有效宽度制窄 V 带轮的径向和轴向圆跳动公差（GB/T 10413）的规定。

（3）轮槽对称平面与带轮轴线垂直度允许 ±30′。

（4）带轮应由转速定平衡。

图 6 - 42 所示为普通 V 带和窄 V 带示意图及参数。

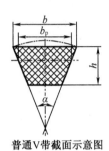

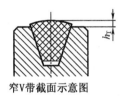

规定标记：
型号为SPA型，基准长度为1 250 mm的窄V带
标记示例：
SPA1250 GB/T 11544

窄V带截面示意图

普通V带截面示意图

型号		节宽 b_p/mm	顶宽 b/mm	高度 h/mm	楔角 α/(°)	露出高度 h_T/mm		适用槽形的基准宽度 b_d/mm
						最大	最小	
普通 V 带	Y	5.3	6	4.0	40	+0.8	−0.8	5.3
	Z	8.5	10	6.0		+1.6	−1.6	8.5
	A	11	13	8.0		+1.6	−1.6	11
	B	14	17	11.0		+1.6	−1.6	14
	C	19	22	14.0		+1.5	−2.0	19
	D	27	32	19.0		+1.6	−3.2	27
	E	32	38	23.0		+1.6	−3.2	32
窄 V 带	SPZ	8	10	8.0	40	+1.1	−0.4	8.5
	SPA	11	13	10.0		+1.3	−0.6	11
	SPB	14	17	14.0		+1.4	−0.7	14
	SPC	19	32	18.0		+1.5	−1.0	19

图 6 - 42 普通 V 带和窄 V 带示意图及参数

2. 链传动结构原理

链传动为具有中间挠性件的啮合传动，具有齿轮传动和带传动的一些特点。与齿轮传动相比，链传动的制造与安装精度要求较低，链轮齿受力情况较好，承载能力较大。链传动有一定的缓冲和减振性能，中心距大而结构轻便。与摩擦型带传动相比，链传动的平均传动比准确，传动效率稍高，链条对轴的拉力较小，同样使用条件下，结构尺寸更为紧凑。此外，链条的磨损、伸长比较缓慢，张紧调节工作量较小，并且能在恶劣环境下工作。链传动的主要缺点是不能保持瞬时传动比恒定，工作时噪声大，磨损后易发生跳齿，不适用于受空

间限制、要求中心距小及急速反向传动的场合。

链传动的应用范围很广。通常,中心距较大、多轴、平均传动比要求准确的传动,环境恶劣的开式传动,低速重载传动,润滑良好的高速传动等都可采用链传动。

按用途不同,链条可分为传动链、输送链和起重链。在链条的生产与应用中,传动用短节距精密滚子链(简称滚子链)占有最主要的地位。通常,滚子链的传递功率在 100 kW 以下,链速在 15 m/s 以下。现代先进的链传动技术已能使优质滚子链的传递功率达到 5 000 kW,速度可达 35 m/s;高速齿形链的速度则可达 40 m/s。对于一般传动链传动的效率为 0.94 ~ 0.96;对于用循环压力供油润滑的高精度传动,传功效率约为 0.98。

链传动通常应布置在铅垂平面内,尽可能避免布置在水平或倾斜平面内,并且设计较小的中心距。链传动的安装一般应使两轮轮宽的中心平面轴向位移误差 $\Delta e \leqslant 0.2a/100$,其中 a 为中心距,两轮旋转平面间的夹角误差 $\Delta\theta \leqslant 0.6a/100$ rad。表 6 - 6 所示为链传动类型。

表 6 - 6　链传动类型

种类	简图	结构和特点	应用
传动用短节距精密滚子链(简称滚子链)	GB/T 1243	由外链节和内链节铰接而成。销轴和外链板、套筒和内链板为过盈配合;销轴和套筒为间隙配合;滚子空套在套筒上可以自由转动,以减少啮合时的摩擦和磨损,并可以缓和冲击	动力传动
双节距滚子链	GB/T 5269	除链板节距为滚子链的 2 倍外,其他尺寸与滚子链相同,链条质量则减轻	中、小载荷,中、低速和中心距较大的传动装置,亦可用于输送装置
传动用短节距精密套筒链(简称套筒链)	GB/T 6076	除无效滚子外,结构和尺寸同滚子链。质量轻、成本低,并可提供高节距精度。为提高承载能力,可利用原滚子的空间加大销轴和套筒尺寸,增大承压面积	不经常传动,中、低速传动或起重装置(如配重、铲车起升装置)等
弯板滚子传动链(简称弯板链)		无内、外链节之分,磨损后链节节距仍较均匀。弯板使链条的弹性增加,抗冲击性能好。销轴、套筒和链板间的间隙较大,对链轮共面性要求较低。销轴拆装容易,便于维修和调整松边下质量	低速或极低速载荷大、有尘土的开式传动和两轮不易共面处,如挖掘机等工程机械的行走机构、石油机械等

表 6 - 6（续）

种类	简图	结构和特点	应用
齿形传动链（又称无声链）	GB/T 10855	由多个齿形链片并列铰接而成。链片的齿形部分和链轮啮合，有共轭啮合和非共轭啮合两种。传动平稳准确，振动小、噪声小、强度高、工作可靠；但质量较大，装拆较困难	高速或运动精度要求较高的传动，如机床主传动、发动机正时传动、石油机械及重要的操纵机构等
成型链		链节由可锻铸铁或钢制造，装拆方便	用于农业机械和链速在 3 m/s 以下的传动

3. 齿轮传动结构原理

齿轮传动应用普遍，类型较多，适应性广。大多数齿轮传动为传动比固定的传动，少数为有级变速传动。圆柱齿轮传动用于两平行轴布置，其功率与速度范围最大，效率最高，可靠性高，容易设计制造，是优先考虑采用的齿轮传动，但当制造和安装精度不高时噪声较大。斜齿圆柱齿轮可以达到较高的速度，但有轴向力。人字齿轮或双斜齿轮可以抵消轴向力，螺旋角一般较大。渐开线圆柱齿轮有整套的加工、测量设备和工艺，能达到较高的精度和生产率，因此使用较广。

4. 液力偶合器结构原理

液力偶合器是利用液体作工作介质来传递动力的一种液力传动设备。它由动力机带动，通过自身的主动叶轮（泵轮）拨动工作腔内的液体（水或油）向从动叶轮（涡轮）做功（离心运动），再带动工作机转动，输出力矩。液力偶合器安装在动力机和工作机之间，把动力机的动能变成液体动能，再变成机械能做功，输出动力。液力偶合器具有以下优点。

（1）轻载或空载启动电动机，提高电动机的启动性能。

（2）防止动力过载。液力偶合器通过两个叶轮（泵轮和涡轮）带动液体转动工作，泵轮和涡轮之间无直接接触，无机械摩擦，是一种柔性的有滑差（转速差）传动。当负载力矩增大时，其滑差也增大，甚至在制动使工作机不能动时，电动机仍可继续运转。工作腔内的工作液体温度随着负载力矩的增大而迅速升温，当升至过载保护塞熔点时便会喷液，无动力输出，从而保护了电动机和工作机。

（3）在多机驱动的传动系统中（动力机 + 偶合器 + 工作机），由多台电动机驱动同一负载时，会出现各台电动机的转速偏差。这时液力偶合器可通过调整工作腔油液的多少来均衡各电动机的负载。

（4）可隔离扭振，减缓冲击。

（5）可无级调速。在电动机转速恒定不变的情况下，液力偶合器可以无级调节工作机的转速。这与传统的节流调节相比，可大量节省电能。

（6）在大惯量启动的机械中，可减少电动机容量，避免大马拉小车的现象，节约电能。

　　因具有以上优点,液力偶合器在工农业生产中,特别是在冶金、矿山、发电、运输、化工、市政工程、纺织、轻工等领域,都得到了广泛的应用。

　　通过改变充液量来调节输出转速的液力偶合器称为调速型液力偶合器。这种液力偶合器因其流道内充液度改变,可使传动比 i 改变,故当连续地改变流道中的充液度时,就可以实现对从动轴的无级调速。采用这种方法调节转速,结构简单,调速范围较大,i 值可降到0.4。如改进流道形式,加设适当直径的挡板等可使液力偶合器的传动比 i 值调到0.2。调速型液力偶合器根据调节充液量的方法可分为出口调式、进口调节式和复合调节式三种。出口调式的特点是调速反应比较灵敏,广泛用于各种功率下要求快速调速的场合,如风机、水泵等。进口调节式的特点是结构紧凑、体积小,多用于功率在1 000 kW以下,转速低于1 500 r/min的传动设备上。复合调式的特点是机动性能高,反应灵敏,能合理利用供液量,效率高,结构复杂,常用于大功率的液力偶合器调速。

　　总体来说,调速型液力偶合器比限矩型液力偶合器结构复杂。由于液力偶合器的效率 $\eta = i$,且效率与输出轴的转速成比例,转速降低,效率下降,因此这类液力偶合器主要用于负载转矩随转速下降而减小的机械,如离心泵、鼓风机等设备,这样可以减少功率损失。表6-7所示为其调速形式及原理。

表6-7　液力偶合器调速形式及原理

调速形式	调速原理	说明
勺管,出口调节	导管口调节原理 1—泵轮;2—涡轮;3—流通孔;4—排油;5—导管; 6—副叶片;7—转动外壳;8—进油管;9—旋转油环。	由外部油泵供应的进入偶合器流道的流量不变,勺管排油能力大于供油,流道内存油面(即充油度 q)与勺管孔口齐平,移动勺管于最内和最外缘两极限位置(即全充油和排空)之间任一位置,可得对应充油度 q 和输出转速 n_2,实现无级调速
勺管和喷嘴,进口调节	(a)输出全速　　(b)输出最低速	流道外侧有数个喷油器常开连续喷油,流道的充油度 q 视勺管提供的油量而定。勺管伸入最下侧(外缘),旋转油壳内存油几乎全由勺管供应流道,流道全充满,输出轴全速;勺管拉起到上限位置,流道内油由喷嘴排入旋转油壳,流道排空,输出最低速,勺管置于两极限位置之间,即得对应流道充油度 q 和输出转速 n_2,实现无级调速

6.6.3 标准规范

GB/T 11544《传动带 普通V带和窄V带尺寸(基准宽度制)》

GB/T 1243《传动用短节距精密滚子链、套筒链、附件和链转》

GB/T 1357《通用机械和重型机械用圆柱齿轮 模数》

JB/T 5077《通用齿轮装置 型式试验方法》

GB/T 5837《液力偶合器 型式和基本参数》

6.6.4 预维项目

1. 带传动安装维护

(1)减小中心距,松开张紧轮,装好后再调整。

(2)V带注意型号、基准长度。

(3)两带轮中心线平行,带轮断面垂直中心线,主、从动轮的槽轮在同一平面内,轴与轴端变形要小。

(4)定期检查。不同带型、不同厂家、不同新旧程度的V带不宜同组使用。

(5)保持清洁,避免遇酸、碱或油污使带老化。

2. 链传动安装维护

链传动安装维护故障类型及措施如表6-8所示。

表6-8 链传动安装维护故障类型及措施

故障	原因	维护措施
链板或链轮齿严重侧磨	(1)各链轮不共面 (2)链轮端面跳动严重 (3)链轮支承刚度差 (4)链条扭曲严重	(1)提高加工与安装精度 (2)提高支承件刚度 (3)更换合格链条
链板疲劳开裂	润滑条件良好的中低速链传动,链板的疲劳是主要矛盾,但若过早失效则发生以下问题: (1)链条规格选择不当 (2)链条品质差 (3)动力源或负载劲载荷大	(1)重新选用合适规格的链条 (2)更换质量合格的链条 (3)控制或减弱负载和动力源的冲击振动
滚子碎裂	(1)链轮转速较高而链条规格选择不当 (2)链轮齿沟有杂物或链条磨损严重发生爬齿和滚子被挤顶现象 (3)链条质量差	(1)重新选用稍大规格链条 (2)清除齿沟杂物或换新链条 (3)更换质量合格的链条

表 6 - 8（续）

故障	原因	维护措施
销轴磨损或销轴与套筒胶合	链条铰链元件的磨损是最常见的现象之一。正常磨损是一个缓慢发展的过程。如果发展过快则可能原因为： (1)润滑不良 (2)链条质量差或选用不当	(1)清除润滑油内杂质、改善润滑条件、更换润滑油 (2)更换质量合格或稍大规格链条
外链节外侧擦伤	(1)链条未张紧,发生跳动,从而与邻近物体碰撞 (2)链箱变形或内有杂物	(1)使链条适当张紧 (2)消除箱体变形、清除杂物
链条跳齿或抖动	(1)链条磨损伸长,使垂度过大 (2)冲击或脉动载荷较重 (3)链轮齿磨损严重	(1)更换链条或链轮 (2)适当张紧 (3)采取措施使载荷较稳定
链轮齿磨损严重	(1)润滑不良 (2)链轮材质较差,齿面硬度不足	(1)改善润滑条件 (2)提高链轮材质和齿面硬度 (3)把链轮拆下,翻转 180° 再装上,则可利用齿廓的另一侧而延长使用寿命
卡簧、开口销等链条锁止元件松脱	(1)链条抖动过烈 (2)有障碍物磕碰 (3)锁止元件安装不当	(1)适当张紧或考虑增设导板托板 (2)消除障碍物 (3)改善锁止件安装质量
振动剧烈、噪声过大	(1)链轮不共面 (2)松边垂度不合适 (3)润滑不良 (4)链箱或支承松动 (5)链条或链轮磨损严重	(1)改善链轮安装质量 (2)适当张紧 (3)改善润滑条件 (4)消除链箱或支承松动 (5)更换链条或链轮 (6)加装张紧装置或防振导板

3. 齿轮传动装置的使用及维护

（1）齿轮箱运转正常时,应运转平稳、声响均匀,振动和温度都在正常的范围之内。如发现突然变化,应停机检查故障并及时排除。对于重要的大型齿轮箱,建议建立测试数据档案或计算机监控。

（2）润滑充分是齿轮箱正常运转的必要条件。而润滑充分的必要条件是油品,特别是油的黏度应合格;油量足够,但也不应过多。对于油液润滑,齿轮浸油太深,会增加搅油功率损耗,发热升温,同时增大噪声。

（3）对于停歇时间超过 24 h 且满载启动的齿轮箱,启动前先给润滑油。当齿轮浸油润滑时,应人工从视孔给齿轮上半部浇油,以免齿面无润滑油而产生胶合擦伤。

（4）中负荷齿轮油的较佳工作油温为 55 ~ 75 ℃,最高可以达 100 ℃,短时间的峰值温度达 120 ℃ 也是允许的,但油的寿命将缩短。

(5)齿轮箱首次使用运转300~600 h后,应更换润滑油。在停车油未冷时排放旧油,此后每运转4 000~5 000 h更换一次润滑油。如果每日运转时数较少,更换润滑油的间隔期也不应超过18个月。更换润滑油时,应消除齿轮箱油池内的杂物,清洗油路系统。

(6)齿轮箱的紧固件虽然采取了防松措施(涂防松胶或加防松垫圈),但运转中也可能松动,应经常检查、紧固。

(7)齿轮箱大修或更换损坏零件重新组装时,应参照齿轮箱装配图及有关标准进行。应注意结合面涂匀密封胶,不可堵塞油路,骨架油封的唇口不可损伤。安装、使用、维护越认真、合理,则运转越可靠,使用寿命越长。

(8)齿轮箱中,凡是形成封闭腔的轴承处或端盖应设置回油孔,使润滑油回油箱形成对流,以免发热。

(9)对于油浴润滑的齿轮箱,目前的趋势有油位偏高的倾向,主要为了保证润滑的可靠性。但油位过高,产生搅拌损失增大,使传动效率下降;同时在高速级处油温升高较快,易使润滑油变质。通常设计中,以齿轮副中的大齿轮浸入油中2~3倍全齿高便可。但目前使用中的齿轮箱,有的油位接近于分型面,似乎偏高,最高油位可以高速轴最小轴承下侧的滚子(球)中心作为油标中心位置,这样既可保证齿轮箱中所有运动件的润滑,同时又不至于油位偏高。通常的传动件浸油深度不应超过其分度圆半径的1/3,同时为避免油搅动时沉渣泛起,齿顶至油池底面的距离不应小于30 mm。

(10)透气帽用于通气,使箱内外气压一致,以避免由于运行时箱体内部油温升高、内压增大而引起齿轮箱润滑油的渗漏。通常透气帽宜选大一些,如日本采用空气滤清器作为透气帽。对于较大型的齿轮箱应采用两个透气帽,便于形成对流,产生一进一出的通气效果。

4. 调速型液力偶合器的维护

调速型液力偶合器运行时的维护如表6-9所示;调速型液力偶合器停机或备用时的维护如表6-10所示。

表6-9 调速型液力偶合器运行时的维护

序号	维护内容	时间	要求
1	当滤油器压差超标时,切换并清洁滤油器	当压差达0.06 MPa时	切换时保证轴承润滑,按规定清洗滤油器
2	检查油位	每周一次	如属正常损耗,则补充加油;如液位升高,则查看是否含水;如液位降低过大过快,则查看是否泄漏
3	检查并测定运行平稳性	每3个月一次	测量并记录机组运行的振动情况,查找影响运行平稳性的原因并排除
4	检查工作油排气性,检查冷却器的排气管,添加消泡剂	当工作机转速出现波动时	工作油内泡沫基本消除,工作机转速无波动
5	检查油质,必要时换油	每3个月一次	工作油达不到规定标准时,应及时换油、清洗油箱底部。新油必须过滤,油位符合要求

表 6 - 9(续)

序号	维护内容	时间	要求
6	监测液力偶合器温度、压力、转速等运行参数	每天	发现异常,查找原因,及时维修
7	检查液力偶合器的空气滤清器、滤油器上的通气口是否被灰尘堵塞,必要时清除灰尘	每3个月一次	保证空气滤清器和通气孔畅通无阻
8	冷却水流量检查	当冷却器出口油温升高时	冷却器出口油温达要求
9	冷却器密封检查	当液力偶合器油位升高时	排除冷却器漏水故障
10	安全保护装置检查	每周一次	安全保护装置应牢固可靠,紧固螺钉,无松弛

表 6 - 10 调速型液力偶合器停机或备用时的维护

序号	维护内容	时间	要求
1	检查油质、换油	必要时	同常规运行维护要求
2	检查基础固定和机组找正对中情况	停机时	要求达到机组安装时的标准,各处螺栓按要求紧固
3	检查液力偶合器传动装置的齿面啮合情况,检查润滑油系统	运行 50 ~ 500 h	齿轮润滑良好,齿面无胶合现象
4	检查空气滤清器和滤油器通气口是否畅通	停机时	清除灰尘,保证畅通
5	检查联轴器是否损坏,检查弹性元件是否老化	运行 8 000 h	检查并维修联轴器
6	检查供油泵供油压力、流量	停机时	必要时拆卸油泵维修,恢复供油压力和流量
7	检查冷却器,必要时清洗水侧腔室,清除水垢	停机时	冷却器能保证换热能力
8	检查并清洗供油泵的吸油管滤油器	停机时	冷却器出口油温达要求
9	检查液力偶合器的稳定运行情况,必要时检查液力偶合器回转件的平衡情况	运行 8 000 h,停机时	保证液力偶合器运行平稳,无振动
10	检查各仪器仪表是否完好无损,必要时更换	运行 8 000 h,停机时	保证控制仪表功能完好

表 6 – 10(续)

序号	维护内容	时间	要求
11	检查液力偶合器的轴承磨损情况	停机时	根据轴承磨损情况,确定是否更换、购买备件
12	检查液力偶合器的密封情况,必要时更换密封件	停机时	保证液力偶合器密封良好
13	检查电动执行器是否运行自如,各处有无松动	运行 800 h	电动执行器等执行机构动作应符合要求
14	检查并清洗滤油器	运行 500 h,停机时	油路畅通
15	将导管开度置于 0 处,外露部位涂油	设备备用时	导管不外露,防止锈蚀
16	在控制装置的油嘴内加油	设备备用时	保护活动部位不锈蚀
17	定期启动运行一段时间	设备备用时	保证液力偶合器运行良好,随时可以投入运行
18	液力偶合器外部加罩衣	设备备用时	防止盖满灰尘,影响仪表

6.6.5 典型案例分析

1. 经验反馈 1:风机皮带轮磨损严重,皮带露出不符合标准

2020 年 10 月 16 日及 10 月 21 日,巡检发现 3DVL203ZV 和 4DVL201ZV 有歇性异音,对风机进行了解体检查,发现两台风机的皮带轮均磨损严重,皮带露出不符合标准。3DVL203ZV 和 4DVL201ZV 风机皮带轮均为长时间运行,且未更换过新带轮,磨损导致异音。

2. 经验反馈 2:链轮发生偏移

2012 年 11 月 7 日 10:00,运行人员在巡检过程中发现 A 侧 2 号装卸料机悬链系统驱动链轮发生偏移,该链轮靠近屏蔽门端,链轮偏移距离约 8 mm。2010 年 4 月 6 日,运行人员在巡检过程中发现 C 侧装卸料机悬链驱动系统链轮(靠近屏蔽门端)发生了位移,位移约 1 cm。发出状态报告 CR20101506 进行原因分析。根据该状态报告的分析结果,对顶丝使用锁固胶进行锁紧。另外,升版《燃料操作处巡检管理程序》,在换料维修巡检模板中添加检查悬链链轮是否窜动的内容。2012 年 11 月 7 日,运行人员在巡检过程中又一次发现该链轮发生了移动。在此之前,10 月 30 日维修人员刚刚做完现场巡检,在巡检内容中有悬链窜动情况检查的要求,检查结果未发现链轮移动。由链轮和轴运行过程中的受力分析可知,链轮轴为悬臂梁受力状态,由于链条的张紧力始终作用在链轮上,而链轮所在的两个轴不是绝对平行,因此在运行过程中,链轮在链条张力的作用下最终会克服顶丝固定的力量,根据轴的平行度情况,发生向内或向外的轴向滑动。维修人员巡检技能不足,导致未巡检到位;或人员不清楚链轮检查的标准,所以在检查时未发现链轮窜动的不正常情况。

3. 经验反馈 3:齿轮间隙超标

2020 年 8 月 18 日,检修人员在进行 2ATE601ZV 解体检查过程中发现齿轮间隙达 0.23 mm,超过标准(0.08 ~ 0.10mm)。本次齿轮间隙超标的直接原因是设备长期运行磨损,根本原因为历史未曾更换过,长期振动摩擦,达到齿轮疲劳,使得齿轮间隙超标。

4.经验反馈4:液力耦合器输出突然阶跃下降

2020年3月28日01:16,4APA202PO液力耦合器输出突然阶跃下降(由74.4%阶跃下降至73.19%),APA202PO流量同步下降,2 min左右又阶跃回升至要求值。在这期间液力耦合器的要求值和输出值要求不一致。相同的现象在02:38再次出现。2020年4月6日,4APA102PO液力耦合器输出突然下降(由73.209%阶跃下降至72.896%),1 min左右又阶跃回升至73.465%。追溯历史趋势,4APA102PO液力耦合器调节输出和反馈拟合度一直存在小幅度偏差,实际勺管动作跟随性不好,存在迟滞。2020年4月4日(调门试验期间),维修人员对4APA202PO液力耦合器的VEHS电液执行机构中的三位四通阀(VEHS阀)进行更换后,液力耦合器调节正常且稳定。VEHS阀有泄漏等故障,导致活塞上部持续进油或者下部持续出油,使得活塞上部油压增加或者下部油压降低,推动活塞向下移动,勺管位置下降,随后位置采集器将勺管位置反馈给控制系统,通过闭环回路的自调节将勺管位置拉回原位置,重复此过程,呈现出勺管位置间歇性波动。

6.6.6 课后思考

(1)皮带安装要注意哪些事项?

(2)皮带传动日常巡检应注意哪些事项?

(3)链轮对中的要求有哪些?

(4)链轮张紧度如何调整?

(5)齿轮磨损的因素有哪些?

(6)齿轮润滑需要考虑哪些因素?

(7)液力耦合器无法调速和调速不精确的原因有哪些?

(8)供油油压过高或过低的原因有哪些?

6.7 管 道

6.7.1 管道

1.概述

管道是用于输送流体的基本元件,一般在工业上分类较多,ASME B31专门对各类管道进行了分类和规范,其中动力管道属于压力元件,较为重要,被广泛地使用在电厂的汽水回路上。管道的基本参数包括管道材质、公称直径、厚壁等级(或压力等级)、设计最小壁厚、系统介质和温度、流量流速、连接方式等。其设计、制造和检测一般由ASME B31.1《动力管道》进行规范指导,而核级管道则由ASME BPVC的相关核级部件的章节进行规范。

2.结构与原理

管道的图示符号和标识是指为了便于工程人员对设计图纸的阅读和理解,管道及管道元件在工程图纸上的标准画法。在国内,一般应符合GB/T 6567《技术制图 管路系统的图形符号》的有关规定。在国外，其图示符号也都有标准规范，并且会给出相应的图例说明，由于 GB 标准是参照 ISO 标准而来，所以国外管道元件的图示符号与 GB 标准相差不大。

需要注意的是，一些大的工程公司在项目中可能自己编制专门的管道标识规则，如秦山第三核电厂（秦三厂）重水堆机组，二回路总承包商美国 BECHTEL 公司，就专门编制了管道标识文件(98 - 70880 - STD - 400)对管道进行规范标识，制道编号由管径 + XXX（管道类别）组成，其中管径由英制的公称直径表示，管道类别的第一个字母表示管道的材质，第二个字母表示管道的压力等级，第三个字母表示管道采用的规范。在规定的管道类别下，对管道及管道元件（包括法兰、阀门、紧固件等）的具体材质牌号，管道的壁厚等都做了明确的要求。

管道的壁厚与管内压力、管道材质、焊缝接头系数（或铸造系数）、腐蚀余量等有关，钢制管所需的最小壁厚或已知壁厚管道的最大设计压力为

$$t_m = \frac{PD_0}{2(SE + Py)} + A \tag{6-1}$$

$$t_m = \frac{Pd + 2SEA + 2yPA}{2(SE + Py - P)} \tag{6-2}$$

$$P = \frac{2SE(t_m - A)}{D_0 - 2y(t_m - A)} \tag{6-3}$$

$$P = \frac{2SE(t_m - A)}{d - 2y(t_m - A) + 2t_m} \tag{6-4}$$

式中　t_m——所需的最小壁厚；

P——最大设计压力；

D_0——管子外径；

d——管子内径；

SE——设计温度下由内压和焊缝接头系数（铸造质量系数）所确定的材料最大许用应力；

y——修正系数；

A——附加厚度，用于补偿螺纹等机械接头导致的强度损失和腐蚀损失。

普通工业管道的材质一般由介质的腐蚀性和介质的温度、压力等参数综合而定。对于介质为水和蒸汽的动力管道，材质选择主要以系统的温度、压力和材料的强度、焊接性能等因素综合而定。同时，由于建造电厂使用的管道数量巨大，所以经济性也是重要的考量因素，一般在满足系统温度压力参数的前提下，尽量从低向高选择管材。

核电厂一回路和二回路的汽水管道，基本都采用焊接的方式连接。由于含碳量及一些合金元素的含量对焊接性能影响很大，所以需要对各种材质的管道及管道附件进行碳当量（CE）的评估，公式为

$$CE = w(C) + \frac{w(Mn)}{6} + \frac{w(Cr) + w(Mo) + w(V)}{5} + \frac{w(Ni) + w(Cu)}{15} \tag{6-5}$$

一般，当碳当量大于 0.6 时，焊接是不推荐的。

目前国内常用的钢制动力管道牌号包括 10#、20#、16Mn、12CrMo、15CrMo、12CrMoVG、0Cr13、1Cr5Mo、0Cr18Ni9 等，一般随着碳含量和合金元素的增加，其强度和最高允许使用温度升高，但焊接性能则随之下降。

对于高参数的超临界机组,需要使用耐热动力管道,一般珠光体耐热钢(如 P22)最高使用温度可达 590 ℃,马氏体不锈钢耐热钢(如 P91)最高使用温度可达 650 ℃,奥氏体不锈钢最高使用温度可达 700 ℃。但由于奥氏体不锈钢的热胀系数高,对应力腐蚀敏感,抗蠕变性能又差,所以目前国内的高参数超临界机组基本上使用 ASMT A335 的 P91 马氏体材质管道,其高温强度、高温稳定性优异。目前,国内的焊接工艺也已成熟稳定。

管道的常用连接方式有焊接连接(包括对接焊和承插焊)、法兰连接和螺纹连接。三种连接方式各有优缺点和限制条件,其中焊接连接适用性最广,螺纹连接的适用性最窄。

焊接连接可用于所有可焊材质管道,但需对焊接工艺、焊工和检验人员资质进行评定。其优点是施工方便,成本较低,密封性能绝对可靠,特别是对参数高、直径大、距离长的管道或有毒介质管道;缺点是无法拆卸,检修困难。

承插焊连接受到如下限制:

(1)只能使用于管径不大于 2.5 in① 的管道;

(2)承插焊的角焊缝不能使用 RT 检查,只能使用 PT 或 MT 检查。

法兰连接也适用于各种公称压力、温度及通径的管道。其优点是拆卸方便,密封性能可靠;缺点是结构较大,成本较高。

法兰连接有限制要求,由于法兰连接的密封性能与介质的压力温度参数、法兰的密封面形式、螺栓连接件及垫圈等多方面因素有关,因此为了保证接头的密封可靠性,ASME B31.1 对各种参数法兰接头的连接螺栓、密封面形式、垫圈种类做了分类要求(可参见 ASME B31.1 的表 112)。

螺纹连接多用于水、煤气等低参数管道,分为锥管螺纹和圆柱螺纹。锥管螺纹自带密封性能,非锥管螺纹必须借助于除螺纹外的密封焊缝或预紧面及其他密封材料来密封。

螺纹连接的限制要求:螺纹密封对温度、压力、通径有严格限制,不得用于预计会发生严重腐蚀、间隙腐蚀、水击或振动的场合,也不得用于温度高于 495 ℃ 的情况。对于蒸汽和热水管道的尺寸限制应符合表 6-11 的规定。

表 6-11 蒸汽和热水管道的尺寸限制

最大公称尺寸/in	最高压力/psi②	最高压力/kPa
3	400	2 750
2	600	4 150
1	1 200	8 300
$\leqslant \frac{3}{4}$	1 500	10 350

管道是在常温下敷设的,投运后,所输送介质的温度会使管道伸长或收缩,并产生较大的热应力,可能使管道破裂,因而管道设计时必须考虑和计算热膨胀,并进行补偿。

---

① 1 in = 2.54 cm。

② 1 psi = 6.895 kPa。

管道热膨胀量的计算公式为

$$\Delta L = \alpha L_0 (t - t_0) \tag{6-6}$$

式中 ΔL——管道的热膨胀量,mm;

α——管材的热膨胀系数,mm/(m·℃);

L_0——安装时管道长度,m;

t——运行时管道温度(取管内介质温度),℃;

t_0——安装时管道温度(取管道周围空气温度),℃。

管道热膨胀的补偿通常使用管道补偿器,一般管道补偿器包括方形补偿器、填料式补偿器、波形补偿器、球形补偿器、L形和Z形补偿器。其中在核电厂常用的是波形补偿器、L形和Z形补偿器。

波形补偿器包括橡胶膨胀节和金属膨胀节,橡胶膨胀节常用于低压大口径管道,金属膨胀节常用于相对高压和通径较小的管道。

L形和Z形补偿器是利用管道中的弯头来达到补偿的目的,又称为自然补偿器。其优点是施工十分方便,因而管道设计时应优先采用,是目前管系设计时采用最多的设计方式。

3. 标准规范

工业产品的标准化是为了减少产品的规格种类和生产成本,便于工程设计和选型及用户的使用和采购。管道及管道附件是最常用的工业产品,在公称直径、压力等级、管道壁厚等方面都进行了标准化。管道及其附件的标准一般都有公制和英制两种。我国早期采用苏联标准,后慢慢向ISO标准靠近(以德标为基础),21世纪以来,又融合了一部分英制标准。

动力管道的设计规范是对动力管道系统(包括管道附件、支吊架等)的设计、建造、检验试验等的强制性要求。国内的常规电站一般按GB 50764《电厂动力管道设计规范》实施。对国内的核电站,由于核岛的管线和设备通常按美国的ASME体系(法国的RCCM基本也是ASME的转化体系)来设计和建造,所以动力管道也按ASME B31.1的规范实施。对于核级的管道和支撑,应同时满足ASME BPVC《锅炉和压力容器》中的材料、核级部件、无损检测等相关篇章的要求。

对RT代替管道水压试验的一些说明:管道设计中选用的许用应力值是与设计温度紧密相关的,同一种材料的管道,其强度和许用应力随温度升高而降低,高温管道在设计温度下的许用应力比常温低很多,特别是有蠕变的高温管道,许用应力是按管材的高温持久强度选取的,其值更低。而水压试验是在常温下,以设计压力的1.5倍进行的,此温度下管道的强度较高,实际应力值与常温的材料许用应力相差甚远,管道焊缝中即使有点缺陷,水压试验也不一定能反映出来。某些安装单位也持有这种见解,他们认为打完水压合格后,运行中还有漏点,高压管道施焊中,即使有数道焊接缺陷,水压也不能发现,关键还是保证焊口质量。因此,对高参数管道,进行无损探伤检验,可靠性更大一些,对缺陷检查更全面一些。特别对于高温高压管道系统,温度越高,RT检查相对水压试验的可靠性也越高。目前,在一些管道的设计规范中,对高参数管道已经有RT代替水压试验的趋势,如DL/T 5054《火力发电厂汽水管道设计规范》、GB 50235《工业金属管道工程施工规范》、BS 806《英国汽水动力管道规范》等。

公称通径标准:国标对管道的公称直径按 GB/T 1047 可分为 DN3、DN6、DN8、DN10、DN15、DN20、DN25、DN32、DN40、DN50、DN65、DN80、DN90、DN100、DN125、DN150……DN4 000(单位 mm)。英制一般按 ASME B36 系列规范分为 1/8、1/4、3/8、1/2、3/4、1、1−1/4、1−1/2、2、2−1/2、3、3−1/2、4、5、6、8、10、12……80(单位 in)。

注:

(1)公制的规格略多于英制,英制的规格则都有对应的公制规格,两者通用,如 3/4 in 对应公制的 DN20,3 in 对应公制的 DN80。

(2)管道的公称直径不完全等于管道的实际外径,当管道的公称直径小于 14 in(或 DN350)时,管道的实际外径大于公称直径,如公称直径 3 in 的管道,其外径为 3.5 in。当管道的公称直径大于等于 14 in(或 DN350)时,管道实际外径等于公称直径。

(3)一些公制公称直径可能对应两种规格的实际外径,如 DN150 的管子存在实际外径 $\phi159\ mm$、$\phi168\ mm$ 两种规格。

(4)国内的一些低压流体管道,公称直径也常用英制的几寸几分管来称呼。

管道及附件的压力等级也分为公制和英制两种。欧洲(ISO)系列:PN0.25、PN0.6、PN1.0、PN1.6、PN2.5、PN4.0、PN6.3、PN10.0、PN16.0、PN25(单位 MPa);美洲系列:150LB、300LB、600LB、900LB、1500LB(单位磅级)。我国标准揉合了欧洲和美洲的两大体系,将美标 150LB 化为 PN2.0,300LB 化为 PN5.0,600LB 化为 PN11.0(与公制 PN10.0 相区分),900LB 化为 PN16.0,1500LB 化为 PN26.0(与公制 PN25.0 相区分),共有 15 个压力等级(10 个欧洲系列 +5 个美洲系列)。

注:美标压力等级与公制压力等级的区别是设计基准温度不同,公制压力等级的设计基准温度为 38 ℃,而美标压力等级的设计基准温度大致为材料开始发生明显蠕变效应时的温度(根据材料不同一般在 200 ~ 300 ℃)。比如公制压力等级为 PN2.0 的管道或管道附件,在 38 ℃时最大允许工作压力即为 2.0 MPa。而压力等级为 150LB 的管道或管道附件,其在 38 ℃时允许的最大工作压力不是 150 psi,而是约 285 psi,所以我们把美标的 150LB 对应于公制的 2.0 MPa,150 psi 则是其在约 290 ℃(开始发生明显蠕变效应)时的允许最大工作压力。

管道的壁厚也分为公制和英制两种规格,国内的公制动力管道,锅炉用无缝钢管,一般直接用 mm 表示壁厚,用外径 X 壁厚来表示管道规格,每个通径的无缝钢管通常有多个壁厚规格可供选择。英制管道都用壁厚代号(schedule NO)表示,有 SCH10、SCH20、SCH30、SCH40、STD(标准壁厚)、SCH60、XS(加厚)、SCH80、SCH100、SCH120、SCH140、SCH160、XXS(特厚)等规格。不同壁厚代号的具体壁厚数据如表 6−12 所示。

表 6－12　不同壁厚代号的具体壁厚数据

公称通径/in	外径/mm	公称壁厚/in												
		SCH10	SCH20	SCH30	STD	SCH40	SCH60	XS	SCH80	SCH100	SCH120	SCH140	SCH160	XXS
½	0.840	0.083	—	—	0.109	0.109	—	0.147	0.147	—	—	—	0.188	0.294
¾	1.050	0.083	—	—	0.113	0.113	—	0.154	0.154	—	—	—	0.219	0.308
1	1.315	0.109	—	—	0.133	0.133	—	0.179	0.179	—	—	—	0.250	0.358
1¼	1.660	0.109	—	—	0.140	0.140	—	0.191	0.191	—	—	—	0.250	0.382
1½	1.900	0.109	—	—	0.145	0.145	—	0.200	0.200	—	—	—	0.281	0.400
2	2.375	0.109	—	—	0.154	0.154	—	0.218	0.218	—	—	—	0.344	0.436
2½	2.875	0.120	—	—	0.203	0.203	—	0.276	0.276	—	—	—	0.375	0.552
3	3.500	0.120	—	—	0.216	0.216	—	0.300	0.300	—	—	—	0.438	0.600
3½	4.000	0.120	—	—	0.226	0.226	—	0.318	0.318	—	—	—	--	0.636
4	4.500	0.120	—	—	0.237	0.237	—	0.337	0.337	—	0.438	—	0.531	0.674
5	5.563	0.134	—	—	0.258	0.258	—	0.375	0.375	—	0.500	—	0.625	0.750
6	6.625	0.134	—	—	0.280	0.280	—	0.432	0.432	—	0.562	—	0.719	0.864
8	8.625	0.148	0.250	0.277	0.322	0.322	0.406	0.500	0.500	0.594	0.719	0.812	0.906	0.845
10	10.750	0.165	0.250	0.307	0.365	0.365	0.500	0.500	0.594	0.719	0.844	1.000	1.125	1.000
12	12.750	0.180	0.250	0.330	0.375	0.406	0.562	0.500	0.688	0.844	1.000	1.125	1.312	1.000
14	14.000	0.250	0.312	0.375	0.375	0.438	0.594	0.500	0.750	0.938	1.094	1.250	1.406	
16	16.000	0.250	0.312	0.375	0.375	0.500	0.656	0.500	0.844	1.031	1.219	1.438	1.594	
18	18.000	0.250	0.312	0.438	0.375	0.562	0.750	0.500	0.938	1.156	1.375	1.562	1.781	
20	20.000	0.250	0.375	0.500	0.375	0.594	0.812	0.500	1.031	1.281	1.500	1.750	1.969	
22	22.000	0.250	—	—	0.375	—	—	0.500	—	—	—	—	--	
24	24.000	0.250	0.375	0.562	0.375	0.688	0.969	0.500	1.219	1.531	1.812	2.062	2.344	
26	26.000	--	--	--	0.375	—	—	0.500						
30	30.000	0.312	0.500	0.625	0.375	—	—	0.500						
36	36.000	0.312	0.500	0.625	0.375	0.750	—	0.500						
40	40.000	—	—	—	0.375	—	—	0.500						
42	42.000	—	—	—	0.375	—	—	0.500						
48	48.000	—	—	—	0.375	—	—	0.500						

4. 预维项目

影响管道寿命的主要因素是由于腐蚀、冲蚀、原始安装不规范等因素造成的管道均匀或局部减薄。在核电站中,对于海水系统管道,主要是腐蚀的问题;对于汽水回路的碳钢和低合金钢管道,主要是流动加速腐蚀(FAC)的问题。在管道减薄至最小设计壁厚前,必须及时处理或更换。因此,核电厂针对性地编制了防腐大纲、金属监督大纲、FAC 专项管理等相关程序文件和预维大纲,定期对核电厂的各类管道进行检查试验和处理,确保各类管道系统的安全性。具体各类管道的检查试验项目、评估方法、验收标准、后续处理要求等见相关的监督大纲和管理文件。

5. 典型案例分析

2016 年 12 月秦一厂 117 大修中,根据在役检测厚检测报告,发现高压缸进气管道弯头 E12 焊缝后管道(直管段)减薄严重,原壁厚为 19 mm,最小减薄处壁厚已到 12.8 mm,已减薄 1/3 壁厚,影响高压缸的安全稳定运行。

经分析,原因为原始管道焊缝在制造过程中可能存在组对不当的问题,造成其错边量超标,而运行服役过程中,在高温高压蒸汽的长时间冲刷作用下,原薄弱区域减薄严重。

受供货时间限制,117 大修期间对减薄管道进行了外部堆焊加强的临时措施,最终在 2018 年 118 大修期间更换了缺陷管道。

6. 课后思考

(1)当知道了系统的介质、温度、压力、流速时,如何选择管道的材质、壁厚和连接方式?

(2)简述用焊缝 RT 检验代替管道水压试验的前提条件。

6.7.2 法兰

1. 概述

法兰通常属于管道附件,用于管道的连接。一般法兰连接或法兰接头是指由法兰、垫片及螺栓三者相互连接作为一组组合密封结构的可折连接,管道法兰系指管道装置中配管用的法兰,用在设备上系指设备的进出口法兰,或体盖连接法兰(图6-43)。

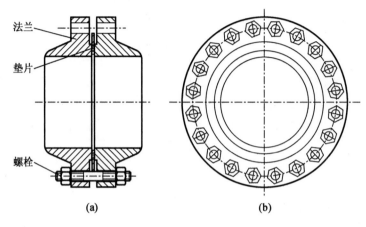

(a)   (b)

图6-43 体盖连接法兰

2. 结构与原理

按法兰与管道的连接方式可将法兰分为对焊法兰、平焊法兰和整体管法兰(图6-44)。另外,还有松套、插焊等法兰。

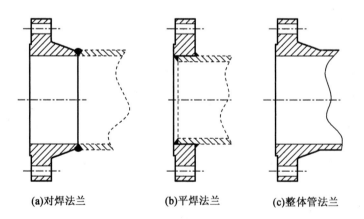

(a)对焊法兰   (b)平焊法兰   (c)整体管法兰

图6-44 按法兰与管道的连接方式分类

对焊法兰:截面突变较小,用于压力温度较高的场合,可用于1.6 MPa以上。
平焊法兰:截面突变较大,用于压力温度较低的场合,一般为1.6 MPa以下。
整体管法兰:一般为设备本体自带。
按法兰的密封面形式可将法兰分为5种,如图6-45所示。

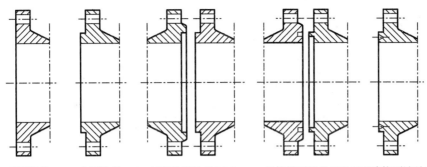

(a)平面法兰(FF) (b)凸面法兰(RF) (c)凹凸面法兰(MF) (d)榫槽面法兰(TG)(e)环连接面法兰(RJ)

图6-45 按法兰密封面形式分类

平面法兰(FF):适用于压力为0.6~4.0 MPa的场合。

凸面法兰(RF):适用于压力为0.6~42 MPa的场合。

凹凸面法兰(MF):适用于压力为1.6~26 MPa的场合。

榫槽面法兰(TG):适用于压力为1.6~26 MPa的场合。

环连接面法兰(RJ):适用于压力为2.0~42 MPa的场合,专用金属八角垫或椭圆形环垫。

3. 标准规范

法兰作为管道附件是常用的标准工业产品,在公称直径、压力等级、法兰尺寸等方面都进行了标准化,与管道一样,一般都有公制和英制两种标准。我国早期采用苏联标准,后慢慢向 ISO 标准靠近(以德标为基础),21 世纪以来,又融合了一部分英制标准。法兰作为管道附件,公称通径、公称压力等级的标准与管道相同。

法兰的尺寸体系主要包括以德国 DIN 标准为代表的欧洲法兰尺寸体系和以美国 ANSI 标准为代表的美洲法兰尺寸体系。我国的法兰标准主要包括国家标准(GB)系列、机械部标准(JB)系列、化工部标准(HG)系列。

常用的法兰标准如下:

DIN 2526 Form C (UNI 2229) *Raised Face Dimensions*

DIN 1092《钢制法兰》

DIN 2573、DIN 2576 *Flat Flange for Welding* (*Slip on*)

GB/T 6071《超高真空法兰》

GB/T 17241.1《铸铁管法兰 类型》

CB/T 17241.2《铸铁管法兰盖》

GB/T 17241.3《带颈螺纹铸铁管法兰》

GB/T 17241.4《带颈平焊和带颈承插焊铸铁管法兰》

GB/T 17241.5《管端翻边带颈松套铸铁管法兰》

GB/T 17241.6《整体铸铁法兰》

GB/T 17241.7《铸铁管法兰技术条件》

API 605《大口径碳钢法兰》

JB/T 2769《阀门零部件 高压螺纹法兰》

JB/T 4701《甲型平焊法兰》

GB 2506《船用搭焊钢法兰(四进位)》

GB/T 9112《钢制管法兰 类型与参数》

GB/T 9113.1《平面、突面整体钢制管法兰》

GB/T 9113.2《凹凸面整体钢制管法兰》

GB/T 9113.3《榫槽面整体钢制管法兰》

GB/T 9113.4《环连接面整体钢制管法兰》

GB/T 9114《带颈螺纹钢制管法兰》

GB/T 9115.1《平面、突面对焊钢制管法兰》

GB/T 9115.2《凹凸面对焊钢制管法兰》

GB/T 9115.3《榫槽面对焊钢制管法兰》

GB/T 9115.4《环连接面对焊钢制管法兰》

GB/T 9116.1《平面、突面带颈平焊钢制管法兰》

GB/T 9116.2《凹凸面带颈平焊钢制管法兰》

GB/T 9116.3《榫槽面带颈平焊钢制管法兰》

GB/T 9116.4《环连接面带颈平焊钢制管法兰》

GB/T 9117.1《突面带颈承插焊钢制管法兰》

GB/T 9117.2《凹凸面带颈承插焊钢制管法兰》

GB/T 9117.3《榫槽面带颈承插焊钢制管法兰》

GB/T 9117.4《环连接面带颈承插焊钢制管法兰》

GB/T 9118.1《突面对焊环带颈松套钢制管法兰》

GB/T 9118.2《环连接面对焊环带颈松套钢制管法兰》

GB/T 9119《板式平焊钢制管法兰》

GB/T 9120.1《突面对焊环板式松套钢制管法兰》

GB/T 9120.2《凹凸面对焊环板式松套钢制管法兰》

GB/T 9120.3《榫槽面对焊环板式松套钢制管法兰》

GB/T 9121.1《突面平焊环板式松套钢制管法兰》

GB/T 9121.2《凹凸面平焊环板式松套钢制管法兰》

GB/T 9121.3《榫槽面平焊环板式松套钢制管法兰》

GB/T 9122《翻边环板式松套钢制管法兰》

GB/T 9123.1《平面 突面钢制管法兰盖》

GB/T 9123.2《凹凸面钢制管法兰盖》

GB/T 9123.3《榫槽面钢制管法兰盖》

GB/T 9123.4《环连接面钢制管法兰盖》

GB/T 9124《钢制管法兰 技术条件》

ASME B16.1《铸铁管法兰和法兰管件》

ASME B16.5《管法兰和法兰管件》

ASME B16.47《法兰标准》

4. 预维项目

法兰作为设备或管道的附件,不需要进行单独的检修和预维,一般在管道或主设备检修时附带检查一下密封面的腐蚀和损伤情况,并视情况决定是否需要修理或更换。在日常运行中,由于垫片的选择不合适或者紧固螺栓的高温软化松弛等因素,法兰接头可能存在泄漏,所以在日常巡检时可适当关注高参数的法兰接头处(当然,一般高参数的管道或设备连接,基本采用焊接的连接方式或压力自封式法兰)。

5. 典型案例分析

2011 年 11 月秦二厂 4 号机组,由于 4RRI040VN 阀门法兰处大量漏水,导致4RRI002BA 液位快速下降,进入事故性液位和 KX 厂房大量积水,电厂按照 IRRI4 规程将机组控制并稳定在热停堆状态。经分析,原因为阀门的法兰密封尺寸狭窄和垫片选型不恰当,导致垫片夹紧面积和夹紧力过小,同时现场的阀门和管道振动较大,最终导致阀门法兰垫片被局部吹出。采取的措施是将原橡胶垫更换成石墨金属缠绕垫,保证垫片不被吹出。具体可见状态报告 CREPO20110776 及相关的事件报告。

6. 课后思考

(1)常见的自密封法兰结构有哪些?

(2)国标法兰的压力等级有几个? 包含几个欧洲系列和几个美洲系列?

(3)美标法兰和国标法兰是否可以互换?

6.7.3 膨胀节

1. 概述

橡胶膨胀节具有较大的位移补偿能力,可进行轴向、横向和角向位移的补偿。其具有耐压高、弹性好、位移量大、吸振降噪能力好、安装更换方便等特点,广泛用于各管道系统。因橡胶材质的固有性能特点,其耐腐蚀性能、补偿位移能力优于波纹管,但通常无法承受120 ℃以上的高温或辐照,且具有老化失效机理,需要定期更换。

2. 结构与原理

橡胶膨胀节一般由补偿元件和金属法兰组成。

(1)补偿元件:内层为橡胶,用于密封介质;中间层为数层强力纤维或钢丝(带),是膨胀节强度的主要来源;外表面为橡胶,用于保护内层结构不受外界环境影响。

(2)金属法兰:通常采用松套结构,用于与管道连接。

因特殊需求,橡胶膨胀节会有以下结构设计:

(1)拱形件:补偿元件的一部分,用于调节膨胀节的位移。

(2)支承棒:用于加紧矩形或正方形的膨胀节使其与管道系统相匹配的金属棒。

(3)波纹管(蒙皮):补偿元件的一部分,用于承受其旋转或平面方向的位移。

(4)螺栓连接挡板/流量衬板:用于螺栓连接至缺口法兰的挡板。

(5)缓冲织物:管道与橡胶本体之间的过渡织物。

(6)外罩:弹性膨胀节的最外层材料。

(7)定向固定支架:定向或滑动固定支架是可承受一个方向上的载荷而允许另一个方向上移动的固定支架。根据使用场所,其可以用作主固定支架,也可以用作中间固定支架。根据设计需要,定向固定支架也可起到导向支架的作用。

(8)浮动法兰:在膨胀节每端开槽并含有滚珠的金属法兰,该法兰能浮动至配接螺栓孔及螺栓安装部位,常用于球型膨胀节。

(9)流量衬板(挡板):保护膨胀节免受流体中磨损介质磨损和减少气流中空气湍流引

起的振动而设计的金属屏。流量衬板(挡板)可焊接或螺栓连接。

(10)摩擦织物:插入两表面之间使两表面能结合在一起而进行表面处理的织物,也可用于只有一个表面的黏着。

(11)螺旋管:在橡胶管圆柱体表面缠绕金属丝或其他增强材料而制成。

(12)整体法兰型膨胀节:膨胀节的配接法兰,由与主体相同的橡胶和织物制成。

(13)主固定支架:指必须承受系统压力、流动、位移弹力的固定支架。

(14)管道直线导向支架:指固定在设施刚性部位的框架结构,其只允许管线沿其轴向自由移动。管道直线导向支架主要用于阻止横向偏转或角位移。

橡胶膨胀节具有优异的伸缩(图6-46)、变形(图6-47)能力,通过拉伸、压缩、角向、错位、扭转变形来补偿管系运动。

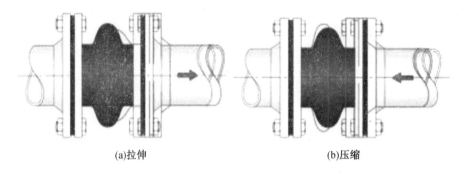

(a)拉伸　　　　　　　　　　　　　(b)压缩

图6-46　橡胶膨胀节的伸缩

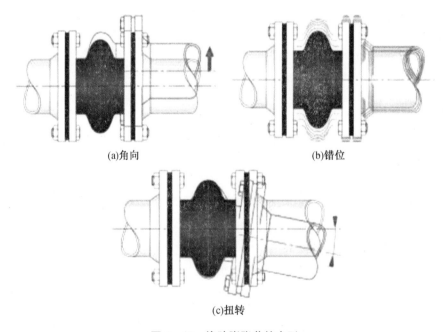

(a)角向　　　　　　　　　　　　　(b)错位

(c)扭转

图6-47　橡胶膨胀节的变形

橡胶膨胀节具备以下功能:

(1)适应管道运动;

(2)保护管道,防止产生延伸或缩短;

（3）确保有效、经济地运行；

（4）承担压力或载荷；

（5）降低噪声；

（6）隔离振动；

（7）解决管线未对准的问题（不建议使用，会降低膨胀节的可靠性与寿命）；

（8）延长运动设备寿命；

（9）橡胶膨胀节可用于各种温度下的承压系统或者真空系统，如传热、通风和空气传输系统，重要发电系统和附属发电系统，污水处理系统和水处理系统及工艺管道等。

3. 标准规范

GB/T 26121《可曲挠橡胶接头》

GB/T 5563《橡胶和塑料软管及软管组合件 静液压试验方法》

4. 预维项目

（1）橡胶膨胀节最常见失效类型

①橡胶开裂/磨损；

②橡胶物理性能损失。

（2）橡胶/纤维织物膨胀节最常见失效原因

①膨胀节安装时管线系统未对中导致振动过大（例如，橡胶伸缩缝安装时有近1.27 cm横向管线偏差，导致设计膨胀节时未预料的位移和应力疲劳）。

②膨胀节不当使用（例如，膨胀节应用在与橡胶材料不兼容的流体环境）。

③设计不足（因设计要求的规定不足导致设计不当）。例如，运行温度升高产生不同的化学流体，进而导致橡胶腐蚀，在电弧中聚集了颗粒；磨料颗粒数量的非预期增加加速了膨胀节的纤维织物部位腐蚀磨损，进而导致膨胀节复合纤维织物区域突然失效。

④超出使用寿期。

⑤先天存在的备件质量缺陷。

（3）外观检查

由于电厂运行及系统设计原因，进入膨胀节内部有一定的限制，通常对膨胀节的检查从外部开始。检查膨胀节外部只能是对外部覆盖层的直观检查，而外部覆盖层只是膨胀节组件最不重要的部分。然而，外观检查却可以为膨胀节核心和管道状态提供信息。

下面膨胀节外层的检查结果是典型的不可接受并需进行更换的：

①膨胀节内部的衬层裸露或破损；

②橡胶表面劣化（表面软化或黏接）；

③外观可见内部金属加强件；

④任何部位发生泄漏（法兰端面除外）。

下面膨胀节的外观情况通常在通过评估和必要的维修后是可以接受的：

①外表面有裂纹或微裂纹（裂纹深度没有达到中心）。裂缝会使水分进入膨胀节内部，必须通过必要的维修对内部提供保护。外观轻微的裂纹和开裂是可以接受的，但是在膨胀节服役期间必须对裂纹的进一步退化进行监测。

②膨胀节已经扁平或拱形发生变形。有些膨胀节的变形是可以接受的。变形或过度扁平化的膨胀节需要进行检查，以验证该膨胀节偏移是否在设计范围内。

③膨胀节表面有一些鼓泡是可以接受的。大鼓泡和含有工艺流体的任何鼓泡都是不可接受的,并且说明膨胀节的管道存在问题。

法兰端面如果有泄漏则需要所有螺栓重新拧紧,并对所有螺栓底部增加垫片进行重新验证。

(4)内表面检查

当管道具备检查条件,应该对膨胀节进行内部检查。管内的检查限制在设计有拱形的膨胀节部位。

①应对膨胀节内表面进行尺寸、碎片、裂纹、划伤和撕裂等方面检查。裂纹、划伤和其他缺陷用来评估膨胀节的剩余使用寿命。应对裂纹的深度进行估算(表面裂纹通常不是一个严重的问题),然而只要发现内部纤维裸露,就建议更换橡胶膨胀节。那些只在外表面存在龟裂和微裂纹,且没有织物裸露的裂纹,可能并不严重,可以用橡胶黏合剂在现场修复(在核电厂,出于保守决策,只要发现内表面有异常损伤,便建议更换橡胶膨胀节)。织物裸露的裂纹是由过度变形、一定角度或横向移动造成的,通常有以下几种情况:

a. 拱形扁平化;

b. 裂纹在拱形的基体;

c. 裂纹在法兰的基体。

②目视检查可能对膨胀节造成破坏的涂层或其他涂料的状态。

③目视检查是否有鼓泡、变形和脱层。当鼓泡、变形位于膨胀节的外部时,不影响膨胀节的性能。这些鼓泡和表面变形不需要修复处理。如果有大的鼓泡、变形和/或管中有帘布层分离则需要对膨胀节进行更换。观察到在法兰外径的帘布层分离时不需要更换膨胀节。

④检查验证膨胀节法兰的安装尺寸,包括拉伸、压缩、错位、法兰偏转或角度未对中。

⑤压低周围区域的拱形,以定位是否存在软点,如有软点则表明保护层与中心层分离,一旦确认存在软点则说明膨胀节即将达到使用寿期。

⑥检查螺栓的所有部位以确定螺栓不接触膨胀节的表面。如果螺栓接触膨胀节,很可能这些接触的螺栓会切割膨胀节拱形进而导致使用寿命的缩减。同时还应该对橡胶法兰面进行检查,以确保螺栓没有拧得太紧。螺栓拧得太紧会造成被压缩的橡胶过度膨出。

⑦每次检查膨胀节时,目视检查膨胀节内表面,以确定橡胶材质是否发生腐蚀,同时应检查内表面所用的涂层。

⑧目视检查橡胶变质。如果橡胶的手感柔软或有黏性,就要尽快制定更换膨胀节的计划。

(5)定期更换

橡胶膨胀节存在老化失效机理,应制定明确的定期更换计划。其寿期受到本身材质、介质工况(温度、压力、振动、介质)和安装(拉伸、压缩、错位、扭转、角向偏移)的影响。应以运行经验及工作窗口为主要因素,材质寿期为次要因素考虑,保守地制定更换周期。表6-13所示为橡胶的物理、机械性能。

表6-14所示为橡胶膨胀节的外观质量要求规定。

表6-13 橡胶的物理、机械性能

序号	项目		指标	试验方法
1	拉伸强度/MPa		≥11	GB/T 528
2	拉断伸长率/%		≥400	GB/T 531.1
3	硬度(邵尔硬度)		60±5	
4	脆性温度/℃		≤-30	GB/T 1682
5	黏合强度(帘布层间)/(kN·m^{-1})		≥2.0	GB/T 532
6	热空气老化 (100℃×48 h)	拉伸强度降低率/%	≤25	GB/T 3512
		拉断伸长降低率/%	≤30	
7	耐液体(10% H$_2$SO$_4$×168 h室温)	质量变化率/%	≤3	GB/T 1690
8	耐液体(10% NaOH×168 h室温)	质量变化率/%	≤3	

注:黏合强度试验在公称尺寸DN100以上的成品上截取。

表6-14 橡胶膨胀节的外观质量要求规定

序号	项目	外胶层	内胶层
1	起泡脱层	面积不大于100 mm²,两缺陷间距不小于500 mm,须经一次修理完善	不允许有
2	杂质、疤痕	允许深度不超过0.5 mm,且不多于2处,须经一次修理完善	不允许有
3	外界损伤	允许深度不超过0.5 mm,面积不大于100 mm²且不多于2处,须经一次修理完善	不允许有
4	胶料破裂、针孔、海绵状、增强层脱层	不允许有	不允许有

(6)水压试验的过程、内容及验收准则

按膨胀节的设计最大允许伸长量固定橡胶膨胀节,测量并记录固定后的橡胶膨胀节外观尺寸。

①快速升高压力到试验压力(设计压力的1.5倍),测量并记录橡胶膨胀节的外观尺寸;

②保持压力30 min,再次测量并记录橡胶膨胀节的外观尺寸;

③快速卸压,压力释放30 min后,测量并记录橡胶膨胀节的外观尺寸。

水压试验的验收准则:同时满足以下情况,则橡胶膨胀节质量合格;如其中任何一项内容不满足要求,则判定橡胶膨胀节的质量不合格。

①加压情况下,不出现泄漏或局部变形;

②加压情况下,波形外径的直径膨胀率不超过3%;

③压力释放10 min后,膨胀节波纹外径残留变形率小于0.75%。

(7)负压试验的过程、内容及验收准则

①按膨胀节的标准长度固定橡胶膨胀节,测量并记录橡胶膨胀节的外观尺寸;

②抽真空至试验压力(相对真空度 -100 kPa),测量并记录橡胶膨胀节的外观尺寸;

③保持压力 30 min,再次测量并记录橡胶膨胀节的外观尺寸;

④快速卸压,检查橡胶膨胀节内表面质量;

⑤卸压 30 min 后,记录橡胶膨胀节的外观尺寸。

负压试验的验收准则:同时满足以下情况,则橡胶膨胀节质量合格;如其中任何一项内容不满足要求,则判定橡胶膨胀节的质量不合格。

①加压情况下,膨胀节无破损;

②卸压后,膨胀节内表面橡胶无鼓泡、脱层现象;

③卸压 30 min 后,膨胀节波纹外径残留变形率小于 0.75%。

(8)爆破试验的过程、内容及验收准则

①按膨胀节设计最大允许伸长量的 80% 变形量固定橡胶膨胀节,测量并记录固定后的橡胶膨胀节外观尺寸;

②快速升高压力到试验压力,保持压力 30 min。

爆破试验的验收准则:必须满足试验中橡胶膨胀节无破裂,则该批次橡胶膨胀节的质量合格。

注:用于爆破试验的橡胶膨胀节样品不能作为正式供货设备使用。

5. 典型案例分析

(1)柴油机停运过程中高温水系统膨胀节破裂,导致柴油机不可用(秦二厂)

2017 年 12 月 18 日,在柴油机停运过程中,秦二厂按照计划进行 3LHQ 柴油机低负荷试验。完成试验后,在柴油机停运过程中发生柴油机高温水系统膨胀节 3LHQ210FL 破裂,高温冷却水漏出。更换完膨胀节后,对系统高温水进行了更换。运行解除隔离操作,投入电加热器进行加热。12 月 19 日进行柴油机再鉴定,柴油机运行正常,再鉴定合格。柴油机消除 IO。

图 6-48 所示为破裂膨胀节。经调查分析,该膨胀节内层橡胶自身存在缺陷,系统中的介质(高温水)从内层橡胶缺陷处渗入中间金属层,金属层受到介质的长期浸泡腐蚀,逐渐生锈并破损。柴油机在停机过程中,电动泵启动的瞬时,高温水会有一个瞬时的压力增大。由于膨胀节中间金属层破损且内层橡胶贯穿,在局部区域仅靠外层橡胶来承受系统压力,而外层橡胶无法承受瞬间的高压,导致爆裂,在中间金属层锈蚀破裂的区域,瞬时产生大量裂口。

经验总结:膨胀节内层橡胶十分重要,若产生缺陷,会导致内部介质进入膨胀节加强层,进而腐蚀加强层结构,最终导致膨胀节失去结构强度,发生破坏性的撕裂泄漏事故。

(2)附加柴油发电机组替代 2LHP 试验时膨胀节漏油(秦二厂)

2017 年 7 月 25 日,运行人员执行附加柴油发电机组替代 2LHP 性能试验(PT0LHF008)。附加柴油机带载运行约 25 min 后,发现日用燃油罐下面的电气间的屋顶有燃油(柴油)滴落。去日用燃油罐间查看,发现橡胶膨胀节的出口法兰(日用燃油罐连接端)侧有燃油滴漏,同时该房间地面上有深度为 4~5 cm 的燃油(共计约 200 L)(图 6-49)。

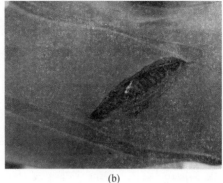

(a)　　　　　　　　　　　　　(b)

图 6－48　破裂膨胀节

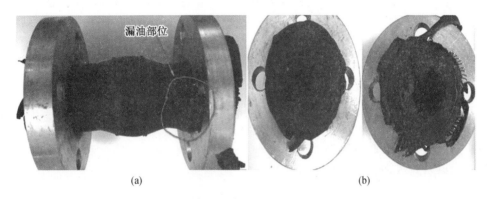

(a)　　　　　　　　　　　　　(b)

图 6－49　漏油膨胀节

后经调查,该膨胀节需求为丁腈橡胶(NBR)材质,实为天然橡胶(NR)材质。天然橡胶由橡胶树上流出的乳胶提炼而成,主要成分为聚异戊二烯,耐热性差,不耐臭氧,易老化,不耐油;丁腈橡胶由丁二烯与丙烯腈共聚而成,耐油性好,耐热性好,耐老化性好,主要用于制造各种耐油品。供货商涉嫌造假,是本次事故的根本原因。

经验总结:橡胶材质必须与介质相适用,否则将会发生溶解、腐蚀反应,短时间内导致膨胀节失效,影响主设备运行。

6.课后思考

(1)验收橡胶膨胀节备件时应注意检查哪些方面?

(2)对运行一定时间的膨胀节进行内、外表面目视检查时,发现哪些现象应立即更换膨胀节? 发现哪些现象可暂不更换而需加强监控?

6.7.4　波纹管

1.概述

波纹管是膨胀节上的柔性元件,它由一个或数个波纹和直边段构成,具有弹性,是在压力、轴向力、横向力或弯矩作用下可产生位移的一种弹性敏感元件。

金属波纹管膨胀节是含有一个或多个波纹管,用以吸收管线、设备因热胀冷缩等原因而产生的尺寸变化的装置。

系统设置金属波纹管膨胀节的目的是吸收位移,安全可靠地保护系统的正常运行。金属波纹管膨胀节吸收的位移包括管道因温度变化而产生的伸长和缩短,与之相连的设备、容器和固定支架等装置的位移,以及在安装过程中可能出现的偏差、减振和降噪等。

2. 结构与原理

(1)金属波纹管膨胀节的结构分类

金属波纹管膨胀节产品的分类受到某些因素的影响,不同的发展阶段、不同的应用领域会有不同的分类习惯。但是在金属波纹管膨胀节制造技术、应用技术高度发展,应用领域极其广泛的今天,要给种类繁多的金属波纹管膨胀节进行科学的、各行业均可接受的分类是很困难的。接下来根据产品特点从两个角度介绍金属波纹管膨胀节的分类方法。

①按约束机构分类

金属波纹管膨胀节的关键元件是波纹管,波纹管的一项突出的力学性能就是它在承受均布压力载荷时将产生相应的轴向集中载荷。要迫使波纹管不因承受内压而伸长,必须对波纹管加以约束。自身带有约束构件的叫约束型膨胀节,自身无约束构件的叫自由型(又称无约束型)膨胀节。自由型膨胀节的轴向压力推力是由管路的固定支架来承担的。约束型膨胀节又可分为构件约束和压力平衡两类。无论何种约束构件都要在承受波纹管内压推力的同时满足补偿器位移(或运动)的需要。

自由型膨胀节有通用型(含减振型)、外压型、小拉杆横向型、直埋型、串式通用型等。

约束型膨胀节有大拉杆横向型、角型、角向横向型、万向角型、万向角横向型、直管压力平衡型、曲管压力平衡型、旁通压力平衡型等。

②按补偿位移功能分类

金属波纹管膨胀节可按补偿位移的功能分为轴向型、角向型(平面角、万向角)、横向型、万向型(轴向、横向)等。

(2)金属波纹管膨胀节的组成部件

①波纹管:波纹管是膨胀节上的柔性元件。

②外罩:指对膨胀节的波纹管外表面提供一定保护,使它免受异物碰触或机械破坏的装置,有时亦称为护套。

③均衡环和增强环:指在某些膨胀节上所使用的与波纹根部波谷的型面吻合相配的圆环,主要用于加强波纹管抵抗内压的能力。均衡环由铸铁、碳钢、不锈钢或其他适当的合金材料制成,横截面近似为 T 形。增强环(或波谷环)是采用低碳钢、不锈钢或其他适当的合金所制成的管材或棒材加工而成。

④法兰:膨胀节配备有法兰,以便与相邻设备或管道上配接。

⑤内衬筒:用于减少膨胀节的波纹管内壁与通过该管的流动介质相互接触的装置,又称为内套筒或导流筒。

⑥四连杆:指一种形状类似剪刀的机构,是设置在膨胀节总成上的一种特殊形式的控制杆。它的主要作用是将万能式膨胀节的位移在整个活动范围内平均地分配给它的两个波纹管。四连杆不用于承受压力推力。

⑦管段:指管线上两固定支架之间的一段管道。一个管段上所有的尺寸变化必须在两个固定支架之间被吸收。

⑧吹扫管:需要配备吹扫管时,通常将它们设置在膨胀节每个内衬筒的封闭端近旁,以便在波纹管和内衬筒之间吹入液体或气体,清除该区域中的腐蚀性介质和/或沉积在波纹管内的固体物质。根据要求,吹扫可以连续、间断或仅在开车或停车时进行。这种接管有

时也称作吹洗接管。

⑨运输固定装置:指为了在运输过程中保持膨胀节总成的总长度不变而装设的刚性支承物。该装置也可以用来对波纹管进行预压缩、预拉伸或使波纹管发生横向错动,不得用以承受试验期间的压力推力。

⑩长孔铰链:长孔铰链以两个为一组对称地安设在膨胀节上,它们允许波纹管发生轴向位移和在单平面内的角位移。长孔铰链可以设计成控制装置,对膨胀节的两个波纹管的位移量进行分配,但不支承压力推力。它们还可以设计成限位装置,限定波纹管的位移范围,并支承因固定支架破坏所产生的全部压力载荷和动载荷。这些装置可以用来传递诸如系统自重、风载、地震载荷等沿着与膨胀节轴线垂直方向作用的载荷和外力,避免它们作用到波纹管等柔性元件上。

⑪直边段:指波纹管端部无波纹的一段直筒。

⑫直边段增强件:指环绕波纹管直边段而设置的增强元件,用于减小压力在直边段内所产生的应力,以免造成沿环向的屈服。

⑬接管:指在膨胀节端头上设置的带坡口的短管,以便与相邻设备或管道进行焊接。

(3)金属波纹管膨胀节的典型结构

①单式膨胀节

单式膨胀节指由一个波纹管构成的形式最简单的膨胀节,用于吸收所在管段上的三种基本位移的任意组合。如图6-50所示。

②万向铰链式膨胀节

万向铰链式膨胀节(图6-51)采用了两对固定在万向环上的铰链,允许在任意平面内发生角位移。所设计的万向环、铰链和销轴必须能承受内压和外力在膨胀节上所形成的推力。

图6-50 单式膨胀节

图6-51 万向铰链式膨胀节

③平面铰链式膨胀节

平面铰链式膨胀节(图6-52)具有一个波纹管,采用了一对链板与膨胀节端部相连的铰链销轴,只允许在某一平面内有角位移。所设计的铰链和销轴必须能够承受内压和外力在膨胀节上所形成的推力。为了恰当地发挥作用,应该以两个或三个平面铰链式膨胀节作为一组使用。

④曲管压力平衡式膨胀节

曲管压力平衡式膨胀节(图6-53)用于吸收轴向位移和/或横向位移。同时,由于使用连杆将输流波纹管位于另一侧,与同样承受管线压力的波纹管相连,它可以承受压力推力。

图6-52 平面铰链式膨胀节

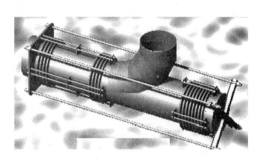

图6-53 曲管压力平衡式膨胀节

⑤直管压力平衡式膨胀节

直管压力平衡式膨胀节(图6-54)用于吸收轴向位移。同时,由于使用舌管将通道波纹管与同样受到管线压力的补偿波纹管相连,它可以承受压力推力。每组波纹管均设计用于吸收轴向位移。这种膨胀节是在直管段上使用的。

⑥平面角向横向式膨胀节

平面角向横向式膨胀节(图6-55)由两个用接管连在一起的波纹管组成,用于吸收在单平面内的横向位移和/或角位移。它采用一对铰接于膨胀节端部的铰链装置来承受压力推力和外力。

图6-54 直管压力平衡式膨胀节

图6-55 平面角向横向式膨胀节

⑦大拉杆横向式膨胀节

大拉杆横向式膨胀节(图6-56)包含两个用接管相连的波纹管,用于吸收横向位移。它采用大拉杆装置来承受压力推力和外力。

图 6-56　大拉杆横向式膨胀节

（4）金属波纹管膨胀节的主要位移参数

这里的位移指膨胀节所要吸收的各种尺寸变化（如管系因温度改变而产生的尺寸变化）。

①轴向缩短：指膨胀节沿纵轴尺寸的减小，亦称为轴向位移、轴向移动或轴向压缩。

②轴向伸长：指膨胀节沿纵轴尺寸的增大，亦称为轴向位移、轴向移动或轴向拉伸。

③横向位移：指膨胀节的两个端点在垂直于纵轴方向上的相对位移，亦称为横向偏移、横向挠度、平行错位、直剪或侧向位移。

④角位移：指膨胀节的纵轴从初始的直线位置变为圆弧而产生的位移，有时也称为"角偏转"，但不同于扭转。

⑤扭转：指膨胀节的一端相对于另一端绕纵轴的转动。扭转通常会使波纹管产生非常高的剪应力，因此采用坚固的部件专门限制波纹管的扭转剪应力是极其重要的。

⑥额定位移：指膨胀节所能吸收的最大位移量（轴向伸长、轴向缩短、横向位移、角位移或它们的任意组合）。膨胀节的额定位移因其规格、类型和制作方法的差异而可能有所不同，该值由制造厂家确定。

（5）金属波纹管膨胀节部分设计要求

①振动（圆形膨胀节）

金属波纹管可用于高频低幅振动的场合，但不适用于低频高幅振动的场合。例如，当存在由往复式机械所造成的振动时就不便使用。由压力脉冲而引起的振动不能用膨胀节来消除，因为压力脉冲可以通过流动介质从膨胀节内传播过去。在这种情况下需要使用脉冲阻尼器。

管系的设计人员必须确保作用在管系上的振动载荷不全损害波纹管的功能。为了消除或减轻振动，可以考虑使用外部减振装置或调节系统的质量分布。

当流速很高时，在波纹管内所形成的湍流，或在波纹管上游所形成的紊流都可能引起振动。为了减弱这种现象，应该使用内衬筒。

a. 单波纹管

如果系统存在振动并知道其振动的频率，则所设计的波纹管的固有频率及高阶振动不得与该频率重合。为了避免波纹管发生共振，波纹管的固有频率应低于 2/3 的系统频率，或高于 2 倍的系统频率。

b. 双波纹管

双波纹管总成的共振，尤其是导致中间接管产生很大位移的低频共振，可能非常严重。在带连杆的总成中，可以安装限制振动的装置，对中间接管上不希望出现的横向位移和轴向位移进行控制。为了避免波纹管发生共振，波纹管的固有频率应低于 2/3 的系统频率，或者高于 2 倍的系统频率。像双波纹管这样的质量弹簧系统不存在高阶模态的谐振，应对双波纹管总成中每个波纹管单独的振动响应进行验算。

②内衬筒（圆形膨胀节）

在下列情况下，所有的膨胀节均应按规定配备内衬筒。

a. 必须将摩擦损失减少到最低限度并需要使介质流动平稳。

b. 介质流速高而且可能引起波纹管共振。如流速超过下列值，则推荐使用内衬筒：

● 流动介质为空气、蒸汽或其他气体；DN≤150 mm 时流速超过 0.05DN m/s；DN>150 mm 时流速超过 8 m/s。

● 流动介质为水或其他液体；DN≤150 mm 时流速超过 0.02DN m/s；DN>150 mm 时流速超过 3 m/s。

c. 如果在距膨胀节 10 倍管径的范围内，存在因为流向改变，或因为阀、三通、弯管等所形成的湍流时，使用 b 准则时应先将实际流速乘以 4。

d. 对各种特殊的使用要求必须单独进行校核，其中可能引起波纹管发生共振的最低流速 v 需要相应的公式。

e. 可能发生冲蚀的场合，如管线输送含有催化剂或其他会引起磨损的介质，需要使用厚壁内衬筒。任何情况下均不可让管壁很薄的波纹管直接受到冲蚀作用。

f. 存在反向流动的场合，可能需要使用厚壁内衬筒，有时使用伸缩衬筒更为合适。

g. 工作温度较高的场合，需降低波纹管的温度，以便波纹管金属能够保持它的力学性能。在波纹管和内衬筒之间可以充填隔热陶瓷纤维，或设置吹扫管，用气流进一步降低波纹管的实际温度。

h. 送高黏度流体（如焦油）的膨胀节不能配用内衬筒。因为这类流体会引起"堵塞""结焦"和"结块"致使膨胀节过早发生损坏。如果采用吹扫可以有效地防止流体堵塞，则可以在配备吹扫接管的情况下使用内衬筒。

3. 标准规范

GJB 1996《管道用金属波纹管膨胀节通用规范》

ASTM F1120《管道用圆形金属波纹管膨胀节标准》

EJMA《美国膨胀节制造商协会标准》

Q/SY TZ 0278《金属波纹管膨胀节安装规范》（中国石油天然气股份有限公司企业标准）

GB/T 12777《金属波纹管膨胀节通用技术条件》

CB/T 1153《船舶行业标准》

4. 预维项目

金属膨胀节的设计使用寿命采用了应力循环的疲劳寿命周次，而实际上在现场设备的正常运行使用过程中很难采集到这种参数。目前，设备预防性工作的主要方法是通过金属膨胀节的表面特征状况检查，来确认设备的状态。考虑这些系统的介质比较干净、无腐蚀性，金属膨胀节运行环境比较理想等，暂定实施每 1.5 年进行一次设备外观状况检查。

另外,考虑34310系统(应急喷淋系统)金属膨胀节的投运时间相对很短,暂定仅实施每2年进行一次的设备外观状况检查。

预维项目的年度检查要求如表6-15所示。

表6-15 预维项目的年度检查要求

维修项目	内容
金属膨胀节年度检查	(1)波纹管外表面检查:目视检查是否有变形,是否有褶皱、焊接飞溅物、点蚀、冲蚀、划痕、凹陷、裂纹等情况,是否有外部物质对波纹管的正常运动造成干涉
	(2)接管外表面检查:目视检查是否有变形、划痕、凹陷、点蚀等情况
	(3)法兰表面检查:目视检查是否有锈蚀、变形等情况
	(4)膨胀节附件检查:检查连杆、螺栓、铰链、耳板和环板等是否有锈蚀、变形、损坏等
	(5)清洁和防锈处理

5. 典型案例分析

(1)经验反馈:福清核电1号机组0SER(除盐水)管道膨胀节失效事件

①情况概述

2019年6月8日,由于汽水分离再热系统1GSS102BA疏水阀1GSS175VL内漏,导致1GSS102BA缓慢下降。为了避免汽机冲转时1GSS102BA液位排空,从而导致蒸汽直接进入疏水管道,引起管道和设备的异常振动,6月8日运行人员根据汽机冲转文件对1GSS102BA补水到要求液位530 mm,同时开启1GSS001/002VV下游的电动隔离阀1GSS111/211VV对MSR进行暖管。

MSR暖管后,由于1GSS001/002VV内漏,其阀后压力上涨到7.33 MPa,1GSS102BA的压力上涨到5 MPa。高压情况下,1GSS175VL内漏缺陷更加明显,1GSS102BA液位下降速率增大,冲转前已下降到270 mm。为了避免管道振动,运行人员再次根据冲转文件对1GSS102BA补水。

补水过程中,高压蒸汽进入SER管道,引发水锤,导致支架偏移,膨胀节撕裂。

②原因分析

a. 设备存在缺陷

• 1GSS175VL内漏,导致冲转前需对1GSS102BA补水。

• 1GSS001/002VV内漏,导致蒸汽进入1GSS102BA。补水时,高压蒸汽进入补水管线,从而引发水锤、振动,导致0SER管道的膨胀节0SER901JD失效。

b. 设计上存在不足

SER到GSS疏水罐的补水管线上没有逆止阀,导致系统的高压蒸汽进入SER系统。

c. 文件不够完善

1GSS的补水文件风险分析不足,没有识别出蒸汽可能进入SER管道的风险并加以提示。

③初步纠正行动

a. 对失效的膨胀节0SER901JD进行隔离检修;

b. 针对GSS补水管线设计上的不足,同步排查机组上类似的隐患,提出技改方案;

c. 对内漏的阀门提出缺陷申请单,后续择窗口检修;

d. 升版 GSS 补水文件,增加相关的风险提示;

e. 经验反馈至其他机组。

(2)A/B 类报告:B 类状态报告 CR201514071:135 专项 – 1 号机组辅助凝泵入口膨胀节 1 – 43210 – EJ40041 严重变形

①情况概述

109 大修后,在 2017 年 6 月至 9 月 4 个月内,执行了 4 次辅凝泵月度试验。辅凝泵启动时,出现了 3 次辅凝泵入口膨胀节 1 – 43210 – EJ4004 严重变形(分别是 2017 年 6 月 17 日、2017 年 8 月 18 日、2017 年 9 月 15 日的辅凝泵启动试验)。更换膨胀节后,2017 年 6 月 18 日、2017 年 8 月 19 日、2017 年 9 月 21 日再次执行了辅凝泵月度试验,辅凝泵启动时,未出现入口膨胀节 1 – 43210 – EJ4004 变形。

②直接原因

辅凝泵出口电动阀未全关加上辅凝泵出口止回阀有漏,导致辅凝泵停运后,辅凝泵出口管线的水倒流回凝汽器,辅凝泵出口管线再循环管线不满水,辅凝泵启动时形成水锤,造成膨胀节损坏。

③根本原因

a. 电厂缺少对电动阀行程开关偏离实际阀门机械位置调整的规范要求。

b. 辅凝泵出口管线设计不合理,设计上没有考虑通过管线和阀门的合理布置来避免管线不满水的情况发生。

6. 课后思考

(1)金属波纹管膨胀节失效的类型有哪些?

(2)金属波纹管膨胀节现场的常见缺陷有哪些,如何针对这些缺陷实施状态评估?

6.8 软　　管

6.8.1 概述

软管是管道系统中常用的输送流体的元件,在工业上一般按材质将其分为不锈钢软管、金属软管、波纹软管、塑料软管和橡胶软管等。

6.8.2 结构与原理

1. 软管的结构分类

不锈钢软管(图 6 – 57)主要是指由 304 不锈钢或 301 不锈钢制成的软管。其经常被用作自动化仪表信号的电线保护软管,或用作保护精密光学尺、保护传感线路的不锈钢软管,具有良好的柔软性、耐蚀性、耐高温性、耐磨损性、抗拉性和防水性,并且可提供一定的屏蔽作用。

金属软管(图 6 – 58)主要有两种,一种是螺旋形波纹管,另一种是环形波纹管。螺旋形波纹管具有波纹呈螺旋状排布的管形壳体,在相邻的两波纹之间有一个螺旋升角,所有的波纹都可通过一条螺旋线连接起来。环形波纹管具有波纹呈闭合圆环状的管形壳体,波与波之间由圆环波纹串联而成,通常由无缝管材或焊接管材加工而成。受加工方式制约,与螺旋形波纹管相比,环形波纹管单管长度通常较短。环形波纹管的优点是弹性好、刚度小。

图6-57 不锈钢软管组件

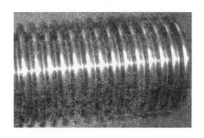

图6-58 金属软管

波纹软管(图6-59)作为一种柔性耐压管件安装于液体输送系统中,用以补偿管道或机器、设备连接端的相互位移。波纹软管吸收振动能量,能够起到减振、消音等作用,具有柔性好、质量轻、耐腐蚀、抗疲劳、耐高低温等特点。

塑料软管(图6-60)分为两种,一种是完全气密、水密的,如用于运载火箭的推进剂输送、煤气、热水器等的软管;另一种是用带料连续卷绕的,普通卷绕的波纹管用于保护电缆、磁卡电话机、机床等,而台灯所用的波纹管是在生产过程中夹入了钢丝。

图6-59 波纹软管

图6-60 塑料软管

橡胶软管(图6-61)是钢丝编织胶管,由内胶层、钢丝编织层和外胶层组成,适用于输送液压流体,如醇、燃油、润滑油、乳化液等。

图6-61 橡胶软管

2. 软管的特点

(1)节距之间灵活;

(2)有较好的伸缩性,无阻塞和僵硬;

（3）质量轻、口径一致性好；

（4）柔软，可重复弯曲性、挠性好；

（5）耐腐蚀、耐高温；

（6）防鼠咬、耐磨损，防止内部电线受到磨损；

（7）耐弯折、抗拉性好、抗侧压性强；

（8）柔软顺滑，易于穿线安装定位。

3. 软管规格和连接

橡胶软管的规格如表 6 – 16 所示。

表 6 – 16 橡胶软管的规格

内径 /mm	外径 /mm	公差 /mm	拉伸状态的质量 （±10%）/(kg·m^{-1})	最小弯曲半径 /mm	最小径向载荷 /N	最小拉伸强度 /N
4	6	±0.1	0.034	15	800	320
5	7	±0.1	0.039	17	835	340
6	8	±0.2	0.044	19	875	360
7	9	±0.2	0.049	20	930	380
8	10	±0.2	0.056	22	975	400
9	11	±0.2	0.063	25	1 020	450
10	13	±0.2	0.100	30	1 060	500
11	14	±0.2	0.110	31	1 095	550
12	15	±0.2	0.120	32	1 140	600
13	16	±0.2	0.130	33	1 175	650
14	17	±0.2	0.140	35	1 215	700
15	18	±0.2	0.150	37	1 250	720
16	19	±0.2	0.160	40	1 290	760
17	20	±0.2	0.170	45	1 330	800
18	21	±0.2	0.180	42	1 470	890
19	23	±0.3	0.212	40	1 510	840
20	24	±0.3	0.223	42	1 545	890
21	25	±0.3	0.235	45	1 580	920
22	26	±0.3	0.247	48	1 620	940
23	27	±0.3	0.258	52	1 655	960
24	28	±0.3	0.269	55	1 690	980
25	29	±0.3	0.280	58	1 735	1 000
26	30	±0.3	0.292	60	1 770	1 020

软管常用的连接方式有螺纹式、法兰盘式和快速式。

通径为50 mm以下的金属软管的接头,在承受较高工作压力的情况下,多以螺纹式为主。当拧紧螺纹以后,两个接头上的内、外锥度面紧密配合,实现密封。锥角一般为60°,也有用74°的。该结构密封性好,但安装时必须保证两个对接件的同心度。为了解决实际工程中经常见到的反复拆、装和不易同心等问题,也可以将接头设计成锥面与球头的配合。

通径为25 mm以上的金属软管的接头,在承受一般工作压力的情况下,以法兰盘式为主。它以榫槽配合的形式进行密封,可沿径向转动,也可沿轴向滑动,活套法兰盘在紧固螺栓拉力的作用下连接两体。该结构密封性能良好,但加工难度大,密封面容易碰伤。在需要快卸的特殊场合,可以将固紧螺栓通过的孔划开,制成快卸式法兰盘。

通径为100 mm以下的各种金属软管的接头,在要求快速装卸的使用条件下,一般采用快速式。它常用氟塑料或特种橡胶制成的O形密封圈密封。当手把扳动一定的角度以后,相当于多头螺纹的爪指被锁紧,O形密封圈被压得越紧,其密封性能越好。该结构在火场、战地及其他必须快装快卸的场合最为适宜,在几秒钟的时间内,不需配用任何专用工具,就可以对接或拆开一组接头。

4. 金属软管接头

金属软管接头由金属管体、不锈钢丝网套和接头件组合而成(图6-62)。其在船舶管路系统中主要应用于管路介质为油或淡水的管路与设备之间的连接,能够补偿一定的相对位移,起到减振降噪的效果。但是若选型不当,不但起不到隔振降噪的效果,反而会由于金属软管的损坏带来管路泄漏,甚至设备故障等问题。

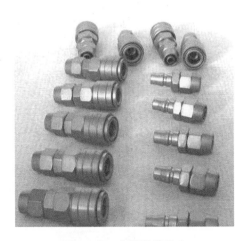

图6-62 金属软管接头

金属软管接头的选型主要包括通径、连接形式、工作压力、温度修正、最小弯曲半径和软管长度等参数的正确选取。通径、连接形式和工作压力直接取决于管路系统的要求,需要注意的是在选择软管设计压力(应大于系统工作压力)时不宜过高,因为随着软管承压能力的提高,其弯曲能力却在下降。温度修正和最小弯曲半径对产品来说是固定的,由厂家给出。而往往出问题的是金属软管的长度的选取,软管过长会引起失稳,增大流阻,以及附加的机械损伤和振动问题;软管过短可能达不到补偿、减振消除噪声等目的,还会造成弯曲应力过大,影响寿命。

金属软管接头的正确安装方法如下：

(1)气管切断后除去毛刺,将气管一端插入金属管接头插口内,就可以达到牢固的连接和密封。

(2)拆卸气管时,用拇指将接头卡套压进,轻轻用力即可将气管拔出。

(3)气管反复多次拔出后,应剪去端部磨损部分,修平后再继续使用。

(4)直角、三通、四通等终端金属管接头在安装后,仅需旋转接头体,即可调整接头的接管方向。

6.8.3 标准规范

1. 标准概述

工业产品的标准化是为了减少产品的规格和生产成本,便于工程设计和选型以及用户使用和采购。管道及管道附件是最常用的工业产品,在公称直径、压力等级、管道壁厚等方面都进行了标准化,管道及其附件的标准一般都有公制和英制两种,中国早期采用苏联标准,后慢慢向 ISO 标准靠近(以德标为基础),21 世纪以来,又融合了一部分英制标准。

2. 软管安装要求及注意事项

软管如果不正确安装则会很快断裂,降低使用寿命,而合理安装可以保证软管的正常使用寿命。

(1)波纹金属软管安装注意事项

①金属软管与管线之间形成软连接。

②不强紧法兰螺栓来消除安装偏差,针对不同的垫片和压力等级,法兰螺栓力矩要求不同,应遵照厂家技术要求。

③严禁金属软管扭曲安装。

④不应沿金属软管根部弯曲,不应有死弯。

⑤弯曲程度不能小于最小弯曲半径,最小弯曲半径参如表 6-17 所示。

表 6-17　波纹金属软管最小弯曲半径

公称通径/mm	最小弯曲半径/mm		公称通径/mm	最小弯曲半径/mm	
	静态 R_j	动态 R_d		静态 R_j	动态 R_d
4	35	80	80	480	1 000
6	50	110	100	600	1 200
8	65	145	125	750	1 500
10	80	180	150	900	1 800
12	95	215	175	1 000	2 000
15	120	270	200		
18	145	325	250	1 250	2 500
20	160	360	300	1 500	3 000
25	175	400	350	1 750	3 500

表 6 - 17（续）

公称通径/mm	最小弯曲半径/mm		公称通径/mm	最小弯曲半径/mm	
	静态 R_j	动态 R_d		静态 R_j	动态 R_d
32	225	510	400	2 000	4 000
40	280	640	450	2 250	4 500
50	350	800	500	2 500	5 000
65	390	845	600	3 000	6 000

⑥严禁机械损伤法兰密封面。

⑦金属软管安装后距地面的高度应大于其横向位移补偿量。

⑧在金属软管上不应设置任何托架或支撑。

⑨进行电焊作业时应保护金属软管表面,防止焊渣和引弧烧伤金属软管。

⑩如有厂家技术要求应遵照厂家技术要求。

（2）液压软管总成安装注意事项

①当软管安装是直的时,软管必须有足够的松弛度,以允许施加压力时长度发生变化。加压时,太短的软管可能会从其软管接头上松脱或对软管接头连接产生应力,从而导致过早的金属或密封失效。

②必须确定软管长度,使软管总成具有足够的松弛度,以允许系统部件在不产生软管张力的情况下移动或振动。但是不要让软管太松,以免软管在其他设备上卡住或在其他部件上摩擦。

③必须避免软管的机械应力,因此在安装过程中,软管不得弯曲到其最小弯曲半径以下或扭曲。外径大于 30 mm 的软管,最小弯曲半径不应小于管子外径的 9 倍;外径小于等于30 mm 的软管,最小弯曲半径不应小于管子外径的 7 倍。每种软管的最小弯曲半径在相应厂家产品目录中有说明。

④必须考虑运动平面并相应地选择软管布线方式。

⑤软管布线时,选择合适软管接头,避免拉紧软管和不必要的软管长度或使用多个螺纹接头。

⑥应正确夹紧（固定/支撑）软管,安全地布置软管或避免软管接触导致软管表面损坏。允许软管保持其作为"挠性管"的功能,并且在压力下的长度变化不受限制。

⑦高压和低压管路的软管不应交叉或夹紧在一起,因为长度变化的差异可能会磨损软管表层。

⑧软管不应在多个平面内弯曲。如果软管有复杂的弯曲,则应将其连接成单独的段或用夹子分成段,使得每个段仅在一个平面内弯曲。

⑨软管应远离高温部件,因为高温会缩短软管的使用寿命。

⑩在异常高的环境温度区域,需要使用绝热保护。

⑪不要使软管直接接触表面,否则会导致外层磨损（软管与物体或软管与软管接触）。

如果无法避免则需要使用具有更高耐磨外层的软管或保护套。

⑫如有厂家技术要求应遵照厂家技术要求。

3. 软管检查和评估标准

GB/T 14525《波纹金属软管通用技术条件》

HG 2185《橡胶软管外观质量》

GB 1186《压缩空气用橡胶软管(2.5 MPa 以下)》

GB/T 10544《橡胶软管及软管组合件 油基或水基流体适用的钢丝绳缠绕增强外覆橡胶液压型 规范》

ISO 1436《钢丝编织液压软管》

ISO 3826《钢丝缠绕液压软管》

ISO 1402《液压静压力试验》

GB/T 7939《液压软管总成 试验方法》

GB/T 5563《橡胶和塑料软管及软管组合件 静液压试验方法》

GB/T 9576《橡胶和塑料软管及软管组合件 选择、贮存、使用和维护指南》

GB/T 16693《软管快速接头》

GB/T 18615《波纹金属软管用非合金钢和不锈钢接头》

GB/T 14525《波纹金属软管通用技术条件》

4. 液压软管总成安装

造成软管损坏失效的最常见原因是不正确的管路排列和装配,同时还包括以下几个方面:

(1)拧得过松或过紧,造成接头泄漏;

(2)硬管连接未考虑空间的长度补偿;

(3)伸直安装的软管未预留5%的余地;

(4)软管扭曲30°可降低软管90%的使用寿命;

(5)软管与软管或机体的摩擦造成软管爆破;

(6)软管弯曲半径缩小20%可降低软管90%的使用寿命;

(7)高温可导致软管承压能力下降,接头渗漏,疲劳寿命缩短。

液压软管安装示意图如图6-63所示。

6.8.4 预维项目

影响软管使用寿命的主要因素是老化、裂纹、原始安装和使用过程不规范等,必须及时处理或更换。因此,核电厂针对性地编制了预维大纲,定期对核电厂的各类不同系统软管进行更换,确保各类系统的安全性。具体各类软管的检查试验项目、评估方法、验收标准、后续处理要求等见相关管理文件。

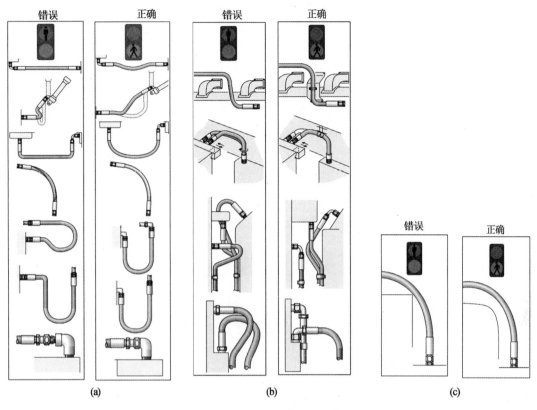

图 6 - 63   液压软管安装示意图

6.8.5   典型案例分析

案例一

2013 年 12 月 19 日,Cernavoda 电站 2 号机组满功率运行。执行试验,在柴油机 2 - 5230 - DG2 启动后约 30 min,出现报警,试验中断,柴油机停运。检查发现该柴油机因冷却水排气回路橡胶软管破裂而有大量乙二醇泄漏并影响到柴油机。事件中并无乙二醇释放到环境中。尽管柴油发电机预防性维修项目包括在运行 8 年后更换所有的软连接,但对破裂橡胶软管的分析表明其在运行 6 年后过早老化失效。

橡胶软管过早老化失效的原因是安装缺陷,软管安装在排气管廊附近且无热保护,柴油机长时间运行产生的热量(特别是 2013 年 10 月达 70 h)对橡胶软管产生了不良影响。因此,需要在冷却水排气软管和排气管廊之间安装热绝缘保温并进行定期的确认工作。

SDG 柴油机低温水泵排气线采用软管连接,此软管安排了预防性维修,在每次 SDG 停机检修(目前为 4 年 1 次)时都进行检查或更换,目前未出现软管破裂、断裂等异常情况。

案例二

2020 年 6 月 29 日,宁德核电厂 OSO 巡盘发现高位水箱 N3GST001CW 补水后水位下降频率较历史经验值偏大。专业检查确认金属软管 N3GST001JD 存在泄漏,对 N3GST001JD及时采取了堵漏包裹,消除了泄漏。2021 年 1 月 9 日,OPE 巡检发现 4 号机发电机顶部有水流下,漏水流至 N4GST001AR 上,主控核实 N4GST001CW 压力有下降趋势。检查确认金属软管 N4GST001JD 存在泄漏,各专业团队快速响应,及时完成了金属软管 N4GST001JD 堵漏包裹工作,消除了缺陷带来的风险。

直接原因:金属软管 N3GST001JD 波纹管材质与设计不一致;金属软管 N4GST001JD 波纹管材质可能与设计不一致或波纹管焊接质量存在个体偏差。

行动建议:分析对带有金属编织防护层的波纹管存在互相摩擦导致泄漏的故障模式对预防性维修策略的合理性,以及是否存在类似发电机波纹金属软管波纹管材质与设计不一致的问题。

具体可参见状态报告 CR202118585 及相关的事件报告。

6.8.6　课后思考

(1)常见的软管连接方式有哪些?

(2)金属软管接头的选型主要考虑参数有哪些?

第7章 典型设备

7.1 阀 门

7.1.1 概述

1. 阀门的类别

阀门是通过改变其内部流通截面控制管路内截止流动的管路附件,在核电站一回路、二回路、循环冷却水回路及各种核辅助系统和非核辅助系统中,阀门是应用最多的机械设备。

阀门可以按照不同的方式进行分类,如按阀门的功能、驱动方式、公称压力、工作温度、适用介质、阀体材料、阀门启闭件运动方式等。

核电厂中的阀门种类很多,按其功能大致可分为:

(1)用于截断、节流的阀门,如闸阀、蝶阀、截止阀、针型阀、隔膜阀、球阀等。

(2)用于单向保护的阀门,如止回阀。

(3)用于超压保护的阀门,如安全阀。

(4)用于压力调节的阀门,如减压阀。

(5)用于高温、高压的阀门,如高温、高压阀。

2. 阀门的基本参数

阀门的基本参数包括公称直径、公称压力、适用介质强度试验压力和密封试验压力等。它们一般与表示介质流动方向的箭头等组合,以钢号、铭牌等方式标示在阀体上,是阀门使用者必须了解的基本数据。

(1)公称直径(DN):阀门与管道连接处通道的名义直径,单位为 mm。公称直径是供参考用的一个方便的圆整数,与加工尺寸呈不严格的关系。

(2)公称压力(PN):阀门在基准温度下允许的最大工作压力,可说明阀门承压能力的大小,是供参考用的一个方便的圆整数。

(3)适用介质:按照选用材料和结构形式不同,各种型号的阀门都有一定的使用介质,在使用中应予考虑。

(4)强度试验压力:对阀门进行水压强度和材料紧密性试验时的压力,与 DN 和壁厚有关。

(5)密封试验压力:对阀门密封面密封性检查时的压力。

3. 国标标志编码

秦山核电站二期工程阀门编码主要采用法国 RIN 和国标 JB/T 308 两种形式。

目前国产阀门型号仍采用 JB/T 308《阀门型号编制方法》的规定。阀门编码标示分为七个单元,如图 7-1 所示。

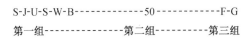

图 7 - 1　阀门编码标示

各单元的含义如下。

1——阀门类型代码,用汉语拼音字母表示。

2——阀门传动方式代码,用阿拉伯数字表示。

3——连接形式代码,用阿拉伯数字表示。

4——结构形式代码,用阿拉伯数字表示。

5——阀座密封面或衬里材料代号,用汉语拼音字母表示。

6——公称压力,用以 bar[①] 为单位的阿拉伯数字表示。

7——阀体材料代号,用汉语拼音字母表示。

4. 核岛阀门标志编码

压水堆核电厂基于引进法国技术的原因,阀门采用 RIN 的编码形式。每个阀门的标志编码包括三个特性组,若第三组出现,标示阀门有特殊要求。如图 7 - 2 所示为阀门标志编码示例。

S-J-U-S-W-B------------50-----------F-G
第一组------------第二组--------第三组

图 7 - 2　阀门标志编码示例

(1)第一组代码

第一组由 6 个大写字母组成,表示的内容如下。

第一个字母:阀门类型,如表 7 - 1 所示。

第二个字母:阀体材料,如表 7 - 2 所示。

第三个字母:压力等级,如表 7 - 3 所示。

第四个字母:阀座和启闭件材料,如表 7 - 4 所示。

第五个字母:阀门连接方式,如表 7 - 5 所示。

第六个字母:阀门的 RCC - M 等级,如表 7 - 6 所示。

(2)第二组代码

第二组代码由数字组成,表示阀门公称通径,单位为 mm。

(3)第二组代码

第二组代码由一个或多个大写字母组成,用于说明特殊的阀门功能,如表 7 - 7 所示。

表 7 - 1　第一组第一个字母的含义

字母	阀门名称	字母	阀门名称
	隔离阀		压力释放装置

---

① 　1 bar = 10^5 Pa。

表 7 - 1(续)

字母	阀门名称	字母	阀门名称
	(1)闸阀		(1)安全释放阀
C	①整体弹性闸板阀	E	①排放到封闭系统中的安全阀
K	②无弹簧的双闸板楔式闸阀	L	②排放到大气中的安全阀
V	③带弹簧平行座式闸阀		(2)蒸汽凝汽阀
W	④无弹簧双闸板平行座式闸阀		调节阀
P	(2)蝶阀	R	(1)球线性截止型调节阀
S	(3)截止阀	Y	(2)等百分比特性截止型调节阀
M	(4)隔膜阀	U	(3)针形阀
T	(5)球阀	I	(4)减压阀
	止回阀	Q	(5)背压调节阀
N	(1)旋启式止回阀	B	(6)蝶形调节阀
H	(2)升降式止回阀	A	(7)笼式调节阀
		X	其他类型的阀

表 7 - 2 第一组第二个字母的含义

字母	阀体材料		
A	非合金的或低合金钢(RCC—M spec:M1112,M1114,M1112)		
C	含 0.5～1.25% Cr、0.5% Mo 的钢		
K	含 2.25% Cr、1% Mo 的钢		
	奥氏体不锈钢		
	RCC—MM3402(铸造)	RCC—M,M3301(锻造)m3306(轧制,条形)	ANSI 类型
M		Z2CN18—10	304L
N		Z2CND17—12	316L
I		Z6CN18—10	304
I	Z3CN20—09M	Z5CN18—10	304
I		Z2CN19—10NS*	304
J		Z6CND17—12	316
J	Z3CND19—10M	Z5CND17—12	316
J		Z2CND18—12NS*	316
H		Z8CNT18—11	321
H		Z8CNNb18—11	347
H		Z8CNDT18—12	
H		Z8CNDNb18—12	

表 7-2(续)

字母	阀体材料
	*氮强化
Y	用于高温的其他特种钢
B	青铜
L	黄铜
S	塑料
P	铅
X	其他材料

注:上述字符同样适用于具有同等机械特性的钢。

表 7-3 第一组第三个字母的含义

编码	压力等级/lb[①]	编码	压力等级/lb
V	2 500	N	150
U	1 500	C	最大许用压力(20 ℃):16 bar
T	900	B	最大许用压力(20 ℃):10 bar
S	600	A	最大许用压力(20 ℃):6 bar
R	400	X	中间压力等级
P	300		

表 7-4 第一组第四个字母的含义

阀座密封面材料	材料标记*	阀瓣密封面材料							
		1	2	3	4	5	6	7	8
同阀体	1	A	C	D	E	F	G	H	J
青铜	2		B						
不锈钢	3			I		N	K	Y	Q
黄铜	4			L					
氯丁橡胶	5**	R	M	O					
钴铬钨合金	6			P			S		U
聚四氟乙烯	7			Z					
特殊材料	8			V			W		X

注:①＊标记号用于选定阀瓣密封面材料。

②＊＊或类似的橡胶材料。字母 R、O、F、M 和 N 表示氯丁橡胶与金属密切接触,所以操作温度必须低于限定温度。

---

① 1 lb = 0.453 592 37 kg。

表7-5 第一组第五个字母的含义

字母	连接方式
B	法兰
J	法兰和密封焊接
S	对(接)焊
T	GAZ 螺纹连接
W	承插焊
X	特殊连接

表7-6 第一组第六个字母的含义

字母	RCC—M 级	备注
A	1级阀	
B	2级阀	
C	3级阀	
I	1级安全壳隔离阀	
J	2级安全壳隔离阀	
F	2级阀	其故障马上导致反应堆停堆或电站在很短时间内停运的所有阀门
G	3级阀	其故障在短时间内引起反应堆停堆或大部分设备停运,或直接引起小部分设备停运的那些阀门
H	非核级阀	其故障不影响电站利用性的阀门

表7-7 第三组代码的含义

标注在阀体和阀门参数表的特殊功能	标注在阀门参数表中的特殊功能
N 流道减小的阀门	PY 体阀
V 带有特殊润滑剂的真空设施的填料涵	K 手动止回阀
W 液压密封的真空设施的填料涵	A 电动执行机构
R 带引漏管的填料涵	J 事故时自动打开的气动执行机构
S 波纹管型阀杆密封	F 事故时自动关闭的气动执行机构
D 合成橡胶隔膜	E 事故时保持原样的气动执行机构
L 金属隔膜	U 事故时自动打开的液压执行机构
X 其他特殊特性	C 事故时自动关闭的液压执行机构
T 阀瓣上开孔	Z 阀瓣旁通特性
M 空气和水的填料(干式立式管)	H 三通或其他多通阀
	Y 远距机械控制设施
	G 限位开关
	O 蝶式止回阀

7.1.2 结构与原理

1.阀门的种类

（1）闸阀

闸阀主要由阀杆、阀座、闸板、密封圈及传动装置等组成。

闸阀的结构可如图7-3、图7-4所示,其中图7-3为平行闸阀的基本结构,图7-4
为楔式闸阀的基本结构。

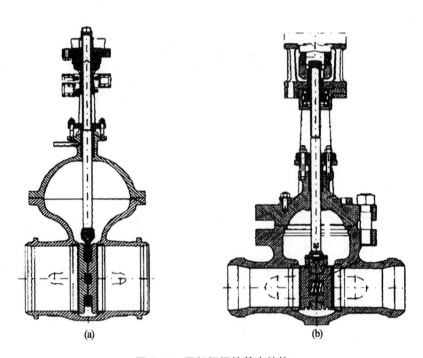

(a)   (b)

图7-3 平行闸阀的基本结构

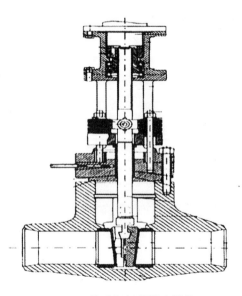

图7-4 楔式闸阀的基本结构

①平行闸阀

平行闸阀指两个密封面与管道轴线垂直,即两个密封面相互平行的闸阀,如图7-3所示。平行闸阀通常采用双闸板结构。在平行闸阀中,以带推力楔块的结构最为常见,既在两闸板中间有双面推力楔块,这种闸阀适用于低压中小口径(DN40~300 mm)闸阀。也有在两闸板间带有弹簧的,弹簧能产生预紧力,有利于闸板的密封。

②楔式闸阀

楔式闸阀指密封面与垂直中心线成某种角度,即两个密封面成楔形的闸阀。密封面的倾斜角度一般有2°52′、3°30′、5°、8°、10°等,角度的大小主要取决于介质温度的高低。一般工作温度愈高,所取角度应愈大,以减小温度变化时发生楔住的可能性。

(2)蝶阀

蝶阀主要由蝶阀、阀板、阀轴、密封圈及蜗杆传动装置等组成。

蝶阀的基本结构如图7-5所示。

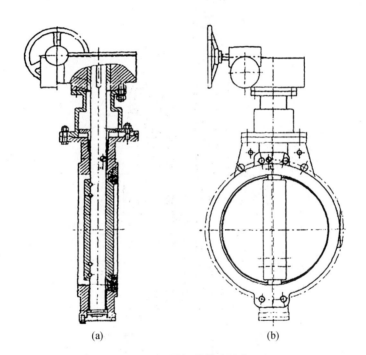

(a)   (b)

图7-5 蝶阀的基本结构

①对夹式蝶阀

对夹式蝶阀由三部分组成,即两个对夹法兰和一个装有蝶板的对夹体(阀芯)。蝶板在对夹体中的密封依靠衬胶或塑料来解决。这种阀门适用于液体介质和一般腐蚀性介质,也用于蒸汽和空气。其主要优点是阻力小,易拆卸检修。

②非对夹式蝶阀

非对夹式蝶阀一般分为不密封式蝶阀和密封式蝶阀两种。

a.不密封式蝶阀

不密封式蝶阀阀体有两个平行的安装接头,或本身无安装接头,需紧固在管子的两个法兰之间。蝶板有销和埋头螺钉与一个轴连接,或者通过轴上的半夹轴固定在蝶板上。轴安装在滚珠轴承或铜环上。两端装有导向装置和密封垫,轴的一输出端用于操纵旋转。这种蝶阀由于闭合时缺少密封性,通常用来调节低压、大流量的燃气、空气和水。

b. 密封式蝶阀

在前面不密封蝶阀设计基础上,实现闭合时密封的方法,是在阀体上或蝶板的外围装一层可变形密封垫(橡胶、弹性体),蝶板靠弹性顶在内孔壁上,密封垫紧压在法兰之间呈环形,闭合时蝶板顶靠在其上。

(3)截止阀

截止阀主要由阀杆、阀芯、填料、垫片及手轮、气动、电动执行机构等组成。截止阀的基本结构如图7-6所示。

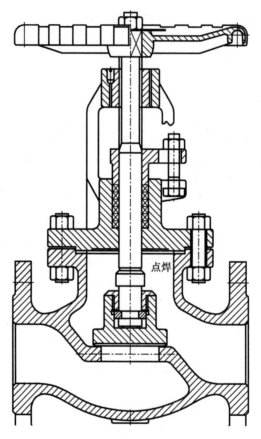

点焊

图7-6　截止阀的基本结构

截止阀的阀堵件由阀杆来操纵,阀杆在垂直于支承座的平面内移动,移动方向与流体流动方向垂直。闭合时,依靠阀堵贴合在支承座面上来保证密封,其方向一般与流向相反。由于截止阀有流动方向的改变,因而有流阻损失。

(4)针型阀

针型阀主要由阀杆、阀芯、阀体及手轮机构等组成。针型阀的基本结构如图7-7所示。

针型阀是仪表测量管路系统中重要组成部分,是由截止阀演变而来的一种阀门,其密封性良好,使用寿命较长。截止阀的阀堵行程约为完全流动时孔径的1/4,对精调来说,其灵敏度往往不够。为克服这一缺点,采用加长锥体的大行程阀堵来增大座处的流通截面的递增变化。当锥顶角很小时,阀堵就成了阀针,在这种阀针中,阀针是由阀杆的一端机加工成锥形而成的。

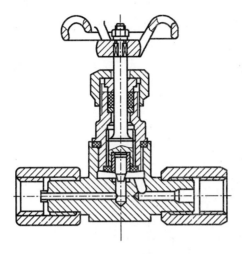

图7-7 针型阀的基本结构

(5)隔膜阀

隔膜阀主要由阀杆、隔膜、手轮、气动执行机构等组成。隔膜阀的基本结构如图7-8所示。

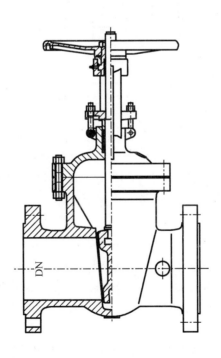

图7-8 隔膜阀的基本结构

图7-8所示为国产隔膜阀结构,它的启闭件(阀堵或阀瓣)是一弹性隔膜片,夹于阀体与阀盖之间。隔膜片上中间突出部分固定在阀杆上,阀体内衬有橡胶。闭合时的密封,由阀杆推动膜片贴合在水平或凹形的衬胶座上来实现。由于介质不进入阀盖内腔,因此无须填料函密封,所以隔膜阀也是无填料密封阀。

(6)球阀

球阀主要由阀体、阀盖、球体、密封圈、阀杆及手轮、气动执行机构等组成。球阀的基本结构如图7-9所示。

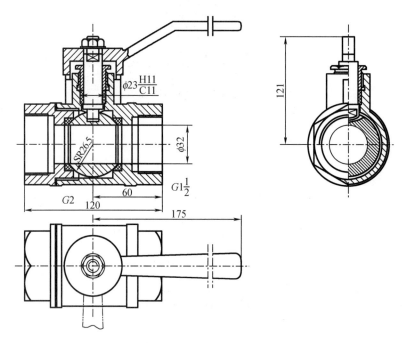

图7-9　球阀的基本结构(单位:mm)

球阀阀门为填料密封,球体部分采用浮动式结构,带动阀杆即可带动球体旋转,实现阀门启闭。中法兰部分采用平面密封,垫片为聚四氟乙烯垫片。球阀的特性是结构简单,开关迅速,操作方便,体积小,质量轻,零部件少,流体阻力小,调节性能差,适用于低温、高压及黏度大的介质。

(7)止回阀

止回阀主要由阀体、阀盖、阀瓣等组成。止回阀的基本结构如图7-10所示。

止回阀是一种不需要外部操纵,只靠管路中介质本身流动产生的力而自动开启和关闭的一种自动调节阀。止回阀的启闭过程受流体瞬变流动状态所影响,阀的关闭特性又对流体流动状态产生反作用。所以,止回阀在一个规定的方向上永远都是闭合状态。

(8)安全阀

安全阀主要由阀体、阀盖、阀瓣、弹簧、弹簧座及手柄等组成。安全阀的基本结构如图7-11所示。

安全阀阀瓣上方必须施加载荷,在正常介质压力下,阀瓣在外加载荷的作用下被压在阀座上。当介质上升到开启压力时,介质对阀瓣的作用力大于外加载荷,阀瓣升起,一部分介质被排放出来,使系统中的压力下降。当介质压力下降到回座压力时,外加载荷便可克服介质的作用力,使阀瓣又重新紧压在阀座上,防止介质泄漏。

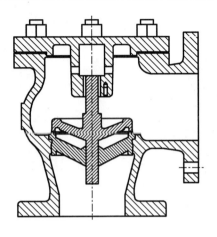

图 7 – 10　止回阀的基本结构

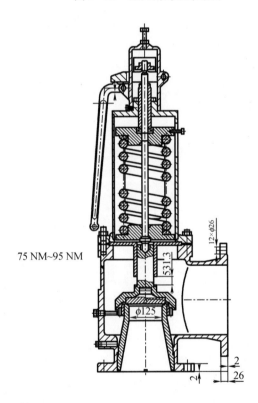

图 7 – 11　安全阀的基本结构(单位:mm)

(9)减压阀

减压阀主要由阀体、阀盖、阀瓣、弹簧及膜片等组成。减压阀的基本结构如图 7 – 12 所示。

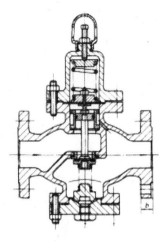

图 7-12　减压阀的基本结构

如图 7-12 所示,左端为进口端,介质通过密封面到达出口端(右端)。进气端为高压端,上下阀腔存在面积差,上阀杆盘比下阀杆盘受力面积大,所以当阀腔进气时,作用力迫使阀杆往上移动,阀门关闭。当调整定值时,旋动阀门顶部螺母,使弹簧受力往下压,阀门开启,介质流向下游。气体经过小流通面积,下游压力已低于上游压力,流通面积大,下游压力大,流通面积小,下游压力下。在阀门下游接有压力表,观察压力表读数,旋动定值螺母至压力表读数为定值时停止(秦山核电厂二期此类阀门的定值大约为 0.02 MPa)。此时弹簧对阀杆的力与气体对阀杆的力平衡。当下游压力增大时,下游气体对膜片向上力增大,迫使阀杆往上移动,密封面处流通面积变小,阀门下游压力变小;当下游压力减小时,下游气体对膜片向上力减小,弹簧力迫使阀杆往下移动,密封面处流通面积变大,阀门下游压力变大。

(10)高温、高压阀

高温、高压阀的类型虽然和普通阀门一样,但在所用材料、阀体形状及构造、阀座和阀堵的密封配合、阀杆的密封及阀门的连接方式上根据高温、高压的要求均发生了很大变化。

①阀体的形状及构造

阀体的形状及构造是根据高温、高压来设计的,所以它的壁厚比一般阀门要厚得多,零部件也比较笨重,构造上也做了相应的改造。

②高温、高压阀的材料

阀体常用的材料为合金钢或高温耐热钢;阀堵用的材料是司太立特合金,它是铬、钛、钨碳化物材料,是唯一能在 450 ℃以上使用的合金;阀杆常用的材料为不锈钢和高温耐热钢;弹簧用的材料为含 15% 铬和 35% 镍的不锈钢。

③高温、高压阀的密封

阀座与阀堵的密封配合,采用耐高压镜面密封;阀杆密封主要采用填料密封,所用填料是由能耐高温的石棉纤维为主的混合材料制成。

④高温、高压阀的连接

高温、高压阀接管的连接方法主要有两种:螺纹连接、焊接连接。

2. 阀门驱动的类型

（1）就地手动驱动

①就地手轮驱动；

②就地隔墙手轮驱动。

（2）远距离控制驱动

①电动控制驱动；

②气动控制驱动。

3. 阀门自动控制系统

（1）阀门自动控制系统工作原理

根据生产过程和运行参数对系统中阀门实行自动控制是核电站广泛采用的措施。阀门自动控制系统和其他自动控制系统一样主要由测量部件（仪器、仪表）、控制器（计算机）和执行机构三部分组成。它们和被控对象连接在一起构成了自动控制系统。

图 7 – 13 所示是一般阀门控制系统的工作原理方框图。各单元通过信号的传递互相连接起来，形成一个闭环系统。

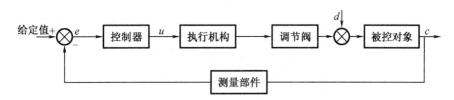

图 7 – 13 一般阀门控制系统的工作原理方框图

由生产过程给出的控制运行参数（给定值），经控制器运算输出给定值输出量 u，送到执行机构驱动调节阀门，控制被控对象的输入量 d。测量部件将被调量的信号 c（实测被控对象的输入量）反馈到控制器与给定值进行比较，得到一个偏差信号 e，经控制器按控制方程运算后，发出纠正偏差控制信号给执行机构去驱动调节阀门修正被控对象的输入量。如此反复以缩小和消除与给定值的偏差，使被控对象的控制量趋于期望的给定值，达到自动控制的目的。

（2）阀门自动控制系统的组成

阀门自动控制系统主要由测量部件、执行机构和控制器组成，现分述如下。

①测量部件

测量部件主要指对被控对象在生产过程中的温度、压力（真空、压差）、液位、流量等运行参数进行载线测量的仪器、仪表，包括一次仪表和二次仪表，二次仪表除显示外还能给出控制器用的测量信号以便反馈到控制器进行运算。

②控制器

在控制系统中，控制器的作用是根据被控变量的测量值与给定值之间的偏差，按预定的控制规律进行运算并发出控制信号，去控制执行机构动作，以实现对生产过程的自动控制。

控制器的输出信号和输入信号之间随时间变化的规律称为控制器的控制规律。

若以 u 表示控制器的输出变化量，e 表示输入的偏差信号，则控制器的控制规律可表

示为

$$u = f(e) \tag{7-1}$$

控制器的典型控制规律是长期生产实践的总结。不同的控制规律适应不同的生产要求,在了解常见基本控制规律的特点及适用的基础上,根据生产过程的产品质量指标要求,结合被控过程的特性,才能正确地选用合适的控制规律。

控制器的种类很多,一般可分为电动式、气动式和液压式三种。目前应用较多的是电动式控制器,但其他控制器在许多场合也有广泛的应用。

控制器的运算部分通常以反馈或串接的组合方式来实现比例、积分、微分(PID)运算功能,用得最多的是 PID 运算控制。目前最新式的过程计算机,其基本控制功能也是 PID 控制。

③执行机构

执行机构是自动控制系统中的终端控制元件,它接受来自控制器发出的控制信号,通过驱动调节阀改变流体通路的流通能力来改变被调介质的流量,以便按规定要求对影响被控生产过程状况的变量进行调节和操纵。它是自动控制系统中必不可少的重要组成部分。

执行机构一般分为电动执行机构、气动执行机构和液动(液压)执行机构三种类型。

气动执行机构是以压缩空气为动力的执行机构,其特点是结构简单、动作可靠、性能稳定、故障率低、价格便宜、维修方便、自身具有防爆性、易做成大功率等。它不仅能与气动调节仪表配套使用,而且通过电－气转换器或电－气阀门定位器,还能与电动仪表或控制计算机配套使用,因此它被核电站及其他工业生产系统广泛使用。

电动执行机构是以电能为动力的执行机构。其特点是能源取用方便、信号传输速度快、传输距离远、便于集中控制、停电时执行机构保持原位不变不影响设备安全、灵敏度精确度均较高、与电动仪表配合方便、接线简单。其主要缺点是体积较大、价格高、结构复杂、维修不便、平均故障率比气动执行机构高等。另外,其防爆性不如气动式,适用于防爆要求不高、无浸渍的场合。

液动执行机构是用液压作为动力,功率大,主要用在电厂汽机调节系统。

为保证执行机构的工作可靠性、提高调节质量,执行机构还配有阀门定位装置、应急手轮控制、阀位指示及安全保护等辅助设施。

(3)阀门控制系统的类型

阀门控制系统一般分为闭环控制和开环控制两种。

①闭环控制系统

闭环控制系统又称反馈控制系统。图7－13就是典型的闭环控制系统方框图。闭环控制系统的主要优点是在不论何种原因引起被控量偏离其给定值而发生偏差时,就一定有相应的控制作用产生,使偏差得以消除。闭环控制系统具有抑制内部和外部各种扰动对系统输出影响的能力。

闭环控制系统在各种生产过程,尤其是核电站中被广泛采用。

②开环控制系统

开环控制系统又称为无反馈控制系统。它是一种系统的输出量对系统的控制作用不发生影响的控制系统。例如,通过控制器对电动或气动阀门直接控制等。在核电站中主要用在手动远传控制操作系统。

阀门控制系统按控制系统中驱动装置(执行机构)的动力源又可分为电动驱动、气动驱动和液压驱动三种类型。电动驱动和气动驱动是阀门控制中应用最为广泛的驱动系统,在下文中将着重介绍。

4.电动驱动系统

电动驱动系统也叫电动驱动装置,又称为电动伺服系统或电动伺服马达,实际就是阀门控制系统中的电动执行机构。它的工作原理和组成介绍如下。

(1)电动驱动系统的工作原理

电动驱动系统按其功能和输出方式分为角行程电动驱动系统、直行程电动驱动系统和多转式电动驱动系统三类。

角行程电动驱动系统接受电动控制器传来的 0~10 mA 或 4~20 mA 标准电流信号,输出为 0~90°角位移,驱动蝶阀、球阀和偏心旋转阀等角行程阀。我国现在常用的比例式角行程电动驱动装置的型号为 DKJ 型。

直行程电动驱动系统直接操纵各种直行程阀,如单、双座直行程阀、三通阀等。其型号为 DKZ 型。

多转式电动驱动系统输出轴输出为大小不等的有效转圈数,用来推动闸门、截止阀等多转式阀门。

电动驱动系统的结构工作原理基本相同,只是减速器不同。

电动驱动系统由放大部分和执行部分构成,如图 7-14 所示。图中伺服放大器有三个输入信号通道和一个位置反馈信号通道,可以同时输入三个输入信号和一个位置反馈信号,以组成复杂控制系统。对于简单控制系统,只用一个输入通道和位置反馈信号通道就够了。

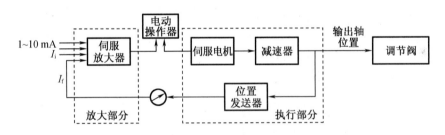

图 7-14 电动驱动系统工作原理

伺服放大器将输入信号 I_i 和反馈信号 I_f 相比较,其偏差信号为 ΔI。然后将它们的偏差值信号放大,控制伺服电动机的转动。根据偏差信号的极性,放大器输出相应的信号,以控制电机的正转或反转。再经减速器减速后,使输出轴产生转角位移。输出轴转角位置经位置发送器转换成相应的反馈电流 I_f,反馈到伺服放大器的输入端使偏差信号减小。当反馈信号等于输入信号时,伺服电机才停止转动,减速器输出轴就稳定在与输入信号相对应的位置上。

输出轴转角 θ 和输入信号 I_i 的关系为

$$\theta = KI_i \tag{7-2}$$

式中,K 为比例系数。

式(7-2)表明,输出轴转角 θ 和输入信号 I_i 之间呈线性关系,如图 7-15 所示。

电动操作器的作用是在控制系统投入自动运行之前,通过手动操作控制使被控变量接近给定值,而调节阀处于某一中间位置。由于控制器的自动跟踪,当手动操作达到控制点后,便可无扰动地投入自动运行。

在电动驱动系统(装置)上还装有手动操作手柄,在停电时能够通过手动操作来改变调节阀门的开度,维持运行。

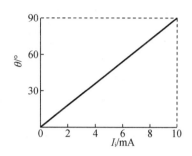

图7-15　输出轴转角 θ 和输入信号 I_i 关系曲线

(2)电动驱动系统组成和结构

电动驱动系统虽然种类很多,但它们都是通过电动机带动一套减速装置再去驱动所操纵阀门的开启和关闭的。所不同的只是减速装置的结构形式和安全保护系统有所区别。下面就几种常用的电动驱动系统的基本结构进行介绍。

①焦威勒尔与卡德尔电动驱动系统

焦威勒尔与卡德尔电动驱动系统由电机、减速装置和安全保护装置组成。减速装置的输出轴(套管式)把运动传送到被操纵的阀门。其系统结构如图7-16所示。

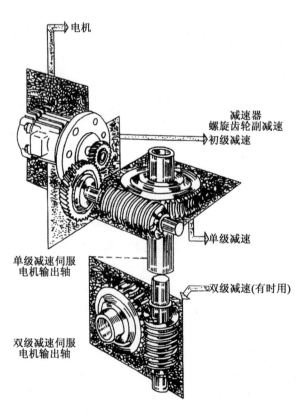

图7-16　焦威勒尔与卡德尔电动驱动系统

a.电机

电机带有法兰盘,外壳为密封式,短接转子,双启动扭矩,三相交流电机,正常转速为
1 500 r/min。

b.减速装置

焦威勒尔与卡德尔电动驱动系统减速装置通常为两级减速。第一级由螺旋齿轮副减速,其减速比有三种:1/2、1/3、1/1.5。第二级由蜗轮蜗杆副减速,减速比视伺服电机而异。有时根据需要也可以用蜗轮蜗杆副组成第三级减速。

c.安全保护装置

为了防止阀门在开启或关闭过程中因阀杆或阀堵卡涩或某种原因而使电机过载造成设备损坏,焦威勒尔与卡德尔电动驱动系统设计有行程结束控制器、扭矩限止器和应急手动操纵系统等安全保护装置。其中,行程结束控制器和扭矩限止器均安装在与电动驱动系统连为一体的控制盒内。

(ⅰ)行程结束控制器

行程结束控制器的作用是当阀门开启或关闭行程结束时,切断电机电源,停止阀门的开启或关闭动作。

行程结束控制器的结构如图7-17所示。它由与传动轴蜗轮相啮合的行程信号感应蜗轮、行程信号传动轴、两个凸轮和两个行程结束微动开关等组成。

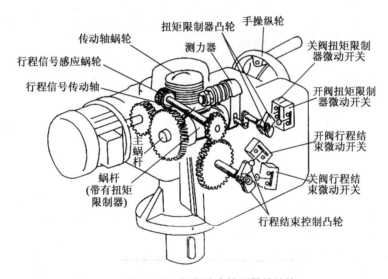

图7-17 行程结束控制器的结构

当阀门开启或关闭时,主传动轴顶端的蜗杆带动行程感应蜗轮转动,将阀门的开度信号通过传动轴,使具有一定减速比的正齿轮副(减速比根据阀门全行程转数和使凸轮旋转270°设计的,考虑凸轮宽度,齿轮旋转必须小于280°)带动凸轮旋转。行程结束时,凸轮触动行程结束微动开关的触头,切断电机电源,结束阀门开启或关闭动作。保证阀门和电机不致因过分的开启或关闭动作而造成损坏。

为了保证行程结束控制器可靠地工作,在电动驱动系统投入运行之前,应对行程结束控制器进行调校,调校步骤如下:

检查扭矩限止器应处于"保险"状态,系统工作环境符合有关的使用条件。

• 顺时针方向旋转手动操纵轮关阀门并保留一定的行程余量,调节关阀行程结束凸

轮,使行程结束微动开关的触头被触动而断开电源。

● 电动操纵将阀门部分开启,然后进行一次电动操纵关闭,检查行程结束控制器是否正确动作。否则,利用触头调节按钮重新进行调节。

● 逆时针方向旋转手动操纵轮开启阀门并保留一定的行程余量,调节开阀行程结束凸轮,使行程结束微动开关的触头被触动而断开电源。

● 按关阀操作步骤用电动方式操作一次,以检查控制器是否正确动作,否则重新进行调节。

（ⅱ）扭矩限止器

扭矩限止器能保证伺服电机在故障过载时或在需要获得持续负载的情况下,在操纵完成时停止转动。可以认为扭矩限止器是电动驱动系统的第二道安全防护线。

扭矩限止器的结构如图7－18所示,它由测力器、凸轮和扭矩限止微动开关等组成。

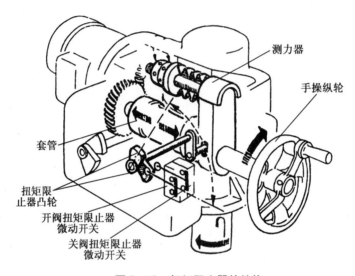

图 7－18　扭矩限止器的结构

测力器由一个安装在铸铁套管里的蜗杆和一些弹簧垫圈组成。蜗杆与传动轴上的蜗轮相啮合,当所传递的扭矩超过预定值时,铸铁导管做横向运动。系统的运动带动控制盒内一组凸轮运动,触动扭矩微动开关的触点,切断电机电源,动作停止。

扭矩限止器动作力矩的调整是通过调整垫圈安放尺寸和凸轮偏转角来完成的。为使限止器垫圈压缩的全行程上保留一个间隙,触头断开前凸轮的最大偏转角为15°。

为了保证扭矩限止器工作的可靠性,在电动驱动系统投入运行之前,应对扭矩限止器进行调校,调校步骤如下:

● 在接线端短接关阀行程结束微动开关。

● 用手动操纵轮关阀门并保留一定间隔,调节关阀行程结束凸轮使行程结束微动开关触头动作。由于此触头为一转接器,因此当行程结束微动开关断开时就接通了关阀扭矩限止器微动开关。

● 用电动操纵将阀门部分开启,然后进行一次电动操纵关阀,直至关阀扭矩限止器凸轮触动关阀扭矩限止器微动开关触头切断电机电源为止。若关阀扭矩限止器不能准确动作,则应调整关阀扭矩限止器微动开关的调节旋钮,直至调好为止。在此过程中应注意关阀行程结束凸轮应在扭矩限止器动作之前使自己的触头动作,否则说明关阀行程结束器控制器装置未调好,应重新进行调整。

- 在接线端短接开阀行程结束微动开关。
- 用手动操纵轮打开阀门并保留一定间隔,调节开阀行程结束凸轮,使开阀行程结束微动开关触头动作。
- 用电动操纵将阀门部分关闭,然后进行一次电动操纵开阀,直至开阀扭矩限止器动作切断电机电源为止。若不准确重新调整。
- 检查并确认各触头都正确动作后,电动驱动系统才能投入运行。

(ⅲ)安全保护装置动作方式的选择

行程结束控制器和扭矩限止器这两种安全保护装置在工作时的动作方式如何选择,主要取决于电动驱动系统所控制的阀门类型。

- 对平行座式闸阀:由于阀门的开或关是通过闸板实现的,所以"开"和"关"的断路是通过行程结束触头实现的,扭矩限止器处于保险的地位。
- 对斜座式闸阀:由于此类阀门要求在闸板上保持持续压力以保证密封性,所以开阀断路是由行程结束触头实行的,而关阀断路则有两种方式。第一种方式是用扭矩限止器实现关阀断路,第二种方式是将行程结束触头调节到当扭矩限止器开始颤动时动作。第二种方式优点有二:第一,不致使闸板在底座间嵌入过深,从而保证开阀操作顺利进行;第二,扭矩限止器处于保险地位,增加了安全性。
- 对截止阀和类似的阀门调节及蝶阀:开阀状态通过行程结束触头实现断路,关阀状态通过扭矩限止器实现断路,行程结束触头接入旁路。
- 对带有反向密封装置的阀门:当阀门全开后,其密封由在扭矩限止器开始颤动时动作的开阀行程结束触头来实现。

(ⅳ)应急手动操纵系统

为了保持在电机故障或断电情况下,阀门仍能正确工作,电动驱动系统设置了应急手操系统。该系统在一般情况下是脱开的,只有通过手动操纵才能接通。

应急手动操纵系统有脱开式手动操纵系统和随动式手动操纵系统两种类型。

- 脱开式手动操纵系统如图7-19所示。在进行手动操作时,通过推压操纵手轮上的手柄使手操传动轴与传动蜗杆啮合成一体。与此同时引起与行程结束开关串联的一个或两个触头断开,从而使伺服电机的电路断开,保证在手动操作过程中操作员的安全。

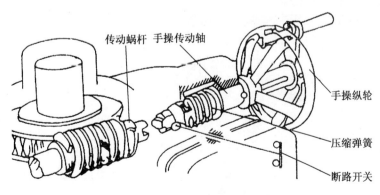

图7-19 脱开式手动操纵系统

手柄带有止动机构,可避免在操作时需持续施加推力。手动操作结束后,止动机构自动解除。

● 随动式手动操纵系统随动式手动操纵系统如图7-20所示。该系统蜗杆与正齿轮传动轴之间用爪型离合器连接。

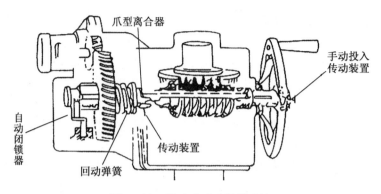

爪型离合器
手动投入
传动装置
自动闭锁器
传动装置
回动弹簧

图7-20 随动式手动操纵系统

在进行手动操作时,揿动传动装置,使爪型离合器退出啮合,使电机系统脱开,而手动操纵轮接通。与此同时,自动闭锁器则使电动系统保持位置。

当重新投入电动系统时,自动闭锁装置失效,回动弹簧使手动操纵轮退出,转入电动状态。

②彼尔纳德电动驱动系统

彼尔纳德电动驱动系统也叫彼尔纳德伺服系统,其系统结构如图7-21所示。它主要也是由电机、减速装置和安全保护装置组成。

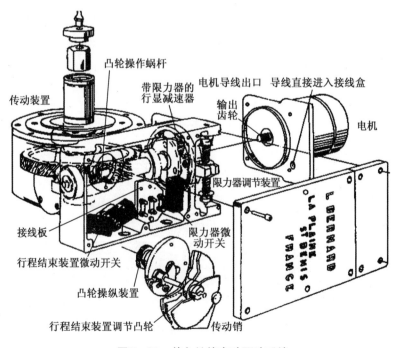

凸轮操作蜗杆
带限力器的
行显减速器
电机导线出口 导线直接进入接线盒
传动装置
输出齿轮
电机
限力器调节装置
接线板
限力器微动开关
行程结束装置微动开关
凸轮操纵装置
行程结束装置调节凸轮
传动销

图7-21 彼尔纳德电动驱动系统

a. 减速装置

彼尔纳德电动驱动系统的减速装置由一级或两级直齿轮、一对锥齿轮和一对蜗轮蜗杆副组成。

b. 安全保护装置

（ⅰ）行程结束控制器

彼尔纳德电动驱动系统的行程结束控制机构如图7－21所示。它由一些独立的凸轮组成，每个凸轮后有一个微动开关，这些凸轮由减速器传动轴上的蜗轮蜗杆副传动装置控制。凸轮做小于一周的旋转，当凸轮旋转到对应于阀门行程结束时，凸轮上的传动销触动相应的行程结束微动开关的触头，切断电动机电源，停止阀门的开启或关闭动作。这些凸轮除可以进行行程结束保护外，还可用来带动反映阀位信号的电位器动作，将阀位信号以电信号的形式传递给调节系统或阀位显示仪表。

（ⅱ）扭矩限止器

彼尔纳德电动驱动系统的扭矩限止器如图7－22所示。它由限力弹簧和扭矩限止微动开关等组成。限力器由行星减速器和限力弹簧组成。它如同一个测力天平，随时测定被操纵装置的力矩。当传动装置的扭矩在正常范围内时，通过行星减速器外壳所传递的力矩小于限力弹簧的初始张力，行星减速器在两弹簧作用下保持平衡状态。一旦通过行星减速器外壳所传递的力矩大于弹簧的初始张力时，行星减速器外壳则产生一定的位移触动扭矩限止器微动开关的触头，切断电源使电机停止转动。

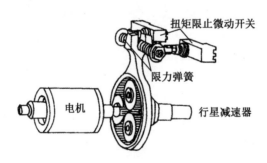

图7－22　扭矩限止器

扭矩限止器的调节主要是根据具体设备的限矩值，通过调节限力弹簧的初始张力来进行的。弹簧初始张力越大，限矩值越大。允许两个弹簧的紧度有所差异。

③若托克电动驱动系统

若托克电动驱动系统的特点是电机、减速器、安全保护装置全都有密封罩保护，具有较好的防水、防爆能力。

a. 减速器与手操装置

减速器由涡轮蜗杆副组成。其手动操纵轮利用爪型离合器可以直接或用手柄很方便地与传动轴进行连接。启动电机时，手动操纵轮自动脱开，如图7－23所示。

b. 安全保护装置

（ⅰ）行程结束控制机构

行程结束控制机构如图7－24所示。它由螺纹轴、齿轮、停止限动器螺母、调节螺母等组成。

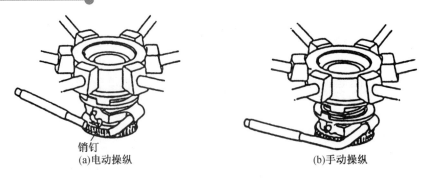

销钉
(a)电动操纵　　　　　　　　　　　　　(b)手动操纵

图 7 - 23　减速器与手操装置

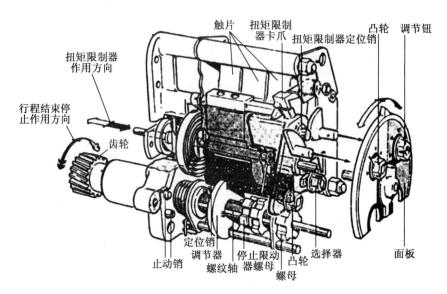

图 7 - 24　行程结束控制机构

开阀或关阀时,阀位的变化经传动机构带动斜齿轮转动,使停止限动器螺母在螺纹轴上移动;当开阀或关阀行程结束时,停止限动螺母同时使电机停转触头和远距离信号触头接通,使开阀或关阀动作停止,并发出开阀或关阀结束信号。如有必要可以取消行程结束制动系统,电机的停转只靠扭矩限止器来实现。

（ⅱ）扭矩限止器

扭矩限止器的工作原理如图 7 - 25 所示。正常时凸轮触头机构处于中间位置,电机轴后的两组弹簧垫圈不发生变形。当扭矩增大时,传动轴作用于蜗杆上的反作用力使电机轴做轴向运动,同时挤压弹簧垫片。电机轴的轴向运动经过一个螺旋斜面传动装置转换为与电机轴成一定角度方向的运动,在凸轮的带动下由一个销头触动微动开关的触头,切断电机电源,停止动作。

行程结束或扭矩限止器的调节均可通过调节面板上的调节旋钮来完成。

5. 气动驱动系统

阀门控制的气动驱动系统或装置也叫气动伺服马达,实际就是阀门控制系统中的气动执行机构。

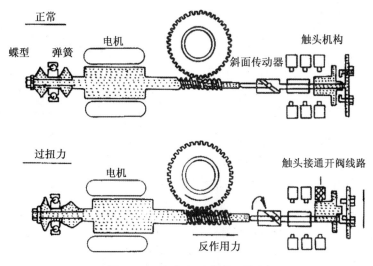

图 7 - 25　扭矩限止器的工作原理

气动驱动系统是以压缩空气为动力的推动装置。它有多种结构形式,每种形式都有各自的特点,供不同条件下使用。其基本结构有气动薄膜式和气动活塞式两种。输出推杆位移为直线方式,如果通过曲柄等杠杆机构,可转换成角位移方式,通过曲轴可转换为旋转运动。

直线方式适用于阀杆直线运行的单座、双座阀;角位移方式适用于蝶阀、球阀、旋塞阀等;旋转运动适用于旋转启闭的阀门,如闸阀、截止阀等。这些方式都是由气动驱动装置直接带动阀瓣动作的。

(1)气动薄膜式驱动系统

气动薄膜式驱动系统也叫贝雷薄膜式伺服马达,常作为针形或瓣形调节阀的驱动装置,与调节阀一起组成自动调节系统的执行器。受调节系统的控制而驱动调节阀门的启闭。

气动薄膜式驱动系统按其动作方式可分直接作用式和间接作用式(反作用式)两种类型,它们均接受 0.35 ~ 1.65 bar 的标准压力信号控制。

直接作用式是指其控制气流从上膜盖进入,作用于加布橡胶薄膜片的上部,当控制信号压力增大时,驱动推杆向下运动。

间接作用式是指其控制气流从下膜盖进入,作用于薄膜片下部,当控制信号压力增大时,推杆向上运动。

①气动薄膜式驱动系统动作原理

气动薄膜式驱动系统动作方式如图 7 - 26 所示。当信号压力通入薄膜气室时,在薄膜上产生一个向下(上)的推力,使推杆向下(上)移动,将弹簧压缩(拉伸),直到弹簧所产生的反作用力与信号压力在薄膜上产生的推力平衡为止。

其平衡方程式可表示为

$$\Delta p A_e = C_s \Delta l \qquad (7-3)$$

式中　Δp——薄膜气室的信号压力变化量;

　　　Δl——推杆行程的变化量;

　　　A_e——薄膜片有效面积;

C_s——弹簧刚度。

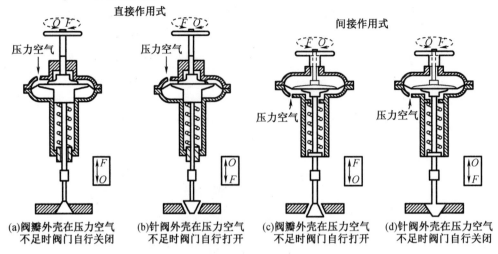

图7-26 气动薄膜式驱动系统动作方式

从式(7-3)可知,当执行机构的规格(薄膜有效面积A_e和弹簧刚度C_s)确定后,执行机构的推杆位移量与压力信号成正比关系,可见气动薄膜驱动系统输出特性为线性函数。

②气动薄膜式驱动系统的结构和组成

气动薄膜式驱动系统的结构如图7-27所示。它主要由加布橡胶薄膜,支架,弹簧,上、下膜盖,调节套筒,连接螺母,开度指示器,推杆和操纵手轮等组成。

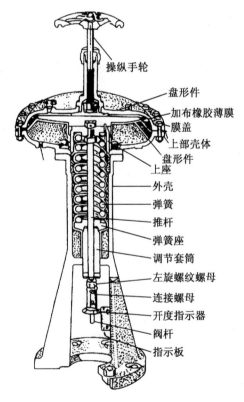

图7-27 气动薄膜式驱动系统的结构

a. 加布橡胶薄膜

加布橡胶薄膜是伺服马达的关键部件,一般由具有较好的耐油及耐高、低温性能的丁腈橡胶加锦纶丝织物制成。为了保护其有效面积基本保持不变,提高驱动系统工作的线性度,膜片常制成波纹状。为了保证作用于膜片上的推(压)力能有效准确地传递给推杆,除薄膜的四周装于上、下膜盖之间以外,其中间部分安装在推杆顶部的盘形件上。

b. 弹簧

弹簧也是一个关键部件,要求在全行程范围内弹簧的刚度不发生变化,这样可以提高驱动系统的线性度。

c. 上、下膜盖

上、下膜盖一般用铸铁制成,也可用钢板冲制。它们与膜片构成薄膜气室。

d. 调节套筒

调节套筒(也称调节作动筒)用来调节弹簧的预紧力,这样可以根据实际工作需要改变信号压力的起始值。调节套筒的位置参如图 7 - 27 所示。

e. 推杆

推杆一端安装盘形件并通过盘形件感受和传递薄膜所施加的推力,另一端通过连接螺母与调节阀的阀杆相连接,将薄膜的推力转变成阀门开度的变化。

f. 开度指示器

开度指示器用于指示执行机构的推杆位移,也就是阀瓣的位置即阀门的开度。

g. 操纵手轮

气动薄膜驱动系统的操纵手轮安装在驱动系统的顶部。其主要作用是当调节系统失效,如气源中断、调节器故障无输出及膜片损坏等情况时,可以切换进行手动操纵控制,以保证生产工艺过程的正常进行。

③随动定位器

随动定位器又称阀门定位器,是气动驱动系统的主要附件,它与气动驱动系统配套使用。随动定位器有放大功能,可克服阀杆的摩擦力和消除调节阀不平衡力的影响,保证阀瓣(阀堵)按调节器发出的信号大小实现准确定位。随动定位器有气动定位器和电 - 气定位器两种。

a. 气动随动定位器

气动随动定位器(阀门定位器)的结构原理如图 7 - 28 所示,它是按力矩平衡原理工作的。图中波纹管在来自调节器的控制信号 p_i 的作用下,自由端产生位移,并推动主杠杆 2 绕支点 O 逆时针方向偏转。位于主杠杆下端的挡板靠近喷嘴,使喷嘴背压增大,经气动放大器放大后,送入调节阀的薄膜气室。薄膜在压力作用下产生变形,推动阀杆下移。阀杆位移通过水平杠杆和滚轮支点传递给偏心凸轮,使它绕支点 O' 偏转。在凸轮偏转过程中,通过反馈弹簧对主杠杆施加一反作用力矩,使挡板离开喷嘴。当作用于主杠杆的输入力矩与反作用力矩达到平衡时,进入调节阀薄膜气室的压力 p_0 达到稳定值,推杆(阀杆)和阀瓣产生一个稳定的位移 L。

在气动随动定位器中,由于采用了功率放大器,所以作用于薄膜气室的压力 p_0 具有比输入信号压力 p_i 更大的功率,从而可实现快速动作,并可克服作用于阀杆的各种阻力。同时由于随动定位器与气动驱动系统(伺服马达)组成一个负反馈的闭环系统,因此使阀门的定位速度和精度都得到明显的提高,也有利于克服由于经过较长气动管路而造成的信号传递滞后。

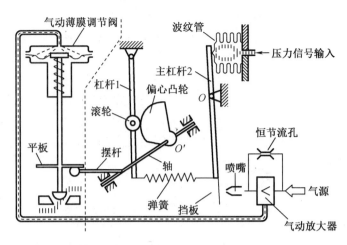

图 7 - 28　气动随动定位器的结构原理

b. 电 - 气随动定位器

电 - 气随动定位器也称为电 - 气阀门定位器,它具有电 - 气转换器和阀门定位的双重功能。采用电 - 气随动定位器,可直接利用电动调节器输出的直流电流信号去控制和操纵气动驱动系统。

电 - 气随动定位器的结构原理如图 7 - 29 所示。其结构与图 7 - 28 所示的气动随动定位器基本相同,所不同的是输入信号的转换部分。气动随动定位器利用波纹管作为变换元件,将来自气动调节器的气压信号 p_i 转换为作用于主杠杆的力,而电 - 气随动定位器则是通过电磁变化元件,将来自电动调节器的直流电流信号转换为作用于主杠杆的力。

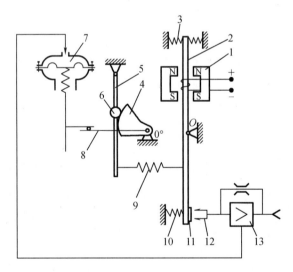

1—力矩马达;2—主杠杆;3—平衡弹簧;4—凸轮;5—副杠杆;6—滚轮;7—执行机构;8—反馈杆;
9—反馈弹簧;10—调零弹簧;11—挡板;12—喷嘴;13—气动功率放大器。

图 7 - 29　电 - 气随动定位器的结构原理

当来自电动调节器的信号电流 I_i 通入力矩马达 1 的线圈时,在永久磁铁的作用下,将对主杠杆 2 产生一个力矩,使主杠杆 2 绕支点 O 偏转,并使挡板 11 靠近喷嘴 12。此后的动作原理与图 7 - 28 所示的气动随动定位器完全相同,不再赘述。

　　工程中常用的气动随动定位器的实物如图 7 - 30 所示。可对照动作原理图了解各部件的功能。

图 7 - 30　气动随动定位器

　　④接触式控制箱及阀位传感器

　　a. 接触式控制箱

　　气动驱动系统通常还装设有一个接触式控制箱,其作用是安装行程结束装置和阀位传感器。

　　接触式控制箱的结构如图 7 - 31 所示。它的手柄通过连杆与阀杆相连,当阀门位移时,连杆使手柄发生偏转,使受手柄控制的凸轮轴带动凸轮转动,当阀门开(关)到一定位置后,凸轮触动微动开关切断闭锁电磁阀电源,使进入气动驱动系统的气源切断,结束阀门的开(关)动作。

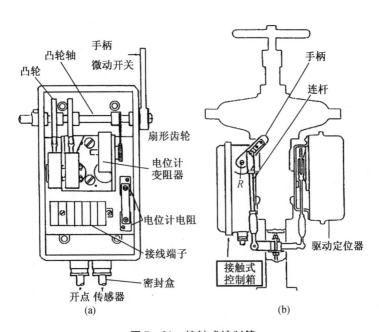

(a)　　　　　　　　　　　(b)

图 7 - 31　接触式控制箱

b. 阀位传感器

在控制箱的凸轮轴上,还装有一个扇形齿轮。凸轮轴的传动使扇形齿轮带动阀位电位计旋转钮转动,改变电位计电阻值,将调节阀门的阀位以电信号输出到显示仪表上。

⑤闭锁电磁阀

为了使调节阀门在控制气流压力异常下降时,能保持开度不变,以减少由于气压故障造成的错误动作,气动驱动系统设置有一个闭锁电磁阀装置,如图 7 - 32 所示。

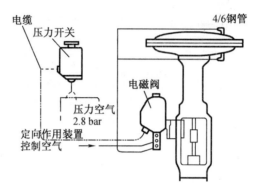

图 7 - 32   闭锁电磁阀装置

从图 7 - 32 可以看出,控制调节阀门开、关的压缩空气经闭锁电磁阀后才能进入薄膜气室。电磁阀的启、闭由压力开关控制,当控制压力低于 2.8 bar 时压力开关切断电磁阀电源,电磁阀断电后立即关闭,使气动驱动系统处于闭锁状态。给操作人员进行人工干预提供了时间。如果没有人工的干预,经一段时间后调节阀将在弹簧作用力下重新回到关闭(开启)的位置。

(2)气动活塞式驱动系统

薄膜式驱动系统构造最简单,但其膜片能承受的压力较低,推力较小。而气动活塞式驱动系统(气动筒式伺服马达)由于汽缸允许操作压力较大,最大可达 5 bar,因此能输出很大的推动力,属于强力气动驱动机构。

气动活塞式驱动系统,按动作方式分为两位动作、比例动作和特定工况下的单向动作等类型。

①气动活塞式驱动系统的结构和工作原理

气动活塞式驱动系统是一种利用压缩空气信号和驱动动力的活塞式驱动机构。其结构如图 7 - 33 所示。

气动活塞式驱动系统主要由汽缸、活塞、阀杆、导向装置及应急手轮控制部分组成。

汽缸由耐磨合金制成,活塞下连阀杆,后导向杆安装在活塞的上部,由光滑杆和齿条(或螺纹)杆组成,用来操纵行程结束触点和连接手动控制装置。应急手动控制装置可以采用螺杆传动的水平操纵轮,也可以是齿条、齿轮传动的垂直操纵轮。

这种驱动系统利用固定螺栓或凸缘连接方式固定在阀盖上,其活塞直接与阀杆连接。

当压缩空气进入汽缸内作用于活塞上部或下部时,活塞将向上或向下运动,并通过推杆(阀杆)带动阀门关闭或开启。

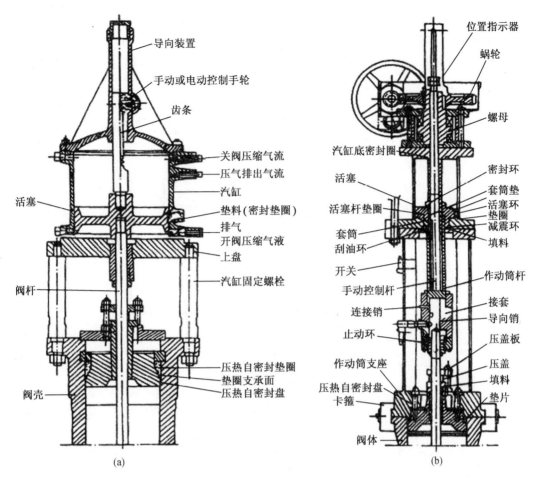

图 7-33 气动活塞式驱动系统

为了确保活塞的运动与作为控制信号的压缩空气的压力之间具有严格准确的对应关系,在活塞与汽缸壁之间装有活塞填料或密封圈,以防止压缩空气在活塞上、下间出现泄漏现象。密封圈的形状及材料取决于压缩空气压力的大小,一般情况下采用合成橡胶或皮革制成的"唇"形密封圈,压缩空气压力较高时,则采用"U"形密封圈,若控制信号是以蒸汽为工质时,在活塞上还应装有金属涨圈。

②两位动作气动活塞式驱动系统

两位动作是指汽缸内的活塞只在两个位置上运行,其工作原理是:在汽缸内活塞的一侧,通入固定操作压力 p_1 的压缩空气,另一侧通入变化操作压力 p_2 的压缩空气;也可以两侧都通入变化的操作压力 p_1 和 p_2。根据活塞两侧的压差来完成两位动作。活塞由高压侧推向低压侧,使推杆带动阀杆和阀瓣从一个位置走到另一个位置。推杆的全程一般为 10~100 mm,适用于两位控制系统。

③比例动作气动活塞式驱动系统

比例动作是指驱动系统的推杆位移与信号压力成正比关系(线性函数),比例动作又分为正、反作用式。正作用式是随着信号压力的增大,活塞带动推杆向下移动;反作用式的推杆动作与此相反。比例动作是由安装在气动活塞式驱动系统的随动定位器来实现的,随动定位器与汽缸连成一体,具有阀门位置反馈作用。

④单向动作气动筒(活塞式)组成的高压加热器自动旁路系统

所谓单向气动筒是指汽缸内的活塞只能向一个方向运动,而不能自动恢复到起始位置的气动筒。由这种气动筒组成的压缩空气遥控的具有按顺序进行闭锁控制的高压加热器自动旁路系统如图7-34所示。

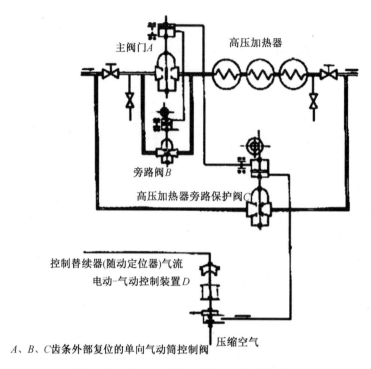

图7-34　单向气动筒组成的高压加热器自动旁路系统

图中 A 为给水回路主阀门, B 为旁路阀, C 为高压加热器旁路保护阀。这三个阀门均是齿条外部复位的单向气动筒控制阀。

正常工作时,阀门 A、B 处于打开状态,阀门 C 处于关闭状态,加热器投入系统中运行。一旦发生事故,由控制替续器来的控制信号将使电动 - 气动控制装置 D 把压缩空气引入阀门 C 的活塞底部,使活塞逐渐上升,加热器旁路保护阀 C 逐渐开启。当阀门 C 的活塞上升到一定位置时,使主阀 A 活塞上部接通压缩空气,主阀 A 将逐渐关闭。当主阀 A 关闭结束时,又使旁路阀 B 的活塞上部接通压缩空气,旁路阀 B 在压缩空气作用下关闭。至此,使给水经旁路保护阀直接进入蒸汽发生器或锅炉,而高压加热器自动解出运行状态。

当高压加热器故障排除后,A、B、C 阀门可通过手动操作装置复位,系统重新投入运行。

⑤几种常用类型的气动活塞式驱动系统

a.贝雷活塞式伺服马达

（ⅰ）结构及工作原理

贝雷活塞式伺服马达如图7-35所示。它主要由汽缸、活塞、滑动板、传动支座、操纵手轮及操纵手柄等组成。

当压力空气作用于汽缸后,活塞在压力空气推动下产生运动,并通过推杆推动滑动板运动。传动支座上的传动销嵌在滑动板的斜槽中,当滑动板被推动时,通过传动销带动传动支座上升或下降,使阀门开启或关闭。活塞行程 200 mm,阀门行程 40~65 mm。

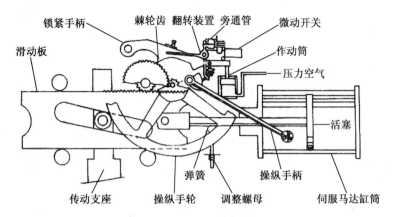

图 7-35 贝雷活塞式伺服马达

在需要传动功率大的情况下,常用两个汽缸串联使用。串联使用时的压缩空气管路布置如图 7-36 所示。压缩空气经控制器 S 端引入,然后根据控制要求 C_1 端或 C_2 端引出到汽缸。若需要开启阀门时,压缩空气由 C_1 端引出分别进入两个汽缸之中,则左边活塞的运动将对滑动板产生拉力;而右边活塞则对滑动板产生推力,两活塞的共同作用使滑动板左移,开启阀门。当需要关闭阀门时,控制信号将使压缩空气从 C_2 端引出后分别进入两个汽缸之中,使右边活塞产生拉力,左边活塞产生推力,滑动板右移使阀门关闭。

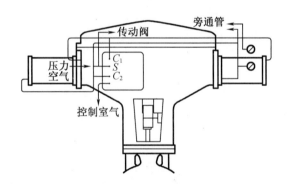

图 7-36 两汽缸串联工作

(ⅱ)自动⇔手动切换

为了便于自动⇔手动的切换,设置了一套由操纵手柄、凸轮、锁紧手柄、翻转装置和旁通管组成的切换系统,通过它可以很方便地进行自动⇔手动切换。

• 自动⇒手动切换

逆时针转动操纵手柄,使与操纵手柄同轴的两个凸轮转动,第一个凸轮使锁紧手柄抬起,脱开齿轮系的闭锁状态,便于人工通过操纵手轮进行手动控制。第二个凸轮同时转动翻转装置,打开旁路管使活塞前后压力均衡。

• 手动⇒自动切换

顺时针转动操纵手柄,使凸轮与锁紧手柄和翻转装置脱离接触,锁紧手柄在弹簧拉力作用下下降锁住齿轮系,翻转装置亦使旁通管关闭。此时即可通入压缩空气进行自动控制运行。

●位置闭锁装置

当压力下降时,气动筒受弹簧作用而下降,锁紧手柄则锁住齿轮。启动压力可通过调节弹簧力来进行调节。

b.气动限扭型伺服马达

气动限扭型伺服马达是由4个汽缸组成的旋转式驱动机构(马达),其结构如图7-37所示。

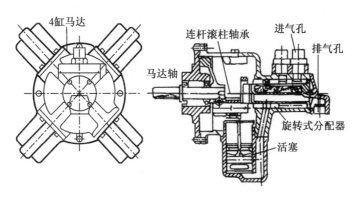

图7-37 气动限扭型伺服马达

汽缸内的活塞推杆以互为90°的角度连接在马达曲轴上。压缩空气经进气孔(开阀与关阀各有一进气孔)进入旋转式分配器按照一定的顺序将压缩空气分别送入4个汽缸内,4个汽缸内的活塞依次运动推动马达曲轴转动。当活塞依次运动一次以后马达曲轴旋转一周(360°)。

限扭型伺服马达的行程结束器和扭矩限止器结构如图7-38所示。

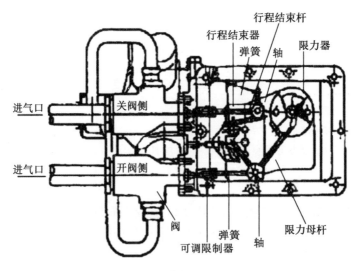

图7-38 行程结束器和扭矩限止器结构

当开(关)阀门行程结束时,凸轮作用于连杆使行程终止杆因轴旋转而向前伸,截断进入旋流分配器的压缩空气,停止向汽缸供气而终止阀门的开(关)动作。

扭矩限止器的动作原理与行程结束装置一样,只是其连杆的动作是依靠限力器控制的。

c.步进式气动伺服马达

步进式气动伺服马达可用于"有或无"操纵或精调位置的操纵。其工作原理如图7-39所示。

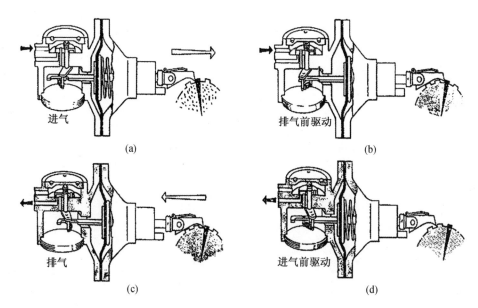

图7-39 步进式气动伺服马达的工作原理

(ⅰ)进气

压缩空气进入工作腔,将导向器顶靠在膜片的座上,座预先受到弹簧力的作用,于是保证了良好的密封性。然后压缩空气又经孔进入膜室,压力逐渐作用在膜上,如图7-39(a)所示。

(ⅱ)排气前驱动

压缩空气将膜向前推,操纵推杆也向前推进,制动齿离开其挡销并驱动齿轮,制动齿通过它的弹簧顶靠在齿轮上。膜片的运动同时又带动了传动支臂,这个支臂由回动弹簧与导向器和其连杆系统相连,如图7-39(b)所示。

(ⅲ)排气

当行程终止时,传动支臂使连杆绕其轴偏摆,导向器切断进气通路,使工作腔排气,如图7-39(c)所示。

(ⅳ)进气前驱动

膜片的回动弹簧将膜片重新推向后边,并驱动操纵杆和传动支臂使导向器重新恢复到进气位置,如图7-39(d)所示。

上述动作每循环一次,传动齿轮前进一齿。

(3)气动驱动系统的常见故障及消除方法

气动驱动系统的常见故障及消除方法如表7-8所示。

表7-8 气动驱动系统的常见故障及消除方法

现象		产生故障的原因及消除方法
阀不动作	无信号,有气源	1. 压缩机电源及压缩机本身的故障 2. 气源总管泄漏
	无信号,无气源	1. 调节器的故障 2. 信号管线泄漏 3. 调节阀膜片或活塞密封环漏 4. 随动定位器波纹管漏
	替续器无气源或随动定位器无气源	1. 过滤器堵塞 2. 减压阀故障 3. 管道接头处渗漏或堵塞
	有信号仍无动作	1. 阀芯与衬套或阀座卡死 2. 阀芯脱落(断销子) 3. 阀杆弯曲或折断
阀的动作不稳定	气源压力经常变化	1. 压缩机容量太小 2. 减压器故障
	信号压力不稳	1. 控制系统的时间常数不适当 2. 调节器故障
	气源、信号压力一定,但调节阀动作仍不稳定	1. 随动定位器中放大器的喷嘴挡板不平行,挡板盖不住喷嘴 2. 输出管线漏气 3. 执行机构刚性太小,流体压力变化造成推力不足 4. 阀杆摩擦力大
阀有噪声及振动	调节阀接近全关位置时的振动	1. 调节阀选大了,常在小开度时使用 2. 单座阀介质流动方向与关闭方向相同
	调节阀任何开度都振动	1. 支撑不稳 2. 附近有振动源 3. 阀芯与衬套有磨损
阀的动作迟钝	阀杆往复行程时动作迟钝	1. 阀体内有泥浆或黏性大的介质,使阀堵塞或结焦 2. 填料变质硬化或石墨石棉填料的润滑油干燥 3. 活塞式执行机构中活塞密封环磨损
	阀杆单方向动作时动作迟钝	1. 气动薄膜执行机构中膜片泄漏和破损 2. 执行机构中密封圈泄漏

表 7 - 8(续)

现象		产生故障的原因及消除方法
阀的泄漏量大	阀全闭时泄漏量大	1. 阀芯被腐蚀、磨损 2. 阀座外围的螺丝被腐蚀
	阀达不到全闭位置	1. 介质压差很大、执行机构的刚性小了 2. 阀体内有异物 3. 衬套绕结
	填料部分及阀体密封部分渗漏	1. 填料盖没有压紧 2. 采用石墨石棉填料的场合润滑油干燥 3. 采用聚四氟乙烯做填料时,聚四氟乙烯老化变质 4. 密封垫被腐蚀 5. 阀芯被腐蚀,使 Q_{min} 变大

7.1.3 标准规范

GB/T 12244《减压阀 一般要求》

GB/T 12245《减压阀 性能试验方法》

GB/T 12241《安全阀 一般要求》

GB/T 12243《弹簧直接载荷式安全阀》

GB/T 28778《先导式安全阀》

GB/T 12233《通用阀门 铁制截止阀与升降式止回阀》

GB/T 12236《石油、化工及相关工业用的钢制旋启式止回阀》

GB/T 12237《石油、石化及相关工业用的钢制球阀》

GB/T 12239《工业阀门 金属隔膜阀》

GB/T 12233《通用阀门 铁制截止阀与升降式止回阀》

GB/T 12235《石油、石化及相关工业用钢制截止阀和升降式止回阀》

GB/T 12238《法兰和对夹连接弹性密封蝶阀》

GB/T 26144《法兰和对夹连接钢制衬氟塑料蝶阀》

GB/T 12232《通用阀门 法兰连接铁制闸阀》

GB/T 12234《石油、天然气工业用螺柱连接阀盖的钢制闸阀》

7.1.4 预维项目

核电厂的阀门检修项目主要包含如下内容:

(1)定期校验:安全阀定期校验、部分闸阀定期中腔打压等。

(2)解体检查:所有部件进行解体,清理并进行尺寸测量,对于尺寸超标的部件进行更换,对于所有寿期部件进行更换。

(3)气动头解体检查:气动头所有部件进行解体,清理检查,对于尺寸超标的部件进行更换,对于所有寿期部件进行更换。

具体项目的设置详见预防性维修大纲。

7.1.5 典型案例分析

A 级状态报告如表 7-9 所示。

表 7-9 A 级状态报告

序号	CR 编号	主题
1	CR202110698	WER PAR 20-1116 因解决汽轮机主蒸汽隔离阀填料函的高摩擦力问题而导致大修延期
2	CR201861304	LOER-秦二厂 2 号机组 2 号主蒸汽隔离阀 2VVP002VV 异常关闭导致专设安全系统动作

B 级状态报告如表 7-10 所示。

表 7-10 B 级状态报告

序号	CR 编号	主题
1	CR202050376	发电机氢冷器冷却水调节阀隔膜破裂
2	CR202107444	2SEC008VE 阀门故障导致一列 SEC 不可用
3	CR201958430	主控执行 PT2RPB018 试验时 2RIS052VP 卡在半开半关位置

7.1.6 课后思考

(1)阀门具有的特性有哪些？
(2)不同种类的阀门安装方向有什么要求？
(3)简述阀门的主要应用范围。
(4)安全阀的频跳原因是什么？

7.2 泵

7.2.1 概述

泵在核电站的生产过程中,占有相当重要的位置,也是应用较多的机械设备之一。在秦山核电厂的两个主要回路及核辅助系统和非核辅助系统中,只要有液体输送(如水、各种料液及油品等)的地方,就离不开泵。如反应堆冷却剂回路的主泵、主给水泵、凝结水泵、循环冷却水系统的循环冷却泵及核与非核辅助系统的低压安注泵、上充泵、安全壳喷淋泵、辅助给水泵、设备冷却水泵、废液输送泵、闭式冷却水泵、主油泵、润滑油泵、消防泵、生活污水泵等。

1. 泵的分类

在秦山核电厂,根据各回路各系统的生产要求选用各种类型的泵,其中以离心式水泵(包括混流泵)为最多。所用各类泵总体归纳起来有以下几种:单吸单级悬臂式离心泵、双吸单级离心泵、立式多级离心泵、单吸多级分段式离心泵、自吸泵、潜水泵、混流泵和轴流泵、旋涡泵、容积式泵、往复泵、螺杆泵、齿轮泵、计量泵、喷射泵。

泵的类型很多,品种繁杂,一般按工作原理可分为以下三种类型。

(1)叶片式泵

叶片式泵包括离心泵、轴流泵和混流泵及漩涡泵。

(2)容积式泵

容积式泵包括往复泵、回转泵、齿轮泵、计量泵。

(3)其他非机械能转换泵(如喷射泵)

2. 泵的功能

泵是将机械能转换为输送液体能的机器,具有以下功能。

(1)提升作用:提高液体势能(静压能)和动能(流速)。

(2)抽吸作用:可将低液位贮槽或水池的液体吸入泵中。

随着近代工农业发展的要求,水泵在性能和结构上都有很大变化,为适应用户的要求,泵的流量、压头、温度、介质等范围很大。

(1)流量范围:巨型泵几十万立方米/时;微型泵几十毫升/时。

(2)压头范围:从常压到 10 000 bar。

(3)介质温度: $-200 \sim 800$ ℃。

(4)介质性质:酸性、碱性、黏稠液体、泥浆、油类、化学液体和悬浮液体等。

水泵应用的场所特别广泛,凡是液体输送的地方,都离不开水泵。例如,城市上、下水,工业上、下水,发电厂等。另外,通航、采矿(尤其是采煤)以及水下施工、农业灌溉等都会用到水泵。在核电站中用水泵的地方也很多,两个回路和各种循环系统(如安注、化容及喷淋系统等)处都设有各种类型的水泵作为动力。

7.2.2 结构与原理

1. 单级泵的结构

(1)叶轮

单级泵只有一个叶轮,叶轮上的叶片数量为 $6 \sim 12$ 个,常用叶片数为 6,7,8。叶轮进口处的液体流速为 $2 \sim 3$ m/s。叶轮材料通常为高磷青铜,大尺寸叶片有时为铸钢,核工业主要用不锈钢。

(2)密封装置

离心泵的密封装置有密封环和轴端密封两部分。轴端密封简称轴封,具体介绍见下面轴封装置。密封环是指叶轮与泵体之间的密封。由于离心泵出口液体是高压,入口液体是低压,高压液体会经叶轮与泵体之间的间隙泄漏至入口处,所以要装密封环。其作用是减少泄漏损失,并保护叶轮,避免其与泵体摩擦。为此,叶轮和泵体之间的间隙应留到最小,并进行液封,如图 7-40 所示。间隙的值 e_1、e_2 应根据接合处叶轮旋转部分的直径 D_1 和 D_2 变化值而定。

由于液体透过密封会造成腐蚀,使得间隙过大,因而通常配备易于更换的嵌入式垫圈,以便于重新修整密封。

为防止泄漏过大,某些制造厂使用迷宫式密封,如图 7-41 所示。这样就给流体改变流动方向增加了阻力,并延长了流体泄漏流径,使离心泵抗泄漏能力增强。

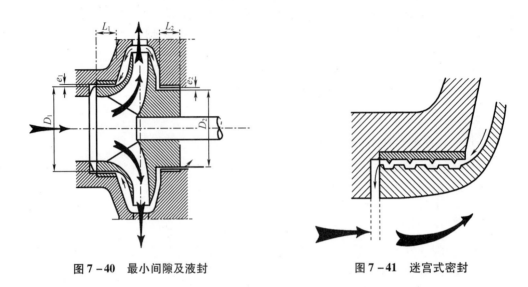

图 7-40　最小间隙及液封　　　　　图 7-41　迷宫式密封

（3）吸入室

吸入室也叫进口部件,是指离心泵吸入管法兰至叶轮进口前的空间过流部分。其在最小水力损失情况下起作用,引导液体平稳地进入叶轮,并使其流速尽可能均匀地分布。

吸入室的结构有直通式、收敛式和肘形式,如图 7-42 所示。

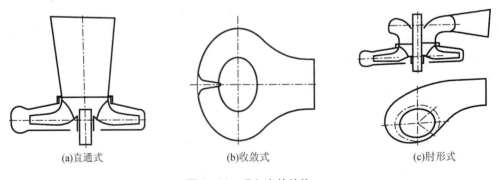

(a)直通式　　　　　　　(b)收敛式　　　　　　　(c)肘形式

图 7-42　吸入室的结构

直通进口部件,进口管路部分可以是圆柱形的[图 7-42(a)]或收敛式圆锥形的[图 7-42(b)]。在这种情况下,它们的连接应是水平的,以避免积气。

（4）泵体

单级泵的泵体为单蜗壳形,称为泵壳或压水室。泵壳一般用铸铁制造,核工业主要用不锈钢铸件制造。泵壳是流体汇集和转能装置,泵壳的功能如下:

①将叶轮封闭在一定的空间,以便由叶轮的作用吸入和压出液体。

②泵壳多做成蜗壳形,故又称蜗壳。由于流道截面积逐渐扩大,故从叶轮四周甩出的

高速液体逐自吸泵渐降低流速,使内部分动能有效地转换为静压能。

③泵壳不仅汇集由叶轮甩出的液体,同时又是一个能量转换装置。

④将液体均匀导入叶轮,并收集从叶轮高速流出的液体,送到下一级或导向出口。

⑤实现能量转换,将流速减慢,变动能为压力能(螺杆泵)。

⑥连接其他零部件,并起支撑作用。

泵壳压水室有以下两种形式。

a. 螺旋状压水室

螺旋状压水室如图7-43(a)所示。液体进入螺旋状通道后流经的截面逐渐扩大,液体的流速减小,因此压力增大。其通道的截面可以是圆形、矩形等。

b. 导叶式压水室

为了减少液体从叶轮周缘直接进入泵壳(压水室)时的碰撞,在叶轮与泵壳之间装入一定数量的导叶,导叶之间形成扩散式通道,导叶是固定不动的。该装置也叫导轮,如图7-43(b)所示。导叶的目的是减少阻力损失,提高水泵效率。导叶式压水室多用于多级泵内。

 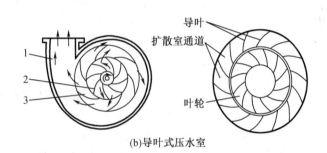

(a)螺旋状压水室　　　　　(b)导叶式压水室

1—泵壳;2—叶轮;3—导轮。

图7-43　压水室(泵体)

(5)轴及轴承

离心泵的轴是传递扭矩的主要部件。轴径按强度、刚度及临界转速确定。中、小型泵多为水平轴,叶轮滑配在轴上,用轴套固定,轴承主要采用滚动轴承,而大型高速泵多采用动压滑动轴承。

2. 多级泵的结构

多级泵的结构相当于将若干相同的单级泵的叶轮组装在一个系统内,基本部件都是相同的。

多级泵有节段式(分段式)和中开式两种基本构造形式。

(1)节段式多级泵

节段式多级泵每级为一节,结构都相同。根据需要可用12根穿杠(长粗螺柱)串联组成若干级,形成多级泵。串联后的流量不变,其扬程为单级泵扬程的和。

(2)中开式多级泵

中开式多级泵主要是水平中开式,垂直中开式用得比较少。水平中开式多级泵的级数(叶轮)是固定的,不能增减,泵壳能从中间水平剖分成上下两部分。采用这种结构的目的是便于拆装检修。

3. 轴封装置

轴封的作用是防止水泵出口侧高压液体从泵壳内沿内轴的四周漏出,或者外界空气从水泵的入口侧沿外轴的四周漏入泵壳内。轴封装置有填料密封和机械密封两种。

(1)填料密封

填料密封装置主要由填料箱(填料函)、密封填料、填料压盖及紧固件组成。

填料密封又分为压力填料密封和真空填料密封两种。

①压力填料密封

压力填料密封(图7-44)装在泵出口侧,即内轴的出口处。在此处设置密封装置是防止压力液体泄出泵体外,主要用在多级泵。

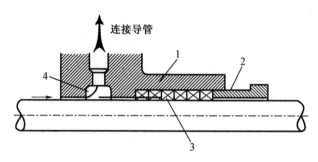

1—填料箱;2—填料压盖;3—密封填料;4—腔室(液封)。

图7-44 压力填料密封

如果要求密封压力不太高,可使用一般编织物填料。填料的数量应很好地确定,如果太少,密封性能不好;如果太多,填料在轴上的摩擦就会增大。

此外编织物填料在轴上也不能压得太紧,以致在轴和密封填料之间不能渗漏一点液体,这样会引起摩擦过热。

根据泵所抽吸液体的温度和性质不同,使用的编织物填料材料也不尽相同,例如:

a. 输送冷水时,使用棉花或涂油的麻做编织物;

b. 输送热水时,使用石墨石棉或浸有二硫化钼的石棉做编织物;

c. 输送酸时,使用涂石蜡石棉做编织物。

如果要求密封压力很高,那么在填料箱内加设一个腔室,这个腔室通过一根小的导管与泵内压力不太高的区域相连通,以减小填料承受的压力。

②真空填料密封

真空填料密封设置在水泵的进口侧,即泵轴的出口处。进口侧密封的目的是防止空气从进口侧的轴孔进入泵体内,图7-45所示。由于泵壳与转轴接触处可能是泵内的低压区,为了更好地防止空气从填料箱不严密处漏入泵内,在填料箱内装有液封圈3。液封圈是一个金属环,如图7-46所示。环上开了一些径向的小孔,通过填料箱壳上的小管可以和泵的排出口相通,使泵内高压液体顺着小管流入液封圈内,以防止空气漏入泵内,所引入的液体还可起到润滑、冷却填料和轴的作用。

(2)机械密封

对于输送酸、碱及易燃、易爆有毒液体,特别是含有放射性的液体,密封要求比较高,既不允许漏入空气,又不让液体渗出,为此近年来广泛采用机械密封的轴封装置。机械密封装置国内已有系列产品,根据使用条件可以选用,机械密封装置产品品种、型号较多,但其基本结构是相同的。图 7-47 所示为通用机械密封装置,它由一个装在转轴上的动环和另一个固定在泵壳上的静环组成,两环的端面借弹簧力互相贴紧而做相对运动,起到了密封的作用,故又称为端面密封。图 7-47 也是国产 AX 型机械密封装置的结构,该装置的左侧连接泵壳。螺钉把传动座固定于转轴上,传动座内装有弹簧、推环、动环密封圈与动环,所有这些部件都随轴一起转动。静环和静环密封圈装在密封端盖上,并由防转销加以固定,所有这些部件都是静止不动的。这样,当轴转动时,动环转动而静环不动,两环间借弹簧的弹力作用而贴紧,由于两环端面的加工非常光滑,故液体在两环端面的泄漏量极少。此外,动环和泵轴之间的间隙由动环密封圈堵住,静环和密封端盖之间的间隙由静环密封圈堵住,这两处间隙并无相对运动,故很不易发生泄漏。动环一般用硬材料,如高硅铸铁或由堆焊硬质合金制成。静环用非金属材料,一般由浸渍石墨、酚醛塑料等制成。这样,在动环与静环的相互摩擦中,静环较易磨损,但从机械密封装置的结构来看,静环易于更换。动环与静环的密封圈常用合成橡胶或塑料制成。

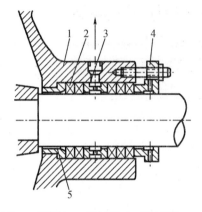

1—填料箱;2—软填料;3—液封圈;4—填料压盖;5—内衬套。

图 7-45 真空填料密封

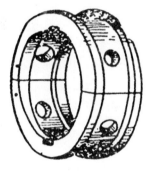

图 7-46 液封圈

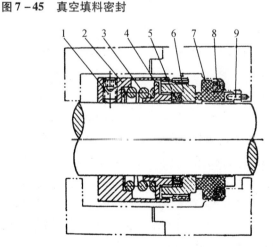

1—螺钉;2—传动座;3—弹簧;4—推环;5—动环密封圈;6—动环;7—静环;8—静环密封圈;9—防转销。

图 7-47 通用机械密封装置

机械密封装置安装时,要求动环与静环严格地与轴中心线垂直,摩擦面要很好地研合,并通过调整弹簧压力,使端面密封机构能在正常工作时,于两摩擦面间形成一薄层液膜,以形成较好的密封和润滑作用。

机械密封与填料密封相比较,有以下优点:密封性能好,使用寿命长,不易磨损,功率消耗小。其缺点是零件加工精度高,机械加工较复杂,对安装的技术条件要求比较严格,装卸和更换零件较麻烦,价格也比填料密封高很多。

图 7 - 48 所示为平衡式机械密封装置,静环材质为石墨,动环材质为陶瓷,适用于温度为 0 ~ 100 ℃,压力为 6 ~ 20 bar 的酸、碱、水及油品等介质的轴封。

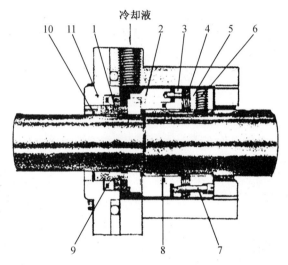

冷却液

1—静环;2—动环;3—压环;4—弹簧;5—弹簧座;6—固定螺钉;
7—传动销;8—轴封环;9—缓冲环;10—防转销;11—静环座。

图 7 - 48　平衡式机械密封装置

4. 离心泵的工作原理

图 7 - 49 所示为一台安装在管路上的离心泵,其主要部件有叶轮和泵壳等。具有若干弯曲叶片的叶轮安装在泵壳内,并紧固于泵轴上。泵壳中央的吸入口与吸入管路相连接,侧旁的排出口与排出管路相连接。

离心泵一般用电动机带动,在启动前需向壳内灌满被输送的液体,启动电动机后,泵轴带动叶轮一起旋转,充满叶片之间的液体也随着转动,在离心力①的作用下,液体从叶轮中心被抛向外缘的过程中便获得了能量,使叶轮外缘的液体静压强提高,同时也增大了流速,一般可达 15 ~ 25 m/s,即液体的动能也有所增加。液体离开叶轮进入泵壳后,由于泵壳中流道逐渐加宽,液体的流速逐渐降低,又将一部分动能转变为静压能,使泵出口处液体的压强进一步提高,于是液体以较高的压强,从泵的排出口进入排出管路,输送至所需的场所。

离心泵的叶轮有闭式、半闭式和开式三种(图 7 - 50)。

---

①　本节所提的离心力是惯性离心力的简称。

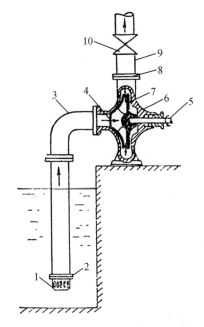

1—滤网;2—底阀;3—吸入管;4—吸入口;5—泵轴;6—泵壳;7—叶轮;8—排出口;9—排出管;10—调节阀。

图7-49 离心泵

(a)闭式　　　　　　　　(b)半闭式　　　　　　　　(c)开式

图7-50 离心泵的叶轮

当水泵内液体从叶轮中心被抛向外缘时,在中心处形成了低压区,由于贮槽液面上方的压强大于泵吸入口处的压强,在压强差的作用下,液体便经吸入管路连续地被吸入泵内,以补充被排出液体的位置。只要叶轮不断地转动,液体便不断地被吸入和排出。由此可见,离心泵之所以能输送液体,主要是依靠高速旋转的叶轮。液体在离心力的作用下获得了能量以提高压强。

离心泵启动时,如果泵壳与吸入管路内没有充满液体,则泵壳内存有空气,由于空气的密度远小于液体的密度,产生的离心力小,因而叶轮中心处所形成的低压不足以将贮槽内的液体吸入泵壳内,此时虽启动离心泵也不能输送液体,此种现象称为气缚,表示离心泵无自吸能力,所以启动前必须向壳体内灌满液体。若离心泵的吸入口位于吸液贮槽液面的上方,在吸入管路的进口处应装一台单向底阀和滤网。单向底阀是防止启动前所灌入的液体从泵内漏失,滤网可以阻拦液体中的固体物质被吸入而堵塞管道和泵壳。靠近泵出口处的排出管路上装有调节阀,以供开车、停车及调节流量时使用。

5. 离心泵的理论方程式

从离心泵的工作原理知液体从离心泵的叶轮获得能量而提高了压强。单位质量的液体从旋转的叶轮获得多少能量及影响获得能量的因素,都可通过离心泵的基本方程式来说明。

由于液体在叶轮内的运动比较复杂,为便于分析,先假设:

①叶轮内叶片的数目为无限多,因此叶片的厚度就为无限薄,从而可以认为液体质点完全沿着叶片的形状运动,即液体质点的运动轨迹与叶片的外形曲线相重合;

②输送的是理想液体,因此在叶轮内的流动阻力可以忽略。

(1)速度三角形

离心泵工作时,液体和叶轮一起旋转运动,同时又从叶轮的流道里向外流动。因此,液体在叶轮里的流动是一种复杂的运动。

当叶轮带动液体一起做旋转运动时,液体质点具有一个随叶轮旋转的圆周速度,运动方向与液体质点所在处的圆周切线方向一致,大小与所在处的半径及转速有关,其表达式为

$$u = \frac{2\pi Rn}{60} \tag{7-4}$$

式中　u——液体质点的圆周速度,m/s;

　　　R——液体质点通过叶轮某固定点处的半径,m;

　　　n——叶轮的转速,r/min。

此外,液体质点又在叶片间做相对于旋转叶轮的相对运动,其速度称为相对速度,用 ω 表示。运动方向是液体质点所在处的叶片切线方向,大小与流量及流道的形状有关。流体质点相对于泵壳(固定于地面)的运动为绝对运动,其速度称为绝对速度,用 c 表示,c 等于圆周速度与相对速度的矢量和,即

$$c = u + w \tag{7-5}$$

由上述三个速度组成的矢量图,称为速度三角形,如图7-51所示。

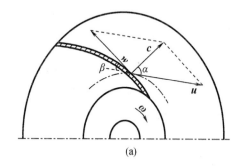
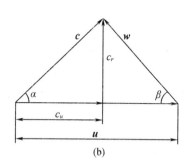

图 7-51　液体质点在叶轮内的运动情况

在速度三角形中,α 表示绝对速度与圆周速度两矢量之间的夹角,β 表示相对速度与圆周速度反方向延线的夹角,称为流动角,α 与 β 的大小与叶轮的结构有关。对叶轮流道内的任意点都可以作出速度三角形,根据速度三角形便可确定各速度间的数量关系。由余弦定律得知

$$w^2 = c^2 + u^2 - 2cu\cos\alpha \tag{7-6}$$

为了计算方便,常把绝对速度分解为两个分量,即

径向分量

$$c_r = c\sin\alpha \qquad (7-7)$$

圆周分量

$$c_u = c\cos\alpha \qquad (7-8)$$

于是

$$c\cos\alpha = u - c_r\cot\beta \qquad (7-9)$$

(2)离心泵理论方程式

无限多叶片的离心泵对单位质量的理想液体所提供的能量称为泵的理论压头或理论扬程。推导离心泵基本方程式的目的就是要找出一个计算离心泵的理论压头的公式,其推导的方法很多,较严格的是以速度三角形为基础,以力矩定义为依据的推导方法。从力矩定义推知,在稳定流动中,单位时间内叶轮对液体所做的功等于同一时间内液体从叶片进口处流到叶片出口处的力矩变化和叶轮旋转角速度的乘积,即

$$N = \omega\Delta M \qquad (7-10)$$

式中　N——单位时间内叶轮对液体所做的功,N·m/s;

　　　ΔM——液体从叶片进口处流到出口处的力矩变化,N·m;

　　　ω——叶轮旋转角速度,1/s。

下面分别介绍式(7-10)中的各项。

①单位时间内叶轮对液体所做的功 N 为

$$N = H_{T\infty}\rho g \qquad (7-11)$$

式中　$H_{T\infty}$——具有无限多叶片的离心泵对理想液体所提供的理论压头,m;

　　　ρ——液体的密度,kg/m³。

②液体在泵体内做旋转运动时,在叶片间任意位置上的力矩变化 ΔM

如图 7-52 所示,在叶片进口及出口处的力矩分别为

$$M_1 = Q_T\rho c_1 l_1$$
$$M_2 = Q_T\rho c_2 l_2$$

式中　M_1——叶片进口处的力矩;

　　　M_2——叶片出口处的力矩;

　　　Q_T——理论流量;

　　　ρ——液体的密度;

　　　c_1——叶片注口处的绝对速度;

　　　c_2——叶片出口处的绝对速度;

　　　l_1——叶片进口处绝对速度对旋转中心的距离;

　　　l_2——叶片出口处绝对速度对旋转中心的距离。

(下标 1 表示叶片的进口,下标 2 表示叶片的出口)

故力矩的变化为

$$\Delta M = M_2 - M_1 = Q_T\rho(c_2 l_2 - c_1 l_1)$$

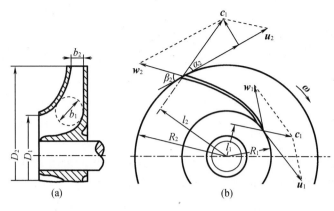

图 7 – 52   离心泵基本方程式的推导

由图 7 – 52 知

$$l_1 = R_1 \cos \alpha_1$$
$$l_2 = R_2 \cos \alpha_2$$

将上两式代入,得

$$\Delta M = Q_T \rho (c_2 R_2 \cos \alpha_2 - c_1 R_1 \cos \alpha_1) \qquad (7-12)$$

将式(7 – 11)、式(7 – 12)代入式(7 – 10),得

$$H_{T\infty} = \frac{(R_2 c_2 \cos \alpha_2 - R_1 c_1 \cos \alpha_1)\omega}{g}$$

又因 $u_1 = R_1\omega$ 及 $u_2 = R_2\omega$,故上式可以写成

$$H_{T\infty} = \frac{u_2 c_2 \cos \alpha_2 - u_1 c_1 \cos \alpha_1}{g} \qquad (7-13)$$

式(7 – 13)称为离心泵基本方程式。在离心泵的设计中,为了提高理论压头,一般使 $\alpha_1 = 90°$,则 $\cos \alpha_1 = 0$,故式(7 – 13)可简化为

$$H_{T\infty} = \frac{u_2 c_2 \cos \alpha_2}{g} \qquad (7-14)$$

为了说明离心泵的工作原理,把式(7 – 13)做进一步的变换。由图 7 – 52 中叶片进口、出口处的速度三角形知

$$w_1^2 = c_1^2 + u_1^2 - 2c_1 u_1 \cos \alpha_1$$
$$w_2^2 = c_2^2 + u_2^2 - 2c_2 u_2 \cos \alpha_2$$

将以上关系代入式(7 – 13),并整理得

$$H_{T\infty} = \frac{u_2^2 - u_1^2}{2g} + \frac{w_1^2 - w_2^2}{2g} + \frac{c_2^2 - c_1^2}{2g} \qquad (7-15)$$

式(7 – 15)为离心泵基本方程式另一表达形式,说明离心泵的理论压头由两部分所组成,一部分是液体流经叶轮后所增加的静压头,简称为静压头,以 H_p 表示,即

$$H_p = \frac{u_2^2 - u_1^2}{2g} + \frac{w_1^2 - w_2^2}{2g}$$

式中等号右侧第一项是由于叶轮做旋转运动所增加的静压头,第二项是由于叶片间的流道截面积逐渐加大,致使液体的相对速度减小所增加的静压头;另一部分是液体流经叶轮后所增加的动压头,简称为动压头,以 H_c 表示,即

$$H_c = \frac{c_2^2 - c_1^2}{2g}$$

而 H_c 中将有一部分在蜗壳与导轮中转变为静压头。所以

$$H_{T\infty} = H_p + H_c \tag{7-16}$$

为了明显地看出影响离心泵理论压头的因素,需将式(7-14)做进一步变换。

在叶片的出口处,式(7-9)中各项均应加下标2,即

$$c_2 \cos \alpha_2 = u_2 - c_{r2} \cot \beta_2 \tag{7-17}$$

参阅图7-52,知式中 c_{r2} 为液体在叶片出口处绝对速度的径向分量,与叶片间通道截面相垂直,设叶轮的外径(简称为叶轮直径)为 D_2、叶轮出口处叶片的宽度为 b_2、叶片的厚度可忽略,则

$$c_{r2} = \frac{Q_T}{\pi D_2 b_2} \tag{7-18}$$

由式(7-13)、式(7-17)、式(7-18)可得

$$H_{T\infty} = \frac{u_2^2}{g} - \frac{u_2 \cot \beta_2}{g \pi D_2 b_2} Q_T \tag{7-19}$$

式(7-19)为离心泵基本方程式的又一表达形式,表示离心泵的理论压头与理论流量、叶轮的转速和直径、叶片的几何形状之间的关系。

(3)离心泵基本方程式分析

①离心泵的理论压头与叶轮的转速和直径的关系

由式(7-19)可看出,当叶片几何尺寸(b_2、β_2)与理论流量一定时,离心泵的理论压头随叶轮的转速或直径的增加而加大。

②离心泵的理论压头与叶片几何形状的关系

由式(7-19)可看出,当叶轮的转速与直径、叶片的宽度、理论流量一定时,离心泵的理论压头随叶片的形状而改变。

后弯叶片,$\beta_2 < 90°$,$\cot \beta_2 > 0$,$H_{T\infty} < \dfrac{u_2^2}{g}$,如图7-53(a)所示。

径向叶片,$\beta_2 = 90°$,$\cot \beta_2 = 0$,$H_{T\infty} = \dfrac{u_2^2}{g}$,如图7-53(b)所示。

前弯叶片,$\beta_2 > 90°$,$\cot \beta_2 < 0$,$H_{T\infty} > \dfrac{u_2^2}{g}$,如图7-53(c)所示。

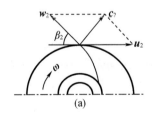 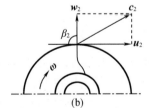 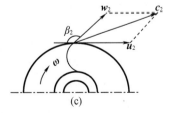

图7-53 叶片形状及其速度三角形

可见,前弯叶片所产生的理论压头最大,似乎前弯叶片最有利,但实际并非如此。由式(7-18)可知,液体从叶轮获得的能量包括静压头 H_p 与动压头 H_c 两部分。对于离心泵来

说,希望获得的是静压头,而不是动压头,虽有一部分动压头可在蜗壳与导轮中转换为静压头,但由于液体流速过大,转换过程中必然伴随有较大的能量损失。

后弯叶片是指叶片弯曲方向与叶轮旋转的方向相反。前弯叶片是指叶片弯曲方向与叶轮旋转方向相同。

液体从叶轮获得的静压头与动压头的比例随流动角 β_2 而变,可通过图 7 – 54 所示的 $H_{T\infty}$、H_p、H_e 与 β_2 的关系曲线来说明。从图中可以看出,随 β_2 的加大,$H_{T\infty}$ 也随之加大。H_p、H_e 与 β_2 的关系各是一条曲线。图中 β_2 从 20° 开始,当 β_2 小于 90° 时,H_p 在 $H_{T\infty}$ 中占有较大的比例;当 $\beta_2 = 90°$ 时,H_p 与 H_e 所占的比例大致相等;当 β_2 大于 90° 时,H_p 所占的比例较小,大部分是 H_e;β_2 再加大到某一值时,$H_p = 0$,此时 $H_{T\infty} = H_e$。为提高泵的运转经济指标,采用后弯叶片 $\beta_2 < 90°$ 有利。

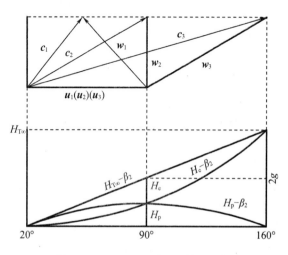

图 7 – 54 $H_{T\infty}$、H_p 与 β_2 的关系图

③离心泵的理论压头与理论流量的关系

若离心泵的几何尺寸与转速一定时,则式(7 – 19)中的 u_2、β_2、D_2、b_2 均为定值。令

$$A = \frac{u_2}{g}$$

$$B = \frac{u_2 \cot \beta_2}{g \pi D_2 b_2}$$

则式(7 – 19)可简化为

$$H_{T\infty} = A - B Q_T \qquad (7 - 20)$$

式(7 – 20)是 $H_{T\infty}$ 随 Q_T 而变的直线方程,其斜率由 β_2 来决定,即:

$\beta_2 > 90°$ 时,$B < 0$,$H_{T\infty}$ 随 Q_T 的增大而增大,如图 7 – 55 中的 a 线所示;

$\beta_2 = 90°$ 时,$B = 0$,$H_{T\infty}$ 与 Q_T 无关,为一平行于横轴的直线,如图 7 – 55 中的 b 线所示;

$\beta_2 < 90°$ 时,$B > 0$,$H_{T\infty}$ 随 Q_T 的增大而减小,如图 7 – 55 中的 c 线所示。

前面讨论的是理想液体通过具有无限多叶片的叶轮时的 $H_{T\infty}$ – Q_T 关系曲线,称为离心泵的理论特性曲线。实际上,叶轮的叶片都是有限的,液体在两叶片之间的流道内流动时,除紧靠叶片的液体沿叶片弯曲形状运动外,大量液体不能随叶片形状而运动,而是在流道中产生与叶轮旋转方向不一致的旋转运动。这种运动称为轴向涡流,直接影响到速度三角形,从而导致泵的压头降低,所以有限叶片的理论压头小于无限多叶片的理论压头。而且泵输送的是实际液体,在泵内流过时必然伴随有各种能量损失,因此离心泵的实际压头 H 小于其理论压头,又由于泵内有各种泄漏现象,离心泵的实际流量 Q 小于理论流量。所以离心泵的实际压头与实际流量(以后简称为离心泵的压头与流量)的关系曲线应在 $H_{T\infty}$ – Q_T 线的下方,如图 7 – 56 所示。离心泵的 H – Q 曲线需由试验测出。

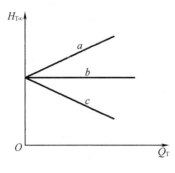

图 7 – 55 $H_{T\infty}$ 与 Q_T 的关系

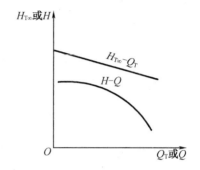

图 7 – 56 离心泵的 $H_{T\infty}$ – Q_T 与 H – Q 关系

6. 离心泵的主要性能参数与特性曲线

(1)离心泵的主要性能参数

要正确选择和使用离心泵,就需要了解泵的性能。离心泵的主要性能参数有流量、压头、效率、轴功率和转速,这些参数标注在泵的铭牌上,现将各项的意义分述于后。

①流量

离心泵的流量又称为泵的送液能力,是指离心泵在单位时间里排到管路系统的液体体积,以 Q 表示,单位常为 L/s 或 m³/h。离心泵的流量取决于泵的结构、尺寸(主要为叶轮的直径与叶片的宽度)和转速。

②压头

离心泵的压头又称为泵的扬程,是指泵对单位重量的液体所提供的有效能量,以 H 表示,单位为 m。离心泵的压头取决于泵的结构(如叶轮的直径、叶片的弯曲情况等)、转速和流量。对于一定的泵,在指定的转速下,压头与流量之间具有一定的关系。

由于液体在泵内的流动情况比较复杂,目前尚不能从理论上对压头做精确的计算,一般用实验测定。

③效率

送液体过程中,外界能量通过叶轮传给液体时,不可避免地会有能量损失,故泵轴转动所做的功不能全部都被液体所获得,通常用效率 η 来反映能量损失。这些能量损失包括以下内容。

a. 容积损失

容积损失是由于泵的泄漏所造成的。离心泵在运转过程中,有一部分获得能量的高压液体通过叶轮与泵壳之间的间隙漏回吸入口,或从填料函处漏至泵壳处,也有时从平衡孔漏回低压区,如图 7 – 57 所示,致使泵排出管道的液体量小于吸入的液体量,并消耗一部分能量。容积损失与泵的结构、液体在泵进出口处的压强差及流量有关。

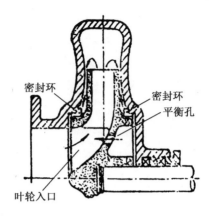

图 7-57　离心泵的容积损失

b. 水力损失

水力损失发生在泵的吸入室、叶轮流道和泵壳中,一般分为两种:一种是由于黏性液体流过叶轮和泵壳时的流速和方向都在改变,产生流动阻力而引起的能量损失;另一种是由于输送流量与设计流量不一致时,液体在泵体内产生冲击而损失能量,这两部分损失总称为水力损失。

c. 机械损失

泵在运转时,泵轴与轴承之间、泵轴与填料之间、叶轮盖板外表面与液体之间均产生摩擦,从而引起的能量损失称为机械损失。

泵的效率反映上述三项能量损失的总和,故又称为总效率。离心泵的效率 η 与泵的大小、类型、制造精密程度和所输送液体的性质有关。一般小型泵的效率为 50% ~ 70%,大型泵可达 90% 左右。

④轴功率

离心泵的轴功率是泵轴所需的功率。当泵直接由电动机带动时,也就是电动机传给泵轴的功率,以 N 表示,单位为 J/s、W 或 kW。有效功率是排送到管道的液体从叶轮所获得的功率,以 N_e 表示。由于有容积损失、水力损失和机械损失,所以泵的轴功率大于有效功率,即

$$N = \frac{N_e}{\eta} \tag{7-21}$$

有效功率

$$N_e = QH\rho g \tag{7-22}$$

式中　Q——泵的流量,m^3/s;

　　　H——泵的压头,m;

　　　ρ——被输送液体的密度,kg/m^3;

　　　g——重力加速度,m/s^2。

若式(7-21)中 N_e 用 kW 来计量,则

$$N_e = QH\rho g = \frac{QH\rho \times 9.81}{1\,000} = \frac{QH\rho}{102} \tag{7-23}$$

泵的轴功率为

$$N = \frac{QH\rho}{102\eta} \qquad (7-24)$$

⑤转速

离心泵的转速是指叶轮的旋转速度,用 n 表示。转速不同所对应的 Q、H、η、N 也不同。

(2)离心泵的特性曲线

前已述及离心泵的主要性能参数是流量 Q、压头 H、轴功率 N、效率 η 及转速 n,它们的关系由试验测得,测出的一组关系曲线称为离心泵的特性曲线或工作性能曲线。此曲线由泵的制造厂提供,并附于泵样本或说明书中,供使用部门选泵和操作时参考。

如图 7-58 所示为国产 4B20 型离心泵在 $n = 2\ 900\ \mathrm{r/min}$ 时的特性曲线,由 $H-Q$、$N-Q$ 和 $\eta-Q$ 三条曲线组成。特性曲线随转速而变,故特性曲线图上一定要标出转速。

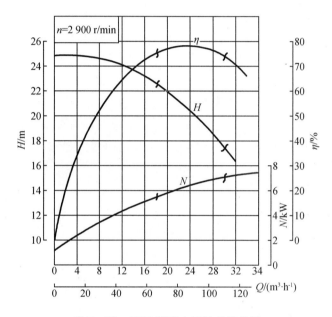

图 7-58 4B20 型离心泵的特性曲线

各种型号的离心泵虽有其自身的特性曲线,但它们都具有以下共同点。

①$H-Q$ 曲线

$H-Q$ 曲线表示泵的压头与流量的关系。离心泵(多为后弯叶片)的压头普遍随流量的增大而下降(在流量极小时可能有例外)。

②$N-Q$ 曲线

$N-Q$ 曲线表示泵的轴功率与流量的关系。离心泵的轴功率随流量的增大而上升,流量为零时轴功率最小。所以离心泵起动时,应关闭泵的出口阀门,使起动电流减少,以保护电机。

③$\eta-Q$ 曲线

$\eta-Q$ 曲线表示泵的效率与流量的关系。从图 7-58 所示的特性曲线可看出,当 $Q=0$ 时,$\eta=0$;随着流量的增大,泵的效率随之上升并达到一最大值;以后流量再增,效率便下降。这说明离心泵在一定转速下有一最高效率点,称为设计点。泵在与最高效率相对应的流量及压头下工作最为经济,所以与最高效率点对应的 Q、H、N 值称为最佳工况参数。离心泵的铭牌上标出的性能参数就是指该泵在运行时效率最高点的状况参数。根据输送条件的要求,离心泵往往不可能正好在最佳工况点下运转,因此一般只能规定一个工作范围,称为泵的高效率区,通常为最高效率的92%左右,如图7-58中波折号所示的范围。选用离心泵时,应尽可能使泵在此范围内工作。

7. 离心泵的比转速

离心泵、混流泵、轴流泵等均为叶片式泵,它们的共同点都是在离心力作用下输送液体,它们都符合以速度三角形和动量矩定理为基础推导出的离心泵基本方程式,但是它们的结构形式是多种多样的,形状、尺寸也极不相同,流量、扬程变化范围很大,在进行新产品选型、设计和制造时,特别是大型水泵的设计时,需进行各种设计方案的比较,以及模型实验以确定其性能。这样就可以用几何相似的模型来进行实验,以减少实验规模和费用。为此,在相似理论的基础上引入一个表征水泵在效率最高工况下对应的流量 Q、扬程 H 和转速 n 的特征参数比转速 n_s,即某一水泵的比转速 n_s 是以效率最高工况为标准求出的。按比转速 n_s 还可以将水泵按水动条件进行归类。

(1)比转速 n_s 方程定义

比转速 n_s 是指标准模型水泵(效率最高)的转速。标准模型水泵的条件是: $H = 1$ m, $Q = 0.075$ m^3/s,$N = 1$ 马力(0.75 kW),$n = n_s$,介质为水,$\rho = 1\ 000$ kg/m^3。

新设计的水泵或新选用的水泵的比转速是按照相似理论和标准模型水泵对比,而推出的公式来计算的。

(2)相似理论

相似理论的相似条件如下。

①几何相似:即实际水泵和模型水泵对应的线性尺寸有同一比值,包括叶轮、叶片数及流动角 β 等。

②运动相似:即对应点上的速度三角形相似。

③动力相似:即实际水泵与模型水泵中流动的雷诺数 Re 应相等,实际上 Re 数相等是很难实现的,总有一定的差异,但实验证明在 $Re > 1\ 055$ 的情况下,流动处于自动模化区的范围内,可自动保证其动力相似的条件。

考虑到自动模化区现象,则实际水泵和模型水泵的相似,只要符合第一条,自动模化区现象就能成立。

(3)比转速方程

设标准模型水泵的扬程为 H_s,流量为 Q_s,功率为 N_s,转速为 n_s,其他参数脚标均为 s。假设新设计水泵(或新选用水泵)的参数为 H、Q、N、n。根据相似理论,其对应速度三角形相似,则

$$u = \pi D n, u_s = \pi D_s n_s$$

$$\frac{c}{c_s} = \frac{w}{w_s} = \frac{u}{u_s} = \frac{Dn}{D_s n_s}$$

根据基本方程

$$H = \frac{u_2 c_2 \cos \alpha_2}{g} = \frac{u_2 c_{u2}}{g}$$

有

$$\frac{H}{H_s} = \frac{uc_u}{u_s c_{us}} = \left(\frac{Dn}{D_s n_s}\right)^2 = \left(\frac{D}{D_s}\right)^2 \left(\frac{n}{n_s}\right)^2 \tag{7-25}$$

②流量 Q

根据基本公式

$$Q = c_r F$$

叶轮在按几何相似规律变化时,叶轮出口截面积 F 和 D^2 成比例,则

$$\frac{Q}{Q_s} = \frac{c_r F}{c_{rs} F_s} = \frac{Dn}{D_s n_s}\left(\frac{D}{D_s}\right)^2 = \left(\frac{D}{D_s}\right)^3 \frac{n}{n_s} \tag{7-26}$$

③功率 N

$$N = Q \rho g H$$

所以 $N \propto QH$,故有

$$\frac{N}{N_s} = \frac{QH}{Q_s H_s} = \left(\frac{D}{D_s}\right)^3 \frac{n}{n_s} \left(\frac{D}{D_s}\right)^2 \left(\frac{n}{n_s}\right)^2 = \left(\frac{D}{D_s}\right)^5 \left(\frac{n}{n_s}\right)^3 \tag{7-27}$$

现标准模型水泵为

$$H_s = 1, Q_s = 0.075 \text{ m}^3/\text{s}, N_s = 0.75 \text{ kW}$$

代入上述三式,并消去 $\dfrac{D}{D_s}$,整理后得比转速计算公式为

$$n_s = 3.65 \frac{n\sqrt{Q}}{H^{3/4}} \tag{7-28}$$

式中　n_s——新设计或选用新水泵的比转速,r/min;

　　　　Q——设计流量,m^3/s;

　　　　H——设计扬程,m;

　　　　n——设计转速,r/min。

式(7-28)所计算新水泵的参数是在 $\rho = 1\ 000 \text{ kg/m}^3$,即水介质条件下得出的。

双吸泵比转速计算公式:双吸泵等于两台泵并联工作,其比转速

$$n_s = \frac{3.65n\sqrt{\dfrac{Q}{2}}}{H^{3/4}} \tag{7-29}$$

多级泵比转速计算公式:多级泵等于几个泵串联工作,其比转速

$$n_s = \frac{3.65n\sqrt{Q}}{(H/i)^{3/4}} \tag{7-30}$$

式中,i 为水泵级数。

④比转速的应用

比转速是一个重要的相似准则数(又叫判别数),它的用处有利用比转速 n_s 对叶轮进行分类等。

比转速的大小与叶轮形状和泵性能曲线形状有密切关系,所以不同的比转速代表了不同类型泵的结构与性能特点。

从比转速的公式中可以看出,n_s 越小,则 Q 越小,H 越大。如果流量 Q 不变,转速 n 不变,泵的吸入口尺寸大致相等。此时,由于 n_s 的不同,将出现下述两种情况。

a. n_s 越小,H 就越大。为了达到这样高的扬程,必须有足够大的叶轮外径 D_2,因此 n_s

小时，D_2 增大，出口宽度 b_2 减小。这样叶轮流道相对越细长，D_2/D_0 的值越大（表 7 – 11），性能曲线比较平坦。比转速不同，性能曲线的形状也不一样。

表 7 – 11　比转速与叶轮形状及其特性曲线形状的关系

水泵类型	离心泵			混流泵	轴流泵
	低比转速	中比转速	高比转速		
比转速	$30 < n_s < 80$	$80 < n_s < 150$	$150 < n_s < 300$	$300 < n_s < 500$	$500 < n_s < 1\,000$
叶轮简图					
尺寸比 D_2/D_0	2.5	2.0	1.4 ~ 1.8	1.1 ~ 1.2	≈ 1
叶轮形状	圆柱形叶片	进口处圆柱形出口处柱形	扭曲形叶片	扭曲形叶片	扭曲形叶片
特性曲线					

（ⅰ）H – Q 曲线，如图 7 – 59 所示。

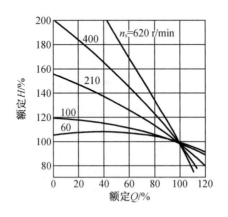

图 7 – 59　不同 n_s 下的 H – Q 曲线

离心泵（$30\ \text{r/min} < n_s < 300\ \text{r/min}$）$H$ – Q 曲线的特点：关死扬程为设计工况的 1.1 ~ 1.3 倍，扬程随流量的减少而增加，H 变化较缓慢。

混流泵（$300\ \text{r/min} < n_s < 500\ \text{r/min}$）$H$ – Q 曲线的特点：关死扬程为设计工况的 1.5 ~ 1.8 倍，扬程随流量的减少而增加，变化较急。

轴流泵($500\ \text{r/min} < n_s < 1\ 000\ \text{r/min}$)$H - Q$曲线的特点:关死扬程为设计工况的2倍左右,扬程随流量的减少而急速上升,而后又急速下降。

(ⅱ)$N - Q$曲线,如图7 - 60所示。

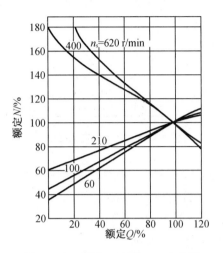

图7-60 不同n_s下的$N - Q$曲线

离心泵:关死点功率较小,轴功率随流量增加而上升。

混流泵:流量变化时轴功率变化较小。

轴流泵:关死点功率最大,设计工况附近变化较小,以后轴功率随流量增大而下降。

(ⅲ)$\eta - Q$曲线,如图7 - 61所示。

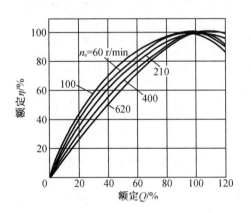

图7-61 不同n_s下的$\eta - Q$曲线

效率-流量性能曲线的特点是离心泵比较平坦,混流泵变化较快,而轴流泵则急剧上升又急速下降。

比转速n_s太小时,将使叶轮外径D_2过分增大,而使叶轮出口宽度b_2过分变窄,这样不但增加了制造上的困难,而且泵的圆盘摩擦损失和水力损失增大,使效率下降。所以对水泵,一般n_s不小于50,否则要采取特殊的措施。

b. n_s越大,则H越小,叶轮外径D_2也越小。随着n_s的增大,叶轮流道的宽度增加,直

径比 D_2/D_0 逐渐减小。为了保持流线的均匀,不致在流道中引起涡流,当 n_s 大到一定数值, D_2/D_0 小到一定程度时,就需要使叶轮出口边倾斜,如图 7-62 所示。

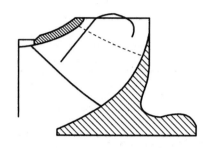

图 7-62　叶轮出口边倾斜

这样,流体的方向由径向转变为斜向,从离心式过渡到混流式,性能曲线出现"S"形曲线。如果比转速 n_s 继续增大,出口直径 D_2 继续减小,则水泵叶轮就从混流式过渡到轴流式。此时的性能曲线陡得就越严重,如表 7-11 所示。

（ⅰ）比转速是编制离心泵系列的基础

在编制离心泵系列时,适当地选择流量、扬程和转速等的组合,就可以使比转速在型谱图上均匀地分布,如图 7-63 所示。

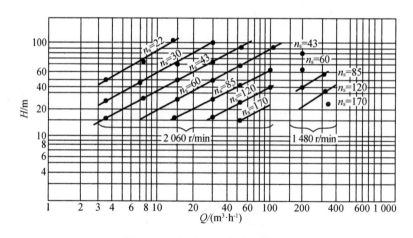

图 7-63　标准系列中的比转速

如果以比转速 n_s 为基础来安排离心泵的系列,就可以大大地减少水力模型的数目,这对设计制造部门来说,可大量节约人力、物力。在图 7-63 中,虽然有 33 个规格,但是只要用 9 个比转速的模型就可以布满整个系列。

（ⅱ）比转速是离心泵设计计算的基础

比转速 n_s 决定了水泵叶轮形状的特征。根据 n_s 的大小,水泵叶轮可分为高压（或高速）型和低压（或低速）型。但是,对此并不存在截然的界限。n_s 小者为高压型,适合流量小的水泵。随着 n_s 的增加,适合扬程低、流量大的水泵。

因此,n_s 成为表征叶轮形状的一种尺度,水泵性能和各种损失也常受到 n_s 的影响。为此,在水泵设计上,n_s 是作为重要基础的一个参数。无论是相似设计法,还是速度系数设计法,都是以比转速 n_s 为依据,来选择水力模型或速度系数的。从表 7 - 11 中可以看出比转速与叶轮形状的关系。

(ⅲ)离心泵转速(n)、叶轮直径(D)的改变对泵性能的影响

泵的生产部门所提供的离心泵特性曲线,一般都是在一定转速和常压下,以常温的清水为工质做实验测得的。在工业生产中,所输送的液体是多种多样的,即使采用同一泵输送不同的液体,由于各种液体的物理性质(例如密度和黏度)不同,泵的性能也要发生变化。此外,若改变泵的转速或叶轮直径,泵的性能也会发生变化。因此,生产部门所提供的特性曲线,应当重新进行换算。

- 密度的影响

由离心泵的基本方程式看出,离心泵的压头、流量均与液体的密度无关,泵的效率亦不随液体的密度而改变,所以 $H - Q$ 与 $\eta - Q$ 曲线保持不变。但是泵的轴功率随液体密度而改变。因此,当被输送液体的密度与水的不同时,原产品目录中对该泵所提供的 $N - Q$ 曲线不再适用,此时泵的轴功率可按式(7 - 13)重新计算。

- 黏度的影响

被输送的液体黏度若大于常温下清水的黏度,则泵体内部的能量损失增大,泵的压头、流量都要减小,效率下降,而轴功率增大,亦即泵的特性曲线发生改变。

- 离心泵转速的影响

离心泵的特性曲线都是在一定转速下测定的,但在实际使用时常遇到要改变转速的情况,这时速度三角形将发生变化,压头、流量、效率及轴功率也随之改变。当液体的黏度不大且泵的效率不变时,泵的流量、压头、轴功率与转速的近似关系为

$$\frac{Q_1}{Q_2} = \frac{n_1}{n_2} \qquad \frac{H_1}{H_2} = \left(\frac{n_1}{n_2}\right)^2 \qquad \frac{N_1}{N_2} = \left(\frac{n_1}{n_2}\right)^3 \tag{7 - 31}$$

式中　Q_1、H_1、N_1——转速为 n_1 时泵的性能;

Q_2、H_2、N_2——转速为 n_2 时泵的性能。

式(7 - 31)称为比例定律。当转速变化小于 20% 时,可以认为效率不变,用上式进行计算误差不大。

若在转速为 n_1 的特性曲线上多选几个点,利用比例定律算出转速为 n_2 时相应的数据,并将结果标绘在坐标纸上,就可以得到转速为 n_2 时的特性曲线。

- 叶轮直径的影响

由离心泵基本方程式得知,当泵的转速一定时,其压头、流量与叶轮直径有关。若对同一型号的泵,换用直径较小的叶轮,而其他几何尺寸不变(仅是出口处叶片的宽度稍有变化),这种现象称为叶轮的"切割"。当叶轮直径变化不大,而转速不变时,叶轮直径和流量、压头、轴功率之间的近似关系为

$$\frac{Q_1}{Q_2} = \left(\frac{D_1}{D_2}\right)^2 \qquad \frac{H_1}{H_2} = \left(\frac{D_1}{D_2}\right)^2 \qquad \frac{N_1}{N_2} = \left(\frac{D_1}{D_2}\right)^3 \tag{7 - 32}$$

式中　Q_1、H_1、N_1——叶轮直径为 D_1 时泵的性能;

Q_2、H_2、N_2——叶轮直径为 D_2 时泵的性能。

式(7 - 32)称为切割定律。

- 功率影响

在相似条件下

$$\frac{N_1}{N_2} = \left(\frac{D_1}{D_2}\right)^5 \qquad (7-33)$$

在非相似条件下

$$\frac{N_1}{N_2} = \left(\frac{D_1}{D_2}\right)^3 \qquad (7-34)$$

8. 离心泵的汽蚀现象与允许吸上高度

(1) 离心泵的气蚀现象

离心泵运转时，液体在泵内压强的变化如图 7-64 所示。液体的压强随着从泵吸入口向叶轮入口而下降，叶片入口附近的压强为最低。此后，由于叶轮对液体做功，压强很快又上升。当叶片入口附近的最低压强等于或小于输送温度下液体的饱和蒸气压时，液体就在该处发生汽化并产生气泡，随同液体从低压区流向高压区。气泡在高压的作用下，迅速凝结或破裂，瞬间周围的液体即以极高的速度冲向原气泡所占据的空间，在冲击点处形成高达几万 kPa 的压强，冲击频率可高达每秒几万次之多，这种现象称为汽蚀现象。为了使泵正常运转，叶片入口附近的最低压强必须维持在某一临界值以上，通常是取输送温度下液体的饱和蒸气压头 P_v 作为这种临界压强。

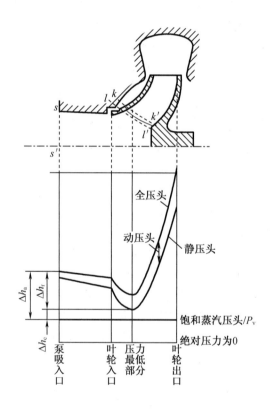

图 7-64　离心泵内的压强变化

汽蚀发生时，产生噪音和震动；叶轮局部在巨大冲击力的反复作用下，材料表面疲劳，从开始点蚀到形成严重的蜂窝状空洞，使叶片受到损坏。此外，汽蚀严重时，由于产生大量气泡，占据了液体流道的一部分空间，导致泵的流量、压头与效率显著下降。所以，为保证离心泵能正常运转,应避免产生汽蚀现象。一般使最低压强大于输送温度下液体的饱和蒸气压。但在实际操作中,不易测出最低压强的位置,而往往是测泵入口处的压强,然后考虑安全量,即为泵入口处允许的最低绝对压强,以 P_s 表示,单位为 bar。习惯上常把 P_s 表示为真空度,并以输送液体的液柱高度为计量单位,称为允许吸上真空度,以 H_s 表示。H_s' 是指压强为 P_s 处可允许达到的最高真空度,其表达式为

$$H_s' = \frac{P_a - P_s}{\rho g} \qquad (7-35)$$

式中　P_a——大气压强,bar;

　　　ρ——被输送液体的密度,kg/m^3。

(2)离心泵的允许吸上高度

离心泵的允许吸上高度又称允许安装高度,是指泵的吸入口与吸入贮槽液面间可允许达到的最大垂直距离,以符号 H_g 表示。

在图 7-65 中,假定泵在可允许的最高位置上操作,于贮槽液面 0—0′ 与泵入口处 1—1′ 两截面间列伯努利方程式,可得

$$H_g = \frac{P_0 - P_s}{\rho g} - \frac{u_s^2}{2g} - H_w \qquad (7-36)$$

式中,H_w 为液体流经吸入管路的全部压头损失,单位为 m。

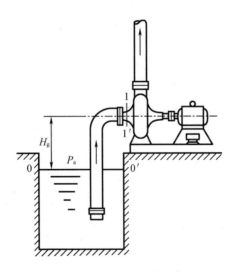

图 7-65　离心泵吸液示意图

由于贮槽是敞口的,则 P_0 为大气压强 P_a,式(7-36)可写为

$$H_g = \frac{P_a - P_s}{\rho g} - \frac{u_s^2}{2g} - H_w$$

式中静压头差 $\dfrac{P_a - P_s}{\rho g}$ 与 H_s' 在数值上相等,因此将式(7-35)代入得

$$H_g = H_s' - \frac{u_s^2}{2g} - H_w \qquad (7-37)$$

式(7-37)为离心泵允许吸上高度的计算式,应用时必须已知允许吸上真空度 H'_s 的数值。而 H'_s 与被输送液体的物理性质、当地大气压强、泵的结构、流量等因素有关,由制造工厂用试验测定。试验是在大气压为 10 mH$_2$O 柱(9.81×10^4 Pa)下,以 20 ℃的清水为工质进行的。相应的允许吸上真空度用 H_s 表示,其值列在泵样本或说明书的性能表上,有时在一些泵的特性曲线上也画出了 H_s - Q 曲线,表示离心泵的气蚀性能。

H_s 既然是真空度,其单位应是压强的单位,泵的制造工厂习惯以 mH$_2$O 柱表示,在水泵的性能表里一般都把它的单位写成 m,这一点应特别注意,免得在计算时产生误会。若输送其他液体,且操作条件与上述的实验条件不符时,可按下式对水泵性能表上的 H_s 值进行换算。

$$H'_s = \left[H_s + (H_a - 10) - \left(\frac{P_v}{9.81 \times 10^4} - 0.24 \right) \right] \frac{1\,000}{\rho} \qquad (7-38)$$

式中　H'_s——操作条件下输送液体时的允许吸上真空度,m 液柱;

　　　H_s——试验条件下输送水时的允许吸上真空度,即在水泵性能表上所查得的数值,mH$_2$O 柱;

　　　H_a——泵安装地区的大气压强,mH$_2$O 柱,其值随海拔高度不同而异,可参阅表7-12;

　　　P_v——操作温度下被输送液体的饱和蒸气压,bar;

　　　10——试验条件下的大气压强,mH$_2$O 柱;

　　　0.24——试验温度(20 ℃)下水的饱和蒸气压,mH$_2$O 柱;

　　　1 000——试验温度下水的密度,kg/m^3;

　　　ρ——操作温度下液体的密度,kg/m^3。

表7-12　不同海拔高度的大气压强

海拔高度/m	0	100	200	300	400	500	600	700	800	1 000	1 500	2 000	2 500
大气压强/m	10.33	10.2	10.09	9.95	9.85	9.74	9.6	9.5	9.39	9.19	8.64	8.15	7.62

将 H'_s 值代入式(7-36),便可求得在操作条件下,输送液体时泵的允许安装高度。

(3)允许气蚀余量

由式(7-37)可知,泵的允许吸上真空高度除与泵本身结构有关外,随泵安装地区的大气压强、输送液体的性质和温度而变,使用时不太方便。因此,又引入另一个表示气蚀性能的参数,即允许气蚀余量(又称净正吸上水头),用符号 Δh 表示,或用 NPSH(net positive suction head)表示。

汽蚀余量又分为有效汽蚀余量 Δh_a 和必需汽蚀余量 Δh_r。

在实际工作中,会遇到这种情况,即同一台水泵,在某种吸入装置条件下运行时会发生汽蚀,当改变吸入装置条件后,就可能不发生汽蚀。这说明在运行中是否发生汽蚀和泵的吸入装置条件有关。按泵的吸入装置条件确定的汽蚀余量称为有效汽蚀余量,用 Δh_a 表示,如图7-64所示。

另一种情况是,在完全相同的使用条件下,某台泵在运行中发生了汽蚀,而换了另一种型号的泵,就可能不发生汽蚀。这说明泵在运行中是否发生汽蚀和泵本身的汽蚀性能也有关。由泵本身的汽蚀性能确定的汽蚀余量称为必需汽蚀余量,用 Δh_r 表示,如图7-64所示。

现对有效汽蚀余量 Δh_a 和必需汽蚀余量 Δh_r 分析如下。

①有效汽蚀余量 Δh_a

有效汽蚀余量 Δh_a 是指泵在吸入口处的总能量(静压能和动能之和),具有超过输送温度下液体汽化压力的富余能力,即避免泵发生汽化的能力。有效汽蚀余量由吸入系统的装置条件决定,与泵本身无关。

根据有效汽蚀余量 Δh_a 的定义,得

$$\Delta h_a = \frac{P_s}{\rho g} + \frac{u_s^2}{2g} - \frac{P_v}{\rho g} \tag{7-39}$$

或

$$\frac{P_s}{\rho g} + \frac{u_s^2}{2g} = \Delta h_a - \frac{P_v}{\rho g} \tag{7-40}$$

式中　P_s——泵吸入口处的压力;

　　　u_s——泵吸入口处的流速;

　　　P_v——液体饱和蒸气压。

将式(7-40)代入式(7-36),得

$$\Delta h_a = \frac{P_0}{\rho g} - \frac{P_v}{\rho g} - H_g - H_w \tag{7-41}$$

整理得

$$H_g = \frac{P_0}{\rho g} - \frac{P_v}{\rho g} - \Delta h_a - H_w \tag{7-42}$$

式(7-42)是离心泵允许吸上高度的又一种计算式。

采用式(7-42)计算泵的几何安置高度,不需要进行换算,特别是核电厂的给水泵和凝结水泵,吸入液面都不是大气压力的情况下,尤为方便。

另外,从式(7-41)可看出,有效汽蚀余量 Δh_a 就是吸入容器中液面上的压力水头 $\frac{P_0}{\rho g}$ 在克服吸水管路装置中的流动损失 H_w,并把水提高到 H_g 的高度后,所剩余的超过汽化压力的能量。

当吸入容器液面高出水泵轴线时,则 H_g 为倒灌高度($-H_g$),式(7-41)为

$$\Delta h_a = \frac{P_0}{\rho g} - \frac{P_v}{\rho g} - H_g - H_w \tag{7-43}$$

当吸入容器中的压力为汽化压力时(核电站的凝结水泵和主给水泵均属于这种工况),即 $P_0 = P_v$ 时,则

$$\Delta h_a = H_g - H_w \tag{7-44}$$

由式(7-41)可知:

a. 在 $\frac{P_0}{\rho g}$ 、H_g 和液体温度保持不变的情况下,当流量增加时,由于吸入管路中的流动损失 H_w 与流量的平方成正比变化,所以使 Δh_a 随流量的增加而减少。因而,当流量增加时,发生汽蚀的可能性增加。

b. 在非饱和容器中,泵所输送的液体温度越高,对应的汽化压力越大,Δh_a 发生汽蚀的可能性就越大。

②必需汽蚀余量 Δh_r

必需汽蚀余量 Δh_r 是指泵吸入口处（s—s' 截面）至泵内压力最低点（k—k' 截面）处的压力降（图 7 - 64）。它是由泵本身结构的汽蚀性能所决定，与泵吸入系统的装置无关。

根据必需汽蚀余量 Δh_r 的定义，得

$$\Delta h_r = \frac{P_s}{\rho g} + \frac{u_s^2}{2g} - \frac{P_k}{\rho g} \qquad (7-45)$$

参照图 7 - 64，在截面 s—s' 至 l—l' 之间和截面 l—l' 至 k—k' 之间列伯努利方程，整理后可得

$$\frac{P_s}{\rho g} + \frac{u_s^2}{2g} - \frac{P_k}{\rho g} = \lambda_1 \frac{c_1^2}{2g} + \lambda_2 \frac{w_1^2}{2g} \qquad (7-46)$$

将式（7 - 45）代入式（7 - 46）得

$$\Delta h_r = \lambda_1 \frac{c_1^2}{2g} + \lambda_2 \frac{w_1^2}{2g} \qquad (7-47)$$

式中　　P_k——泵内压力最低点处的压力；

　　　　c_1、w_1——叶轮入口处的绝对速度和相对速度；

　　　　λ_1、λ_2——压降系数，$\lambda_1 = 1 \sim 1.2$，$\lambda_2 = 0.2 \sim 0.3$。

③有效汽蚀余量 Δh_a 与必需汽蚀余量 Δh_r 的关系及临界汽蚀余量 Δh_c

有效汽蚀余量 Δh_a 是吸入系统提供的泵吸入口处大于饱和蒸气压力的富余能力。Δh_a 越大，表示泵抗汽蚀性能越好。而必需汽蚀余量 Δh_r 是液体从吸入口至 k 点的压力降，Δh_r 越小，表示泵抗汽蚀性能越好。由式（7 - 41）和式（7 - 46）可以看出，Δh_a 随流量的增加而变小，而 Δh_r 随流量的增加而变大，如图 7 - 66 所示。

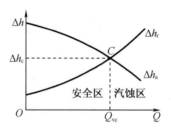

图 7 - 66　有效汽蚀余量 Δh_a、必需汽蚀余量 Δh_r 与流量 Q_{vc} 的关系

临界汽蚀余量 Δh_c 是指有效汽蚀余量随流量变化的曲线与必需汽蚀余量随流量变化曲线的交点 C 所对应的汽蚀余量。C 点为汽蚀临界点，其对应的流量称为临界汽蚀流量，用 Q_{vc} 表示。从图 7 - 66 可以看出，当 $Q < Q_{vc}$ 时，为安全区；当 $Q > Q_{vc}$ 时，为汽蚀区。

④允许汽蚀余量 Δh

为保证不发生汽蚀，在临界汽蚀余量 Δh_c 上加安全量 K，称为允许汽蚀余量，用 Δh 表示。

$$\Delta h = \Delta h_c + K \qquad (7-48)$$

式中，K 为安全量，$K = 0.3 \sim 0.5$ m。

（4）提高泵抗气蚀性能的措施

泵是否发生气蚀，是由泵本身的气蚀性能和吸入系统的装置条件来确定的。为防止发生气蚀，通常从两个方面采取措施加以解决。

①改善泵的工作条件，提高泵的有效气蚀余量。

根据式（7 - 41）可从下面几个方面来提高有效气蚀余量 Δh_a：

a. 减小安装高度 H_g，提高有效气蚀余量；

b. 加大吸水管径或减小流量,以减小阻力 H_w,提高有效气蚀余量;

c. 降低液体的温度,从而降低汽化压力 P_v,提高有效气蚀余量;

d. 降低泵的转速 n,减小阻力 H_w,提高有效气蚀余量。

②提高泵本身的抗气蚀性能,减小必需气蚀余量 Δh_r。

根据式(7-47)可以采取下列措施减小必需汽蚀余量 Δh_r:

a. 采用双吸叶轮,降低入口速度;

b. 增大叶轮进口直径及叶片进口宽度,降低入口速度;

c. 叶轮采用耐汽蚀材料,提高泵的抗气蚀性;

d. 进口处装设螺旋式诱导轮,如图7-67所示,改善泵的气蚀性能。

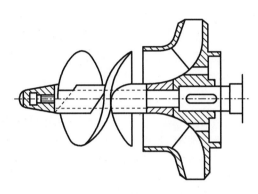

图7-67　带有诱导轮的离心泵

9. 影响吸程的因素

(1)高度

当高度升高时,大气压减小,理论最大吸程减小,对实际吸程也是如此。不同海拔高度下的大气压如表7-13所示。

表7-13　不同海拔高度下的大气压

海拔高度/m	0	500	1 000	1 500	2 000	2 500
大气压/mmHg 或 mH₂O	760 10.33	716 9.73	672 9.13	635 8.63	598 8.13	562 7.63
气压减小量/mH₂O	0	0.6	1.2	1.7	2.2	2.7

例如,在海拔高度为2 000 m时,泵吸程小于8.13 m。

(2)液体温度

一定真空度下的液体,其温度越高,蒸发越快。

当液体通过吸入管时,就会产生蒸气。蒸气的压力等于与液体温度压力相符合的饱和蒸气压力。这种蒸气压力会减小泵的吸程。

表7-14给出饱和水蒸气在0 ℃和100 ℃间不同温度时的压力。

表 7 – 14 水的饱和蒸气压

温度 /℃	压力 /mH₂O	温度 /℃	压力 /mH₂O	温度 /℃	压力 /mH₂O
0	0.06	40	0.75	80	4.82
10	0.13	50	1.26	90	7.15
20	0.24	60	2.03	100	10.23
30	0.40	70	3.18		

离心泵的正常吸程是 6 ~ 9 m,可以看出,水的温度小于 30 ℃时,这个高度变化小。当水温为 80 ~ 90 ℃时,吸程趋于零。

当液体温度超过一定值时,就应对泵的抽吸增加压力。应在一个高于泵轴线液位的池中抽吸。池与泵的液位差应该是使泵内的吸入压力高于液体的饱和蒸气压力。

(3)液体密度

泵的理论吸程与所吸液体的密度有关,等于测量标准大气压下该液柱的高度。

水的密度 $\rho_0 = 1$ g/cm³,一个标准大气压等于 10.33 mH₂O,因此离心泵的理论吸程是 10.33 m。如输送液体的密度为 ρ,则用米液柱为单位表示的理论吸程 H 为

$$H = \frac{10.33}{\rho}$$

如果吸的液体是 100 ℃的水,则 100 ℃的水 $\rho = 0.958$ g/cm³,吸程 $H = \frac{10.33}{0.958} = 10.78$ m。

例 用某型号离心泵从敞口槽中将水输送到他处,槽内水位恒定,输送流量为 45 ~ 55 m³/h,在最大流量下吸入管路的压头损失为 1 m,液体在吸入管路中的压头可以忽略。试计算输送 20 ℃水时,泵的安装高度是多少?若改为输送 65 ℃水时,泵的安装高度是多少?

某型号离心泵的部分性能,根据产品样本和性能曲线列于表 7 – 15。

表 7 – 15 某型号离心泵的部分性能

流量 Q /(m³·h⁻¹)	扬程 H /m	转速 n /(r·min⁻¹)	允许吸上真空度 Hₛ /m
30	35.5		7.0
45	32.6	2 900	5.0
55	28.8		3.0

泵安装地区的大气压为 9.81×10^4 Pa ≈ 10 mH₂O

$$H_g = H'_s - \frac{u_s^2}{2g} - H_w \tag{7 – 49}$$

解 输送 20 ℃水时,泵的安装高度:

从该泵的性能可以看出,H_s 随泵的流量增加而下降。因此,安装高度应以最大流量对应的 H_s 为依据,以便保证离心泵正常运转和不发生气蚀现象,故取 $H_s = 3$ mH₂O。

因为输送的是 20 ℃水,泵安装地区的大气压为 9.81×10^4 Pa,与原出厂时的实验条件

相符,故 H_s 不用换算,即 $H_s' = H_s = 3$ m。代入上式得

$$H_g = 3 - 0 - 1 = 2 \text{ m}$$

为安全起见,泵的实际安装高度应小于 2 m。

输送 65 ℃水时,泵的安装高度:

$$H_s' = \left[H_s + (H_a - 10) - \left(\frac{P_v}{9.81 \times 10^4} - 0.24 \right) \right] \times 1\,000$$

输送 65 ℃水时,不能直接采用泵性能表中的 H_s 值,需按式(7−37)对 H_s 进行换算,式中 $H_s = 3$ mH₂O,则有

$$H_a = 9.81 \times 10^4 \text{ Pa} \approx 10 \text{ mH}_2\text{O}$$

从表中查出,65 ℃水的饱和蒸气压为 $P_v = 2.554 \times 10^4$ Pa,密度 $\rho = 980.5$,代入上式得

$$H' = \left[3 + (10 - 10) - \left(\frac{2.554 \times 10^4}{9.81 \times 10^4} - 0.24 \right) \right] \times \frac{1\,000}{980.5} = 0.65 \text{ m}$$

$$H_g = H_s' - \frac{u_s^2}{2g} - H_w = 0.65 - 1 = -0.35 \text{ m}$$

应用式(7−36),计算泵的安装高度,得 H_g 值为负值,表示泵应安装在水面以下,至少比贮槽水面低 0.35 m。

10. 离心泵的工作点

(1)管路特性曲线

当离心泵安装在特定的管路系统中工作时,实际的工作压头和流量不仅与离心泵本身的性能有关,还与管路的特性有关,即在输送液体的过程中,泵和管路是互相制约的。所以,讨论泵的工作情况之前,应了解泵所在的管路状况。

在图 7−68 所示的输送系统内,若贮槽与受槽的液面均维持恒定,且输送管路的直径不变。液体流过管路系统时所需的压头(即要求泵提供的压头),可在图中所示的截面 1—1′与 2—2′间列伯努利方程式求得,即

$$H_e = \Delta Z + \Delta \frac{P}{\rho g} + \Delta \frac{u^2}{2g} + H_f \tag{7−50}$$

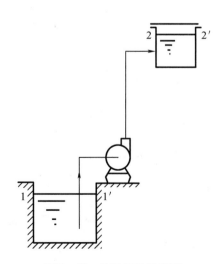

图 7−68　输送系统示意图

在固定的管路系统中,于一定的条件下进行操作时,式(7-10)的 ΔZ 与 $\Delta \dfrac{P}{\rho g}$ 均为定值,即

$$\Delta Z + \Delta \frac{P}{\rho g} = K$$

若贮槽与受槽的截面都很大,该处流速和管路相比可以忽略不计,则 $\Delta \dfrac{u^2}{2g} \approx 0$。式(7-50)简化为

$$H_e = K + H_f \qquad (7-51)$$

管路系统的压头损失为

$$H_f = \left(\lambda \frac{l + \sum l_e}{d} + \zeta_c + \zeta_e \right) \frac{u^2}{2g} = \left(\lambda \frac{l + \sum l_e}{d} + \zeta_c + \zeta_e \right) \frac{\left(\dfrac{Q_e}{3\,600A} \right)^2}{2g} \qquad (7-52)$$

式中 Q_e——管路系统的输送量,m^3/h(为以后作图方便,Q_e 的单位最好与所给定的泵特性曲线中 Q 的单位一致);

A——管道截面积,m^2。

对于特定的管路,l、$\sum l_e$、ζ_c、ζ_e、d 均为定值,湍流时摩擦系数 λ 的变化很小,于是令

$$\left(\lambda \frac{l + \sum l_e}{d} + \zeta_c + \zeta_e \right) \frac{1}{2g(3\,600A)^2} = B$$

则式(7-52)简化为

$$H_f = BQ_e^2 \qquad (7-53)$$

所以,式(7-51)写成

$$H_e = K + BQ_e^2 \qquad (7-54)$$

由式(7-54)看出,在特定管路中输送液体时,管路所需的压头 H_e 随所输送液体流量 Q_e 的平方而变。将此关系标绘在相应的坐标图上,即得如图7-69所示的 H_e-Q_e 曲线。这条曲线称为管路特性曲线,表示在特定管路系统中,于固定操作条件下,液体流经该管路时所需的压头与流量的关系。此线的形状由管路布局与操作条件来确定,与泵的性能无关。

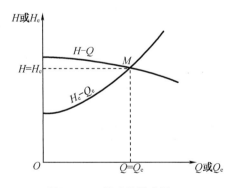

图7-69 管路特性曲线

（2）离心泵的工作点

离心泵总是安装在一定管路上工作的，泵所提供的压头与流量必然应与管路所需的压头与流量相一致。

若将离心泵的特性曲线 $H-Q$ 与其所在管路的特性曲线 H_e-Q_e 绘于同一坐标图上，如图 7-69 所示，两线交点 M 称为泵在该管路上的工作点。该点所对应的流量和压头既能满足管路系统的要求，又为离心泵提参考，即 $Q=Q_e$，$H=H_e$。换言之，对所选定的离心泵，以一定转速在此特定管路系统运转时，只能在这一点工作。

（3）离心泵的流量调节

离心泵在指定的管路上工作时，由于生产任务发生变化，出现泵的工作流量与生产要求不相适应；或已选好的离心泵在特定管路中运转时，所提供的流量不符合输送任务的要求。对于这两种情况，需要对泵进行流量调节，实质上是改变泵的工作点。既然泵的工作点为管路特性和泵的特性所决定，因此改变两种特性曲线之一均能达到调节流量的目的。

（4）改变阀门的开度

改变离心泵出口管线上的阀门开度，实质是改变管路特性曲线。当阀门关小时，管路的局部阻力加大，管路特性曲线变陡，如图 7-70 中曲线 1 所示，工作点由 M 移至 M_1，流量由 Q_M 减小到 Q_{M1}。当阀门开大时，管路局部都阻力减小，管路特性曲线变得平坦一些，如图 7-70 中曲线 2 所示，工作点移至 M_2，流量加大到 Q_{M2}。

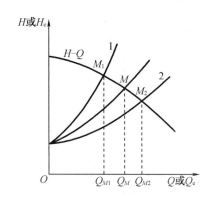

图 7-70　改变阀门开度时流量变化示意图

用阀门调节流量迅速方便．且流量可以连续变化，适合一般工业连续生产的特点，应用十分广泛。其缺点是当阀门关小时，流动阻力加大，要额外多消耗一部分动力，经济性差。

（5）改变泵的转速

改变离心泵的转速，实质上是改变泵的特性曲线。如图 7-71 所示，泵原来的转速为 n，工作点为 M，若把泵的转速提高到 n_1，泵的特性曲线 $H-Q$ 向上移，工作点由 M 移至 M_1，流量由 Q_M 加大到 Q_{M1}。若把泵的转速降至 n_2，$H-Q$ 曲线便向下移，工作点移至 M_2，流量减小至 Q_{M2}。

这种调节方法能保持管路特性曲线不变。由式（7-30）可知，流量随转速下降而减小，动力消耗也相应降低，从动力消耗来看是比较合理的。但需要变速装置或价格昂贵的变速原动机，且难以做到流量连续调节。

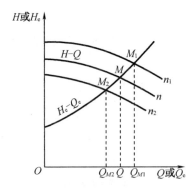

图 7-71　改变转速时流量变化示意图

此外,减小叶轮直径也可以改变泵的特性曲线,从而使泵的流量变小,但可调节的范围不大,且直径减小不当还会降低泵的效率,故该方法实际上很少采用。

（6）离心泵的并联和串联

①串联运转特性曲线

当有 P_1、P_2、P_3……多台泵串联运转时,通过每台泵的流量都是相同的,即

$$Q = Q_1 = Q_2 = Q_3 = \cdots$$

多台泵串联运转的扬程,等于各台扬程相加之和,即

$$H_t = H_1 + H_2 + H_3 + \cdots$$

多台泵串联工作时的 $H-Q$ 特性曲线,就是由各台泵的 $H_i - Q_i$ 特性曲线在对应点（同一流量）上的扬程相加而成的。图 7-72 示出了三台泵串联运转的 $H-Q$ 特性曲线,图中 C_1、C_2、C_3 为各台泵的特性曲线,C_t 为三台泵串联工作时总的特性曲线。

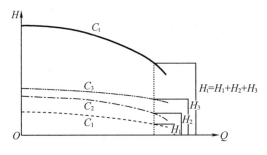

图 7-72　三台泵串联工作的特性曲线

如果串联的泵是相同的,就变成多级泵的情况,其总扬程等于单个泵的扬程 h 乘以泵数 n,即 $H_t = nh$。

图 7-73 示出了三台相同泵串联工作的特性曲线。三台泵串联后总的特性曲线是 C_t。

②并联运转特性曲线

当 P_1、P_2、P_3……多台泵并联工作时,如图 7-74 所示。它们的扬程 H 对每个泵都一样,即

$$H = H_1 = H_2 = H_3 = \cdots$$

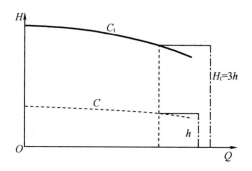

图 7 − 73 三台泵相同串联工作的特性曲线

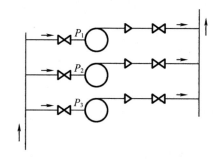

图 7 − 74 三台泵并联工作示意图

并联运转时的总流量 Q_t 则等于各台泵在同一扬程 H 下的流量 Q_1、Q_2、Q_3……的和,即

$$Q_t = Q_1 + Q_2 + Q_3 + \cdots$$

多台泵并联工作时的 $H − Q$ 特性曲线,是由各台泵的 $H_i − Q_i$ 特性曲线在同一扬程如 H 下对应点上各台泵流量 Q_1、Q_2、Q_3……相加而成的。

图 7 − 75 示出了三台泵并联工作的 $H − Q$ 特性曲线,图中 C_1、C_2、C_3 为各台泵的特性曲线,C_t 为三台泵并联工作时的总特性曲线。

$$Q_t = nQ \tag{7 − 55}$$

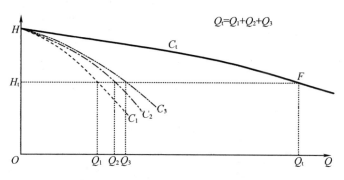

图 7 − 75 三台泵并联工作的特性曲线

如果并联的泵是相同的,则每台泵在同一扬程点上对应的流量也是相等的,并联工作时的总流量 Q_t 就是每台泵的流量 Q 乘以泵数 n,即

图 7 − 76 示出了三台相同泵的并联工作时的特性曲线,C 为单台泵的特性曲线,C_t 为三台泵并联工作时的总特性曲线。

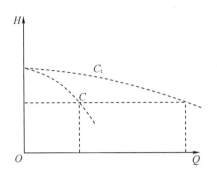

图 7-76 三台相同泵并联工作的特性曲线

11. 水泵在管路系统中的并联运行和串联运行

（1）并联运行

水泵在管路系统中并联运行后，流量的增加并不是并联各台泵流量相加的和，而是仅增加了一个百分数。并联台数越多增加的百分数就越少。当管路特性曲线较陡时，并联后流量增加的百分数就更少。

在实际生产过程中，水泵并联目的是为了用增、减投入运行台数来适应生产量变化的需要。

（2）串联运行

水泵在管路系统中串联运行后，压头的增加也不是串联各台泵压头相加的和，也仅是增加了一个百分数。串联台数越多增加的百分数就越少。当管路特性曲线较缓时，串联后压头增加的百分数就更少。水泵串联在管路系统中，通常是为了中间加压。

例 某离心泵工作的特性曲线如图 7-77 所示，所在管路的特性曲线方程为 $H_e = 40 + 15Q_e^2$。当两台或三台此型号泵并联操作时，试分别求出管路中流量增加的百分数。

若管路特性曲线方程式变为 $H_e = 40 + 100Q_e^2$ 时，试再求上述条件下流量增加的百分数。

解 按题给的管路特性方程式，计算出不同 Q_e 所对应的 H_e，计算结果列于表 7-16 中。

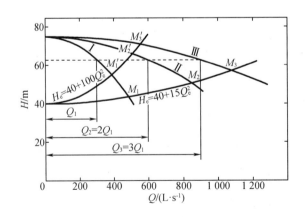

图 7-77 某离心泵工作的特性曲线

表 7 – 16　不同 Q_e 对应的 H_e

Q_e/s^{-1}	0	200	400	600	800	1 000	1 200
$H_e = 40 + 15Q_e^2/m$	40	40.6	42.4	45.4	49.6	55.0	61.6
$H_e = 40 + 100Q_e^2/m$	40	44.0	56.0	76.0			

①管路特性曲线方程为 $H_e = 40 + 15Q_e^2$ 时,单独使用一台泵与并联使用时的情况如下。

一台泵单独工作时,工作点为 M_1,$Q_1 = 480$ L/s;

两台泵并联工作时,工作点为 M_2,$Q_2 = 840$ L/s;

三台泵并联工作时,工作点为 M_3,$Q_3 = 1\ 080$ L/s。

两台泵并联工作时,流量增加的百分数为

$$\frac{840 - 480}{480} \times 100\% = 75\%$$

三台泵并联工作时,流量增加的百分数为

$$\frac{1\ 080 - 480}{480} \times 100\% = 125\%$$

②管路特性曲线方程为 $H_e = 40 + 100Q_e^2$ 时,单独使用一台泵与并联使用时的情况如下。

一台泵单独工作时,工作点为 M_1',$Q_1' = 390$ L/s;

两台泵并联工作时,工作点为 M_2',$Q_2' = 510$ L/s;

三台泵并联工作时,工作点为 M_3',$Q_3' = 560$ L/s。

两台泵并联工作时,流量增加的百分数为

$$\frac{510 - 390}{390} \times 100\% = 31\%$$

三台泵并联工作时,流量增加的百分数为

$$\frac{560 - 390}{390} \times 100\% = 44\%$$

(3)无流量阀门(图 7 – 78)

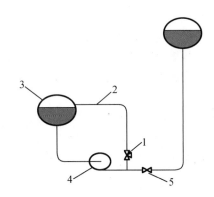

1—无流量阀;2—无流量管路;3—容器;4—泵;5—调节阀。

图 7 – 78　无流量阀门示意图

如果把调节阀全部关闭,泵便没有了流量,水压升高,最后达到其最大值 H_m。

泵输入的功率不是零,泵中的水不再进出,而是受叶轮的搅拌,水在叶轮内表面的摩擦

功变成热能耗散,产生的热量传送到水中及泵的内部部件上,其结果如下:

①水温升高,可以达到与压力相符的沸点。在这种情况下,水就会蒸发,形成蒸汽,导致泵内出现空泡现象,渐渐地使泵损坏。

②泵的内部部件温度上升,引起运动部件异常膨胀。这样,当不需要泵送液体时,就要停止泵的工作。为了避免这种情况,应在泵的出口处安装一个所谓的"无流量"阀门。当泵的出口处的压力接近最大值 H_m 时,该阀门就自动打开,水就流过这个阀门,然后由"无流量"管系反送到吸水容器内。

(4)离心泵的启动

灌水排气,离心泵只有在泵内及吸水管内充满液体时才能工作。

根据离心泵 $N-Q$ 曲线的特点,当 $Q=0$ 时,功率 N 最小。为降低启动电流,当离心泵启动时应先关闭出口阀,启动后再打开出口阀调到运行流量。关阀时间不得超过 $2\sim3$ min。一般启动电流是正常运行电流的 $5\sim8$ 倍。

(5)泵出口的止回装置

在每个泵的出口处,应预先安装一个能自动关闭的止回阀。这样,在泵停转时就可避免液体回流,导致泵反转。

通常的小型泵都会预设一个止回阀。

7.2.3 标准规范

GB/T 3214《水泵流量的测定方法》
GB/T 3216《回转动力泵水力性能验收试验1级、2级和3级》
GB/T 16907《离心泵技术条件(Ⅰ类)》
GB/T 5656《离心泵技术条件(Ⅱ类)》
GB/T 5657《离心泵技术条件(Ⅲ类)》
GB/T 34875《离心泵和转子泵用轴封系统》
JB/T 8097《泵的振动测量与评价方法》

7.2.4 预维项目

核电厂的水泵检修项目主要包含如下内容。

(1)定期检查:对中检查及润滑油脂补充/更换,外观及紧固件力矩检查等;

(2)轴承及机械密封检查:轴承检查(滑动轴承)/更换(滚动轴承),机械密封更换及分中、对中检查;

(3)解体检查:所有部件进行解体,清理并进行尺寸测量,对于尺寸超标的部件进行更换,对于所有寿期部件进行更换。

具体项目的设置详见预防性维修大纲。

所有水泵的验收标准详见维修后试验程序。

7.2.5 典型案例分析

A级状态报告如表7-17所示。

表 7 – 17　A 级状态报告

序号	CR 编号	主题
1	CR201964371	秦二厂 115 大修 1 号主泵 1 号密封泄漏流量异常(返状态)
2	CR201530712	3APA101PO/3APA301PO 驱动端轴承温度高
3	CR201308250	1RRI004PO 启动瞬间由于泵和电机故障损坏导致 1RRI004PO 不可用,导致核安全降级

B 级状态报告如表 7 – 18 所示。

表 7 – 18　B 级状态报告

序号	CR 编号	主题
1	CR202103365	2 号机组主给水泵 A 泵和 C 泵的前置泵机封泄漏率超限
2	CR202082800	电动主给水泵 2#泵压力级泵跳闸
3	CR201914300	执行试验时 2ASG004PO 机械超速未正确动作
4	CR201815838	秦二厂 4ASG004PO 汽动泵试验时机械超速保护动作跳闸
5	CR201524893	135 专项 – 3GST301PO 轴承烧红
6	CR201509209	2RRI004PO 再鉴定时非驱动端轴承压盖和轴套摩擦冒火花
7	CR201433337	3GST101PO(发电机定子冷却水泵 A)流量不足
8	CR201425009	4APA102PO 出力突然下降导致蒸发器液位异常
9	CR201418530	2RCV003PO 去污后泵轴出现坑点
10	CR201412751	2RIS022PO 出口压力低
11	CR201311893	8RIS011PO 无法启动

7.2.6　课后思考

(1)离心泵的类型及基本结构有哪些?

(2)离心泵工作原理及其理论方程是什么?

(3)根据理论方程分析离心泵的理论压头、流量与叶片几何形状的关系。

(4)离心泵压头、流量、效率、功率、泵速之间的关系是什么?

(5)离心泵相似理论及相似定律关系式是什么?

(6)离心泵汽蚀产生的原因、现象及后果是什么? 汽蚀余量的类型及提高泵抗汽蚀的措施是什么?

(7)汽蚀余量(净正吸入压头 NPSH)与允许吸上真空度关系是什么?

(8)离心泵的工作点和流量调节是什么?

(9)机械密封的主要部件及基本结构是什么?

(10)水泵相关的标准有哪些?

7.3 容　　器

7.3.1　概述

1. 压力容器概念及要求

容器器壁的两边(内部和外部)存在着一定压力差的所有密闭容器,都可称为压力容器(又称受压容器),这也是压力容器广义上的定义。压力容器在现代社会生活中被广泛使用,小到日常生活中的保温瓶、家用压力锅、煤气罐等,大到工业生产中的人工合成材料装置、食品医药、石油、化工、热电、核电厂等生产装备中的压力容器,交通储运的储罐、气瓶、槽车、核潜艇等。压力容器遍布工业生产基本建设、医疗卫生、科研国防以至人们的日常生活等各领域,现代社会生活中离不开压力容器。

压力容器器壁两边(内、外部)所存在的压力差称作压力载荷。压力容器所承受的这种压力载荷等于人为地将能量进行提升、积蓄,使容器具备了能量随时释放的可能性和危险性,也就是会泄漏或爆炸。

实际上,只有一部分的压力容器容易发生事故,而且事故的危害比较大,这部分压力容器大多都是工业生产中承载压力的容器。压力容器是指用于流体介质在一定压力下,进行反应、分离、换热、储存,可能引起燃烧或爆炸的特种设备。

压力容器除了要满足工艺要求的特定使用性能外,还要具备安全可靠、制造安装简单、维修方便和经济合理等方面的特点,因此,在设计压力容器时要满足以下要求。

(1)强度

强度是指容器在外部载荷作用下抵抗破裂或过量塑性变形的能力。例如,压力容器的简体会因强度设计不足,在压力作用下产生塑性变形,使其直径增大,壁厚变薄,最后导致容器失效。

(2)刚度

刚度是指容器的受压件由于弹性变形过大使其丧失正常的工作能力。例如,压力容器上的法兰,由于刚度不足而变形可能导致密封元件密封不严发生泄漏,使密封结构失效。

(3)稳定性

稳定性是指容器在外载荷(如风载荷、地震载荷等)的作用下,其形状发生突然性改变,使容器丧失工作能力。例如,一台液氨储罐在外力作用下,可能会倾覆,致使液氨泄漏。

(4)密封性

压力容器的密封不但指可拆连接处,如聚合釜搅拌轴密封处的密封,也包括各种铆、焊连接处的密封。对于毒性程度为极度危害和高度危害介质的压力容器,其密封性能要求就更加严格。对盛装这类介质的容器不但要求采用可靠的密封结构和进行气密性试验,而且对制造和检验提出了更高的要求。

(5)使用寿命

使用寿命和强度、刚度及稳定性一样,是评定容器性能的一个重要指标。一般压力容器的设计使用年限为 10~12 年,如果维护和保养得好,重要的化工容器可以使用 20 年。

2. 压力容器的操作条件

（1）压力

容器内介质的压力是压力容器在工作时所承受的主要外力。

①表压力

压力容器的压力是用压力表来测量的,压力表上所显示的压力为表压力。

②最大工作压力

最大工作压力多指在正常操作情况下,容器顶部可能出现的最高压力。

③设计压力

设计压力指在相应设计温度下用以确定容器壳体厚度的压力,亦即标注铭牌上的容器设计压力,其值不得小于最大工作压力。

（2）压力的来源

压力容器的压力来自两个方面,一是压力在容器外产生的,二是压力在容器内产生的。

①气体的压力在容器外产生的压力源一般来自以下两种设备。

a. 由各类的气体压缩机和泵（如储气罐、缓冲罐等）产生的压力。

b. 由蒸汽锅炉、废热锅炉产生的压力。工作介质为蒸汽的压力容器,如蒸汽加热器、蒸发器等。

②气体的压力在容器内产生的原因一般有以下两种情况。

a. 液化气体的蒸发压力

由于容器内介质的聚集状态发生改变而产生的压力,一般是液化气体在密闭容器受热而蒸发,体积急剧膨胀,但受到容器内空间的限制,于是密度大为增加,容器压力升高。例如,装满液化气的槽车,应远离火源的地方放置。

b. 化学反应产生的压力

在反应容器中,两种或两种以上的单体化学物质在一定的温度和压力下进行化学反应,生成聚合物或另外一种单体化合物。这类反应一般在反应器和聚合釜中进行。

（3）温度

①金属温度

金属温度指容器受压元件沿截面厚度的平均温度。在任何情况下,元件金属的表面温度不得超过钢材的允许使用温度。

②设计温度

设计温度指容器在正常操作情况及相应设计压力下,设定的受压元件的金属温度,其值不得低于元件金属可能达到的最高金属温度。

（4）介质

介质的分类方法也有多种,按物质状态可分为气体、液体、液化气体、单质和混合物等;按可燃性可分为可燃、易燃、惰性和助燃四种;按它们对人类毒害程度可分为极度危害（Ⅰ级）、高度危害（Ⅱ级）、中度危害（Ⅲ级）、轻度危害（Ⅳ级）四级。

易燃介质包括甲烷、乙烷、丙烷、丁烷、丙烯等。

毒性介质包括Ⅰ、Ⅱ级——氟、氟化氢、氯等;Ⅲ级——二氧化硫、一氧化碳、硫化氢等;Ⅳ级——氢氧化钠、丙酮等。

3. 压力容器的分类

压力容器的种类很多,分类的方法也各异,主要有以下几种。

(1)按制造材料分为钢制容器、有色金属容器、非金属容器等。

(2)按容器壁厚分为薄壁容器(外径与内径的比值在 1.1～1.2)、厚壁容器(外径与内径的比值＞1.2)。

(3)按容器安放方式分为立式容器和卧式容器。

(4)按容器使用方式分为固定式容器和移动式容器。

(5)按容器的设计温度(T,即壁温)分为低温容器($T \leqslant -20$ ℃)、常温容器(-20 ℃ ＜ $T < 150$ ℃)、中温容器(150 ℃ $\leqslant T < 400$ ℃)、高温容器($T \geqslant 400$ ℃)。

(6)按压力容器的设计压力(p)分为低压容器(代号 L,0.1 MPa ＜ $p < 1.6$ MPa)、中压容器(代号 M,1.6 MPa $\leqslant p < 10$ MPa)、高压容器(代号 H,10 MPa $\leqslant p < 100$ MPa)、超高压容器(代号 U,$p \geqslant 100$ MPa)。

(7)按压力容器在生产工艺过程中的作用原理分为反应容器、换热容器、分离容器、储存容器。具体划分如下:

①反应容器(代号 R),主要是用于完成介质的物理、化学反应的压力容器,如反应器、反应釜、聚合釜、合成塔、变换炉等。

②分离容器(代号 S),主要是用于完成介质的流体压力平衡和气体净化分离等的压力容器,如分离器、过滤器、洗涤器、干燥塔、汽提塔等。

③换热容器(代号 E),主要是用于完成介质的热量交换的压力容器,如热交换器、冷却器、冷凝器等。

④储存容器(代号 C,其中球罐代号 B),主要是用于盛装生产用的原料气体、液体、液化气体等的压力容器,如各种形式的储罐。

(8)为有利于安全技术的监察和管理,(《固定式压力容器安全技术监察规程》中)将压力容器分为三类。

① Ⅰ 类容器

Ⅰ 类容器一般指低压容器(Ⅱ、Ⅲ 类规定的除外)。

② Ⅱ 类容器

a.中压容器(Ⅲ 类规定的除外);

b.易燃介质或毒性程度为中度危害介质的低压反应容器和储存容器;

c.毒性程度为极度危害和高度危害介质的低压容器;

d.低压管壳式余热锅炉;

e.搪玻璃压力容器。

③ Ⅲ 类容器

Ⅲ 类容器属于极度危害和高度危害介质的中压容器和 $pV \geqslant 0.2$ MPa·m 的低压容器,主要有下述几种:

a.毒性程度为极度危害和高度危害介质的中压容器和 $pV \geqslant 0.2$ MPa·m³ 的低压容器;

b.易燃或毒性程度为中度危害介质,且 $pV \geqslant 0.5$ MPa·m³ 的中压反应容器或 $pV \geqslant 10$ MPa·m³ 的中压储存容器;

c.高压、中压管壳式余热锅炉;

d.高压容器。

4.过滤器

过滤器是输送介质系统上不可缺少的一种装置,典型的过滤器由筒体、不锈钢滤网、排污部分、传动装置及电气控制部分组成。待处理的介质在经过过滤器滤网的滤筒后,其杂质被阻挡,当需要清洗时,只要将可拆卸的滤筒取出,处理后重新装入即可,也有在线反冲洗污的过滤器,使用维护极为方便。

由于过滤器种类较多,各过滤器涉及的标准及规范各异,关于过滤器的介绍,在后续章节选取电厂中几种具有代表性的过滤器进行介绍。

7.3.2 结构与原理

1. 压力容器的基本构成

压力容器主要由壳体、封头与端盖、连接件、密封元件和支座等部件组成。图7-79、图7-80为常见的圆筒形压力容器和球形压力容器。此外,作为一种生产工艺设备,有些压力容器的壳体内部还装有工艺所要求的内件,本书内容不包括此类压力容器。

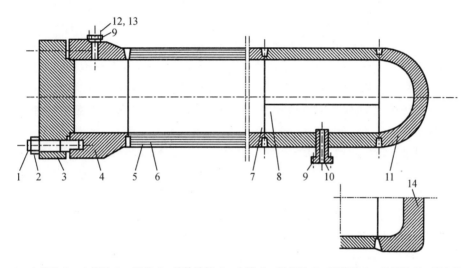

1—主螺栓;2—主螺母;3—端盖;4—筒体端部;5—内筒;6—层板层;7—环焊缝;8—纵焊缝;9—管法兰;
10—接管;11—球形封头;12—管道螺栓;13—管道螺母;14—平封头。

图7-79 圆筒形压力容器

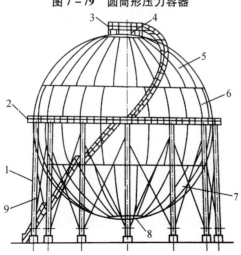

1—支柱;2—中部平台;3—顶部操作平台;4—北极板;5—北温带;6—赤道带;7—南温带;8—南极板;9—拉杆。

图7-80 圆形压力容器

（1）壳体

壳体是压力容器最主要的组成部分,壳体的形状有圆筒形、球形、锥形和组合形等数种,常见的是圆筒形和球形。

圆筒形壳体的形状特点是轴对称,圆筒体是一个平滑的曲面,应力分布比较均匀,承载能力较强,且易于制造,便于内件的设置和装拆,因而获得广泛应用,其由一个圆柱形的筒体和两端的封头或端盖组成。筒体按结构可分为整体式和组合式两大类。

球形壳体呈球形,又称球罐。球形壳体形状特点是呈中心对称,具有以下优点:受力均匀;在相同的壁厚条件下,球形壳体的承载能力最高,即在同样的内压下,球形壳体所需要的壁厚最薄,仅为同直径、同材料圆筒形壳体壁厚的1/2(不包括腐蚀裕度);在相同容积条件下,球形壳体的表面积最小。壳体薄和表面积小制造时可以节省钢材。

（2）封头与端盖

凡与筒体焊接连接而不可拆的,称为封头(图7-79中的11,14);与筒体以法兰等连接而可拆的称为端盖(图7-79中的3),根据几何形状不同,封头可分为半球形封头、椭圆形封头、碟形封头、有折边锥形封头、无折边锥形封头和平板形封头(亦称平盖)等数种。对于组装后不再需要开启的容器,如无内件或虽有内件而不需要更换、检修的容器,封头和筒体采用焊接连接形式,能有效地保证密封,且节省钢材和减少制造加工量对需要开启的容器,封头(端盖)和筒体的连接应采用可拆式的,此时在封头和筒体之间必须装置密封件。

（3）连接件

压力容器中的反应、分离、换热等容器,根据生产工艺和安装检修的需要,封头和筒体需采用可拆连接结构时就要使用连接件。此外,容器的接管与外部管道连接也需要连接件。所以连接件是容器及管道中起作用的部件,一般采用法兰螺栓连接结构法兰,通过螺栓起连接作用,并通过拧紧螺栓使垫片压紧而保证密封。用于管道连接和密封的法兰称为管法兰,用于容器端盖和筒体连接后密封的法兰称为容器法兰。容器法兰按结构分为整体式、活套式和任意式,其结构特点和应用范围不同。

（4）密封元件

密封元件是可拆连接结构的容器中起密封作用的元件。它放在两个法兰或封头与筒体端部的接触面之间,借助螺栓等连接件的压紧而起密封作用。根据所用材料不同,密封元件可分为非金属密封元件(如石棉橡胶板、聚四氟乙烯板、橡胶板、橡胶O形环、塑料垫、尼龙垫等)、金属密封元件(如紫铜垫、不锈钢垫、铝垫等)和组合式密封元件(如铁皮包石棉垫、缠绕垫等)。根据截面形状的不同,密封元件又可分为平垫片、三角形与八角形垫片、透镜式垫片等。不同的密封元件和不同的连接件配合,构成了不同的密封结构。

（5）接管、开孔及开孔补强结构

①接管

接管是压力容器与介质输送管道或仪表、安全附件管道等进行连接的附件。常用的接管有三种,即螺纹短管式接管、法兰短管式接管和平法兰接管。

a.螺纹短管式接管

螺纹短管式接管(图7-81)是一段带有内螺纹或外螺纹的短管。短管插入并焊接在容器的器壁上。短管螺纹用来与外部管件连接。这种形式的接管一般用于连接直径较小的管道,如接装测量仪表等。

图7-81 螺纹短管式接管

b.法兰短管式接管

法兰短管式接管一端焊有管法兰,一端插入并焊接在容器的器壁上,法兰用以与外部管件连接。这种形式的接管在容器外面的一段短管要求有一定的长度,以便短管与外部管件连接时能够顺利地穿进螺栓和上紧螺母,这段短管的长度一般不小于100 mm。当容器外面有保温层时,或接管靠近容器本体法兰安装时,短管的长度要求更长一些。法兰短管式多用于直径稍大的接管。

c.平法兰接管

平法兰接管是法兰短管式接管除掉了短管的一种特殊形式,它实际上就是直接焊在容器开孔处的一个管法兰,不过它的螺孔与一般管法兰的孔不同,是一种带有内螺纹的不穿透孔。这种接管与容器的连接有贴合式和插入式两种形式。

● 贴合式接管有一面加工成圆柱状(或球状)使与容器的外壁贴合,并焊接在容器开孔的外壁上,因而容器的孔可以开得小一些,但圆柱形的法兰面加工比较困难。

● 插入式法兰接管两面都是平面,它插入到容器壁内表面并进行两面焊接,插入式法兰接管加工比较简单,但不适合用于容器内装有大直径部件(如塔板)的容器上。

平法兰式接管的优点是它既可以作接口管与外部管件连接,又可以作补强圈,对器壁的开孔起补强作用,容器开孔不需另外再补强;其缺点是装在法兰螺孔内的螺栓容易被碰撞而折断,而且一旦折断后要取出来相当困难。

②开孔

为了便于检查、清理容器的内部,装卸、修理工艺内件及满足工艺的需要,一般压力容器都开设有手孔和人孔。手孔的大小要使人的手能自由通过,并考虑手上还可能握有装拆工具和供安装的零件。一般手孔的直径不小于150 mm。对于内径≥1 000 mm的容器,如不能利用其他可拆除装置进行内部检验和清洗时,应开设人孔,人孔的大小应使人能够钻入。手孔和人孔的尺寸应符合有关标准的规定,手孔和人孔有圆形和椭圆形两种。椭圆孔的优点是容器壁上的开孔面积可以小一些,而且其短径可以放在容器的轴向上,这就减小了开孔对容器壁的削弱。对于立式圆筒形容器椭圆形人孔也适合人的进出。

手孔和人孔的封闭形式有内闭式和外闭式两种。对于内闭式的人孔或手孔,孔盖放在孔壁里面,用两个螺栓(手孔则为一个螺栓)紧压在孔外放置并支承在孔边的横杆上。这种形式多采用椭圆孔和带有沟槽的孔盖,因为这样便于放置垫片和安装孔盖。内闭式人孔盖板的安装虽比较困难,但密封性能较好,容器内介质的压力可以帮助压紧孔盖,有自紧密封的效用。特别是它可以防止因垫片等的失效而导致容器内介质的大量喷出,因而适用于工作介质为高温或有毒气体的容器。

外闭式手孔或人孔的结构一般就是一个带法兰的短管和一个平板形盖或稍压弯的不折边球形盖,用螺栓或双夹螺栓紧固,盖上还焊有手柄。开启次数较多的人孔常采用铰接的回转盖。这种装置使用带有铰链的螺栓和带有缺口螺孔的法兰,孔盖用销钉与短管铰接,拧松螺母翻转螺栓后即可把整个孔盖绕销钉翻转,装卸都较为方便,更适合用于装在高处的人孔结构。

③开孔补强结构

容器的筒体或封头开孔后,不但减小了容器的受力面积,而且因为开孔造成结构不连续而引起应力集中,使开孔边缘处的应力大大增加,孔边的最大应力要比器壁上的平均应力大几倍,对容器的安全运行极为不利。为了补偿开孔处的薄弱部位,就需采取补强措施。开孔补强方法有整体补强和局部补强两种。前者采用增加容器整体壁厚的方式来提高承载能力,这显然不合理;后者则采用在孔边增加补强结构来提高承载能力。容器上的开孔补强一般均用局部补强法。其原理是等面积补强,即使补强结构在有效补强范围内,所增加的截面积≥开孔所减小的截面积。局部补强常用的结构有补强圈、厚壁短管和整体锻造补强等数种。

a. 补强圈补强结构

补强圈补强结构是在开孔的边缘焊一个加强圈,其材料与容器材料相同,厚度一也与容器的壁厚相同,外径约为孔径的2倍。强圈一般贴合在容器外壁上,与壳体及接管焊接在一起,圈上开一带螺纹的小孔备作补强周围焊缝的气密性试验之用。

b. 厚壁短管补强结构

厚壁短管补强结构是把与开孔连接的接管的一段管壁加厚,使这段接管除了承受压力所需的厚度外,还有很大一部分剩余厚度用来加强孔边。厚壁短管插入孔内,并高出容器壁的内表面,与容器内外表面焊接。厚壁短管的壁厚一般等于或稍大于器壁的厚度。插入长度为壁厚的3~5倍。这种补强结构补强效果较好,由于用以补强的金属都集中在孔边的局部应力最大区域内,而且制造容易,用料也省,因而被广泛采用。特别是一些对应力集中比较敏感的低合金高强度钢制造的容器开孔补强更适合用壁厚短管补强结构。但这种补强方式只适合用于开孔尺寸较小的容器。

c. 整体锻造补强结构

近年来在球形容器制造中采用的结构是先把开孔与部分球壳锻造成一个整体,再车制成形后与壳体进行焊接。这种补强结构合理,使焊缝避开了孔边应力集中的地方,因而受力情况较好;但其制造困难,成本较高,多用于高压或某些重要的容器上。

上述三种补强结构均用于需开孔补强的容器,但容器上有些开孔是不需补强的,这是因为容器在设计时存在某些加强因素,如考虑钢板规格、焊缝系数而使容器壁厚加厚,考虑接管的金属在一定范围内也有加强作用等。所以在开孔较小且削弱程度不大,孔边应力集中程度在允许范围以内时,开孔处可以不另行补强。

(6)支座

支座对压力容器起支承作用。用于圆筒形容器的支座,随圆筒形容器安装位置不同,有立式容器支座和卧式容器支座两类。此外,还有用于球形容器的支座。

2. 圆筒体结构

（1）整体式筒体

整体式筒体结构有单层卷焊、整体锻造、锻焊、铸锻焊及电渣重熔五种。

①单层卷焊式筒体

单层卷焊式筒体是用卷板机将钢板卷成圆筒，然后焊上纵焊缝制成筒节，再将若干个筒节组焊形成筒体，它与封头或端盖组成容器。这是应用最广泛的一种容器结构，具有如下优点：

a. 结构成熟，使用经验丰富，理论较完善。

b. 制造工艺成熟，工艺流程较简单，材料利用率高。

c. 便于利用调质（淬火加回火）处理等热处理方法改善和提高材料的性能。

d. 开孔、接管及内件的装设容易处理。

e. 零件少，生产及管理方法均方便。

f. 使用温度无限制，可作为热容器及低温容器。

但是，单层卷焊式筒体也存在某些缺陷，一是其壁厚往往受到钢材轧制和卷制能力的限制，我国目前单层卷焊式筒体的最大壁厚一般≤130 mm；二是对于规格相同的压力容器产品，单层卷焊式筒体所用钢板厚度最大，厚钢板各向性能差异大，且综合性能也不如薄板和中厚板，因此产生脆性破坏的危险性增大；三是在壁厚方向上应力分布不均匀，材料利用不够合理，随着冶金和压力容器制造技术的改进，单层卷焊结构的上述不足将逐步得到克服。

②整体锻造式筒体

整体锻造式筒体是最早采用且沿用至今的一种压力容器筒体结构形式。在钢坯上采用钻孔或热冲方法先开一个孔，加热后在孔中穿一芯轴，然后在压力机上进行锻压成形，最后经过切削加工制成筒体的顶，底部可和筒体一起锻出，也可分别锻出后用螺纹连接在筒体上，是没有焊缝的全锻结构。如容器较长，也可将筒体分几节锻出，中间用法兰连接。整体锻造式筒体常用于超高压等场合，它具有质量好、使用温度无限制的优点，但是整体锻造式筒体也存在一些缺点，如制造时需要有锻压、切削加工和起重设备等一套大型设备；材料利用率较低；在结构上存在着与单层卷焊式筒体相同的缺点。因此，这种筒体结构一般只用于内径为 300～500 mm 的小型容器上。

③锻焊式筒体

锻焊式筒体是在整体锻造式筒体的基础上，随着焊接技术的进步而发展起来的。锻焊式筒体是由若干个锻制的筒节和端部法兰组焊而成，所以只有环焊缝而没有纵焊缝。与整体造式相比，无须大型锻造设备，故容器规格可以增大，保持了整体锻造式筒体材质密实、质量好，使用温度没有限制等主要优点。因而常用于直径较大的化工高压容器，且在核容器上也获得了广泛的应用。

④铸锻焊式筒体

铸锻焊式筒体是随着铸造、锻造技术的提高和焊接工艺的发展而出现的一种新型体。制造时根据容器的尺寸，在特制的钢模中直接浇铸成一个空心八角形铸锭，钢模中心设有一活动式激冷柱塞。在钢水凝固过程中，可以更换柱塞以控制激冷速度，使晶粒细化，铸后切除冒口及两端，趁热在压力机上锻造成筒节，经加工和热处理后组焊成容器。这种制造工艺可大大降低金属消耗量，但制造工艺复杂。

⑤电渣重熔式筒体

电渣重熔式筒体(或称电渣焊成形筒体)是近年发展起来的一种制造过程高度机械化、自动化的筒体结构形式。制造时,将一个很短的圆筒(称为母筒)夹在特制机床的卡盘上,利用电渣焊在母筒上连续不断地堆焊直至所需长度,熔化的金属形成一圈圈的螺圈条,经过冷却凝固而成为一体,其内外表面同时进行切削加工,以获得所要求的尺寸和粗糙度。这种筒体的制造无须大型工装设备,工时少,造价低,器壁内各部分的材质比较均匀,无夹渣与分层等缺陷,是一种很有前途的制造高压容器的工艺。

(2)组合式筒体

组合式筒体按照结构又可分为多层板式结构和绕制式结构两大类。

①多层板式筒体

多层板式筒体结构包括多层包扎、多层热套、多层绕板、螺旋包扎等数种。这种筒体由数层或数十层紧密贴合的薄金属板构成,具有以下一些优点:一是可以通过制造工艺过程在层板间产生预应力,使壳壁上的应力沿壁厚分布比较均匀,壳体材料可以得到比较充分的利用,所以壁厚可以稍薄;二是当容器介质具有腐蚀性时,可以采用耐腐蚀的合金钢作为内筒,而用碳钢或其他强度较高的低合金钢作为层板,能充分发挥不同材料的长处,节省贵重金属;三是当壳壁材料中存有裂纹等严重缺陷时,缺陷一般不易扩散到其他各层;四是由于使用的是薄板,具有较好的抗裂性能,所以脆性破坏的可能性较小;五是在制造过程上不需要大型锻压设备。其缺点是:多层板厚壁筒体与锻制的端部法兰或封头的连接焊缝,常因两连接件的热传导情况差别较大而产生焊接缺陷,有时还会因此而发生脆断。由于多层板式体在结构和制造上都具有较多的优点,所以近年来制造的高压容器特别是大型高压容器多采用这种结构,而且制造方法也在不断发展,现分述如下。

a. 多层包扎式筒体

多层包扎式筒体是美国斯密思公司于1936年首创的一种筒体结构形式,现已为许多国家采用。多层包扎式筒体是一种目前使用最广泛、制造和使用经验最为成熟的组合式筒体结构。其制造工艺是先用15~25 mm的钢板卷焊成内筒,然后再将6~12 mm厚的层板压卷成两块半圆形或三块瓦片形,用钢丝绳或其他装置扎紧并点焊固定在内筒上,焊好纵缝并把其外表面修磨光滑,依此继续直至达到设计厚度为止。层板间的纵焊缝要相互错开一定角度,使其分布在筒节圆周的不同方位上。此外,筒节上开有一个穿透各层层板(不包括内筒)的小孔(称为信号孔、泄漏孔),用以及时发现内筒破裂泄漏,防止缺陷扩大。筒体的端部法兰过去多用锻制,近年来开始采用多层包扎焊接结构。和其他结构形式相比,多层包扎式筒体生产周期长、制造中手工操作量大,但这些不足会随着技术的进步而不断得到改善。

b. 多层热套式筒体

多层热套式筒体最早用于制造超高压反应容器和炮筒上,它是由几个用中等厚度(一般为2 050 mm)的钢板卷焊成的圆筒体套装而成的,每个外层筒的内径均略小于由套入的内层筒的外径。将外层筒加热膨胀后把内层筒套入,这样将各层筒依次套入,直至达到设计厚度为止。再将若干个筒节和端部法兰(端部法兰可采用多层热套结构)组焊成筒体。早期制作这种筒体在设计中均应考虑套合预应力因素,以确保层间的计算过盈量(外筒直径大于内筒直径的数值),这就需要对每一层套合面进行精密加工,增加了加工上的困难,近年来工艺改进后对过盈量的控制要求较宽,套合面只需进行粗加工或喷砂(或喷丸)处理而不经机加工,大大简化了加工工艺。筒体组焊后进行退火热处理,以消除套合应力和焊接残余应力。多层热套式筒体兼有整体式筒体和组合式筒体两者的优点,材料利用率高,制造方便,无须其他专门工艺装备,发展应用较快。当然,多层热套式筒体也有弱点,因为其层数较少,且使用的是中厚板,所以在防脆断能力上要差于多层包扎式筒体。

c. 多层绕板式筒体

多层绕板式筒体是在多层包扎式的基础上发展而来的。它由内筒、绕板层、楔形板和外筒四个部分组成内筒,一般用 10~40 mm 厚的钢板卷焊而成;绕板层则用厚 3~5 mm 的成卷钢板结构,首先将成卷钢板的端部焊在内筒上,然后用专用的绕板机床将绕板连续地缠绕在内筒上,直至达到所需要的厚度为止。起保护作用的外筒厚度一般为 10~12 mm,是两块半圆形壳体,用机械方法紧包在绕板层外面,然后纵向焊接。由于绕板层是螺旋状的,因此在绕板层与内外筒之间均出现了一个底边高于绕板厚度的三角形空隙区,为此在绕板层的始端与末端都得事先焊上一段较长的形板以填补空隙。故筒体只有外筒有纵焊缝,绕板层基本上没有纵焊缝,省却需逐层修磨纵焊缝的工作,其材料利用率和生产自动化程度均高于多层包扎式结构。但受限于卷板宽度,筒节不能做得很长(目前最长的为 2.2 m),且长体的环焊缝较多。我国于 1966 年就研制成多层绕板式容器,但由于受绕板机床能力和卷板宽度的制约,目前只能绕制外径为 400~1 000 mm 的筒节,且最大长度仅为 1 600 mm。

d. 螺旋包扎式筒体

螺旋包扎式筒体是多层包扎式结构的改进型。多层包扎式筒体的层板层为中心圆,随着半径的增加,每层层板的展开程度不同,因此要求准确下料以保证装配间隙,这不仅费时而且费料。螺旋包扎式结构则有所改进,采用楔形板和填补板作为包扎的第一层,楔形板一端厚度为层板厚度的两倍,然后逐渐减薄至层板厚度,这样第一层就形成一个与层板厚度相等的台阶,使以后各层呈螺旋形逐层包扎至最后一层,可用与第一层楔形板方向相反的形板收尾,使整个筒节仍呈圆形,这种结构比多层包扎式下料工作量要少,并且材料利用率也有所提高。

② 绕制式筒体

绕制式筒体包括型槽绕带式筒体和扁平钢带式筒体两种,这种筒体是由一个用钢板卷焊而成的内筒和在其外面缠绕的多层钢带构成的。它具有多层板式筒体的一些优点,而且可以直接缠绕成所需长度,因而可以避免多层板式筒体那样深而窄的环焊缝。

a. 型槽绕带式筒体

型槽绕带式筒体制造时先用 18~50 mm 厚的钢板卷焊一个内筒并将内筒的外表面加工成可以与型钢带相互啮合的沟槽,然后缠绕上数层型钢带至所需厚度,钢带的始端和末端用焊接固定。由于型钢带的两面都带有凸凹槽,缠绕时钢带层之间及其和内筒之间均能互相啮合,使筒体能承受一定的轴向力。此外,在缠绕时一面用电加热带,一面拉紧钢带,并用辊子压紧和定向,缠绕后用空气和水冷却,使钢带收缩而对内层产生预应力。筒体的端部法兰也可以用同样方法绕成,并将外表面加工成圆柱形,然后在其外套上法兰,箍型槽绕带式筒体适用于大型高压容器,此种结构一般用于直径 600 mm 以上、温度 350 ℃ 以下、压力 19.6 MPa 以上的工况。

b. 扁平钢带式筒体

扁平钢带式筒体属我国首创,其全称为扁平钢带倾角错绕式筒体,由内筒、绕带层和筒体端部三部分组成。内筒为单层卷焊,其厚度一般为筒体总厚度的 20%~25%;筒体端部一般为锻件,其上有 3 锥面以便与钢带的末端相焊扁平钢带以倾角(钢带缠绕方向与筒体横断面之间的夹角一般为 26°~31°)错绕的方向缠绕于内筒上。这样带层不仅加强了筒体的周向强度,也加强了轴向强度,克服了型槽绕带式筒体轴向强度不足的弱点。相邻层钢带交替采用左、右旋螺纹方向缠绕,使筒体中产生附加扭矩的问题得以消除,改善了受力状态。该结构适用于直径 < 1 000 mm、压力 < 31.36 MPa、温度 < 200 ℃ 的工况条件。压力容器的筒体结构还有套箍式、绕丝式等形式,使用较少。

3. 封头

封头按形状可以分为三类,即凸形封头、锥形封头和平板封头。其中平板封头在过去制造的高压容器上有所采用,但是随着高压容器的大型化,用大型锻件加工制成的平板封头就显得特别笨重,因此近年来制造的高压容器特别是大直径的高压容器很少采用。平板封头主要用作压力容器人孔、手孔的盖板和高压容器的端盖;锥形封头一般用于某些特殊用途的容器;而凸形封头在压力容器中得到了广泛的应用。

(1)凸形封头

凸形封头有半球形封头、碟形封头、椭圆形封头和无折边球形封头,现介绍如下。

①半球形封头

半球形封头实际上就是一个半球体,如图 7 - 82 所示。对于直径较小的半球形封头,可整体压制成形;而对于直径较大的半球形封头,由于其深度太大,整体压制困难,故采用数块大小相同的梯形球面板和顶部中心的一块球面板(球冠)组焊而成球。冠的作用是把梯形球面板之间的焊缝间隔开,以保持一定的距离,避免应力集中。

图 7 - 82 半球形封头

根据强度计算,半球形封头的壁厚都小于筒体壁厚。为了减小其连接处由于几何形状不连续而产生的局部应力,半球形封头与筒体的连接有过渡段。

②碟形封头

碟形封头又称作带折边的球形封头,如图 7 - 83 所示。碟形封头由半径为 R_i 的球面、高度为 h 的圆筒形直边、半径为 r_i 的连接球面与直边的过渡区三部分组成。过渡区的存在使球面与圆体的连接由突然转折变为平滑过渡,改善了连接处的受力状况。碟形封头的深度 H 与 R_i 和 r_i 有关,H 值的大小直接影响到封头的制造难易和壁厚 δ_n 的厚薄。H 若小些,虽较易加工制造,但过渡区的 r_i 变小,形状突变严重,因此而产生的局部应力导致封头壁厚 δ_n 也随之增大;反之 H 若大些,使 r_i 变大,形状突变平缓,因而产生的局部应力与封头壁厚

δ_n 随之减小,但加工制造较困难。

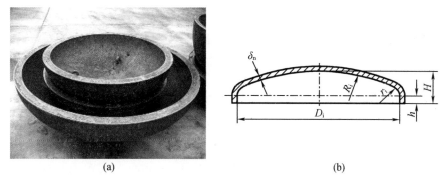

(a)   (b)

图 7 – 83　碟形封头

③椭圆形封头

椭圆形封头由半椭球体和圆筒体两部分组成,如图 7 – 84 所示。高度为 h 的圆筒部分同碟形封头的圆筒体类似,其作用在于避免边缘应力叠加在封头与筒体的连接环焊缝上。由于封头的曲率半径是连续而均匀变化的,所以封头上的应力分布也是连续而均匀变化的,受力状态比碟形封头好,但不如半球形封头。椭圆形封头的深度 H 取决于椭圆形的长短轴之比,即封头的内直径与封头两倍深度之比($D_i/2H$)。$D_i/2H$ 比值越小,封头深度越大,受力较好,需要的壁厚也小,但加工制造困难;$D_i/2H$ 比值越大,虽易于加工制造,但受力状态变差,需要的壁厚增大。一般 $D_i/2H$ 之值不大于 2.6 为宜,人们将 $D_i/2H = 2$ 的椭圆形封头称为标准椭圆形封头(是压力容器中常用的一种封头),否则为非标准椭圆形封头。

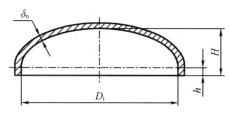

图 7 – 84　椭圆形封头

④无折边球形封头

无折边球形封头是一块深度很小的球面体(球冠),实际上就是为了减小深度而将半球形封头或碟形封头的大部分除掉,只取其上的球面体而成。它结构简单,深度浅,容易制造,成本也较低。但是,它与筒体的连接处存在明显的形状突变,导致很高的局部应力,这一应力往往是封头和筒体正常部位应力的好几倍,故受力状况不良。因此,这种封头一般只用于直径较小、压力较低的容器上。为了保证封头和筒体连接处不至遭到破坏,要求连接处角焊缝采用全焊透结构。

(2)锥形封头

锥形封头分为无折边锥形封头和折边锥形封头。

①无折边锥形封头

无折边锥形封头就是一段圆锥体。由于锥体与筒体直接连接,连接处壳体形状突变而不连续,产生较大的局部应力。这一应力的大小取决于锥体半顶角 α 的大小,α 越大,应力越大;反之则小。

②折边锥形封头

折边锥形封头(图7-85)包括圆锥体、折边和圆筒体三部分,多用于锥体半顶角 $\alpha >$ 30°的场合。因为 α 越大,锥体应力越大,所需壁厚也越大,加工就越困难。所以,除非特殊需要,带折边锥形封头的半顶角一般不大于45°。此外,折边的内半径 r_i 越大,封头受力状态越好。

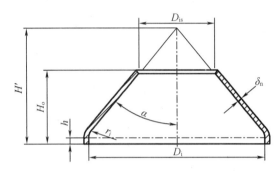

图7-85 折边锥形封头

就受力状态而言,锥形封头较半球形封头、碟形封头、椭圆形封头都差。但是,锥形封头的形状有利于流体流速的改变和均匀分布,有利于物料的排出,所以锥形封头在压力容器上仍得到应用,一般用于直径较小压力较低的容器上。

4. 法兰连接结构

(1)法兰的连接与密封作用原理

法兰在容器与管道中起连接与密封作用,下面以螺栓连接的法兰为例说明其结构特点。法兰实际上就是连在管道和容器端部的圆环,上面开有若干螺栓孔。一对相组配的法兰之间装有垫片,通过拧紧螺栓来连接一对法兰,并压紧垫片,使垫片表面产生塑性变形,从而阻塞了容器内介质向外流的通道,起到密封作用。这就是法兰的密封原理。

(2)法兰与筒体的连接形式

根据法兰与筒体的连接形式不同,容器法兰分为整体式法兰、活套式法兰和任意式法兰三种。

①整体式法兰

法兰与法兰颈部为一整体或法兰与容器的连接可视为整体结构的法兰,称为整体式法兰,如图7-86所示。根据整体式法兰与筒体的连接形式又可将其分为平焊法兰和对焊法兰两类。

a. 平焊法兰

平焊法兰是将法兰环套在筒体外面,用填角焊与筒体连接的法兰。这种结构因结构简单、制造容易而使用广泛。但是这种结构刚性差,受力后容易产生变形和泄漏,有时还导致筒体弯曲,所以一般只用于直径较小、压力与温度较低的低压容器上。

图7-86 整体式法兰

b. 对焊法兰

对焊法兰是通过锥颈与筒体对焊连接的法兰。这种法兰根部带有较厚的锥颈圈,不仅刚性较好,不易变形,而且法兰环通过锥颈与筒体对接,局部应力较平焊法兰大大降低,且强度增加。但这种法兰制造比较困难,所以在中压容器上采用。

②活套式法兰

法兰式环套在筒体外面但不与筒壁固定成整体的法兰,称为活套式法兰,如图7-87所示。活套式法兰又分为翻边活套法兰、焊环活套法兰、半环活套法兰和螺纹活套法兰。活套式法兰与筒体没有刚性的连接,故拆卸、维修或更换均较方便,不会使筒壁产生附加应力,可用与筒体不同的材料制造。但其强度较低,对直径与压力相同的容器,活套式法兰所需的厚度比整体式法兰大得多,所以这类法兰一般只用于搪瓷或有色金属制造的低压容器上。

图7-87 活套式法兰

③任意式法兰

将法兰环开好坡口并先镶在筒体上,然后再焊在一起的法兰称为任意式法兰。任意式法兰结构类似整体式法兰中的平焊法兰,但与筒体连接处未采用全焊透结构,故强度比后者差,只用于直径较小的低压容器上。

(3)法兰密封面及垫片

①法兰密封面

法兰连接很少时常因强度不足而遭破坏,由于密封不良导致泄漏。因此,密封问题已成为法兰连接中的主要问题,而法兰密封面与垫片又直接影响到法兰的密封。

法兰密封面即法兰接触面,简称法兰面。一般均需经过比较精密的加工,以保证足够的精度和粗糙度,才能达到预期的密封效果。常用的法兰密封面有平面型密封面、凹凸型密封面、槽型密封面和自紧型密封面等数种。

a. 平面型密封面

平面型密封面只有一个光滑的平面,为改善密封性能,常在密封面上车出几道宽约 1 mm,深约 0.5 mm 的同心圆沟槽,如同锯齿。这种密封结构简单,容易加工,但安装时垫片不易装正,紧螺栓时也易挤出,一般用于低压、无毒介质的容器上。

b. 凹凸型密封面

凹凸型密封面是一对法兰的密封面分别为凹面和凸面,且凸面高度略大于凹面深度。安装时把垫片放在凹面上,因此容易装正,且紧螺栓时也不会挤出。凹凸型密封面密封性能优于平面型密封面,但加工较困难,一般用于中压容器上。

c. 槽型密封面

槽型密封面是在一对法兰的密封面上,将其中一个加工出一圈宽度较小的头,将另一个加工出与头相配合的棒槽,安装时垫片放在棒槽内。这种密封面因为垫片被固定在槽内,不可能向两边挤出,所以密封性能更好。除此之外,其垫片较窄,减轻了压紧螺栓的负荷。但这种密封面结构复杂,加工困难,且更换垫片比较费事,头也容易损坏。所以,槽型密封面一般只用于易燃或有毒的工作介质或工作压力较高的中压容器上,因为这种密封面在氨生产设备上用得较多,所以又称为氨气密封。

d. 自紧型密封面

将密封面和垫片加工成特殊形状,承受内压后,垫片会自动紧压在密封面上确保密封效果,故称为自紧型密封面。这种密封面的接触面积小,垫片在内压作用下有自紧能力,密封性能好,减小了螺栓的压紧力,也就减小了螺栓和法兰的尺寸。这种密封面结构适用于高压及压力、温度经常波动的容器上。

②垫片

法兰密封面即使经过精密的加工,法兰密封面之间也会存在微小的间隙,而成为介质泄漏的通道。垫片的作用就是在螺栓的压紧力作用下产生塑性变形,以填充法兰密封面之间存在的微小间隙,堵塞介质泄漏通道,从而达到密封的目的。

容器法兰连接所用的垫片有非金属软垫片、缠绕垫片、金属包垫片和金属垫片等数种。

a. 非金属软垫片

非金属软垫片是用弹性较好的板材,按法兰密封面的直径及宽度剪成一个圆环形所成。所用材料主要有橡胶板、石棉橡胶板和石棉板等,根据容器的工作压力、温度及介质的腐蚀性来选用。对于一般低压、常温(≤100 ℃)和无腐蚀性介质的容器,多用橡胶板(经过硫化处理的硬橡胶工作温度可达 200 ℃);对于介质温度较高(水蒸气 <450 ℃,对油类 < 350 ℃)的中、低压容器,通常用石棉橡胶板或耐油石棉橡胶板;对于一般腐蚀性介质的低压容器,常采用耐酸石棉板;对于压力较高容器,则用聚乙烯板或聚四氟乙烯板。

b. 缠绕垫片

缠绕垫片是用石棉带与薄金属带(低碳钢带或合金钢带)相间缠绕制成的。因为薄金属带有一定的弹性,而且是多道密封,所以密封性能较好。缠绕垫片用于压力或温度波动较大,特别是直径较大的低压容器上最为适宜,因为这种垫片直径再大也可以没有接口。

c. 金属包垫片

金属包垫片又称包合式垫片,是用薄金属板(一般用白铁皮,介质有腐蚀性的用薄不锈钢板或铝板)内包石棉材料等卷制而成的圈环。这种垫片耐高温,弹性好,防腐能力强,有较好的密封性能,但制造较为费事,一般只用于直径较大、压力较高的低压容器或中压容器上。

（4）法兰连接的紧固形式

法兰连接的紧固形式有螺栓紧固、带铰链的螺栓紧固和"快开式"法兰紧固等数种。

①螺栓紧固

螺栓紧固结构简单，安全可靠，法兰通常采用这种紧固形式。但也存在拆装费时的弱点，所以这种紧固形式只用于一些不经常拆卸的法兰连接

②带铰链的螺栓紧固

若容器端盖常需开启，则用带链的螺栓紧固。因螺栓带有铰链，法兰上螺孔开有缺口，用这种紧固形式拆卸时不用从螺栓上卸下螺母，只要拧松后螺栓就可绕铰链轴从法兰边翻转下来。为了便于拆卸，螺母制成特殊的带有蝶形或环状的肩部。这种法兰紧固形式虽装卸方便省时，但法兰较厚，若螺栓安放稍有不正，在容器运行时可能发生螺栓滑脱飞出的意外事故。常只用于压力较低、直径较小的容器法兰连接，多见于染料、制药等化工容器。

③"快开式"法兰紧固

"快开式"法兰紧固是一种不用螺栓紧固的法兰连接，常用于端盖需要频繁开闭的压力容器。这种紧固形式具有一对形状比较特殊的法兰，与容器筒体连接的法兰较厚，中间有一条环形槽，槽外端部圈环内侧开有若干个齿形缺口；焊在端盖上的法兰较薄，其厚度略小于筒体法兰上环形槽的宽度，其外径略小于环形槽的内径。法兰外侧开有齿形缺口，节距与筒体法兰上齿形缺口节距相同。装配时把端盖法兰的缺口对齐筒体法兰上的齿，并放入环形槽内，然后转动端盖约一个齿槽的距离，使两者的齿对齐，两个法兰即连接完毕。它的密封装置一般是在筒体法兰的密封面上加工出一条环形密封槽，装入整体式垫片，在密封槽的底部通入蒸气或压缩空气，垫片即被压紧在端盖的密封面上，达到密封的目的。对于直径较大的端盖，装配时要用机械传动减速装置来转动。这种法兰紧固形式可以减轻劳动强度，节省装卸时间，密封性能也较好。但使用时要注意安全，开盖前必须将容器内的压力泄尽，最好能装设联锁装置来保证开盖前容器内泄尽压力。

容器法兰及管法兰、螺栓及垫片等连接件的规格均已标准化，国家及有关部门均制定了有关标准，选用时可以查阅。

5. 密封结构

（1）密封结构的分类

各国对压力容器的密封结构做了许多试验研究工作，取得了不少的成果，密封结构的形式越来越多。按照其密封机理的不同，密封结构可分为强制密封和自紧密封两类。前者是通过紧固端盖与筒体端部的螺栓等连接件（主要有平垫密封、卡扎里密封、八角垫密封等）强制将密封面压紧来达到密封的目的；后者是利用容器内介质的压力使密封面产生压紧力来达到密封（主要有 O 形环密封、双锥面密封、伍德密封、C 形密封、B 形密封）的目的。

（2）几种常用的密封结构

①平垫密封

平垫密封分为强制式和自紧式两种。强制式平垫密封（下简称平垫密封）的结构与一般法兰连接密封相同，由于工作压力较高，密封面一般都采用凹凸型或槽型，也有在密封面上加工几道同心圆密封沟槽的。

平垫密封结构简单，使用时间较长，经验比较成熟，垫片及密封面加工容易，多用于温度不高、直径较小、压力较低的容器上。当压力容器的压力升高、直径变大时，端盖和筒体

法兰均需相应的增厚加大,而变得笨重,连接螺栓的规格亦需加大且数量增多,造成加工和装配都不方便。所以,在大直径的高压容器上不宜采用平垫密封。此外,在温度较高(200 ℃以上)和压力、温度波动较大的工况条件下,平垫密封也不可靠。平垫密封推荐使用范围可查阅相关规定。平垫密封所使用的垫片可选用退火铝、退火紫铜和 10 号钢制作。

②卡扎里密封

卡扎里密封是一种强制式密封,有外螺纹卡扎里密封、内螺纹卡扎里密封和改良卡扎里密封三种形式,其中外螺纹卡扎里密封用得最多。

a. 外螺纹卡扎里密封

外螺纹卡扎里密封的垫片是一个横断面呈三角形的软金属垫,由铜或铝制成容器的筒体法兰与端盖用螺纹套筒连接,通过拧紧压紧螺栓,加力于压紧环而压紧垫片来实现密封。这种结构的优点是省去了筒体端部与端盖的连接螺栓,拆卸方便,属于快拆结构;垫片的面积也较小,因而所需压紧力及压紧螺栓的直径也较小,密封可靠,适合用于温度波动较大的容器。但这种密封结构复杂,密封零件多,且精度要求高,加工困难。这种密封结构常用于大直径、高压且需经常装拆和要求快开的压力容器

b. 内螺纹卡扎里密封

内螺纹卡扎里密封的作用原理与外螺纹卡扎里密封的基本相同,只是将带螺纹的端盖直接旋入带有内螺纹的筒体端部内,密封垫片置于端盖与筒体端部连接交界处,其上有压紧环,通过压紧螺栓使密封垫片的内侧面和底面分别与端盖侧面和筒体端部面贴合实现密封。它比外螺纹卡扎里密封省略一个较难加工的螺纹套筒,结构简单了一些,但它的端盖需加厚,占据了较多的压力空间,螺纹易受介质腐蚀,装拆也不方便,工作条件差。内螺纹卡扎里密封一般只用于小直径的高压容器上。

c. 改良卡扎里密封

改良卡扎里密封结构不用螺纹套筒连接端盖与筒体,而改用螺栓连接,其他均与外螺纹卡扎里密封相同,这种结构无甚显著的优点,所以很少采用。

③双锥密封

双锥密封在端盖的突台上,在双锥面和端盖、筒体端部的密封面之间放置有软金属垫。为了改善密封性能,在双锥面上还加工了二三道半圆形沟槽。此外,端盖突台的侧面(即与双锥面的套合面)铣有几条较宽的轴向槽,以便容器内介质的压力通过这些槽作用于双锥环的内侧表面。其密封的实现一是通过拧紧主螺栓产生的压紧力,压紧双锥面与筒体法兰和端盖的密封面;二是容器内介质的压力(紧力)通过端盖突台侧面的轴向槽作用于双锥环的内侧,也使双锥面与筒体法兰和端盖的密封面压紧,所以也将这种密封形式称为半自紧密封。由于双锥密封结构简单、加工容易、密封性能良好及拆装较方便,在我国高压容器上获得了广泛的采用,是国内最为成熟的高压密封结构。双锥密封的缺点是端盖和连接螺栓尺寸较大。

④伍德密封

伍德密封是一种自紧式密封的组合式密封,其结构是由浮动端盖、四合环压垫和筒体端部四部分组成的。密封时首先拧紧牵制螺栓,靠牵制环的支承使浮动端盖上移,同时调整拉紧螺栓,将压垫预紧而形成预密封。随着容器内介质压力的上升,浮动端盖逐渐向上移动,端盖与压垫之间及压垫与体端部之间的压紧力也逐渐增加,从而达到密封的目的。压垫的外侧开有 1~2 道环形沟槽,使压垫具有弹性,能随着浮动端盖的上下移动而伸缩,使

密封更加可靠。为便于从筒体内取出,四合环是由四块元件组成的圆环,又称压紧环。这种密封结构的密封性能良好,不受温度与压力波动的影响且装卸方便,适用于要求快开的压力容器。其端盖与筒体端部不用螺栓连接,所以用料较少重量较轻。但由于这种密封结构复杂,零件较多且加工精度及组装要求很高,浮动端盖占据高空间太多等原因,以往多用于氮肥工业。因为伍德密封存在上述不足,现已逐渐被其他密封所取代,但在一些直径不大、对密封有特殊要求(如压力、温度波动大)且要求快开的高压容器中仍有采用。

⑤O形环密封

O形密封因密封垫圈的横断面呈O形而得名。其形环有金属O形环和橡胶O形环两大类,用得多的是金属O形密封环;橡胶O形环因材料性能的限制,目前只用于常温或温度不高的场合。按照制造形式O形环可分为非自紧式O形环、自紧式O形环、充气O形环、双金属O形环四种。

a. 非自紧O形环

非自紧O形环就是一个横断面为O形的金属环形管,属于强制式密封,适用于压力较低的容器,可以密封真空及盛有腐蚀性液体或气体介质的容器。

b. 自紧式O形环

自紧式O形环的内侧钻有若干个小孔,由于环内具有与容器内介质相同的压力,因而会向外扩大形成轴向自紧力。故自紧式O形环属自紧式密封结构,适用于高压、超高压的压力容器。

c. 充气O形环

充气O形环在环内充有压力为3.92~4.9 MPa的惰性气体,以防止O形环在高温下失去金属弹性。高温下环内的惰性压力会随着温度的上升而增加O形环的回弹能力。此结构属于强制式密封,适用于高温、高压场合。

d. 双金属O形环

双金属O形环主要用于对密封性能要求较高的场合。若漏过第一道O形环的介质会被第二道O形环挡住,并可由两道O形环之间的通道导出,可以防止有害介质漏入大气,核容器多采用这种密封结构。

压力容器的密封结构形式众多,以上只是介绍了使用较多的几种,其他密封结构的原理基本相同,不另赘述,可自行查阅有关资料。

6. 支座

(1)立式容器支座

在直立状态下工作的容器称为立式容器,其支座主要有悬挂式支座、支承式支座和裙式支座三类。

①悬挂式支座

悬挂式支座俗称耳架,适用于中小型容器,在立式容器中应用广泛。它是由两块筋板与容器筒体焊接而成,底板用地脚螺栓搁置并固定在基础上。为了加大支座的反力分布在壳体上的面积,避免因局部应力过大使壳壁凹陷,必要时应在筋板和壳体之间放置加强垫板。悬挂式支座的型式、结构、尺寸、材料及安装要求详见NB/T 47065.3《密器支座 第3部分:耳式支座》。

②支承式支座

支承式支座一般由两块竖板及一块底板焊接而成。竖板的上部加工成和被支承物外形相同的弧度,并焊于被支承物上。底板搁在基础上,并用地脚螺栓固定。当荷重>4 t 时,还需要在两块竖板的端部加一块倾斜支承板。支承式支座的型式、结构、尺寸、材料及安装要求详见 NB/T 47065.3《密器支座 第 3 部分:耳式支座》。

③裙式支座

裙式支座由裙座、基础环、盖板和加强筋组成,有圆筒形和圆锥形两种形式。裙式支座常用于高大的立式容器。裙座上端与容器壁焊接下端与搁在基础上的基础环焊接,用地脚螺栓加以固定。为便于装拆,基础环上装设地脚螺栓处开成缺口,而不用圆形孔。盖板在容器装好后焊上,加强筋焊在盖板与基础环之间。为避免应力集中,裙座上端一般应焊在容器封头的直边部分,而不应焊在封头转折处。因此裙座内径应和容器外径相同,裙式支座的设计计算可以查阅相关规定。

(2)卧式容器支座

在水平状态下工作的容器为卧式容器,其支座主要有鞍式支座、圈座及支承式支座三类。

①鞍式支座

鞍式支座是卧式容器使用最多的一种支座形式,鞍式支座一般由腹板、底板、垫板和加强筋组成。有的支座没有垫板,腹板直接与容器壁连接。若带垫板则作为加强板使用,一是加大支座反力分布在壳体上的面积,对于大型薄壁卧式容器可以避免因局部应力过大而使壳壁凹陷;二是可以避免因支座与壳体材料差别大时进行异种钢焊接;三是对于壳体材料需进行焊后热处理的容器,可先将加强垫板焊在壳体上,在制造厂同时进行热处理,而在施工现场再将支座焊在加强垫板上,从而解决支座与壳体在使用现场焊接后难于进行热处理的矛盾(故加强垫板的材料应与壳体的材料相同)。此外,在设计、安装鞍式支座时要注意解决容器和热膨胀问题,要求支座的设置不能影响容器在长度方向的自由伸缩,在使用时要观察容器的膨胀情况。

②圈座

圈座的结构比较简单。对于大直径薄壁容器、真空下操作的容器和需要两个以上支承的容器,一般采用圈座支承。压力容器采用圈座支承时,除常温常压下操作的容器外,应考虑容器的膨胀问题。

③支承式支座

支承式支座结构也比较简单。因为支承式支座在与容器壳体连接处会造成严重的局部力,所以只适用于小型卧式容器。

(3)球形容器支座

一般球形容器都设置在室外,会受到各种自然环境(如风载荷、地震载荷及环境温度变化)的影响,且质量较大,外形又呈圆球状,因而支座的结构设计和强度计算比较复杂。为了满足不同的使用要求,应有多种球形容器支座结构与之适应。总括起来可分为柱式支承和裙式支承两大类。其中柱式支承又可分为赤道正切柱式支承、V 形柱式支承和三柱合一柱式支承三种主要类型;裙式支承包括圆筒形裙式支座锥形支承、钢筋混凝土连续基础支承、半埋式支承、锥底支承等多种。在上述各种支座中,以赤道正切柱式支承使用最为普遍,以下重点介绍赤道正切柱式支承,他形式的支座只做简略介绍。

①赤道正切柱式支承

赤道正切柱式支承的结构特点是由多根圆柱状的支柱,在球壳的赤道带部位等距离分布,支柱的上端加工成与球壳相切或近似的形状并与球壳焊在一起。为了保证球壳的稳定性,必要时在支柱之间加设松紧可调的连接拉杆。支柱上端的盖板有半球式和平板式两种,目前大多采用半球式盖板支柱,和球壳的连接又可分为有加强垫板和无加强垫板两种结构。加强垫板虽可增加球壳连接处的刚性,但由于加强垫板与球壳之间采用搭接焊,不仅增加了探伤的难度,而且当球壳采用低合金高强度钢时,在加强垫板与球壳焊接过程中易产生裂纹。因此球形储罐设计的相关规定中规定,采用无垫板结构,支柱与球壳连接的下部结构可分为直接连接和托板连接两种,采用托板结构,有利于改善支承和焊接条件。支柱有整体和分段之别,整体支柱主要用于常温球罐及采用无焊接裂纹敏感性材料制作壳体的球罐。支柱上端在制造厂加工成与球壳外形相吻合的圆弧状,下端与底板焊好,然后运到现场与球壳赤道板焊接在一起。分段支柱由上、下两段支柱组成,其上段与球壳赤道板的连接焊缝应在制造厂焊好并进行后热处理,上段支柱长度一般为支柱总长度的1/2 分段支柱适合用于低温球罐及采用具有焊接裂纹敏感性材料制作壳体的球罐在常温球罐中,当希望改善支柱与球壳连接部位的应力状态时,也可以采用分段支柱。

对于储存易燃、易爆及液化石油气物料的球罐,每个立柱应设置易熔塞排气口及防火隔热层。对需进行现场整体热处理的球形容器,由于热处理时球壳受热膨胀,将引起支柱的移动,要求支柱与基础之间应有相应的移动措施。支柱可采用无缝钢管或卷制焊接钢管制造。

②其他类型的支座

由于支座种类繁多,在此只简略介绍 V 形柱式支座、圆筒形裙式支座及钢筋混凝土连续基础支座三种。

a.V 形柱式支座

V 形柱式支座的结构特点是每两根支柱呈 V 字形设置,且等距离与赤道带相连,故柱间无须设置拉杆。这种支座比较稳定,适用于承受热膨胀变形的工况。

b.圆筒形裙式支座

圆筒形裙式支座是用钢板卷焊成的圆筒形裙架,通过圆环形垫板固定在基础上,一般适用于小型球形容器,圆筒形裙式支座的特点是支座低而省料,稳定性较好,但低支座造成容器底部配管困难,工艺操作,施工与检修也不方便。

c.钢筋混凝土连续基础支座

钢筋混凝土连续基础支座是将支座与基础设计成一个整体,即用钢筋混凝土制成圆筒形的连续基础,该基础的直径一般近似等于球壳的半径。这种支座的特点是球壳重心低,支承稳定;支座与球壳接触面积大,荷重量较大;但制造时对形状公差的要求较严。

7.压力容器的安全附件

安全阀、爆破片、压力表、液位计、温度计都是压力容器的安全附件,也是容器得以安全和经济运行所必需的构成部分,容器操作人员通过对这些安全附件的监视和操作来实现并控制压力容器的运行。如果这些安全附件不齐全或不灵敏,就会直接影响压力容器的安全运行。合格的操作人员要会正确地监视这些装置,并且应了解它们的结构、工作原理及使用管理等方面的知识。

(1)安全阀

安全阀是一种超压防护装置,它是压力容器应用最为普遍的重要安全附件之一。安全阀的功能在于当容器内的压力超过某一规定值时,就自动开启迅速排放容器内部的过压气体,并发出声响,警告操作人员采取降压措施;当压力恢复到允许值后,安全阀又自动关闭,使容器内压力始终低于允许范围的上限,不致因超压而酿成爆炸事故,弹簧全启封闭式安全阀。

①安全阀的结构形式和工作原理

安全阀按整体结构和加载机构形式可以分为弹簧式安全阀和杠杆式安全阀两种。另外还有一种脉冲式安全阀,因其结构复杂,只在大型电站锅炉上使用。

a.弹簧式安全阀

弹簧式安全阀由阀体、阀芯、阀座、阀杆、弹簧、弹簧压盖、调节螺栓、销子、外罩、提升手柄等构件组成。其利用弹簧被压缩后的弹力来平衡气体作用在阀芯上的力,当气体作用在阀芯上的力超过弹簧的弹力时,弹簧被进一步压缩,阀芯被抬起离开阀座,安全阀开启排气泄压;当气体作用在阀芯上的力小于弹簧的弹力时,阀芯紧压在阀座上,安全阀处于关闭状态。安全阀开启压力的大小可以通过调节弹簧的预紧力来实现。将调节螺栓拧紧,弹簧被压缩量增大,作用在封闭式安全阀阀芯上的弹力也增大,安全阀开启压力增高,反之降低。有的弹簧式安全阀阀座上装有调整环,其作用是调节安全阀回座压力的大小。所谓回座压力是指安全阀开启排气泄压后重新关闭时的压力。调整安全阀回座压力,将调整环向上旋,安全阀开启时,由阀座与阀芯间隙流出的气体碰到调整环后被迫转折180°,增加了对阀芯的冲力,使阀芯在极短的时间内升到最大高度,并大量排出气体。由于气体对阀芯的冲力增大,而作用在阀芯上的弹力没有变,所以只有当容器内压力降得稍低时,阀芯才能回到阀座上使安全阀关闭,这样回座压力就较低。如果将调整环向下旋,那么气体向上的冲力降低,则安全阀回座压力就较高。弹簧式安全阀结构紧凑、轻便、严密、受振动不易泄漏,灵敏度高,调整方便,使用范围广,但其制造较为复杂,对弹簧的材质及加工工艺要求较高,使用久了的弹簧容易发生变形而影响灵敏度。

b.杠杆式安全阀

杠杆式安全阀主要由阀体、阀芯、阀座、阀杆、重锤、重锤固定螺栓等组成,有单杠杆和双杠杆之分。它是运用杠杆原理,通过杠杆和阀杆将重锤的重力作用于阀芯,以平衡气体压力作用在阀芯上的力矩。当重锤的力矩小于气体压力的力矩时,阀芯被顶起离开阀座,安全阀开启排气泄压;当重锤的力矩大于气体力矩时,阀芯被紧压在阀座上,安全阀关闭。重锤的位置是可动的,可根据容器工作压力的大小来移动重锤在杠杆上的位置,以调整安全阀的开启压力。

杠杆式安全阀具有结构简单,调整容易、准确,所加的载荷不因阀芯的升高而增加等优点,适合用于温度较高的容器上;其缺点是质量较大,加载机构较易振动,常因振动而产生泄漏现象且回座压力一般都比较低。

②安全阀的选用原则

杠杆式安全阀主要依靠杠杆重锤的作用力工作,但由于杠杆式安全阀体积庞大往往限制了选用范围,温度较高时选用带散热器的安全阀。安全阀的主要参数是排量。

安全阀的选用:由操作压力决定安全阀的公称压力,由操作温度决定安全阀的使用温度范围,由计算出的安全阀的定压值决定弹簧或杠杆的定压范围,然后根据使用介质决定安全阀的材质和结构形式,最后根据安全阀泄放量计算出安全阀的喉径。以下为安全阀选用的一般规则:

a.热水锅炉一般用不封闭带扳手微启式安全阀。

b.蒸汽锅炉或蒸汽管道一般用不封闭带扳手全启式安全阀。

c.水等液体不可压缩介质一般用封闭微启式安全阀,或用安全泄放阀。

d. 高压给水一般用封闭全启式安全阀,如高压给水加热器、换热器等。

e. 气体等可压缩性介质一般用封闭全启式安全阀,如储气罐、气体管道等。

f. E 级蒸汽锅炉一般用静重式安全阀。

g. 大口径、大排量及高压系统一般用脉冲式安全阀,如减温减压装置、电站锅炉等。

h. 运送液化气的火车槽车、汽车槽车、储罐等一般用内装式安全阀。

i. 油罐顶部一般用液压安全阀,需与呼吸阀配合使用。

j. 井下排水管道或天然气管道一般用先导式安全阀。

③安全阀的安装

安全阀必须垂直安装在容器的本体上,液化气储罐上的安全阀必须装在它的气相位置,若安全阀确实不便装在容器本体上需用短管连接,接管的直径必须大于安全阀的进口直径,接管上一般应禁止装设阀门或其他引出管。对于易燃、易爆、有毒或黏性介质的容器,为便于安全阀更换、清洗,可装一只截止阀,但截止阀的流通面积不得小于安全阀的最小流通面积,并且要有可靠的措施和严格的制度,以保证在运行中截止阀全开。选择安装位置时,应考虑到安全阀日常检查的方便。安装在室外露天的安全阀,要有防止冬季阀内水分冻结的可靠措施。对于装有排气管的安全阀,排气管的最小截面积应大于安全阀的出口截面积,排气管应尽可能短而直,并且不得装阀,有毒介质的排放应导入封闭系统。易燃易爆介质的排放最好导入火炬,如排入大气则必须引至远离明火和易燃物且通风良好处。排放管应可靠接地,以导除静电安装杠杆式安全阀时,必须使其阀杆保持铅锤位置。所有进气管、排气管连接法兰的螺栓必须均匀上紧,以免阀体产生附加压力,破坏阀体的同心度,影响安全阀的正常动作

④安全阀的调整、维护和检验

a. 安全阀的调整

安全阀在安装前应进行水压试验和气密性试验,合格后才能进行校正。安全阀的开启压力一般应为最高工作压力的 1.05～1.10 倍,在压力容器上,通过调整安全阀调节圈与阀的间隙,来精确地确定排放压力和回座压力。如在开启压力下仅有泄漏声而不起跳或虽起跳但压力下降后有剧烈振动和蜂鸣声,则是间隙偏大。如果回座压力过低,则是间隙过小,校正调整后的安全阀应进行铅封。

b. 安全阀的维护

欲使安全阀动作灵敏可靠和密封性能良好,必须加强日常维护检查,安全阀应经常保持清洁,防止阀体弹簧被油垢脏物所粘满或被锈蚀,还应经常检查安全阀的铅封是否完好,温度过低时有无冻结的可能,检查安全阀有无泄漏。对杠杆式安全阀,要检查其重锤是否松动或被移动等。如发现缺陷,要及时校正或更换。

c. 安全阀的检验

《压力容器安全技术监察规程》规定,安全阀要定期检查,每年至少检验一次。定期检验工作包括清洗、研磨、试验、校正和铅封。

(2)防爆片

防爆片又称爆破片,是一种断裂型的超压防护装置,常装设在那些不适宜装设安全阀的压力容器上。当容器内的压力超过正常工作压力并达到设计压力时即自行爆破,使容器内的气体经防爆片断裂后形成的流出口向外排出,避免容器本体发生爆炸。泄压后断裂的防爆片不能继续使用,容器也被迫停止运行。因此,防爆片是用在不宜装设安全阀的一种代用装置。

(3)压力表

压力容器及需要控制压力的设备都必须装压力表,在压力容器上装压力表是为了测量容器内介质的压力,操作人员可以根据压力表所指示的压力进行操作,将压力控制在指标内。如果压力表不准或失灵,安全阀也同时失灵的话,则压力容器将发生事故。因此,压力表的准确与否直接关系着压力容器是否安全,未装置压力表或压力表损坏的容器是不准运行的。压力表有液柱式、弹性元件式、活塞式和电容式四大类。目前,单弹簧管式压力表广泛用于压力容器中,这种压力表具有结构坚固、不易泄漏、准确度高、安装使用方便、测量范围较宽、价格低廉等优点。

在工业过程控制与技术测量过程中,由于机械式压力表的弹性敏感元件具有很高的机械强度和生产方便等特性,使得机械式压力表得到越来越广泛的应用。机械式压力表中的弹性敏感元件随着压力的变化而产生弹性变形。机械式压力表采用弹簧管(波登管)、膜片、膜盒及波纹管等敏感元件并按此分类。机械式压力表所测量的压力一般视为相对压力,一般相对点选为大气压力。弹性元件在介质压力作用下产生的弹性变形,通过压力表的齿轮传动机构放大,压力表就会显示出相对于大气压的相对值(或高或低)。

①压力表的安装

a.应便于操作人员观察

压力表应安装在最醒目的地方,并要有足够的照明,压力表的接管应直接与压力容器本体相连,同时要注意避免受辐射热、低温及振动的影响,装在高处的压力表应稍微向前倾斜(但倾斜角应小于30°)。

b.应便于更换和校验

为便于更换和校验压力表,压力表与容器之间应装有阀门,并要有开启标志,以便校对和更换。

c.应注意高温介质的影响

对于工作介质为高温蒸汽的压力容器(如锅炉房内的分汽缸、热水器等),压力表的接管上要装有一段弯管,使蒸汽在这一段弯管内冷凝,以避免高温蒸汽直接进入压力表内的弹簧管中,使表内元件过热变形而影响压力表的精确度。

d.应注意腐蚀介质的影响

若容器内工作介质对压力表零件材料具有腐蚀作用,则应在弹簧管式压力表与容器的连接管路上装置充填有液体的隔离装置,充填液不应与工作介质起化学反应或生成物理混合物。

e.压力表表盘上应有警戒红线

每一个压力表最好固定用于相同压力的容器上,这样可以根据容器的最高许用压力在压力表的刻度盘上画出警戒红线,不应把表示容器最高许用压力的警戒红线涂画在玻璃上,以免玻璃转动使操作人员产生错觉,造成事故。

②压力表的维护

在压力容器运行中,应加强对压力表的及时维护。检查压力容器的操作人员对压力表的维护应做好以下几点工作:

a.压力表应保持清洁;

b.压力表接管要定期吹洗,以免堵塞;

c.压力表要定期校验,及时校验。

(4)液位计

液位计是用来测量液体的液位、流量、装量、投量的一种计量仪表。压力容器操作人员根据位计指示的液位高低来调节控制充装量,从而保证容器内介质的液位始终在正常范围内,不发生因超装过量而导致事故或由于投料过量而造成物料反应不平衡现象。历年来,由于液位计失灵或未按规定安装液位计,或操作人员不认真操作,导致压力容器充装或投料过量的事故是很多的,所以每个压力容器操作人员及管理人员均需重视液位计问题,保证其准确、灵敏、可靠。

对液位计的安全技术要求如下:

①液位计要求结构简单、安全可靠、测量数据准确、精度要高、液位指示明确醒目、操作维修方便。对于大型容器或储存危害较大介质的容器,液位计除采用直读式外,还应装设能够进行数字传递的远程控制、遥控测及自动化液位测定装置。例如,采用带有导线束或钢带的浮子式液位计,测量液位精确;采用超声波液位计时,操作简单,测量速度快,精度高(误差不大于 5 mm)。此外,还有的容器增加了液位报警器,当液位达到或超过警告线时,做到自动报警,使操作人员迅速采取措施,预防事故的发生。

②液位计安装完毕并经校正后,应在刻度表盘上用红色油漆画出最高、最低液位的警告红线。同时操作人员要经常巡回检查,保持液位计的清洁,谨防泄漏。特别在冬季,要防止液位计冻堵和产生假液位。玻璃板或玻璃管内要定期擦洗或冲洗,排放液位计内有毒或易燃易爆介质时,要采用引出管将介质排放至安全地带妥善处理。

③液位计安装在便于操作人员观察的地方,并有防暴、照明装置。在通常情况下,当液位计的液位距离操作地面高于 2 m 或大型容器采用多段连接的板式液位计时,一定要先将液位计的两端阀门关闭,并将管内或管内剩余介质排净后,才能进行检修。

④对于盛装其他介质的大型容器,还应装设安全可靠的液位指示器。液位计或液位指示器上应有防止液位计泄漏的装置和保护罩。液化石油气液位计使用的电气部分应符合安全规定,必须达到防爆隔爆要求,并且安全可靠。

⑤对于液化气体槽车上使用的液位计,为了防止碰撞、减少外露尺寸和确保安全可靠,液位计应置于槽车罐体内部。例如,槽车上经常采用磁力式液位计、拉杆式液位计、浮球式液位计等,不得采用玻璃管式液位计或玻璃板式液位计。

(5)温度计

压力容器在操作运行中,对温度的控制一般都比压力控制更严格,因为温度对工业生产中大部分反应物料或储运介质的压力升降具有决定性作用。特别是容器内的物料或反应物会由于温度变化而发生质量上的变化,如果超过了工艺所规定的温度,就可能生产出不合格的产品而造成经济损失。所以,压力容器操作人员应根据测温仪表所反映的数据来对容器工况进行调整。

①温度计的结构形式及工作原理

压力容器中需要测量的温度范围相当广泛,从 200 ~ 1 000 ℃,故备有多种类型的温度计满足不同范围的测温要求。

a. 热膨胀式温度计

热膨胀式温度计是利用物体受热膨胀的原理制成的,测温范围为 80 ~ 700 ℃。

b. 压力式温度计

压力式温度计是利用液体、气体或蒸气在封闭系统中受热产生压力或体积变化而制成的,测温范围为 60 ~ 550 ℃。

c. 热电偶温度计

热电偶温度计是利用物体的热电性能而制成的,测温范围为 – 50 ~ 160 ℃。

d. 电阻温度计

电阻温度计是利用导体或半导体受热后电阻值变化而制成的,测温范围为 50 ~ 650 ℃。

②温度计的安全使用要点

a. 应选择合适的测温点,使测温点的情况具有代表性,并尽可能减少外界因素的影响。温度计的安装位置要便于操作人员观察,并配备防爆照明。

b. 温度计的温包应尽量深入压力容器或紧贴于容器器壁上,同时露出容器的部分应尽可能短些,确保能准确测量容器内介质的温度,用于测量蒸气和物料为液体的温度时,温包的插入深度应不小于 150 mm;用于测量空气或液化气体的温度时,温包的插入深度应不小于 250 mm。

c. 对于压力容器内介质温度变化剧烈的工况,进行温度测量时要考虑滞后效应,即温度计的读数来不及反映容器内温度变化的真实情况。为此除选择合适的温度计结构形式外,还应注意温度计的安装要求。如用导热性强的材料制作温度计保护套管,在水银温度计套管中注油,在电阻式温度计保护套管中充填金属屑等,以减小传热阻力。

d. 温度计应安装在工作不受碰撞、减小振动的地点。安装内标式玻璃温度计时,应有金属保护套,保护套的连接要求端正。对于充注液体的压力式温度计,安装时其温包与指示部位应在统一水平上,以减小由于液体静压力引起的误差。

e. 新安装的温度计应经计量部门鉴定合格。使用中的温度计应定期进行校验,误差应在允许范围内。在测量温度时不宜突然将其直接置于高温介质中。

(6)常用阀门

阀门是压力容器中不可缺少的配套件。在压力容器运行中,操作人员通过操作各种阀门,实现对生产工艺的控制和调节压力。容器常用的阀门有闸阀、截止阀、球阀、蝶阀、隔膜阀、止回阀、安全阀、减压阀、疏水阀、旋塞阀、柱塞阀等。

(7)过滤器

过滤器对流动介质中的杂质起到过滤的作用,按过滤原理可以分为深层过滤和表层过滤两种形式(图7 – 88)。表层过滤形式是将杂质阻挡在过滤元件的表层,可以通过手动清洗或者自清洗的方式去除杂质,适合于较长的使用期,具有压力稳定或压力降较小的特点。深层过滤是在整个过滤元件厚度上对杂质进行过滤,如常见的汽车空气滤芯过滤器,深层过滤滤芯一般属于一次性消耗品,需要定期清洗或更换。电厂中各种过滤器基本都是基于这两种原理,根据过滤介质的不同,主要有管道过滤器、水过滤器、通风过滤器、油过滤器、树脂过滤器和海水过滤器等。

①管道过滤器

管道过滤器主要由接管、筒体、滤篮、法兰、法兰盖及紧固件等组成。安装在管道上能除去流体中的较大固体杂质,使机器设备(包括压缩机、泵等)、仪表能正常工作和运转,达到稳定工艺过程,保障安全生产的作用。当液体通过筒体进入滤篮后,固体杂质颗粒被阻挡在滤篮内,而洁净的流体通过滤篮、由过滤器出口排出。当需要清洗时,旋开主管底部螺塞,排净流体,拆卸法兰盖,清洗后重新装入即可。具有结构紧凑、过滤能力大、压损小、适用范围广、维护方便等优点。

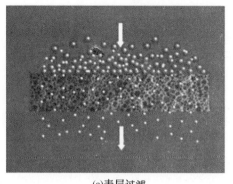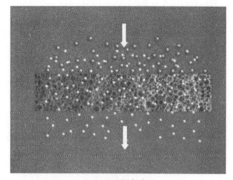

(a)表层过滤　　　　　　　　　　　　　　(b)深层过滤

图7-88　过滤器按过滤原理分类

　　管道过滤器比较常见的类型主要有直通管道过滤器、T 型管道过滤器、Y 型管道过滤器、双联切换过滤器、篮式过滤器等。图7-89 所示为典型的 Y 型管道过滤器。

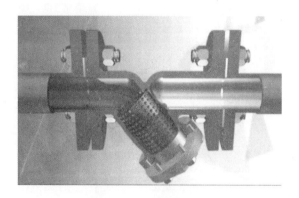

图7-89　Y 型管道过滤器

　　目数是指滤网在 1 in 线段内的孔数。孔的目数越大,表面孔数越多,孔径也越小,过滤越精细;反之孔径大过滤粗。过滤面积是指滤芯上部所有开孔面积之和。

　　②水过滤器

　　在核电厂中有一种特殊的过滤器,其接触带放射性介质,称为水过滤器。水过滤器工作(过滤)介质为核电厂正常运行工况和事故工况下核岛工艺系统的介质,包括反应堆冷却剂、除盐水、含硼水、排污水等。该类过滤器主要应用于 APG、RCV、REA、TEU、TEP、PTR 等系统。

　　在水过滤器(图7-90)腔体的侧面和底部装有进口接管和出口接管。未过滤的工艺流体通过侧面接管(进口)进入过滤芯子,从外侧到内侧流过芯子,然后再通过芯子内部和腔体底部接管(出口)流出。在腔体的顶部和腔体的底部分别设有一个排气孔和两个排水口接管,过滤芯子在其每一端部都备有整体的 O 形环密封圈。腔体和上部法兰盖用锁紧螺栓固定。

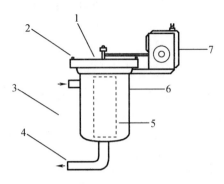

1—法兰盖;2—锁紧螺栓;3—进口接管;4—出口接管;5—过滤芯子;6—腔体;7—齿轮箱。

图7-90　水过滤器

　　未过滤的介质从过滤器的进口管进入到过滤器的腔体,介质从滤芯的外侧流过内侧,然后经过滤芯过滤介质,从滤芯的内部流入过滤器的出口接管,完成介质的过滤。

　　水过滤器是通过腔体进口和出口之间的压降进行监测的。最大压降限制在 0.25 MPa,这是保持非常高过滤效率的最大压,并减少在管道中流量或压力突然变化时,在过滤器芯子上累积颗粒杂质会突然松落的风险。当压降 $\Delta p \geqslant 0.25$ MPa 时对滤芯进行更换。

　　滤芯(图7-91)所用材料一般为玻璃纤维滤材和纤维素滤材等,其公称过滤精度一般为 0.45 μm、2 μm、5 μm、25 μm 和 100 μm。

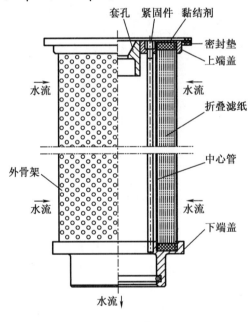

图7-91　滤芯

　　水过滤器滤芯长期被国外企业垄断,国内核电普遍使用美国 PALL 和加拿大 3 L 滤芯,目前国内也正在进行核级水过滤器的研制,已具有制造供货能力。水过滤器滤芯的研制需要通过鉴定试验,主要试验项目及方法如表7-19所示。

表7-19 主要试验项目及方法

序号	试验项目	试验方法
1	结构完整性验证和初始冒泡点的确定	按照 GB/T 14041.1 的规定进行
2	压降流量特性	按照 GB/T 17486 的规定进行,试验中应采用 GB/T 6682 的三级水作为试验液
3	滤芯材料与液体相容性	参照 GB/T 14041.2 的规定进行,滤芯在核电厂水回路工况条件下浸泡72 h 后,不应出现明显的结构破裂、损伤或功能退化,应通过第6项规定的抗破裂性检验
4	滤芯效率和纳污容量	按照 GB/T 18853 的规定进行,滤芯极限压降值取 0.25 MPa,试验中应采用 GB/T 6682 的三级水作为试验液
5	抗流动疲劳特性	按照 GB/T 17488 的规定进行,试验中应采用 GB/T 6682 的三级水作为试验液。试验结束后,滤芯不应出现可见的结构、密封件或滤材损坏,应通过第6项规定的抗破裂性检验
6	抗破裂性	按照 GB/T 14041.3 的规定进行,试验中应采用 GB/T 6682 的三级水作为试验液。试验结束后,按照第1项进行结构完整性检验,滤芯不得出现结构、密封或滤材损坏,初始冒泡点不低于指定值;在达到指定的破裂值前,在压力降与污染物增量的曲线中,不得出现曲线斜率的下降
7	额定轴向载荷	按照 GB/T 14041.4 的规定进行,试验结束后,滤芯不应出现结构、密封或滤材损坏;应通过第6项的抗破裂性检验

③通风过滤器

通风过滤器是空气洁净技术的核心设备,其用于送风系统,可创造净环境;用于排风系统,可防止环境污染。通风过滤器的工作机理是利用空气中微粒在运动中产生碰撞、沉降、阻挡、惯性、扩散等效应,从气流中去除尘埃粒子,达到净化空气的目的。

通风过滤器主要使用在通风系统,滤料按过滤性能可分为粗效、中效、高中效、亚高效、高效、超高效滤料。过滤效率指滤料捕集颗粒物的能力,为被滤料过滤掉的颗粒物浓度与过滤前颗粒物浓度之比。

空气过滤器一般由5部分组成,分别为外壳、滤芯、结构密封胶、防护网及密封胶垫。根据不同过滤器的性能和结构形式差异,上述的组成部分略有不同。其中结构密封胶、防护网及密封胶垫3部分,因过滤器的要求及类型不同,有些没有该部分。

图7-92 所示为某公司方形 Y 系列过滤器,其壳体材料可由不锈钢、碳钢镀锌、镀锌板、铝型板、胶合板、PVC 塑料板等制作;滤芯滤纸主要采用玻璃纤维制作,分隔板可由铝箔、不锈钢箔或特殊胶纸制作;过滤器设有双面、单面或不设防护网。

图7-93 所示为某公司方形 V 系列过滤器,其壳体材料可由不锈钢、碳钢镀锌、镀锌板等制作;滤芯滤纸主要采用玻璃纤维制作,褶间采用胶线或玻璃纤维分隔;过滤器通常不设防护网。

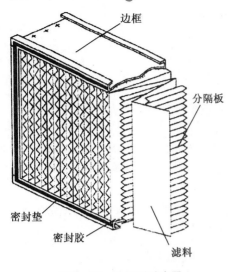

图7-92 Y系列过滤器

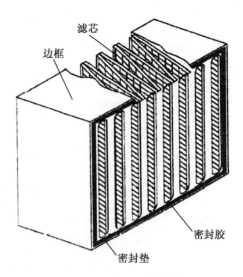

图7-93 V系列过滤器

④油过滤器

在核电厂中,油也是常用的工作介质,如应急柴油机系统、汽轮机相关的油系统,滤除油中的杂质。

图7-94所示为柴油机润滑油过滤器的结构。

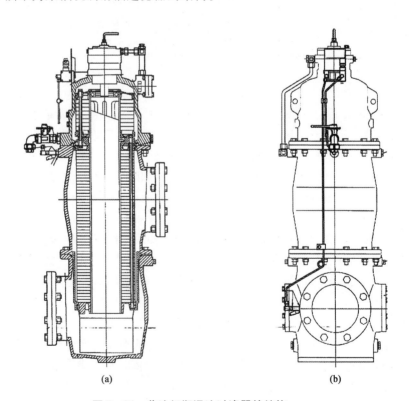

图7-94 柴油机润滑油过滤器的结构

柴油机润滑油过滤器过滤单元由一定数量的滤片组成,每个滤片包含三层滤网,如图

7-95 所示。

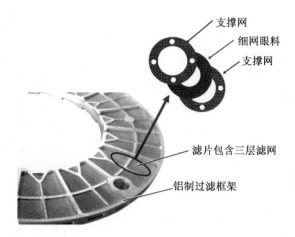

支撑网
细网眼料
支撑网

滤片包含三层滤网

铝制过滤框架

图 7-95 过滤单元

油在滤片间经过过滤网进行过滤,设备定期解体对过滤片进行清洗检查,将滤片放入干净的槽内,倒入专用清洗剂,或者使用超声波清洗设备进行清洗(图 7-96)。

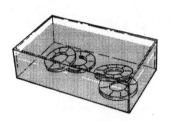

图 7-96 清洗滤片

⑤树脂过滤器

树脂过滤器一般使用叠片过滤器,如图 7-97 所示为某叠片过滤器结构。叠片过滤器利用叠片作为过滤器滤芯,被过滤介质在一定压力下通过叠片间沟槽的缝隙过滤,缝隙小于树脂颗粒尺寸,起到拦截水中树脂的作用。树脂过滤器的一个重要零部件是除氧器滤头,除盐床罐内部装满树脂,除氧器滤头防止树脂进入到回路介质之中,对树脂起到过滤的作用,其结构如图 7-98 所示。

树脂过滤器的主要检查项目为内外部检查,检查重点为滤头状况,检查滤头是否存在断裂、叠片间间隙超标的情况,如果滤头间隙超标将会导致树脂漏入下游。

⑥海水过滤器

核电厂海水过滤器主要涉及鼓型滤网、贝类捕集器、二次滤网三种。

a.鼓型滤网

鼓型滤网主要由驱动电机、驱动小齿轮、鼓型滤网等部件组成(图 7-99)。海水在鼓网中以内进外出的流动方式(也有外进内出形式)通过彭形滤网上的过滤网片。外圆中间安装有齿条,通过与驱动电机带动的小齿轮啮合转动。同时鼓型滤网配备反冲洗喷头,在上部对过滤网片由外向内冲洗,杂质通过网片下部的排污槽收集排走。

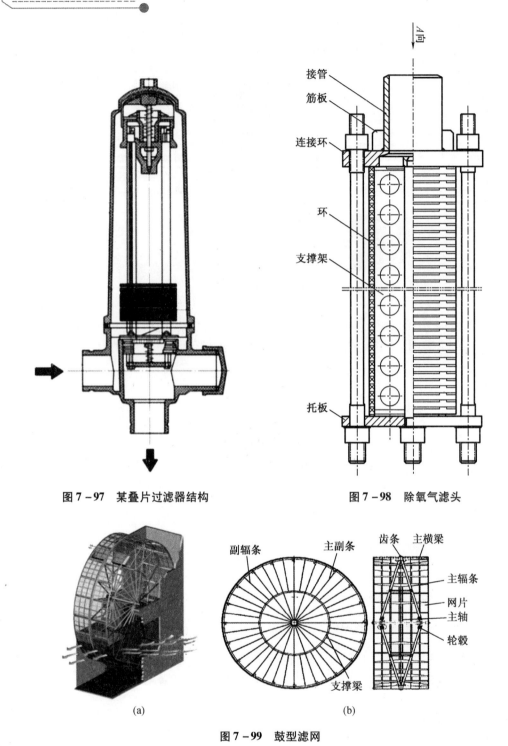

图7-97 某叠片过滤器结构

图7-98 除氧气滤头

(a)　　　　　　　　　　(b)

图7-99 鼓型滤网

b. 贝类捕集器

贝类捕集器安装在 RRI/SEC 板式热交换器的海水进水侧,其功能是截留水生贝壳类生物和其他水体中的杂物以确保热交换器的正常运行。贝类捕集器安装于核辅助厂房(NX)。

贝类捕集器里面有一个锥面滤网和一个反冲洗装置,电机带动反冲洗装置沿着滤网表面旋转,带走滤网表面的贝类等杂物。反冲洗装置上有一个排污阀,可以用压差控制或者用时间继电器控制阀门的开启来进行反冲洗。其结构如图 7 - 100 所示。

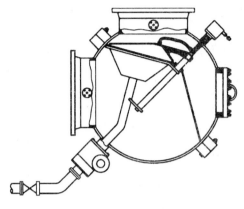

图 7 - 100 贝类捕集器

系统管道水流进入贝类捕集器,经过滤网后净化排出,因此贝类等杂物集中在进水侧,在水流的压力下贴紧滤网。当前后压差超标时,排污阀自动打开,排污管线对空,与滤网出水侧形成压力差,贴附在滤网上的杂物就会在压差水流的作用下排出,如图 7 - 101 所示。

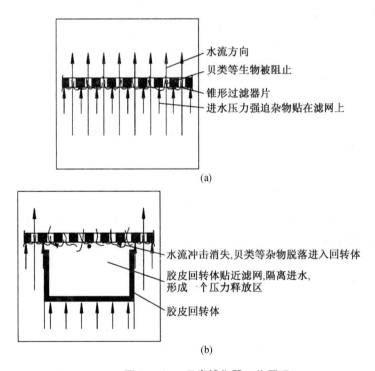

图 7 - 101 贝类捕集器工作原理

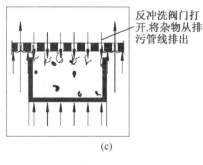

反冲洗阀门打开,将杂物从排污管线排出

(c)

图 7 - 101(续)

c. 二次滤网

二次滤网结构如图 7 - 102 所示,其过滤及原理与贝类捕集器相似。

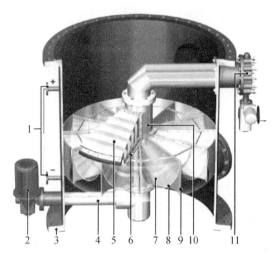

1—压差测量系统;2—反洗电动机;3—过滤器壳体;4—反洗驱动机构;5—反洗转子;6—涡流导流叶片;
7—滤网腔室;8—滤网单元;9—支承板;10—排污管;11—排污阀。

图 7 - 102 二次滤网结构

7.3.3 标准规范

压力容器标准是压力容器设计、制造、验收等必须遵循的准则,是具有法律效力的技术文件,是压力容器安全运行的保证。

1. 国外标准化工作机构

对压力容器影响较大的有国际标准化组织(ISO)和国际焊接学会(IIW)。

在国际标准化组织中,主要有 TC11(锅炉和压力容器技术委员会)。该委员会创建于1947 年,秘书处设在美国国家标准学会 ANS 内,其工作范围包括:

①锅炉(固定式)和压力容器的设计和结构。

②锅炉和压力容器的检验和试验方法。

③锅炉和压力容器部件对材料的要求。

ISO9000 是一个质量管理和质量保证的国际标准。实施 ISO9000 的好处如下:

①为企业提供一种科学性的质量管理和质量保证的方法和手段,可用以提高内部管理水平。

②使企业内部各类人员的职责明确,避免推诿扯皮。

③可以使产品质量得到根本保证。

④为客户和潜在客户提供信心。

⑤提高企业的形象,增加企业的竞争力。

ISO9000 族包括 ISO9001、ISO9002、ISO9003 等。ISO9001 指的是设计、开发、生产、安装和服务的保证模式;ISO9002 指的是生产和安装的保证模式;ISO9003 指的是最终检验和试验的保证模式。

国际焊接学会于 1948 年成立于布鲁塞尔,有成员国 41 个。该学会每年召开一次年会,会刊《世界焊接》。该学会的主要任务是研究开发和评价焊接技术及实验,并提出相应标准。

2. 专业性组织

目前,国际上较为著名的是美国 ASME《锅炉和压力容器规范》。它是由美国机械工程师学会制定的。该项规范自 1914 年第一次颁发以后逐年进行补充和修订,从 1971 年版开始正式成为美国的国家标准。

ASME 规范内容齐全,仅依靠 ASME 规范可完成全部压力容器选材、设计、制造、检验、试验、安装及运行等全部工作环节。ASME 具有较丰富的实践经验、良好的理论试验基础,是目前国际上享有盛誉的权威性规范。ASME 从 1972 年开始向世界各国制造厂颁发制造规范容器的许可证。我国的锦西化机厂、四川化机厂、金州重机厂、武汉锅炉厂等都已获得 ASME 制造许可证。

3. 国内标准化工作情况

我国从 20 世纪 60 年代初开始炼化设备标准的编制工作。1978 年,我国成立了统一管理一切标准的国家标准总局,国务院颁发了《中华人民共和国标准化管理条例》。自此,有关压力容器的设计、制造、使用的规范化工作开始进入新阶段。但此标准与发达国家相比,在完整性和科学性方面仍有一定的差距。1989 年,我国压力容器标准化技术委员会制定了GB 150《压力容器》,之后多次进行修订。它标志着我国集设计、制造、检验和验收技术要求于一体,独立、完整、统一的中国压力。

相关标准如下:

EJ/T 20027《核空气净化系统高效粒子空气过滤器净化系数的测定 荧光素钠气溶胶法》

EJ/T 915《核级中效空气粒子过滤器》

EJ 207《过滤器与接管连接伸缩套》

EJ 397《三十万千瓦压水堆核电厂 一回路辅助系统过滤器滤芯制造验收技术条件》

EJ 52《排风过滤器》

EJ 915《核级亚高效空气粒子过滤器》

EJ 916《核级中效空气粒子过滤器》

GB/T 13554《高效空气过滤器》

GB/T 14295《空气过滤器》

GB/T 14382《管道用三通过滤器》

GB/T 17486《液压过滤器 压降流量特性的评定》

GB/T 17939《核级高效空气过滤器》

GB/T 18853《液压传动过滤器 评定滤芯过滤性能的多次通过方法》

GB/T 20079《液压过滤器技术条件》

GB/T 22108.2《气动压缩空气过滤器》

GB/T 30475.1《压缩空气过滤器 试验方法 第1部分:悬浮油》

GB/T 30475.2《压缩空气过滤器 试验方法 第2部分:油蒸气》

GB/T 6165《高效空气过滤器性能试验方法 效率和阻力》

GB/T 13554《高效空气过滤器》

GB 6165《高效空气过滤器性能试验方法 透过率和阻力》

HG/T 3730《工业水和冷却水净化处理滤网式全自动过滤器》

HJ/T 248《环境保护产品技术要求 多层滤料过滤器》

HJ/T 269《环境保护产品技术要求 自动清洗网式过滤器》

ISO 3968《液压传动 过滤器 压降与流量特性关系的测定》

ISO 5782 - 1《气压传动 压缩空气过滤器 》

ISO 5782 - 2《气压传动 压缩空气过滤器》

JB/T 10410《工业用水自动反冲洗过滤器》

JB/T 11386《高梯度除铁磁过滤器》

JB/T 12310《集束管式反吹过滤器》

JB/T 12820《浅层滤料水过滤器》

JB/T 12921《液压传动 过滤器的选择与使用规范》

JB/T 13346《一般用压缩空气过滤器》

JB/T 13510《叠片过滤器》

JB/T 2001《水系统 零部件》

JB/T 2302《双筒网式过滤器型式、参数与尺寸》

GB/T 14925《空气过滤器》

JB/T 6629《机械密封循环保护系统及辅助装置》

JB/T 7374《气动空气过滤器 技术条件》

JB/T 7538《管道用篮式过滤器》

JB/T 7658.15《氨制冷装置用辅助设备 第15部分:氨气过滤器》

JB/T 7658.16《氨制冷装置用辅助设备 第16部分:氨液过滤器》

JB/T 9044《高梯度磁过滤器》

JG/T404《空气过滤器用滤料》

NB/SH/T 0895《中间馏分燃料和液体燃料过滤器阻塞倾向测定法》

NB/T 20039.19《核空气和气体处理规范 通风、空调与空气净化 第19部分 特殊类型的高效空气过滤器》

NB/T 20039.7《核空气和气体处理规范 通风、空调与空气净化 第7部分 低效空气过滤器》

NB/T 20039.8《核空气和气体处理规范 通风、空调与空气净化 第8部分 中效空气过滤器》

NB/T 20486《核电厂用水过滤器滤芯通用技术条件》

NB/T 20560.6《压水堆核电厂应急堆芯冷却系统过滤器设计和性能评价 第6部分 化学效应试验要求》

NB/T 51016《煤矿用液压支架过滤器》

NF 62 - 208《检验核通风设备碘过滤器净化系数的方法》

NRC RG 1.52 - 78《轻水堆核电厂事故后专设安全设施空气净化系统空气过滤器和吸

收装置的设计、试验和维修准则》

7.3.4　预维项目

容器的主要检修项目为定期检验,主要有外部检查、内外部检验、耐压试验等。定期检验的方法以宏观检查、壁厚测定、表面无损检测为主,必要时可以采用超声检测、射线检测、硬度测定、金相检验、材质分析、电磁检测、强度校核或者应力测定、耐压试验、声发射检测、泄漏试验等。

压力容器一般应于投用后 3 年内进行首次定期检验。下次的检验周期,由检验机构根据压力容器的安全状况等级,按照以下要求确定。

(1)安全状况等级为 1 级、2 级的,一般每 6 年一次。

(2)安全状况等级为 3 级的,一般 3 ~ 6 年一次。

(3)安全状况等级为 4 级的,应当监控使用,其检验周期由检验机构确定,累计监控使用时间不得超过 3 年。

(4)安全状况等级为 5 级的,应当对缺陷进行处理,否则不得继续使用。

(5)压力容器安全状况等级的评定按照《压力容器定期检验规则》进行,符合其规定条件的,可以适当缩短或者延长检验周期。

(6)实施 RBI 的压力容器,可以采用以下方法确定其检验周期:

①参照《压力容器定期检验规则》的规定,确定压力容器的安全状况等级和检验周期,可以根据压力容器风险水平延长或者缩短检验周期,但最长不得超过 9 年。

②以压力容器的剩余使用年限为依据,检验周期最长不超过压力容器剩余使用年限的一半,并且不得超过 9 年。

关于过滤器,如果是表面式过滤方式,一般为定期清洗检查;如果是深层过滤方式,则一般在过滤器压差达到设定值后进行定期更换维修。大型过滤器的其他机械设备,根据设备类型的不同,采取相应的检修维护项目。

7.3.5　典型案例分析

1. 秦二厂 2ASG001BA 水罐吸扁

2016 年秦二厂大修期间,为对相关阀门进行全面检查,根据计划对辅助给水箱疏水进行排空,排水从当天 15:30 持续到次日 8:00,发现水箱顶部产生局部变形,后立即停止排水,期间水箱水位从 8.52 m 降至 5.81 m,在自重排水过程中,因内部负压导致水箱顶部严重变形(图 7 - 103)。

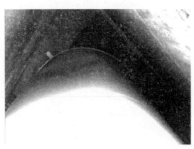

(a)水箱上封头　　　　　　　　　(b)水箱筒体侧壁

图 7 - 103　水罐吸扁

事件发生后,经过调查,发现由于水箱顶部呼吸阀被拆除封堵,造成排空时水箱吸气能力下降,顶部形成真空,在外压作用下发生失稳产生机械变形。该水箱顶部设置的呼吸阀有两个作用,一是在充水时,对罐体进行超压保护;二是在排水时,进行负压保护。

2. 秦二厂 5A 高加壁厚减薄

2019 年秦二厂大修期间,在役检查按计划对 5 号 A 列加热器进行筒体焊缝检查。检查发现筒体壁厚存在减薄,最薄的部位为 12.6 mm,原始壁厚为 20 mm,减薄达到 37%,已接近容器设计时计算壁厚 11.8 mm。

针对该问题,对高加壳体按实际最大工作压力进行了强度校核。目前,壳体厚度还可以满足使用要求,日常每月进行壁厚测量监督,在壁厚减薄到一定程度时,通过调整降低壳侧安全阀定值进行处理,采购整机,在下次机组停机大修中进行更换处理。

3. 吉林 LPG 球形储罐裂纹问题

1979 年 12 月 18 日,吉林液化石油气厂的一台 400 m^3 球形储罐在上温带与赤道带的环缝熔合线开始破裂并迅速扩展至 13.5 m 长,大量液化气喷出形成巨大气团冲至明火处点燃,加热附近的 1 号罐,加热 4 h 后使其爆炸。一块 20 t 重的飞片打在另一台 400 m^3 的球形储罐上碎成两段,使整个罐区形成一片火海。

经调查,此球形储罐在投产前就有 8 mm 深、165 mm 长的潜在裂纹,经 26 个月运行后又扩展了 7 mm,在球皮外侧有 6 mm 深的咬边。经有关部门鉴定,裂源是含碳量偏高的材质为 15MnVR 的 B4 板,焊趾处潜在有裂纹而引起的低应力脆性破坏。经宏观检验,球形储罐的焊接处有大量咬边、错口、裂纹、熔合不良、夹杂等超标缺陷。该事故主要是由于焊接质量低劣、管理混乱而引起的。

4. 秦二厂二回路 ATE 树脂泄漏问题

秦二厂 2021 年某次大修期间,在除氧器水箱、凝汽器热井等设备中均发现少量树脂,经化验,确认树脂为 ATE 混床树脂。

后对 ATE 混床及下游树脂捕捉器进行解体检查发现,该树脂是由于混床内部某个叠片式过滤器水帽存在松动,造成树脂从混床内漏出(图 7-104)。同时,由于下游树脂捕捉器叠片式滤芯的底部间隙超标(图 7-105),两层过滤防线均被突破,造成树脂泄漏到系统运行管路及下游设备之中。

图 7-104 水帽松动,底部间隙超标

图 7-105 树脂捕捉器滤元底部间隙超标

7.3.6　课后思考

压力容器中经常提到的几个压力的概念,设计压力、工作压力、耐压试验压力、最高允许工作压力、安全阀整定压力这几者的关系和定义是什么?

设计压力是指设定的容器顶部的最高压力,与相应的设计温度一起作为设计载荷条件,是在压力容器设计时使用的参数。压力容器的计算壁厚一般根据该值获得,其值不低于工作压力。工作压力是指正常工况下,压力容器顶部可能出现的最高压力。由于压力容器的壁厚是根据设计压力计算壁厚进行圆整选取的,所以容器最高允许工作压力会比设计压力较高。在某些压力容器的图纸中会标注最高允许工作压力。

耐压试验是在压力容器制造完成之后,需要对容器进行打压,对其质量进行的一个验证环节。其值应符合设计图样要求,并且不小于下述公式的计算值(大部分耐压试验压力值为设计压力的1.5倍)。

$$p_T = \eta P \frac{[\sigma]}{[\sigma]^T} \tag{7-56}$$

式中　p_T——耐压试验压力;

　　　η——耐压试验压力系数;

　　　P——设计压力;

　　　$[\sigma]$——试验温度下材料的需用应力;

　　　$[\sigma]^T$——设计温度下材料的需用应力。

安全阀整定压力是对容器起到超压保护作用的,其值一般不大于该压力容器的设计压力,设计图样或者铭牌上标注有最高允许工作压力的,也可以采用最高允许工作压力确定安全阀的整定压力。

7.4　汽　轮　机

7.4.1　概述

汽轮机是一种利用蒸汽做功的高速旋转式机械,其功能是将蒸汽带来的反应堆的热能转变为高速旋转的机械能,并带动发电机发电。

随着电网容量的不断增加,汽轮机单机容量随之增大。按照我国最新的能源政策,今后要积极发展核电,因此核电汽轮机的容量进一步扩大,将以百万千瓦为主。

由于大容量机组消耗用的蒸汽量很大,需要机组有较大的通流截面积,因此汽轮机通流部分必须做得很大,这就要求制造直径较大的叶轮和较长的叶片,特别是末几级叶片必须制造得很长,但是由于受材料强度及加工工艺等因素的限制,不可能将叶轮、叶片制造得很大很长,因此现代大容量汽轮机采取了下列措施。

提高蒸汽初参数,降低终参数,采用中间再热,以提高蒸汽做功能力和效率,减少进汽流量。但是提高初参数受到金属材料的限制,特别是温度对材料强度的影响很大,所以温度不能提高很多。一般来说,进汽温度采用530~550 ℃。初压提高后,初温也应相应提高,否则末几级叶片蒸汽的湿度会增加。当湿度增加1%时,汽轮机末几级的相对内效率会降低1%。同时,蒸汽湿度的增加会引起末几级叶片的腐蚀,影响机组叶片的使用寿命和安全运行。根据运行经验,凝汽式汽轮机蒸汽膨胀终了的湿度应不超过 12% ~ 14%。要使湿度限制在此范围内,必须提高蒸汽初温。但是初温的提高受到金属材料的限制,采用中间再热是目前解决大功率汽轮机蒸汽终参数湿度的有效措施。另外,在同等条件下,中间再热机组与非再热相组相比,有以下优点:

(1)采用一次中间再热,机组热耗可降低 4% ~ 5%;

(2)新蒸汽流量和给水泵容量可减小 15% ~ 18%;

(3)排汽量及凝汽器容量可减小 13% ~ 16%;

(4)排汽湿度可减小 6% 左右;

(5)由于汽轮机的排汽量减少,末级长叶片通道面积可以相应减小(末级叶片长度可以缩短),在叶片长度不变的情况下,可以降低排汽余速损失,进一步提高机组热效率;

(6)增加汽轮机级数,采用多缸多排汽方式,以减小低压缸体积;

(7)汽缸采用内外双层或多层结构,以减小汽缸内外壁的压差和温差,这样可以减小汽缸壁厚,即节约了耐热合金钢的用量,又有利于机组启动、停运时的汽缸加热和冷却,减小了热应力。

7.4.2　结构与原理

1. 基本工作原理

(1)级的概念

把固定在喷嘴箱或隔板中不动的喷嘴叶栅(又称静叶栅)与其后旋转叶轮上安装的动叶栅的组合称为汽轮机的级。

级是汽轮机中完成能量转变的最基本的工作单元。研究汽轮机的工作原理只要研究单个级的工作原理就行了。

(2)冲动式级的工作原理

具有一定压力和温度的蒸汽通过一组沿圆周方向排列的、流通截面沿流动方向变化的通道——喷嘴,进行膨胀(压力降低)、加速。具有一定速度的蒸汽流出喷嘴后,冲击在喷嘴后面的、固定在一个轮子上的叶片上,使得轮子转动。轮子又带动轴转动,从而实现从热能转变为机械能的过程,这个过程实际上是分两步来完成的,如图 7 - 106 所示。

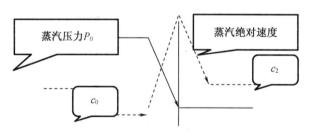

图 7 - 106　冲动式级的工作原理

第一步:蒸汽在喷嘴叶栅中膨胀,压力降低、速度升高,将热能转变为蒸汽的动能。因蒸汽流过静止的喷嘴时,和外界不发生热交换,也不对外做功,是等熵膨胀过程,有

$$P_2 = P_1 \tag{7 - 57}$$

$$h_0 - h_1 = \Delta h = \frac{(c_0^2 - c_1^2)}{2} \qquad (7-58)$$

式中 h_0、h_1——气流进入和流出喷嘴的焓值；

c_0、c_1——气流进入和流出喷嘴时的绝对速度。

式中的 Δh 称为蒸汽在喷嘴中的焓降。该式表明,气流通过喷嘴膨胀时的焓降转变成了气流动能的增加,即由热能转变成了动能。

第二步:蒸汽高速进入动叶栅,冲动叶轮旋转,只改变流动方向,压力不变,绝对速度降低(降至 c_2),从而实现蒸汽动能转变为叶轮高速旋转的机械能的过程。此过程蒸汽做功为

$$L_u = \frac{(c_1^2 - c_2^2)}{2} \qquad (7-59)$$

这就是冲动式级的工作原理。

(3)反动式级的工作原理

汽轮机的静叶栅流通截面不变,而动叶栅流通截面逐渐收缩,呈喷嘴形。在这种类型的汽轮机中,热能转变为机械能是在动叶栅中一步完成的;喷嘴叶栅只起集流蒸汽和导向蒸汽的作用,不进行蒸汽膨胀的能量转换;蒸汽在动叶栅中膨胀,压力降低,蒸汽的相对速度增加,将热能转变为动能,当蒸汽以很高的相对速度离开动叶栅时,就对动叶片产生了反作用力(此作用力叫作反动力),推动叶轮旋转,将动能转变为机械能。依靠反动力推动的级叫反动级。这种只在动叶栅中蒸汽膨胀做功的汽轮机叫纯反动式汽轮机。

(4)反动度

实际上,纯反动式汽轮机是永远得不到应用的,即使在所谓的反动式汽轮机中,蒸汽的膨胀也是同时在喷嘴叶栅和动叶栅中进行的。即蒸汽首先在喷嘴叶栅中膨胀,压力由 P_0 降至 P_1,速度由 c_0 升至 c_1。然后,蒸汽流向动叶栅。蒸汽在动叶栅中流动时,继续从压力 P_1 膨胀到动叶栅后的压力 P_2,而其相对速度升高,而且汽流还要发生转向。这样,蒸汽在动叶栅流道中,依靠汽流转向,形成了冲动部分作用力,而依靠汽流的膨胀加速,又形成了反动部分的作用力,二者都作用到动叶栅上。故动叶栅在冲动力和反动力的合力作用下转动而产生机械功。纯反动式汽轮机级的工作原理如图 7-107 所示。

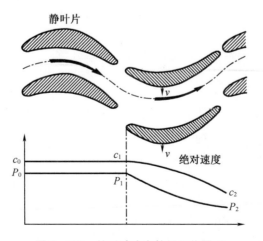

图 7-107 纯反动式汽轮机工作原理

动叶栅中的理想焓降与喷嘴叶栅中的理想焓降及动叶栅中的理想焓降的和之比称为级的反动度 ρ，即

$$\rho = \frac{(h'_1 - h'_2)}{[(h_0 - h_1) + (h'_1 - h'_2)]} = \frac{H_0 P}{(H_0 C + H_0 P)} \approx \frac{H_0 P}{H_0} \qquad (7-60)$$

由此可见，纯反动式汽轮机级的反动度 $\rho = 1$，纯冲动式汽轮机级的反动度 $\rho = 0$。

一般把级的反动度小于 0.25 的汽轮机归属于冲动式汽轮机，而把级的反动度大于等于 0.4 的汽轮机称为反动式汽轮机。在多级反动式汽轮机中，通常使用反动度 $\rho = 0.5$ 的反动级。

(5)具有反动度级的工作原理

在喷嘴叶栅中，蒸汽膨胀，压力降低，绝对速度升高，将热能转变为动能。

在动叶栅中，除了来自喷嘴叶栅高速气流作用于动叶栅上的冲动力外，蒸汽继续膨胀，压力继续降低，相对速度增加，形成了反动部分的作用力，该作用力也作用于动叶栅上，这两种力的共同作用使叶轮高速旋转，从而把热能和动能转变为机械能。

单位时间内气流对动叶栅所做的有效功称为轮周效率(N_u)，它等于蒸汽作用于动叶栅的切向力 F_u 和圆周速度 u 的乘积，即

$$N_u = F_u \cdot u \qquad (7-61)$$

2. 多级汽轮机及其结构

现代的火电厂和核电厂中，汽轮机的理想焓降为 1 000 ~ 1 600 kJ/kg，对超高压再热机组来说，其理想焓降可高达 1 600 ~ 2 100 kJ/kg。对于这样大的焓降，在现在能达到的金属强度水平下，制造经济性能高的单级汽轮机是不可能的。因为，在此情况下，单级汽轮机喷嘴的气流出口速度可达到 1 500 ~ 1 700 m/s，平均直径处的叶片圆周速度将是 1 000 ~ 1 100 m/s。在这样大的圆周速度下，要保证转子和叶片的强度要求，实际上是不可能的。因此，大功率汽轮机都做成多级的。

在多级汽轮机中，蒸汽在依次连接的许多级中膨胀做功，在每一级中只利用整个汽轮机焓降的一小部分。因此，对多级汽轮机大多数高、中压缸部分的级来说，叶片的圆周速度为 120 ~ 250 m/s；对末几级叶片，圆周速度为 350 ~ 450 m/s。

(1)多级汽轮机的优点

①每一级的焓降小，最佳速比容易得到保证，故级效率高。

②级数越多，焓降越小，c_1 和 u 越小，使喷嘴叶栅和动叶栅高度增大，叶栅端损失减小，压降小，漏汽量减小。

③在多级汽轮机中，余速损失可以利用。

④可以采用抽汽回热给水，提高装置热效率。

(2)汽轮机一般结构

汽轮机结构主要分为两大部分：

①转子：包括动叶栅、叶轮、轴、联轴器等转动部件。

②定子：包括汽缸(壳)、喷嘴叶栅、隔板、支承转子的轴承等静止部件。

多级汽轮机由一个在汽缸上带有多个隔板的定子和一个在轴上装有多个叶轮的转子组成。轮盘是在炽热状态下装到轴上，或是和轴做成一个整体。轮子的轮缘上固定有动叶栅，动叶栅之间由固定的中间隔板隔开。隔板上装配有喷嘴叶栅，每一块隔板和相应的叶轮组成一个级，各级鱼贯相连。

第一级喷嘴一般装在汽轮机汽缸上的喷嘴室中，其他级的喷嘴装在各级的隔板中。喷嘴叶栅和动叶栅的高度逐渐增大，这是因为蒸汽逐级膨胀时其容积增大。蒸汽经过若干个

阀门进入第一级喷嘴,然后逐级膨胀做功,并在每级中保持一定的压力,最后在后汽缸排出,进入冷凝器被凝结成水。

汽轮机轴穿过汽缸的地方装有汽封,轴前端的汽封是为了减少漏入车间的蒸汽量,后端的汽封是为了防止空气进入排汽管和冷凝器。在汽轮机级之间的汽封是为了减少级间的漏汽。

为了便于安装、修理,汽缸和隔板一般由中分面分为上、下两部分。上、下汽缸通过法兰和螺栓相连接。只要拆开连接螺栓,就可以打开汽轮机上半缸和上半隔板,将联轴器分开后,整个汽轮机转子就可以从汽缸中取出。

为了汽轮机的启动和停机,一般大功率汽轮机都装有电动机带动的盘车装置。在汽轮机开车前和汽轮机正常运行时,盘车装置是脱开的。

要保证汽轮机正常运行,发出所需的功率,保持所需的转速,汽轮机还需具有调节系统、保护系统和相应的油系统等。

3. 汽轮机的分类

汽轮机可按不同的方法进行分类。

(1)按工作原理分类

按工作原理不同,可将汽轮机分为冲动式汽轮机和反动式汽轮机。

实际上目前的汽轮机很多既不是纯冲动式的,也不是纯反动式的。在许多汽轮机中既有反动级,也有部分采用冲动级。

(2)按热力特性分类

①凝汽式汽轮机

蒸汽在汽轮机内做功后,除少数漏汽外,全部排入冷凝器凝结成水的汽轮机称为纯凝汽式汽轮机。近代汽轮机一般都采用抽汽回热,但仍称为凝汽式汽轮机。

②背压式汽轮机

蒸汽在汽轮机里做功后,在高于大气压力下排出。排气可供热力用户或低压汽轮机使用。这种汽轮机称为背压式汽轮机,又称前置式汽轮机。

③调节抽汽式汽轮机

在这种汽轮机中,部分做过功的蒸汽在一定压力下(该压力在一定范围内可以调整)由汽轮机内抽出,供热力用户使用;而其他部分继续做功,然后排入冷凝器。

④中间再热式汽轮机

新蒸汽在汽轮机前面若干级做功后,引至加热装置中再次加热到一定温度,然后再回到汽轮机继续做功,这种汽轮机称为中间再热式汽轮机。还有二次中间再热的汽轮机。

(3)按用途分类

①电厂汽轮机

电厂汽轮机指用以带动发电机发电的汽轮机,一般是定转速运行的。

②工业用汽轮机

工业用汽轮机指在工业企业中用于拖动各种设备(如水泵、压缩机等)的汽轮机,这类汽轮机常要求在变转速下运行。

③船用汽轮机

船用汽轮机指用于带动螺旋桨旋转、推进舰船航行的汽轮机,这种汽轮机也要求在变转速下运行。

(4)按新蒸汽参数分类

①低压汽轮机

低压汽轮机的新蒸汽压力为 $10 \sim 15$ bar。

②中压汽轮机

中压汽轮机的新蒸汽压力为 20 ~ 40 bar。

③高压汽轮机

高压汽轮机的新蒸汽压力为 60 ~ 100 bar。

④超高压汽轮机

超高压汽轮机的新蒸汽压力为 120 ~ 140 bar。

⑤亚临界汽轮机

亚临界汽轮机的新蒸汽压力为 160 ~ 180 bar。

⑥超临界汽轮机

超临界汽轮机的新蒸汽压力 > 226 bar。

(注:水的临界点 $P = 225.65 \text{ kg/cm}^2 = 221.23 \text{ bar}, t = 374.15 ℃$)

(5)按蒸汽在汽轮机中的流动方向分类

①轴流式汽轮机

轴流式汽轮机的蒸汽在汽轮机中的流动方向平行于轴线。

②辐流式(或称径流式)汽轮机

辐流式汽轮机的蒸汽在汽轮机中沿半径流动,即垂直于轴线。

(6)按汽轮机的级数分类

按汽轮机的级数不同,可将汽轮机分为单级汽轮机和多级汽轮机。

(7)按汽轮机的汽缸数分类

按汽轮机的汽缸数不同,可将汽轮机分为单缸汽轮机和双缸或多缸汽轮机。

(8)按蒸汽在汽轮机中的流道数分类

①单流汽轮机

单流汽轮机中进入汽缸的全部蒸汽只流过一个流道。

②双流汽轮机

双流汽轮机中进入汽缸的全部蒸汽分两个流道流过。

(9)按汽轮机的轴线数分类

①单轴汽轮机

单轴汽轮机中不管汽轮机有几个转子,全部用联轴器连接成一条轴线。

②双轴汽轮机

汽轮机的汽缸数太多,轴系太长,或容量太大,需分两个发电机时,就做成双轴汽轮机,分别带动两个发电机。但从源头来讲还是一个汽轮机。

4. 高压缸

主蒸汽通过两只主汽阀后分四路进入调节阀,然后经 4 根高压导汽管分别从高压缸上部和下部(各 2 根)进入高压缸,高压缸共有 4 个排汽口,位于高压缸两端上部。蒸汽经 4 根高压排汽管从 MSR 的底部侧面进入布置于低压缸两侧的两个 MSR。每根低压进汽管上在接近 MSR 出口处和接近低压缸进口处装有再热主汽阀和再热调阀,其目的是当跳闸时迅速关闭以防止汽机超速。蒸汽经低压缸做功后通过排汽口排入凝汽器。

每个高压主汽调节联合阀有一个主汽阀和两个调节阀,共用一个壳体。该阀门主汽阀为摇板式,卧式布置,调节阀为立式布置。共有两个主汽阀,分别位于高压缸的两侧,作用是作为调节阀的备用保险设备。当超速保护控制单元(OPC)动作调节阀瞬时关闭,万一调节阀失灵,造成汽机超速,则主汽阀关闭。

高压缸通流部分为双分流对称分布,正反向各7级,动叶采用P型枞树型叶根,自带围带结构,并被设计成不调频叶片。高压1、2、3级隔板装在1#隔板套上,4、5级隔板和6、7级隔板分别装在2#和3#隔板套上。

高压缸为双层结构,由高压内缸和高压外缸组成。内、外缸均为两半结构,由水平结合面分开,形成汽缸上半和下半部分。高压缸的导流环分离了两个流向相反的叶片的通流部分,并使转子不受入口高温蒸汽的作用。导流环在水平结合面上,其轴向在顶部和底部采用定位销来保持正确的位置,导流环可随温度变化自由膨胀和收缩。

高压转子采用无中心孔整锻转子,即轴与叶轮是一体的,从而解决了套装转子在高温下叶轮和轴之间的松动问题。具有P型枞树型叶根的动叶栅安装在叶轮上。高压转子前端的接长轴上装有主油泵叶轮和危急遮断器。

无论是冲动式汽轮机还是反动式汽轮机,都承受着很大的推力。这个推力由两部分组成:轴向动推力和静推力。轴向动推力是由动叶栅中蒸汽方向变化引起的,静推力是由叶轮两端的压差引起的。汽轮机采用双流道,且使蒸汽在汽缸内的流动方向相反,可大大减少轴向推力。

由于必须保证定子和转子间准确的相对位置,从而避免定子和转子轴向彼此接触,在汽轮机上配置了一个承受轴向力的推力轴承,汽轮机的轴向力通过推力轴承传递给高压缸与第一级低压缸之间的轴承座。推力轴承是整个轴系的相对死点,整个轴系可以以推力轴承为死点向两端膨胀。

5. 低压缸

3个结构相同的低压缸也为双分流对称分布,正反向各7级,前4级动叶设计成不调频的自带围带结构,后3级为锥形自由叶片。经过MSR后的蒸汽,先由6根管道输送到3个低压缸前的截止阀和调节阀,然后送至3个低压缸,每个低压缸进汽口设在低压缸的顶部,通过法兰与蒸汽管道相连。

低压缸进汽口再热蒸汽温度为265.2 ℃,排汽温度为34 ℃,承受了很大的温度梯度,为了消除因温度梯度过大而引起的热变形,采用双层缸,并在低压内缸上设有隔热罩。低压外缸全部由钢板焊接而成,为其内部的各部套提供支撑并把负荷转移至基础上,它要承受所有安装于外缸上部件的荷重以及真空负荷,并保证不产生过大的变形而影响动、静间隙,从而保证运行安全可靠。低压外缸上、下半分为3部分:调端、电端和中部。每个低压缸只有一个低压内缸,其沿叶片通道装有进汽导流环、隔板套、隔板和排汽导流环。

每个低压缸外壁上有4个人孔,每边2个,可以在不开缸情况下进行内部检查。2个爆破盘位于外缸上半顶部,如外缸内压力达到0.03～0.055 MPa,爆破盘的铅板会破裂,进行危急排汽,从而保护低压缸。

低压缸是汽轮机最大的部件。对低压缸来说,缸内压力和温度都低,因此强度不是主要问题。主要问题是体形庞大的低压缸要有足够的刚度,排汽通道要有合理的导流形状,以提高机组效率。

低压转子也是整锻式的。末级叶栅高度为977.2 mm。

低压缸做完功的蒸汽由两侧的两个排汽口直接排入各自的冷凝器中。

6. 汽轮机转子

汽轮机有1个高压转子和3个低压转子。

高压转子采用无中心孔整锻转子。无中心孔与有中心孔转子比较,在相同的状态下,前者的切向应力是后者的50%,从而转子寿命增加,蠕变变形显著减少,与低频疲劳寿命有关的应力减小,此外还有维修中不必做周期性中心孔检查,从而减少维修费用。

低压转子同样也采用无中心孔整锻转子,具有较强的抗冲击腐蚀能力,自带冠动叶可以使传导到转子叶轮上的振动负荷降低,这同时也有助于消除轮缘的高频疲劳。取消中心孔也给安装检修带来了方便。每根低压转子上设3处动平衡孔,可以实现厂内及现场动平衡。

高压转子采用双流设计,不仅减小了转子的轴向推力,而且缩短了末级叶片的长度,使得在巨大的蒸汽质量流量下叶片强度仍然具有足够的安全裕度。高压转子前端装有接长轴,主油泵叶轮、危急遮断器和转速信号盘分别安装在接长轴上。高压转子与#1低压转子及低压#1、#2转子之间由中间轴连接(共3根),#3低压转子与发电机转子之间装有盘车大齿轮,各转子和中间轴之间通过连接螺栓刚性连接,形成整个汽轮发电机转子系统。转子系统中共有11个轴承(含发电机和励磁机转子)。在每根转子的两端和中部各有一个动平衡面,即可实现厂内动平衡,又可在现场不开缸进行现场动平衡。

在轴端汽封处有一个带丝扣口的堵板,通过轴封室上可拆除的渡头的开口,用专用工具可方便地将带有丝扣的堵头形状的小平衡质量旋到细扣内并锁口,这样就可在现场进行转子的动平衡工作。

高压转子叶片是美国西屋公司的产品,动、静叶选用西屋公司可控反动度2500系列叶型,叶片的固定方式采用P型枞树型叶根。

各级动叶片采用单叶片自带围带结构,以增加机械整体性和提高振动频率,并被设计成不调频叶片。围带上有整体的圆周方向上的凸条,它们与用螺栓紧固在隔板轮缘上的延伸部分的径向尖形翅片形成汽封,使级间叶片顶部的漏汽量减至最小。

不采用任何形式的拉筋,因此对叶片强度和振动不产生影响。

高压叶片用10705BA材料制造,低压叶片用10705BA/X/Y材料制造,在末级叶片的前边缘顶部区域设置侵蚀防护块,控制水滴对末级叶片的侵蚀。防护块的材料为司太立合金,通过银焊与叶片连接。

7.4.3 标准规范

DL/T 5210.3《电力建设施工技术规范第3部分:汽轮发电机组》

NB/T 25029《核电厂汽轮机运行维护导则》

DL/T 892《电站汽轮机技术条件》

NB/T 25017《核电厂常规岛金属技术监督规程》

GB/T 14541《电厂用运行矿物汽轮机油维护管理导则》

DL/T 863《汽轮机启动调试导则》

DL 5011《电力建设施工及验收技术规范 汽轮机机组篇》

7.4.4 预维项目

1.高(中)压缸全面解体检查

(1)任务目的

①全面解体、测量、检修、调整汽轮机设备,恢复设备的安全、经济性能,并掌握设备状态变化的规律,对于设备状态发生变化的可能原因进行分析,以便采取相应的措施。

②对汽轮机的零部件按规定进行必要的检验和检查,及时处理,更换已失效、存在隐患

或达到使用期限的零部件,以保证设备运行的可靠性。

③处理设备技术分析和遮断所确定的主要设备问题。

④有针对性地对设备进行技术优化,改善设备的运行性能。

(2)任务详细内容

检查内容包括高(中)压缸的缸体、内缸、持环/隔板和轴封体等定子部件,也包括高(中)压转子(和接长轴)等转子部件,还包括进排汽管道上必要的附属件的检查:

①拆除进汽、排汽管,检查进汽管道、排汽管道上的法兰密封面、弯头和膨胀节等附件的状态,检查对应的紧固件的状态,更换对应的密封件;

②检查外缸各接管座的焊接状态,检查固定销的焊接状态,检查是否有泄漏痕迹;

③拆除高(中)压缸中分面螺栓后,吊出外上缸和轴封体,目视检查内、外缸进汽挠性套管密封环轴向、径向密封状况,测量配合间隙,测量密封环自由状态开口尺寸,检查外缸和轴封体中分面是否有漏汽痕迹,测量结合面变形值,检查外缸手孔门密封面、更换密封件;

④拆除高(中)压上半内缸和进汽导流环,检查内缸中分面是否有漏汽痕迹,测量结合面变形值;

⑤拆除上半持环/隔板,检查中分面是否有漏汽痕迹,测量结合面变形值;

⑥做必要的修前测量后,吊出高(中)压转子,对高(中)压转子表面进行清理,检查已安装平衡块的紧固,检查轴颈各部位、各级叶根、叶顶围带;

⑦对动叶和静叶表面进行检查,对表面附着物作化学成分分析;

⑧检查缸体测量元件的套管和支架的状态;

⑨目视检查叶轮、动叶、围带、拉筋的冲刷、侵蚀情况,必要时靠模备案;

⑩检查记录轴颈、推力盘、联轴器和转子延长轴联轴器的状态;

⑪测量轴颈幌度;

⑫测量推力盘、偏心盘、轴向位移盘的径向、轴向跳动值及盘面不平度;

⑬测量转子联轴器径向、轴向跳动值及盘面不平度;

⑭测量前轴承座及内、外缸下缸纵、横水平;

⑮清理、检查内、外缸缸体内部,检查缸壁、导流环、持环的冲刷、腐蚀及裂纹情况;

⑯检查、测量内、外缸体,导流环,持环各定位销、支承键配合间隙,进行必要的修理及调整;

⑰测量、调整汽缸负荷分配,清理、检查滑销系统,测量各部分配合间隙,做必要修理;

⑱清理、检查静叶,目视检查持环/隔板裂纹、变形、侵蚀及其他缺陷情况,做必要修理;

⑲检查轴封壳体变形,检查与汽封块、缸体密封结合面情况,确认轴封体底部疏水孔的通畅,更换密封件,高(中)压缸中间轴封体检查,更换进汽密封件;

⑳清理、检查内、外缸,持环/隔板结合面紧固螺栓、螺母、垫片,检查联轴器螺栓,做必要的金属无损检测;

㉑内、外缸体,导流环,持环找中心;

㉒检查、测量转子轴向位置尺寸;

㉓测量、调整轴封,径向汽封,阻汽片径向、轴向间隙,测量、调整汽封、轴封周向膨胀间隙;

㉔清理、修整汽封块、汽封槽、阻汽片、弹簧等部件,必要时修复或更换;

㉕清理、检查汽封洼窝,做必要修理;

㉖转子对汽缸前、后轴封洼窝中心测量调整;

㉗测量、调整高(中)压通流部分间隙;

㉘转子联轴器找中心;

㉙目视检查联轴器隔热罩,做必要修理;

㉚测量转子轴向外引值,测量修后汽缸轴向和径向膨胀间隙;

㉛高(中)压缸基础台板加润滑脂。

2. 低压缸全面解体检查

(1)任务目的

检查低压缸边界范围内各部件状态,是否存在腐蚀、裂纹、磨损等异常缺陷。测量和调整各部件配合尺寸,使其恢复至标准范围内。更换易损件和失效部件,组装低压缸至正常工作状态。

(2)任务详细内容

①拆除低压外缸导汽管(如需要)及低压外缸两侧人孔门;

②测量全缸中心数据(根据实际情况安排测量全缸中心时间);

③拆除低压外缸两端轴封壳与低压外缸螺栓,起吊低压外缸;

④拆除低压缸轴封体水平结合面螺栓,吊出轴封体上半部分;

⑤拆除低压内缸防护罩和内缸人孔盖板,检查低压内缸人孔法兰螺栓是否缺失;

⑥按顺序拆卸低压内缸中分面螺栓,测量内缸中分面间隙;

⑦起吊低压内缸,拆除低压内缸隔板套和隔板结合面螺栓,吊出隔板套和隔板;

⑧拆除低压缸进汽导流环;

⑨确定转子基准位置,测量两端轴封间隙,测量叶顶汽封间隙和隔板间隙,测量低压缸正、反向叶轮与隔板动静轴向间隙;

⑩测量低压转子轴径扬度,测量低压转子弯曲和叶轮瓢偏等数据,测量完毕后起吊低压转子和下隔板套;

⑪检查缸底部的偏心对中销,确定焊缝是否存在裂纹等缺陷;

⑫吊入低压内缸转子,回装低压外缸,测量全缸中心(根据实际情况安排测量全缸中心时间);

⑬对转子结垢情况进行检查,测量低压转子轴径椭圆度、锥度;

⑭对低压差胀盘目视检查,测量平面度和瓢偏值;

⑮清理低压转子结垢及锈蚀,检查转子叶轮、叶片、围带、拉筋、铆钉、叶根等部位是否有损伤、裂纹和腐蚀,并进行修整,叶片锁紧销是否牢固无松动、移位,并进行修整;

⑯低压转子轴径检查及修整,必要时使用放大镜或由金属监督人员进行探伤检查,磨损轻微情况下可以采取研磨,若存在严重划伤,则需进行补焊打磨;

⑰轴径轴振测点位置表面目视检查及清理;

⑱目视检查各级叶片围带、转子末级和次末级叶片叶身,检查铆钉与围带连接部位,检查动平衡块安装情况;

⑲按要求对联轴器及 M32 以上螺栓进行硬度、探伤检查;

⑳对汽缸通流部分结垢取样检查,清理打磨隔板套、静叶,清理打磨低压内缸中分面和隔板套中分面,检查中分面冲蚀和缝隙腐蚀情况;

㉑检查隔板表面裂纹和冲刷腐蚀情况,静叶裂纹、变形、磨损等情况,并进行处理;

㉒检查低压缸排汽导流环裂纹、变形、冲刷损坏情况,并进行补焊处理;

㉓对喷淋管表面腐蚀及裂纹类缺陷进行检查,如有缺陷需执行补焊或更换处理;

㉔检查低压隔板汽封压块,检查汽封环磨损、倒齿和松动情况,检查弹簧片是否有裂纹或断裂,检查蜂窝汽封损坏和冲刷情况,对异常情况进行打磨或处理;

㉕清理检查低压缸紧固螺栓是否损坏;

㉖检查低压内缸隔热罩,包括隔热罩焊缝、碰焊螺栓、铆钉紧固情况等,并进行处理;

㉗检查测量低压内缸滑销系统间隙,并对滑销系统垫片进行清理、润滑;

㉘检查低压缸两侧对中块间隙,保证间隙满足要求值;

㉙检查低压缸内、外缸底部偏心销,联系役检部门进行 PT 检查,确认无异常;

㉚测量汽封、轴封膨胀间隙;

㉛更换低压外缸爆破膜;

㉜下缸隔板套和隔板放入槽道内,吊装假轴测量洼窝数据,必要时检查隔板变形情况、隔板内圆椭圆度;

㉝吊装上隔板,检查测量结合面间隙;

㉞将低压上内缸吊运至低压下内缸上,测量内缸结合面间隙;

㉟将两端上轴封壳装在下轴封壳上,检查低压缸两端轴封壳水平结合面间隙;

㊱根据测量数据调整轴系中心,调整完毕后回装隔板汽封和叶顶汽封、前后轴瓦,测量调整低压缸汽封和轴封径向间隙及轴向间隙;

㊲测量回装时低压转子轴径扬度、转子弯曲,测量叶轮瓢偏;

㊳内窥镜检查低压缸抽汽口、轴封供汽管;

㊴吊装低压内缸进汽导流环,紧固导流环结合面螺栓,回装低压隔板套,回装低压内缸和人孔门螺栓,塞尺检查内缸水平结合面间隙;

㊵回装低压缸两端轴封壳体和低压外缸,回装排汽导流环,检查低压外缸水平间隙;

㊶更换低压外缸人孔门垫片,关闭外缸人孔门。

3. 径向轴承全面解体检查

(1)任务目的

汽轮机组轴承检修的主要任务就是按照不同形式轴承的设计要求,修复运行中造成的各种轴承缺陷,检查轴承边界范围内各部件状态,是否存在腐蚀、裂纹、磨损等异常情况。测量、调整各部件配合尺寸(间隙或紧力),使其恢复至设计要求的标准范围内。更换易损件和失效部件,组装轴承至正常工作状态,以保证轴承在运行中建立起可靠的油膜刚度。

(2)任务详细内容

①修前测量轴承箱外挡油板与转子的径向间隙,记录数据;

②修前测量轴承箱盖或轴承压盖与轴承壳体之间的紧力(或间隙),记录数据;

③修前测量轴承箱内挡油板(如有)与转子的径向间隙,记录数据;

④修前测量轴承两侧油封环的径向间隙、轴向间隙和椭圆度,记录数据;

⑤修前测量瓦块密封板(如有)与转子的间隙,记录数据;

⑥通过测量轴承壳体两端内圆与转子之间的间隙差值计算轴承平行度(适用于方家山机组),记录数据;

⑦修前测量轴承与转子轴颈径向间隙,记录数据;

⑧检查外挡油板梳齿是否有缺齿、磨损、翻边等缺陷,若有应修复;

⑨清理和疏通外挡油板梳齿回油孔和回油槽(如有),要求清洁无异物;

⑩清理外挡油板中分面的密封胶或密封垫片,对挡油板上下半进行拼装检查,要求0.05 mm 塞尺不能通过,否则需对中分面进行修磨,挡油板回装时中分面更换新密封胶或

垫片;

⑪清理检查外挡油板中分面和垂直面的螺栓及定位销(如有),要求螺栓无翻牙、缺牙、毛刺等缺陷,定位销无损伤、磨损等缺陷;

⑫检查轴承壳体外圆垫块(如有)与轴承箱洼窝的接触情况,要求均匀接触75%以上,下垫块进油孔四周与洼窝应有整圈接触,否则需修磨处理;

⑬清理检查轴承箱的螺栓、螺栓孔和定位销(如有),要求螺纹无翻牙、缺牙、毛刺等缺陷,定位销无损伤、磨损等缺陷;

⑭调整轴承两侧油封环的径向间隙、轴向间隙和椭圆度,如超出标准范围需修磨;

⑮检查油封环壳体防转销是否存在变形、明显磨损,必要时进行修复;

⑯对油封环巴氏合金进行 VT/PT/UT 检查,检查是否有磨损、偏磨、脱胎、裂纹、划痕、麻点等现象,如有缺陷需修复;

⑰对油封环壳体上下半进行拼装检查,要求中分面 0.05 mm 塞尺不能通过,否则需对中分面进行修磨;

⑱清理检查油封环及壳体的螺栓、螺栓孔和定位销(如有),要求螺纹无翻牙、缺牙、毛刺等缺陷,定位销无损伤、磨损等缺陷;

⑲调整瓦块密封板(如有)与转子的间隙,至标准范围内;

⑳调整轴承平行度(适用于方家山机组),如超出标准范围,需调整轴承调整环底部和侧面调整板;

㉑对瓦块巴氏合金进行 VT/PT/UT 检查,如瓦面目视检查有局部高点、磨损、偏磨、疲劳剥落、局部过热、划痕、点蚀等缺陷应修刮处理,如瓦面无损检测有脱胎、开裂等缺陷应重新浇注和加工巴氏合金;

㉒检查瓦面楔形油隙和油囊(如有)的宽度、深度等尺寸,应符合制造厂图纸要求;

㉓检查轴承水平结合面,应接触良好,要求中分面 0.05 mm 塞尺不能通过,否则需对结合面进行修磨;

㉔调整轴承与转子轴颈径向间隙,如超出标准范围,需通过改变瓦块背部自位垫块厚度进行调整;

㉕调整轴承箱内挡油板(如有)与转子的径向间隙,至标准范围内,如无调整余量需局部加工;

㉖检查弹簧,应无断裂、变形等现象,测量弹簧弹性模量;

㉗对瓦块背部自位垫块进行检查,如有磨损、开裂、腐蚀等缺陷应进行修复,测量自位垫块与瓦块、轴承壳体之间的配合间隙,如超出标准范围应局部加工处理;

㉘对瓦块顶轴油孔进行吹扫和检查,确认无异物遗留,检查螺纹无损伤,否则应进行修复确保密封;

㉙对顶轴油管焊缝进行 100% PT 检查和 20% RT 抽检,如有缺陷需修复焊缝并扩大检查范围,检查油管接头和螺纹无损伤,更换密封件并按照要求力矩组装;

㉚检查顶轴油管管夹、支架等是否有松动、磨损等异常,测量顶轴油管装配后的固有频率,应避开转子工作频率;

㉛清点轴承回油处的磁棒数量,检查磁棒磁性和外观状态;

㉜对轴承箱内润滑油管和法兰进行检查,确认无松动、泄漏等现象,更换密封件;

㉝对轴承箱内进行全面清洁,确保杂质全部得到清理,检查轴承箱内焊缝、结构件等无异常;

㉞测量轴承箱盖或轴承压盖与轴承壳体之间的紧力(或间隙),如超出标准范围,需通

过调整垫片使紧力(或间隙)满足要求,垫块的调整垫片不应超过3层,垫片应平整、无毛刺和卷边;

㉟调整轴承箱外挡油板与转子的径向间隙,至标准范围内;

㊱清理轴承箱中分面的密封胶或密封垫片,更换新密封胶或垫片;

㊲清理外挡油板与轴承箱之间的密封胶或密封垫片,更换新密封胶或垫片。

4. 推力轴承全面解体检查

(1)任务目的

检查确认推力轴承经过长时间运行的状态并将其清理、恢复至良好状态,以保证重新投运后的可靠性。

(2)任务详细内容

推力轴承解体检修任务包含解体、初始数据测量、部件检查、部件修复及复装测量等工作,主要包括如下内容:

①测量修前、修后推力间隙,记录数据;

②测量修前、修后轴承压盖与轴瓦套之间的间隙(适用于秦三厂与方家山机组),记录数据;

③测量修前、修后推力轴承油挡部件间隙(如有),记录数据;

④清理推力瓦块并进行厚度测量,其厚度允许偏差为0.02 mm,超标则需要处理,记录修前、修后数据;

⑤清理检查定位环的承力面,应无磨蚀、毛刺、裂纹等现象,测量承力面沿周长各点厚度,其厚度允许偏差为0.02 mm,超标则需要处理,记录修前、修后数据;

⑥清理检查油挡装配面光洁、完好,密封齿无明显磨损、变形等缺陷;

⑦清理检查调整垫片表面磨损、变形、锈蚀情况;

⑧清理检查各均压调整块,表面应光滑活络,无毛刺、裂纹等缺陷(适用于秦一厂和秦二厂);

⑨清理检查螺栓、锁紧垫片、定位销、防转销有无锈垢、腐蚀、裂纹、损伤;

⑩清理检查进、出口油管(包括金属硬管和软管),管道表面有无明显腐蚀、损伤与变形,焊缝应无目视缺陷,管道内部应完好、清洁、畅通;

⑪清理检查推力轴承座水平结合面,应光洁,无磨蚀、毛刺、裂纹等缺陷;

⑫对各推力瓦块乌金面进行VT、PT无损检查,乌金应无脱胎、剥离、裂纹等缺陷;

⑬检查推力轴瓦体与瓦套表面完好情况、配合球面光洁与接触情况,配合面应无油泥、磨蚀、毛刺等缺陷,且接触面积需达到制造厂要求的合格验收范围(适用于瓦体与瓦套间球面接触形式);

⑭检查推力瓦块钨金工作面的接触情况,推力瓦块的接触面积需大于等于75%或满足制造厂要求;

⑮推力瓦轴承座内部异物情况检查与清洁;

⑯更换推力轴承组件及接口管路上O型圈、密封垫片及密封胶等易损、易老化部件。

7.4.5 典型案例分析

1. 650 MW核电汽轮机低压转子次末级叶片缺陷及处理

2012年11月9日9:40,秦二厂2号机组因2号汽轮机7A轴承振动幅值达到跳机定值导致紧急停机。跳机时主控室听到较大声响，跳机期间5号、6号、7号、8号、9号轴瓦振动均高(其中7号、8号和9号轴瓦振动值超量程)，7号、8号轴瓦金属温度上升至117℃后降低到正常温度。跳机后二回路水(凝汽器C)的电导率突升，定子冷却水箱氢含量较高。2012年11月10日18:00，破坏凝汽器真空后打开3号低压缸人孔对低压缸内部初步进行目视检查，发现多数正向末级叶片司太立合金片被异物撞伤，末级叶片末端有的出现缺口或卷边现象。2012年11月12日21:00，打开3号低压缸外上缸和内上缸，目视检查发现左侧正向次末级隔板蜂窝汽封脱落。2012年11月14日吊出3号低压转子，检查发现正向次末级42号叶片从叶根处断裂，并使附近部分末级叶片和其他部件受损(图7-108)。进一步检查发现2号低压转子2支反向次末级叶片、3号低压转子2支正向次末级叶片叶根存在裂纹。为处理上述缺陷，2号机组转入停堆小修。在完成次末级叶片设计复查、断裂叶片材质检验、叶片断裂初步原因分析、现场相关检查、部分受损部件处理和继续运行风险分析之后，2号机组于12月10日恢复并网运行。此次停堆小修工期总计30天15小时，上网电量损失4.92亿kW·h。

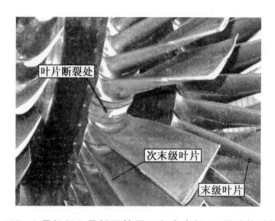

图7-108　2号机组3号低压转子正向次末级42号叶片叶根断裂

由西屋公司设计、哈尔滨汽轮机厂有限责任公司(哈汽)生产的核电汽轮机低压转子次末级叶片发生的共模故障，使中国核工业集团有限公司(中核集团)6台650 MW核电汽轮(秦二厂4台，海南昌江核电站2台)的长期运行存在安全隐患。

在随后的大修中，依次对秦二厂4台机组进行了相控阵UT(叶片不拆卸)和PT检查。对次末级根部检出裂纹的叶片进行了更换。同时PT检查共发现末级和次末级叶片司太立合金片上存在不同程度的裂纹、金属缺失等缺陷。哈汽技术人员分析认为上述缺陷基本为司太立合金片钎焊操作不规范所致；但保守起见，中核集团对司太立合金片上存在横向金属缺失的次末级和末级叶片用哈汽叶片进行了更换处理。

(1)叶片设计复查结论

①流场分析结果未发现明显异常。

②静强度校核结果表明，叶根存在3处高应力区域，分别位于叶根出汽侧内弧第1齿、叶根进汽侧内弧第1齿和叶根背弧第1齿中部，叶片各部分静应力均满足西屋公司安全考核准则要求。

③动频计算结果表明，与理论尺寸接近的多数叶片二阶 $K=9$ 共振转速在2 890 r/min左右，此共振响应与叶片的失效有关。据查，西屋公司调频叶片的设计准则要求对 $K≤7$ 的模态

进行调频。所以,按照西屋公司当时的设计准则(PH25240.01),叶片频率特性是合格的。

(2)叶片材料失效分析结论

①叶片的断裂性质为高周疲劳断裂。

②裂纹源的形成与叶片材质的冶金质量无关。

③裂纹源区未见腐蚀产物及腐蚀形貌,裂纹源区金相组织没有缺陷,裂纹扩展方式为穿晶,裂纹源的形成与腐蚀无关。

④42 号叶片裂纹源区的侧面磨损严重,形成及扩展时间较长。14 号叶片裂纹源区有多处开裂,推断裂纹源区所处的位置承受高频振动。

⑤裂纹源产生位置分析表明,为振动引起的疲劳裂纹,为二阶振型。

(3)叶片制造和运行情况核查结论

①叶片叶根和转子轮缘的加工、装配和检验符合规定要求。

②综合考虑加工偏差、装配、叶片/轮盘耦合振动等影响,个别叶片在工作转速附近存在 K_9 二阶共振。

③由于加工公差导致共振转数达到 3 000 r/min 时的叶片的动应力是设计状态时叶片动应力的 3 倍以上。

④哈汽核查了中核集团提供的启动及停机记录、异常工况、运行期内检修情况(叶片)、蒸汽品质,未见异常。

综上所述,个别叶片断裂的主要原因为工作转速附近存在 K_9 二阶共振。计算和试验结果表明,存在共振的原因是叶片加工、装配偏差造成叶片频率上升。为彻底解决该叶片断裂问题,必须对该叶片进行调频,使其 K_9 二阶的共振转速避开工作转速。

基于次末级叶片设计缺陷,设计并更换了秦二厂4台机组次末级叶片,采用带凸台拉筋的优化型次末级叶片。

①哈汽采用的叶片加凸台、叶顶减重的调频措施经试验验证是有效的,能满足哈汽设计规范规定的"9≤K≤10 谐波数内二阶共振频率避开 2 910 ~ 3 090 r/min"的要求,由于避开共振区间,该改进型叶片承受的动应力也会减少。

②改进型叶片凸台结构对机组效率和出力的影响,哈汽和上海发电设备成套设计研究院有限责任公司(上海成套院)都做过计算分析,影响不明显。

2. 汽机绝对振动信号失效导致停机

2015 年 11 月 23 日,1 号机组 665 MW 稳定运行,9 瓦 X 方向振动(VB9X)在 127.23 μm,振动高报警一直存在。

14:01:22,在进行高压密封油泵联动压力开关(1GGR002SP)校验工作过程中,打开箱门时校验仪的测试线触碰 9 瓦 Y 方向振动(VB9Y)延伸电缆,导致 9 瓦绝对振动(VB9A)信号失效,由于 VB9X 振动高报警一直存在,触发绝对振动大跳机信号。

汽机监测系统(TSI)中的振动跳机逻辑如图 7 - 109 所示:

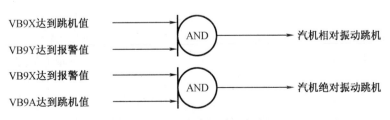

图 7 - 109　TSI 中的振动跳机逻辑

①当 X 相的相对振动达到跳机值且与此同时同一轴瓦 Y 相的相对振动达到报警值即触发汽机相对振动大跳机,信号通过继电器卡件输出到跳闸保护系统(ETS)进行跳机。

②当绝对振动达到跳机值且与此同时同一轴瓦的 X 相的相对振动达到报警值即触发汽机绝对振动大跳机,信号通过继电器卡件输出到 ETS 进行跳机。

③如有某个振动信号失效,"与(AND)"逻辑中对应的条件会被移除。

本次停机事件中,1 号机组跳机前,VB9X 在 127 μm 以上报警触发,此时一路跳机逻辑触发。

14:01:22,VB9Y、VB9A 同时失效(VB9A 来自 VB9Y 与瓦振的矢量和),VB9A 达到跳机值信号被移除,从而触发汽机绝对振动大跳机信号。

该事件直接原因:

①前置器和延伸电缆的连接接头接触不良,延伸电缆无固定,触碰易导致信号失效;进行 1GGR002SP 开关校验工作,打开箱门时,校验仪的测试线触碰延伸电缆导致信号失效。

②VB9X 报警一直存在。

该事件根本原因:

①现场接线不规范,公司没有接线的标准,管理人员和员工对该现象容忍度大,导致不规范现象长期存在。

②设备维修后的验收标准低,对缺陷的容忍度大。大修启机后,当功率升到 246 MW 时,VB9X 达到 127 μm,触发报警,没有立即处理,之后的小修中也没有进行处理。

7.4.6 课后思考

(1)汽轮机中级的概念是什么?
(2)汽轮机的主要结构是什么?
(3)什么是汽轮机转子的临界转速?

7.5 柴 油 机

7.5.1 概述

1. 内燃机简介

内燃机是一种通过燃料在机器内部燃烧,把热能直接转化为动力的机械。

广义上的内燃机不仅包括往复活塞式发动机、旋转活塞式发动机和自由活塞式发动机,还包括旋转叶轮式喷气式发动机。通常所说的内燃机指的是活塞式发动机,常见的有柴油机和汽油机。

2. 核电厂应急柴油机概述

根据核电厂技术规范要求,核电厂必须设置应急电源,用于可能出现的外部电网全部丧失后核电机组能实现安全停堆及堆芯余热导出,确保核安全。在现有的技术水平下,柴油发电机作为一种容易实现该安全功能的成熟可靠装置,被核电厂广泛采用。

应急电源要求在电厂处于应急状态时能稳定供电,具体地说就是独立性强、机动性好。所谓独立性强即仅依靠其自身的动力,全部系统装置即可正常运转供电;所谓机动性好即应急电源启动快,并能在短时间内输出额定负荷,向急用设备供电。作为应急电源的核电厂应急柴油发电机需要在获得启动指令信号后立刻启动,在 10 s 内使发电机工作达到额定频率和电压,并在 40 s 内输出额定负荷。

3. 秦二厂应急柴油发电机配置情况

秦二厂的应急电源设计如图 7 - 110 所示,每台核电机组配备有两条应急母线(应急母线 A 和应急母线 B),每列应急母线各挂一台应急柴油发电机(EDG),4 台核电机组总共配置了 8 台应急柴油发电机系统。同时设置了一条配电母线,上挂一台附加柴油机(LHF),用于正常应急柴油机退出后的短期功能替代,目前替代时限为 14 天。

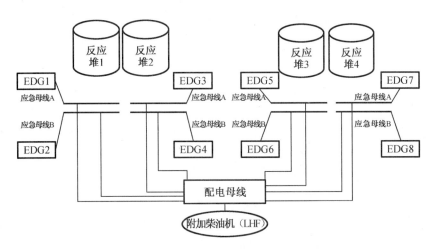

图 7 - 110　秦二厂应急柴油机配置示意图

1 号、2 号机组及附加柴油机机型为 PC2 - 5(V 型 16 缸,额定转速 500 r/min,额定功率 6 000 kW,现为 MAN 旗下产品),图 7 - 111 所示为 PC2 - 5 某同系列机型。3 号、4 号机组为 MTU 的 20V956TB33 机型(V 型 20 缸,额定转速 1 500 r/min,额定功率 5 550 kW),外观如图 7 - 112 所示。

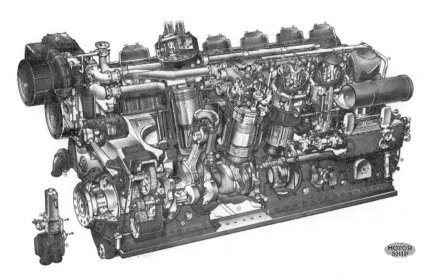

图 7 - 111　PC2 - 5 某型柴油机外观

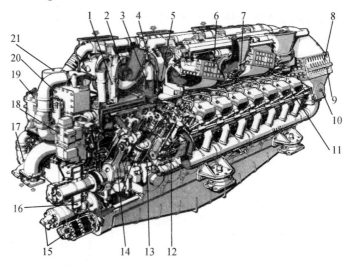

1—涡轮增压器底座；2—低压涡轮增压器；3—排气风门；4—高压涡轮增压器；5—汽缸头；6—低压进气冷却器；
7—进气控制风门；8—高压进气冷却器；9—进气预热器；10—应急停机风门；11—柱塞喷泵；12—进排气门；
13—缸套；14—运动部件；15—润滑油泵；16—减振块；17—温控阀；18—调速器；
19—润滑油过滤器；20—润滑油冷却器；21—燃油过滤器。

图 7-112　MTU 柴油机外观

4. 柴油机的主要技术指标

（1）有效功率（N_e）

内燃机在单位时间内所做的功称为功率，功率的单位为千瓦（kW），$1\ kW = 1\ 000\ N \cdot m/s$。

内燃机在汽缸中单位时间所做的功称为指示功率。指示功率减去消耗于内部零件的摩擦损失、泵气损失和驱动附件损失等机械损失功率之后，从发动机曲轴输出的功率称为有效功率 N_e。

如果内燃机曲轴每分钟的转速为 n，曲轴输出的有效功为 W_e，由于

$$W_e = 2\pi n M_e/60 \quad N \cdot m \tag{7-62}$$

则内燃机的有效功率为

$$N_e = \pi n M_e/3\ 000 \quad kW \tag{7-63}$$

式中　M_e——有效扭矩。

（2）平均有效压力（P_e）

通常用平均有效压力 P_e 来比较和评定各种发动机的动力性能。P_e 是一个作用在活塞顶上的假想的大小不变的压力，它使活塞移动一个行程所做的功等于每循环所做的有效功。有效功率也可用下式表示：

$$N_e = IV_h P_e n/30\tau \quad kW \tag{7-64}$$

式中　I——汽缸数；

　　　V_h——汽缸工作容积，L；

　　　P_e——平均有效压力，MPa；

　　　n——发动机转速，r/min；

　　　τ——发动机的冲程数，四冲程发动机 $\tau = 4$。

于是有

$$P_e = 30\tau N_e/IV_h n \tag{7-65}$$

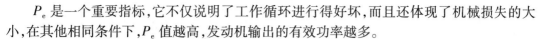

P_e是一个重要指标,它不仅说明了工作循环进行得好坏,而且还体现了机械损失的大小,在其他相同条件下,P_e值越高,发动机输出的有效功率越多。

(3)转速和活塞平均速度

最高转速n_{max}——受调速控制时,柴油机所能达到的最高转速。

最低稳定转速n_{min}——柴油机能够稳定工作的最低转速。

活塞平均速度$C_m = S \cdot n/30$ m/s。

根据活塞平均速度,可将柴油机分为高速($C_m \geq 10$ m/s)、中速($6.5 < C_m < 10$ m/s)、低速($C_m \leq 6.5$ m/s)柴油机。

(4)燃油消耗率

燃油消耗率简称比油耗或耗油率,它是内燃机工作每千瓦小时所消耗的燃油量,单位为g/(kW·h)。以有效功率计的每千瓦小时的燃油消耗率称为有效燃油消耗率b。有效燃油消耗率可用下式表示:

$$b = B \times 10^3/N_e \text{ g/(kW·h)} \tag{7-66}$$

B——每小时燃油消耗量,kg·h。

现代柴油机的b值范围大致如下:

高速柴油机:$b = 212 \sim 251$ g/(kW·h)。

中速柴油机:$b = 197 \sim 281$ g/(kW·h)。

低速柴油机:$b = 160 \sim 190$ g/(kW·h)。

(5)滑油消耗率

内燃机在标定工况时,每千瓦小时所消耗的滑油量称为滑油消耗率,单位为g/(kW·h)。

内燃机滑油消耗的主要原因是:内燃机在运转时滑油经活塞环窜入燃烧室内或由气阀导管流入汽缸内烧掉,未烧掉的则随废气排出;另外,有一部分滑油由于在曲轴箱内雾化或蒸发,而由曲轴箱通风口排出。内燃机的滑油耗率一般在$0.5 \sim 4$ g/(kW·h)。

7.5.2 结构和原理

1. 柴油机汽缸的基本结构

柴油机的做功主要通过汽缸内燃烧实现,汽缸局部结构如图7-113所示。缸头(缸盖)、活塞、缸套三者形成一个汽缸腔室,在缸头中设置有进气阀、排气阀和喷油器(图7-114)。进气阀和排气阀用于控制腔室内的气体流向,喷油器的作用是把来自高压油泵的燃油进行雾化喷出,使其燃烧更充分。活塞通过曲轴连杆与曲轴相连,活塞在缸套中的直线运动通过曲轴转化为圆周运动。

核电厂用应急柴油机的功率往往较大,在这种大型柴油机的布置上一般采用L型(所有汽缸排成一直线的直列型排布)布置和V型(汽缸分成左右两列,两列之间形成一个V型夹角的排布方式)布置两种(图7-115)。其中在汽缸数量相同的情况下,V型布置的柴油机体积上更为紧凑,且在运转过程中因汽缸的对称布置,曲轴的水平受力更为均匀。

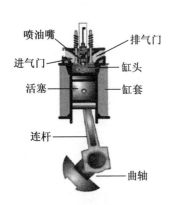

图7-113　汽缸局部示意图

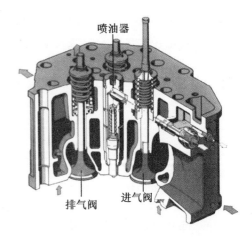

图7-114　缸头局部示意图

(a)L型

(b)V型

图7-115　柴油机布置结构图

2. 柴油机的四冲程工作原理

为了保证柴油能在燃烧室内进行燃烧和做功,除了燃烧和气体膨胀做功的过程外,还必须有一系列其他过程(如进气、压缩、除废气等)来配合,才能使柴油机连续不断地工作,这个过程可以在四个活塞冲程内完成,也可以在两个活塞冲程内完成。前者称为四冲程柴油机,后者称为两冲程柴油机(因秦二厂柴油机均为四冲程柴油机,本书不介绍二冲程柴油机工作原理)。在介绍四冲程工作原理前,首先需要明确上(下)死点的定义:因曲轴结构所限,活塞在汽缸中上下运行过程中可到达的位置是固定的,活塞离曲轴中心最远的位置称为上死点,离曲轴中心最近的位置称为下死点。

四冲程柴油机的四个冲程分别为进气、压缩、动力(燃烧做功)、排气(图7-116),柴油机完成四个冲程需要对应的曲轴旋转两圈。具体工作情况如下:

(1)进气冲程

进气冲程的任务是保证汽缸内充填新鲜空气。该冲程进行时,活塞在曲轴的带动下从上死点向下死点运动。汽缸容积逐渐增大,使得汽缸内的气体压力低于大气压力,在此过程中进气阀开启,外面的空气经进气阀不断地被抽吸进汽缸。由于进气系统的阻力,所以进气过程中,缸内气体压力总比大气压力稍低一些,一般进气冲程终点的压力为0.8~0.9 kg/cm²,温度为30~35 ℃。进气过程中,汽缸内气体压力大致保持不变。

当活塞运动到接近下死点位置时,在进气管中冲向汽缸内的气流速度很高。为了利用气流惯性来提高汽缸内的充气量,进气阀应在活塞过了下死点后保持一定时间的开启后再关闭(延迟关闭)。进气阀也是在活塞在上个循环中还未达到上死点就开启(提前开启),目的是减少气流通过气阀时的阻力,以提高进气量。

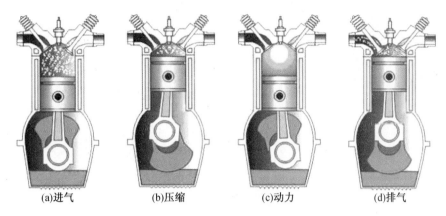

(a)进气　　　　(b)压缩　　　　(c)动力　　　　(d)排气

图7-116　柴油机的四冲程工作示意图

(2)压缩冲程

压缩冲程进行时,进、排气阀应全部关闭。活塞从下死点向上死点运动,汽缸内的空气受到压缩。随着汽缸容积的不断缩小,空气的压力和温度也就不断上升,压缩终点的压力为 $30 \sim 50$ kg/cm^2,温度为 $500 \sim 700$ ℃。而柴油只要达到 $270 \sim 290$ ℃就能自行燃烧,也就不需要专门的点火装置对柴油进行点火。为了更好地进行燃烧,最大可能获得燃烧热值,要求喷入汽缸的柴油尽可能形成雾化,使油雾和气体混合均匀。

(3)动力冲程

动力冲程是对外做功的过程,实际上它包括喷油燃烧和膨胀做功两个阶段,在压缩冲程之末,把柴油以高压雾状喷入汽缸内,当它遇到高温的空气后,便很快发火和燃烧,放出大量热能,因而缸内气体温度和压力增高,其燃烧压力可达 $45 \sim 100$ kg/cm^2,温度可达 $1\,600 \sim 2\,000$ ℃。在高温高压气体推动下,活塞向下死点运动,并通过连杆、曲轴带动发电机转子旋转。随着活塞向下死点运动,汽缸容积逐渐增大,缸内气体压力、温度也逐渐降低。在动力冲程之末,气体压力下降至 $3 \sim 6$ kg/cm^2,温度为 $800 \sim 900$ ℃。

(4)排气冲程

排气冲程进行时,活塞从下死点向上死点运动,其任务是把膨胀做功的废气排出缸外,为下一个工作循环充填新鲜空气做准备。当动力冲程进行到下死点附近时,排气阀开始打开(提前开启)。由于这时汽缸内的废气尚有相当高的压力,因而它能迅速冲出汽缸,使缸内压力迅速降低,实现自由排气过程;当活塞由下死点向上死点运动时,继续把留在汽缸内的废气排出缸外,实现强迫排气过程。由于排气系统中存在着阻力,所以缸内气体压力比大气压力高。排气终了的压力为 $1.05 \sim 1.15$ kg/cm^2,温度为 $600 \sim 700$ ℃。为了使废气排得干净,排气阀在活塞过了上死点才关闭(延后关闭),这样可利用排气管内气流的惯性,把缸内的废气抽出,实现惯性排气。

3. 高压燃油泵的结构

上文中已有描述,燃油喷入汽缸的时间为汽缸内气体被压缩到体积最小、压力最大的时候,要使燃油能顺利喷入汽缸,燃油的压力必须大于汽缸内压力。另外,柴油机在不同功率下运行,所需要的燃油量是不同的,燃油的喷入量也需要进行精确控制。实现燃油增压和燃油量控制两个功能的设备即为高压燃油泵。

高压燃油泵是一个带有漏油槽的柱塞泵,其活塞由凸轮轴驱动,柱塞又能在油门控制机构的控制下在柱塞泵中进行旋转角度的控制。其吸油和压油过程如图7-117所示。柱塞泵的上端为出油阀,出油阀初始在弹簧力作用下保持关闭,出油阀通过管线连通喷油器。柱塞泵的两侧连接进油管线,柱塞结构上设置有一扇形油槽,在扇形截面的最大处连接一条纵向导油槽贯穿至泵腔,该扇形截面随着柱塞的转动与进油口位置的密封线长度会发生变化,具体工作过程如下。

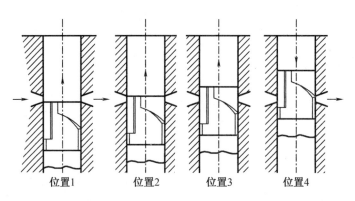

图7-117 高压燃油泵吸油和压油过程示意图

当柱塞位于下部位置时(位置1),柱塞套上的两个油孔被打开,柱塞套内腔与泵体内的油道相通,燃油迅速注满油室。

当凸轮顶到滚轮体的滚轮上时,柱塞便升起。从柱塞开始向上运动到油被柱塞上端面挡住前为止。在这一段时间内,由于柱塞的运动,燃油从油室被挤出,流向油道,这段升程称为预行程。当柱塞将油孔挡住时(位置2),便开始压油过程。柱塞上行,油室内油压急剧升高。当压力超过出油阀的弹簧弹力和上部油压时,就顶开出油阀,燃油压入喷油器。柱塞套上的进油孔被柱塞上端面完全挡住的时刻称为理论供油始点。

柱塞继续向上运动时,供油也一直继续着(位置3),压油过程持续到柱塞上的螺旋斜边让开柱塞套回油孔时为止(位置4),当油孔一被打开,高压油从油室经柱塞上的纵向槽和柱塞套上的回油孔流回泵体内的油道。此时柱塞套油室的油压迅速降低,出油阀在弹簧和高压油管中油压的作用下落回阀座,喷油器立即停止喷油。这时虽然柱塞仍继续上行,但供油已终止。柱塞套上回油孔被柱塞斜边打开的时刻称为理论供油终点。

从上述的吸油和压油过程可见,在柱塞向上运动的整个过程中,只有中间一段行程才是压油过程,这一行程称为柱塞的有效行程。

4. 柴油机调速原理

(1)综述

根据技术规范书要求,柴油机需要在一定的时间内从停止状态快速达到额定转速,并且在设计负载的变动下保持转速基本稳定,实现该功能的最重要设备为调速器。柴油机的调速器一般有电子调速器(电调)和机械调速器(机调)两种。

电子调速器工作时,调速器自身需要保持直流供电,并且需要探头通过测量柴油机转速,根据转速与设定转速的差值给出调节信号,由机械执行器控制油门调节器,最终调整高压油泵开度实现喷油量的变化,实现柴油机转速的控制。目前大型柴油机的电子调速器普遍为进口件,控制程序及运算参数不可读取,属于"卡脖子"的关键部件。

机械调速器一般内置一个飞锤,调速器转轴连接在柴油机的传动系统中,飞锤在柴油机不同转速下离心力大小不同,其张口情况也不相同,飞锤会推动连杆动作,最终控制油门,实现进油量的控制。机械调速器无须配套支持电源,属于非能动设备。

（2）PC 机型柴油机调速器结构

PC2 - 5 型柴油机调速器正常情况下由电调和机调串联控制,整个调速器的源头为柴油机的转速信号,根据探头测量的转速信号,先由电调运算生成相关的电信号,输送到机调的电调执行模块,执行调速动作,控制柴油机油门拉杆进行加油或减油动作。该调速器原理如图 7 - 118 所示,左上角虚线框部分为机调控制模块,右上角虚线框部分为电调执行模块,下部为液压辅助模块。

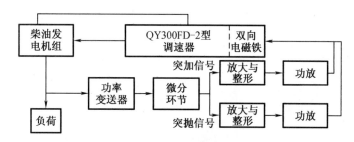

图 7 - 118 调速器原理图

在柴油机启动后,因整个机调的转轴与柴油机转轴系统相连,机调转轴会以一定的比率速度转动,液压模块开始工作,给整个机调提供平衡液压油和部件润滑油。在转速未达到机调控制模块设定的介入转速（515 r/min）时,机调控制模块被活塞（mechancal goverror power piston）的背面油压压在固定位置,不参与柴油机的转速调节。此时,柴油机的转速调节通过机调中的电调执行模块根据上游电子调速器给出的电流信号来实现。电调执行模块的控制通过内置弹簧、电磁吸力及油压三者形成的平衡来实现,三个要素中电磁吸力为主要的驱动力,当电信号发生变化时,电磁吸力也发生变化,最终驱使浮动连杆（floating lever）进行上下动作,浮动连杆连接驱动负载活塞（loading piston）动作,驱动负载活塞通过几级连杆最终反馈至输出轴（output shaft）,实现油门控制机构动作,控制高压油泵柱塞的旋转角度,调节进入汽缸的油量,最终实现转速控制。从图 7 - 118 中可以看出,驱动负载活塞向下动作对柴油机是减速控制,反之则为加速控制。

当电调故障退出系统时,柴油机转速会迅速上升,当达到机调控制模块工作转速（515 r/min）时,机调控制模块开始介入工作,控制柴油机转速。机调控制模块的工作原理为:随着转速继续上升,机调控制模块中的飞锤（flyweight）会张开,推动飞锤弹簧（speed spring）压缩,经过连杆推动活塞（mechancal goverror power piston）克服背面液压向下运行,最终推动浮动连杆向下动作,驱动负载活塞向下动作,实现柴油机减速、降转速功能。而当转速低于 515 r/min 时,机调控制模块中连杆推动活塞再次被液压油压在固定位置,不能再继续减速,柴油机的进油量将保持在较大位置。该位置的进油量能保证在柴油机技术规格书要求下的最大功率运行（甚至设计上会考虑有一定的富余）。正常情况下,柴油机不会有这么大的负荷,转速会上升,机调控制模块再次工作。当电调离线后,机调能单独控制柴油机,此时柴油机只能通过超速保护、停机手柄等机械部件实现停机（电子停运按钮将不起作用）。

（3）MTU型柴油机调速器结构

MTU型柴油机调速器只有电子调速器，柴油机本体的调速机构为电子调速器的执行器（500RG），如图7-119所示。执行器接收到电子调速器信号后，驱动电机工作，直接驱动油门驱动齿轮动作，通过机械装置（图7-120）传递，控制高压油泵柱塞角度变化。信号接收模块有检测柴油机转速、接收电调信号及显示实时油门开度的功能。变速箱还带有手动操作油门手柄（图7-119显示的虚线部分），可以手动关闭油门。

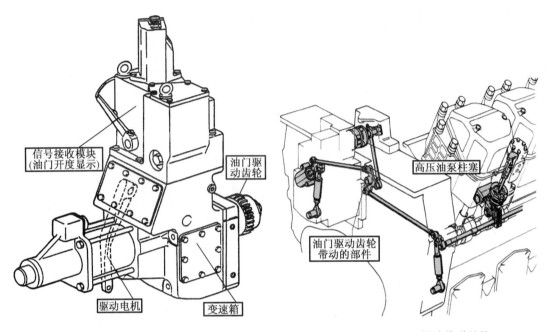

图7-119　MTU调速执行器　　　　　图7-120　MTU调速传递结构

5. 正时机构介绍

要维持柴油机的稳定运行，就必须在合适的时间进行燃油喷入、进气及排气。多缸柴油机要维持功率稳定，需要在各个时间段尽可能使做功的汽缸平均分布，也就是要平衡各汽缸的四冲程工作位置；要平衡机器工作冲击力，使得曲轴及机器的受影响程度最小，就需要控制双侧汽缸的发火顺序。要实现上述功能，需要一套正时系统来进行控制。在秦二厂使用的柴油机中，正时系统采用正时齿轮传动系（图7-121）带动凸轮轴转动，凸轮轴上的凸轮转动时凸轮顶升对应部件（图7-122），以此来实现上述功能。

6. 启动机构介绍

柴油机启动时，需要外力带动曲轴旋转，只有当曲轴转速达到一定速度时，其四冲程的压缩冲程压力和温度才能达到柴油的点燃温度，这时柴油机才能靠自身转速维持运转。初始带动曲轴转动的过程就是柴油机的启动过程。最常用的启动方式有电动驱动和压空驱动两种，一般大型柴油机以压空驱动更为普遍。

（1）电驱动工作原理

在柴油机的曲轴上安装一个驱动齿轮盘（一般采用直齿），与驱动齿轮盘啮合位置设置一驱动电机，电机上安装有驱动齿轮，在驱动电机非工作情况下，电机驱动齿轮与曲轴上的驱动齿轮盘是脱离状态。当柴油机收到启动信号后,首先离合器工作,把电机的驱动齿轮和曲轴驱动齿轮盘进行啮合,启动电动机工作,带动曲轴旋转至发火转速以上,启动系统驱动离合器工作,使两个齿轮脱开,启动电动机停止工作。

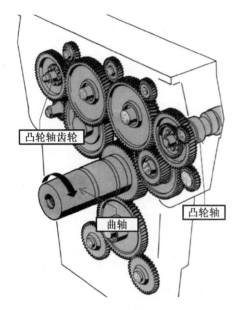

图7-121 正时齿轮传动系

图7-122 凸轮顶升机构

(2)压空驱动工作原理

柴油机需要配置一套启动压空系统,储存有足够柴油机启动的压空(压力及容量需满足要求)。当柴油机启动信号发出后,控制压空与柴油机的电磁阀开启,压空按照柴油机设计的发火顺序逐个进入汽缸,使对应汽缸进入做功冲程,活塞通过连杆推动曲轴转动,直至达到发火转速。这个过程中有两个关键点:

①驱动柴油机的用气量大且压力也大,一般的电磁阀能力有限,所以实现该功能往往是电磁阀作为先导阀。启动压空系统的压空通过一个支路先通过减压阀减压后进入先导阀,先导阀开启后,该部分压空进入主启动阀,推动主启动阀开启,启动压空主回路导通,进入柴油机。

②控制汽缸按设定的发火顺序进气,是通过空气分配器来实现的。

7. 柴油机的停运

柴油机在运行后均有停运的需要,停运主要分为正常停运及保护停运,下面将针对秦二厂使用的两种机型柴油机的停运方式(即停运逻辑)进行介绍。

(1)PC2-5型柴油机的停运

①程序停运(停运按钮):停运指令转化为电调的电信号,送往机调中的电调执行模块,驱动油门拉杆,旋转高压油泵柱塞,切断进入柴油机的供油。

②超速停运:超速保护动作,保护杆在压空推动下推动柴油机油门拉杆,旋转高压油泵柱塞,切断进入柴油机的供油。

③停机手柄停运:停机手柄直接拉动油门拉杆,旋转高压油泵柱塞,切断进入柴油机的

供油。

（2）MTU 型柴油机的停运

①程序停运：停运指令转化为电调的电信号，驱动电调执行器动作，带动油门传动机构转动，带动高压油泵柱塞旋转，切断进入柴油机的供油。

②超速停运：超速保护的信号会触发可编程逻辑控制器（PLC）及对应继电器动作，同时切断油门和进气实现停运。

③控制柜上的急停按钮停运：主要同时发出两个指令，其一是通过调速器关闭油门；另一个指令为驱动应急进气总阀的电磁阀动作，关闭进气。

④停机手柄停运：停机手柄直接拉动油门传动机构转动，带动高压油泵柱塞旋转，切断进入柴油机的供油。

⑤应急进气总阀关闭（300/301VA 连锁）：通过搬动任何一侧的进气总阀手柄或者其驱动电磁阀的开关，两侧的进气总阀将连锁关闭，进入汽缸的进气被切断，燃烧不能进行，柴油机停机（该方式对柴油机影响最大，非紧急情况下不建议使用）。

8. 涡轮增压

柴油机是靠燃料在汽缸内燃烧做功来产生功率的，由于输入的燃料量受到吸入汽缸空气量的限制，柴油机的单缸功率也就受到限制。为了提高单缸功率，势必需要压入更多的空气及燃油，这就需要对进入汽缸的空气进行压缩。同时柴油机燃烧后的废气的温度还很高，储存的热值还很大，如果通过回收废气热值来压缩进气空气，那么能大大提高柴油机热效率，而实现该目的的装置就是涡轮增压器。

涡轮增压器的结构如图 7 – 123 所示。其可分为两部分，一部分为废气端，由汽缸排气推动叶轮进行高速旋转；另一端为压气端，压气端叶轮和废气端叶轮在同一根轴上，可被废气端叶轮带着高速旋转，压气端叶轮实现对进入汽缸空气的压缩增压。

MTU 型柴油机设置了 5 组涡轮增压器，每组为两级串联压缩，两级之间设置了对进气的冷却器，以进一步提高压气效率。最初启动时 5 组增压器的两组投入使用，随着功率的增加，其余增压器逐个开启。涡轮增压器的开启信号为 A1 涡轮增压器的转速，通过控制电磁阀组 350UC 驱动涡轮增压器进口风门实现。

PC2 – 5 型柴油机在 A、B 两侧各设置了一个涡轮增压器，两个涡轮增压器随柴油机一同启动，为一级增压。

图 7 – 123　涡轮增压器结构示意图

9. 柴油机的辅助系统

为支持柴油机持续稳定工作，除上文描述的启动、调速、增压提效以及安全停运外，仍然需要很多辅助系统相配合，如燃油供给系统、燃油回收系统、为机械部件提供润滑的润滑油系统、冷却发热的高低温水系统等。下面对部分相关系统进行简要介绍。

（1）启动压空生产系统

通过启动压空生产系统为柴油机生产启动所需的合格压空。启动压空生产系统主要分为 A、B 两列，每列配置一台空压机及压空干燥装置和一组储气罐，接入对应柴油机启动空气总管。技术规范书要求柴油机能满足单列压空启动。

（2）启动压空分配

启动压空分配属于柴油机本体部分，主要由 A、B 两侧的先导阀、减压阀、主启动阀、空气分配器、单缸气动阀组成。

（3）燃油系统

主油箱设计为 7 天柴油机 24 小时满负荷运行的储油量，设置有两列燃油输送泵机过滤器，为日用油箱补充燃油。日用油箱的储油量满足 1 小时柴油机满负荷运行，同时日用油箱设置了回流至主油箱的回油管线。

柴油机机带燃油泵在柴油机启动后从日用油箱吸取燃油，在进入本体供油总管前设置了燃油过滤器，其中 PC 型柴油机还在系统中设置了燃油增压泵，目的是解决柴油机启动初期因机带燃油泵转速过低导致的燃油量不足问题。

从柴油机高压油泵柱塞回收的多余燃油及其他供油位置泄漏的燃油，最终被废液收集箱收集。

（4）低温水冷却系统

柴油机的低温水冷却系统中加装的是经过配比的防冻液，目的是带走柴油机运行过程中低温部件产生的热量，如中间冷却器、润滑油冷却器等，低温水经过这些设备后被送入风冷器，由冷却风扇将热量最终导入大气。经过风冷器的低温水重新进入低温水泵入口进行循环。系统中设置了一个膨胀水箱，用于平衡因热胀冷缩效应导致的系统水量。

（5）高温水冷却系统

高温水冷却系统有两个功能，其中一个功能与低温水冷却系统相同，只能用于冷却柴油机中高温部件，如汽缸的水套，该部分结构布置与低温水冷却系统基本一致。另一个功能为在柴油机停运期间，为保持柴油机随时处于最佳待命状态下的热备用功能，需要在高温水系统中增加一个从柴油机入口到柴油机出口的单独小循环，该小循环中设置了温控阀、可提供循环动力的高温水泵、用于控制温度的电加热器及冷却器。机带泵和预热水泵只有在切换过程中有短暂的叠加运行。

（6）润滑油系统

润滑油系统和高温水冷却系统一样，也有两个工况下的功能。正常工作时由机带润滑油泵从润滑油箱中吸取润滑油，通过过滤进入柴油机各润滑部件进行润滑，产生的多余热量通过换热器交换给低温水冷却系统。

热备用期间则通过单独的预润滑油泵提供动力，给柴油机各部件提供润滑油，此时因柴油机属于停运状态，润滑油温度较低，需要通过换热器从高温水冷却系统获得热量以调高润滑油温度。机带泵和预润滑油泵只有切换过程中有短暂的叠加运行。

（7）进排气系统

进气系统从厂房吸入空气，厂房安装有空气过滤器，在柴油机的吸气口也单独安装有过滤器，然后进入涡轮增压器压气端（MTU 型柴油机还有预热的切换模块，用于环境温度极低时的进气提升），再分成两路进入柴油机两侧的进气总管（MTU 型柴油机在进气总管上安装有截断阀），最后进入汽缸。

柴油机的废气从汽缸内排出后首先进入涡轮增压器的废气端,然后汇总进入废气总管,通过排放总管排放至大气中,排放总管中安装有消音器。

（8）发电机及辅助系统

发电机相关的机械部件主要为发电机轴承,其辅助系统为持续给轴承提供润滑的发电机润滑油系统。其中 MTU 型柴油机的辅助系统较为复杂,由油箱、润滑油过滤器、润滑油泵、润滑油冷却器及润滑油分配器(用于分配两端轴承的流量)构成。

7.5.3 标准和规范

1. 柴油机的试验

秦二厂柴油发电系统是遵循 RCC 标准体系设计的,相关试验按照法系标准执行,其中常规试验内容分为日常定期试验和修后试验两类。

日常定期试验按照一个核电机组至少每月开展一次柴油机试验要求执行,即每个核电机组配置两列柴油机,每月试验一列。试验内容为模拟信号应急启动柴油机,要求柴油机在 10 s 内(收到启动信号至满足带载条件的总时长)完成启动,并按预设的逻辑顺序完成顺序带载,整个带载过程也需在电厂技术规范要求的时间内完成。

柴油机的修后试验分两阶段进行,第一阶段为维修的吹车及机械运转试验阶段,目的是通过动排气方式排出因维修工作导致的管路存气,同时 PC 型柴油机还需要完成机械调速器标定。第二阶段为运行试验阶段,主要完成柴油机空载验证、柴油机及辅助系统整体启动功能验证,然后进行柴油机满负荷试验验证,柴油机满足满负荷运行要求同时进行燃油消耗计算,最后按照定期试验模式执行一次定期试验。

2. PC 型柴油机的重要运行参数(仅列取现有的参数)

（1）PC 型柴油机发电机组重要部件的特征参数(表 7 - 20)

表 7 - 20　PC 型柴油机发电机组重要部件的特征参数

序号	参数名称	数据来源	功能	正常值	报警/跳机阈值	是否关键参数
1	汽缸排气温度	温度巡检仪 Cyl. Temp. H TE300 ~ 307 TE310 ~ 317	监测每个汽缸排气温度。当柴油机任一汽缸排气温度高于 520 ℃时,送出报警信号	≤480 ℃	报警值:520 ℃	Y
2	汽缸平均温度	温度巡检仪 Aveg. Temp. H	监测汽缸的平均温度。当柴油机 A、B 两列中任一列的汽缸平均温度高于 470 ℃时,送出报警信号		报警值:470 ℃	Y
3	涡轮进出口温度	温度巡检仪 Turb. InTemp. H	监测涡轮增压器进出口本体温度,用以判断汽缸排气是否正常及增压器运转是否正常。当柴油机任一涡轮进口温度高于 650 ℃时,送出报警信号		报警值:650 ℃	Y

表 7 – 20（续）

序号	参数名称	数据来源	功能	正常值	报警/跳机阈值	是否关键参数
4	柴油机主轴承温度	温度巡检仪 Eng. Bear. H.	监测柴油机主轴承的温度。当柴油机主轴承任一通道温度高于 85 ℃时,送出报警信号;温度高于 90 ℃时,送出停机信号		报警值:85 ℃ 停机值:90 ℃	Y
5	柴油机止推轴承温度	温度巡检仪	监测柴油机止推轴承的温度。当柴油机止推轴承温度高于 75 ℃时,送出报警信号;温度高于 85 ℃时,送出停机信号		报警值:75 ℃ 停机值:85 ℃	Y
6	曲轴箱压力	压力开关 PSH154	监测曲轴箱压力。当曲轴箱气压高于 0.8 kPa 时,送出报警、机组正常停机、机组正常启动联锁信号		报警/停机值: 0.8 kPa	Y
7	发电机轴承温度	温度巡检仪 Gen. Bear	监测发电机的轴承温度。当发电机轴承温度高于 95 ℃时,送出报警信号;温度高于 105 ℃时,送出正常停机信号		报警值:95 ℃ 停机值:105 ℃	Y
8	发电机定子线圈温度	温度巡检仪 Gen. Wind	监测发电机定子线圈温度。当发电机定子线圈任一通道温度高于 125 ℃时,送出报警信号;温度高于 145 ℃时,送出正常停机信号		报警值:125 ℃ 停机值:145 ℃	Y
9	监测柴油机停机惰转时间		监测柴油机停机惰转时间			Y

（2）PC 型柴油机重要的系统热工参数（表 7 – 21）

表 7 – 21　PC 型柴油机重要的系统热工参数

序号	参数名称	数据来源	功能	正常值	报警/跳机阈值	是否关键参数
1	机带润滑油泵出口油位	液位开关 LSL151	监测机带润滑油泵 151PO 出口油位。EDG 启动后,润滑油出口油位低于其容积的 30% 时,送出报警信号		报警值:30%	N

表 7-21（续 1）

序号	参数名称	数据来源	功能	正常值	报警/跳机阈值	是否关键参数
2	高温水进机压力	压力开关 PSL203	监测高温水进机的压力。当高温水进机压力小于 350 kPa 时报警	(450 ± 50)kPa	报警值：350 kPa	Y
3	高温水进机压力	压力开关 PSH204	监测高温水进机的压力，关注201PO 是否能切换到正常停运。当高温水进机压力大于450 kPa 时，送出停运预热泵201PO 联锁信号	(450 ± 50)kPa	201PO 停运值：450 kPa	Y
4	高温水预热压力	压力开关 PSL202	监测高温水预热状态时的压力。若压力低于 270 kPa，则发出低报警	(450 ± 50)kPa	低报警值：270 kPa	N
5	高温水出口温度	温度开关 TSHL205 TSL200	监测高温水出机的温度。当温度高于 90 ℃ 时，温度高报警；温度高于 95 ℃ 时，正常停机	(82 ± 5)℃	温度高报警值：90 ℃ 温度高停机值：95 ℃ 温度低报警值：50 ℃	Y
6	机带低温水泵出口压力	压力开关 PSL230	监测机带低温水泵的出口压力。当机带泵 203PO 出口压力小于 400 kPa 时，送出报警信号；压力小于 300 kPa 时，送出正常停机信号	(450 ± 50)kPa	报警值：400 kPa 停机值：300 kPa	Y
7	燃油进机压力	压力开关 PSL105	监测燃油进机压力。当燃油进机压力低于 300 kPa 时，柴油机停机	>350 kPa	停机值：300 kPa	Y
8	机带燃油泵出口压力	压力开关 PSL106	监测机带燃油泵的出口压力。当主燃油泵 104PO 出口压力小于 350 kPa 时，启动增压泵 103PO	>350 kPa	103PO 启动值：350 kPa	Y
9	润滑油进机压力	压力开关 PSL151 PSL152	监测润滑油的进机压力。当进机油压小于 450 kPa 时，送出报警信号；当润滑油进机压力低于 300 kPa 时，送出启动152PO 信号	(550 ± 50)kPa	报警值：450 kPa 152PO 启动值：300 kPa	Y
10	柴油机预润滑压力	压力开关 PSL153	监测预润滑油的压力。当柴油机内部润滑油压力低于 10 kPa 时，送出机组正常启动联锁、报警信号	(300 ± 50)kPa	低压报警值：10 kPa	N

表7-21(续2)

序号	参数名称	数据来源	功能	正常值	报警/跳机阈值	是否关键参数
11	润滑油进机温度	温度开关 TSH152 TSL150	监测润滑油的进机温度。当润滑油的进机温度高于63 ℃时,送出报警、正常停机、正常启动联锁信号;当润滑油的进机温度低于40 ℃时,送出报警、正常启动联锁信号	(58±5)℃	高报警值: 63 ℃ 低报警值: 40 ℃	N

(3)PC型柴油机辅助系统重要设备关键运行参数(表7-22)

表7-22 PC型柴油机辅助系统重要设备关键运行参数

序号	参数名称	数据来源	功能	正常值	报警/跳机阈值	是否关键参数
1	润滑油罐液位	液位开关 LSLL150	当润滑油箱的液位(LI150)低于40%V时,送出柴油机正常联锁、正常停机、报警信号		跳机液位值:260 mm	Y
2	电热器出口压力	压力开关 PSL202	当200RS出口高温水压力小于270 kPa时,送出停运200RS和报警信号		200RS停运值: 270 kPa	N
3	电热器入口温度	温度开关 TSHL201	当200RS入口高温水温度低于58 ℃时,送出启动200RS信号;水温高于63 ℃时送出停运200RS信号		启动200RS水温: 58 ℃ 停运200RS水温: 63 ℃	N
4	高压压空250BA压力	压力开关 PSH254 PSL252	当空气瓶250BA的压力高于40 bar时,送出停闭空压机250CO的信号	(40±2)bar	大于4 000 kPa 停运250CO 低于3 400 kPa 启动250CO	Y
5	高压压空251BA压力	压力开关 PSH255 PSL253	当空气瓶251BA的压力高于40 bar时,送出停闭空压机251CO的信号	(40±2)bar	大于4 000 kPa 停运251CO 低于3 400 kPa 启动251CO	Y
6	A列高压压空压力	压力开关 PSL256	当A排高压空气压力低于32 bar时,送出高压空气压力低报警信号	>32 bar	压力低报警值: 3 200 kPa	Y

表 7 - 22(续)

序号	参数名称	数据来源	功能	正常值	报警/跳机阈值	是否关键参数
7	B 列高压压空压力	压力开关 PSL257	当 B 排高压空气压力低于 32 bar 时,送出高压空气压力低报警信号		压力低报警值: 3 200 kPa	Y
8	低压压空储存罐压力	压力开关 PSL260	超速气瓶的压力低于 600 kPa 时,送出报警信号	(7 ± 1) bar	压力低报警值: 600 kPa	Y
9	燃油滤油器差压	压力开关 PDS107	当燃油滤油器堵塞指示器差动压力大于 80 kPa 时,送出报警信号		报警值:80 kPa	N
10	润滑油过滤器阻塞	PDS155	当润滑油的过滤器前后压差高于 80 kPa 时,送出报警信号		报警值:80 kPa	N
11	压缩空气露点	露点仪	当 250/251CO 露点低于 −20 ℃ 时,露点仪停止工作		停运干燥器露点值: −20 ℃	N

3. MTU 型柴油机的重要运行参数(仅列取现有的参数)

(1)MTU 型柴油机发电机组重要部件的特征参数(表 7 - 23)

表 7 - 23   MTU 型柴油机发电机组重要部件的特征参数

序号	参数名称	数据来源	功能	正常值	报警/停机阈值	是否关键参数
1	油底壳液位计 (151 MN、152 MN)	1E 级控制柜	监测柴油机油底壳液位,作为润滑油补油泵启停信号	140 ~ 220 mm	报警值: >220 mm 停机值: >235 mm	Y
2	发电机轴承温度 (171MT、172MT)	非 1E 级控制柜	监测发电机驱动端和非驱动端轴承温度	<70 ℃	报警值: >98 ℃ 停机值: >103 ℃	Y
3	发电机定子线圈温度 (173MT ~ 175MT)	非 1E 级控制柜	监测发电机定子线圈温度	<90 ℃	报警值: >135 ℃ 停机值: >140 ℃	Y

表 7 - 23(续1)

序号	参数名称	数据来源	功能	正常值	报警/停机阈值	是否关键参数
4	汽缸排气温度（300MT ~ 319MT）	就地控制屏	监测各个汽缸排气温度	<680 ℃	报警值、停机值：>720 ℃	Y
5	排气总管排气温度（324MT）	就地控制屏	监测排气管排气温度	<540 ℃	报警值、停机值：>590 ℃	Y
6	A 排汽缸单缸排气温度与平均温度差	部分柴油机需新增控制逻辑	监测 A 排汽缸单缸排气温度与平均温度差	<100 ℃	报警值、停机值：>100 ℃	Y
7	B 排汽缸单缸排气温度与平均温度差	部分柴油机需新增控制逻辑	监测 B 排汽缸单缸排气温度与平均温度差	<100 ℃	报警值、停机值：>100 ℃	Y
8	柴油机转速（300MC ~ 302MC）	1E 级控制柜	监测柴油机瞬时转速	(1 500 ± 15) r/min	停机值：>1 725 r/min	Y
9	柴油机转速（305MC ~ 307MC）	1E 级控制柜	监测柴油机瞬时转速	(1 500 ± 15) r/min	停机值：>1 730 r/min	Y
10	涡轮增压器 A1 转速	Diasys 调速器监测软件	监测涡轮增压器 A1 瞬时转速和工作状态	状态为 1bool	N/A	Y
11	涡轮增压器 A2 转速	Diasys 调速器监测软件	监测涡轮增压器 A2 瞬时转速和工作状态	状态为 1bool	N/A	Y
12	涡轮增压器 B1 转速	Diasys 调速器监测软件	监测涡轮增压器 B1 瞬时转速和工作状态	转速 > 39 000 r/min，状态为 1bool；转速 < 30 000 r/min，状态为 0bool	N/A	Y
13	涡轮增压器 B2 转速	Diasys 调速器监测软件	监测涡轮增压器 B2 瞬时转速和工作状态	转速 > 39 000 r/min，状态为 1bool；转速 < 31 000 r/min，状态为 0bool	N/A	Y

表 7 - 23(续 2)

序号	参数名称	数据来源	功能	正常值	报警/停机阈值	是否关键参数
14	涡轮增压器 B3 转速	Diasys 调速器监测软件	监测涡轮增压器 B3 瞬时转速和工作状态	转速 > 40 000 r/min,状态为 1bool;转速 < 34 000 r/min,状态为 0bool	N/A	Y
15	发电机电压	发电机保护柜	监测发电机的出线电压	6.3 ~ 7.2 kV	停机值:< 4.62 kV 或 > 7.59 kV	Y
16	发电机电流	发电机保护柜	监测发电机的出线电流	0 ~ 656 A	停机值:> 915 A,延时 2 s	N
17	发电机有功功率	发电机保护柜	监测发电机的有功功率	≤ 6.6 MW	N/A	N
18	发电机无功功率	发电机保护柜	监测发电机的无功功率		N/A	N
19	发电机频率	发电机保护柜	监测发电机的频率	(50 ± 0.5) Hz	报警值:< 48.5 Hz 或 > 52.1 Hz	Y
20	柴油机停机惰转时间		监测柴油机停机惰转时间			Y

(2)MTU 型柴油机重要的系统热工参数(表 7 - 24)

表 7 - 24　MTU 型柴油机重要的系统热工参数

序号	参数名称	数据来源	功能	正常值	报警/停机阈值	是否关键参数
1	预润滑油压(150MP)	就地控制屏	监测柴油机备用状态下预润滑油压力	≥ 0.4 bar	报警值:< 0.4 bar	N
2	主润滑油压力(152MP ~ 154MP,三取二)	非 1E 级控制柜	监测柴油机工作状态下主润滑油压力	≥ 5.5 bar	报警值:< 5.5 bar 停机值:< 5.0 bar	Y

表 7 – 24(续)

序号	参数名称	数据来源	功能	正常值	报警/停机阈值	是否关键参数
3	阀动装置润滑油压力（155MP）	就地控制屏	监测阀动装置润滑油压力	≥4.5 bar	报警值：<4.5 bar	N
4	活塞冷却润滑油压力（157MP）	就地控制屏	监测活塞冷却润滑油压力	≥6.5 bar	报警值：<6.5 bar 停机值：<6.0 bar	Y
5	机带高温水泵出口压力（200MP、201MP）	就地控制屏	监测高温水泵出口压力	≥2.2 bar	报警值：<2.2 bar	N
6	机带低温水泵出口压力（202MP）	就地控制屏	监测低温水泵出口压力	≥1.8 bar	报警值：<1.8 bar	N
7	润滑油进机温度（150MT）	就地控制屏	监测润滑油进机温度	≤83 ℃	报警值：>83 ℃ 停机值：>87 ℃	Y
8	高温水出机温度（201MT、202MT）	就地控制屏	监测高温水出机温度	(80 ± 10)℃	报警值：>90 ℃ 停机值：>95 ℃	Y
9	预热水泵出口高温水温度（203MT、204MT）	就地控制屏	监测预热水泵出口高温水温度，作为电加热器启停机的信号	(80 ± 10)℃（工作状态下）；(60 ±5)℃（备用状态下）	备用状态下：报警值：<55 ℃ 电加热器启动：<60 ℃ 电加热器停运：65 ℃	N
10	低温水进机温度（205MT）	就地控制屏	监测低温水进机温度	30 ~ 55 ℃	报警值：>57 ℃	N
11	低温水出机温度（206MT、207MT）	就地控制屏	监测低温水出机温度	35 ~ 65 ℃	报警值：>70 ℃	N

（3）MTU 型柴油机辅助系统重要设备关键运行参数（表 7 - 25）

表 7 - 25　MTU 型柴油机辅助系统重要设备关键运行参数

序号	参数名称	数据来源	功能	正常值	报警/停机阈值	是否关键参数
1	泄漏燃油储存箱液位计（100MN）	1E 级控制柜	监测泄漏燃油储存箱液位,箱体内液位达到其限值时,自动触发燃油回油泵将燃油输送回日用燃油箱	37 ~ 195 mm	报警值: >195 mm	N
2	泄漏燃油储存箱（左侧)液位计（101MN）	非 1E 级控制柜	监测柴油机左侧高压油管套管内燃油泄漏油	0 ~ 80 mm	报警值: >80 mm	N
3	泄漏燃油储存箱（右侧)液位计（102MN）	非 1E 级控制柜	监测柴油机右侧高压油管套管内燃油泄漏油	0 ~ 80 mm	报警值: >80 mm	N
4	日用燃油箱液位计（103MN）	1E 级控制柜	监测日用燃油箱液位	115 ~ 240 mm	报警值: <240 mm	Y
5	日用燃油箱液位计（104MN）	非 1E 级控制柜	监测日用燃油箱液位	115 ~ 240 mm	报警值: <240 mm	Y
6	主贮油罐液位计（105MN）	非 1E 级控制柜	监测主贮油罐液位	≥4 330 mm	报警值: <4 330 mm	N
7	润滑油箱液位计（156MN）	非 1E 级控制柜	监测润滑油箱液位	≥200 mm	报警值: <200 mm	N
8	高温水膨胀水箱液位计（200MN）	非 1E 级控制柜	监测高温水膨胀水箱液位	≥228 mm	报警值: <228 mm 停机值: <170 mm	Y
9	低温水膨胀水箱液位计（201MN）	非 1E 级控制柜	监测低温水膨胀水箱液位	≥228 mm	报警值: <228 mm 停机值: <170 mm	Y
	润滑油补油泵出口压力表（151MP）	就地控制屏	监测润滑油补油泵出口压力	≥0.8 bar	报警值: <0.8 bar	N
10	主润滑油过滤器压差（156MP）	就地控制屏	主润滑油过滤器内部压差高于 1.5 bar 时,送出报警信号	≤1.5 bar	报警值: >1.5 bar	N
11	压空罐组出口压力（250MP、251MP）	非 1E 级控制柜	作为联锁启动对应空压机和空压机润滑油泵的信号	34 ~ 40 bar	启动值: <34 bar	N

表 7-25(续)

序号	参数名称	数据来源	功能	正常值	报警/停机阈值	是否关键参数
12	压空罐组出口压力(252MP、253MP)	非1E级控制柜	作为联锁停运对应空压机和空压机润滑油泵的信号	34~40 bar	停运值:>39 bar	N
13	压空罐出口压力(254MP~259MP)	非1E级控制柜	监测压空罐出口压力	34~40 bar	报警值:<31 bar	N
14	空压机润滑油油压(272MP、273MP)	非1E级控制柜	监测空压机润滑油油压	1.8~4.0 bar	停运空压机油压值:<1 bar	N
15	进气过滤器压差(300MP)	非1E级控制柜	监测进气过滤器压差	<15 mbar	报警值:>15 mbar	N
16	预热水泵出口温度(208MT)	非1E级控制柜	监测预热水泵出口温度	80±10 ℃	报警值:>105 ℃	N

7.5.4 预维项目

1. MTU 型柴油机主机检修项目(表 7-26)

表 7-26 MTU 主机检修项目

维修等级			项目	内容	标准
1C(年检)	3C(五年检)	6C(十年检)	空气过滤器	吹扫	
			高温水	取样分析	
			低温水	取样分析	
			润滑油	取样分析	
			紧急停机风门	动作检查	
			排气系统	外观检查	
			燃油预过滤器	清洗	
			燃油精滤器	更换滤芯	
			预热单元	测量电加热器阻值等电气参数	
			润滑油	更换	
			各部件润滑点	进行润滑	
			润滑油过滤器	更换滤芯	
			前置润滑油过滤器	清洁	
			活塞冷却润滑油过滤器	更换滤芯	

表 7 - 26(续 1)

维修等级			项目	内容	标准
1C (年检)	3C (五年检)	6C (十年检)	启动先导阀电磁阀(先导小阀)	更换密封圈,验证功能	
			启动先导阀	密封性检查	
			主启动阀	动作检查	
			启动空气回路	止回阀检查	
			压力限制器	动作检查	
			启动空气减压阀	更换密封,验证功能	
			联轴器	目视检查	
			空气分配器	位置检查,外观检查	发火时序: A1—B7—A7—B2— A2—B6—A6—B3— A3—B10—A10— B4—A4—B9—A9— B5—A5—B8— A8—B1
			发电机单元	更换滤芯	
			100/101BA	排空	
			管道	软管外观目视检查	
			预润滑油泵	更换泵头及减压阀阀芯组件	
			进排气阀驱动	润滑油路是否通畅检查	
			喷油器	校验,更换密封	喷雾压力在 380 ~ 408 bar,且无滴状液体
			进排气摇臂间隙	测量摇臂间隙	进气阀 0.30 mm,排气阀 0.50 mm
			燃烧室检查	内窥镜检查	
			进气滤芯	清洁	
			涡轮增压器开关风门	更换减震止挡	
			高温水	更换,检查清洁高温水滤芯	
			低温水	更换	
			350UC	更换	
			温控阀	解体	
			底座减震	目视检查,确认螺栓紧固情况	

表 7 - 26（续 2）

维修等级			项目	内容	标准
1C （年检）	3C （五年检）	6C （十年检）	曲轴箱	防爆阀检查	
			润滑油减压阀	清洗,更换密封	开启压力为 (0.6 ± 0.2) bar
			排气管线	检查膨胀节及连接法兰	
			涡轮增压器风门驱动汽缸	更换	
			发电机对中	对中	同轴度（外圆）:上下偏差 $-0.6 \sim 0.8$ mm,左右偏差 $-0.5 \sim 0.3$ mm
			机带燃油泵	解体	
			机带高温水泵	解体	
			机带低温水泵	解体	
			燃油系统	止回阀检查	
			润滑油温控阀	解体	
			单缸启动阀	测试,更换密封	
			主启动阀	测试,更换密封	
			预热水泵	更换	
			预热电加热器	清洗检查	
			ECS	电控部分功能检查	
			油压控制器	更换	
			油压控制器（涡轮增压器）	更换	
			橡胶软管、管接、膨胀节等	更换	

注:二十年检项目暂未确定。

2. PC 型柴油机主机检修项目（表 7 - 27）

表 7 - 27　PC 型柴油机主机检修项目

维修等级				项目	内容	标准
1C	3C	6C	12C	曲臂差	测量	标准及测量方式如图 7 - 124 所示
				汽缸内壁检查	内窥镜	
				摇臂间隙	检查	$0.95 \sim 1.05$ mm

表 7 – 27（续 1）

维修等级				项目	内容	标准
1C	3C	6C	12C	喷油器	校验	23.5 ~ 24.5 MPa，雾化良好
				超速保护	校验	三次平均值:566.4 ~ 583.6 r/min
				定时齿轮	外观检查	
				凸轮轴	各挡轴承润滑	
				空气分配器	测量分配盘的角位移、径向间隙	角位移 1.5 mm;径向间隙 1 mm
				机带滤器及注油器	清洗	
				涡轮增压器	油室冲洗加油及进气滤网清洗	
				润滑点	润滑	
				本体橡胶件	目视检查	
				机架螺栓	力矩检查	校验力矩 1 600 N·m
				曲轴箱	内部部件目视检查,更换密封	
				停机手柄	动作及润滑	
				高压油泵齿条位置	检查及调整	
				防冻液	检查	
				A3/A5 抽检	缸盖解体检查及水压试验	1 MPa(10 bar)水压试验,保持 30 min,无任何渗漏
					进排气阀检查	直径报废极限 $LR = 23.50$ mm;阀盘底面的磨损极限值为 1.5 mm;与阀座密封面蓝油试验
					进排气阀导套直径	导套内径报废极限 $LR = 24.40$ mm
					活塞环间隙检查	如图 7 – 125 所示
					连杆大端螺栓	$O_V \leq 0.15$,如图 7 – 126 所示;螺栓伸长量 0.40 ~ 0.50 mm
					缸套尺寸复测	$O_V \leq 0.15$,如图 7 – 127 所示
					起动阀	解体

表 7-27（续2）

维修等级				项目	内容	标准
1C	3C	6C	12C	主启动阀	解体及阀体试验	阀体进行 40 bar 气压试验
				防爆门	动作检查	
				汽缸全解,内容同 A3/A5	略	
				主轴瓦检查	主轴瓦拆卸前曲臂差及第二、六挡主轴承间隙测量	在输出端和自由端距轴瓦结合面上、下方 15 mm,深度 40 mm 处,用塞尺检查主轴承间隙,标准如图 7-128 所示
					轴瓦表面检查	
				喷油泵	解体更换易损件	
				摇臂	解体更换易损件	尺寸测量如图 7-129 和图 7-130 所示
				传动齿轮啮合间隙	直齿间隙检查	曲轴每转动 90°,测量 1 次,共测 4 次,计算平均值,限值不超过 1 mm
				弹性连接杆及停车汽缸	拉杆的行程间隙确认	
				机带高低温水泵	解体	安装尺寸链如图 7-131 所示,A 值范围 38~39 mm
				涡轮增压器	返厂解体	
				传动齿轮	啮合间隙检查(增人字齿)	限值不超过 1 mm
				凸轮轴齿轮弹簧	外观检查	
				凸轮轴轴承及间隙	轴瓦和衬套的径向间隙、轴向间隙	<0.25 mm
					衬套内径	<105.5 mm
				密封件	更换密封件	
				水套 + 活塞顶	解体	水压试验 1.0 MPa, 10 min,标准为无泄漏、无压降

表 7 - 27（续 3）

维修等级				项目	内容	标准
1C	3C	6C	12C	连杆	新增小头衬套尺寸测量	≤170.5 mm
				曲轴轴封及唇型密封	更换	
				检查曲轴法兰	磨损检查	
				推力轴承及推力轴承法兰	外观检查	
				曲轴箱焊缝	A3/B5 无损检查	
				汽缸盖拉杆锚固保护装置	外观检查,螺杆进行力矩校验	300 N · m
				曲柄销	锥度、圆柱度检查	锥度 < 0.04 mm;圆柱度 < 0.15 mm
				机带燃油泵及卸压阀	解体	自带泄压阀压力0.69 ~ 0.71 MPa
				机带润滑油泵及卸压阀	解体	自带泄压阀压力0.79 ~ 0.81 MPa

注:机械调速期返厂解体测试单列 4C 项目。

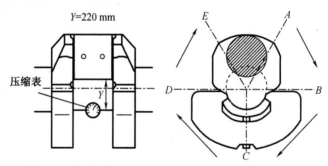

主轴瓦检查前曲臂差/mm								
	1	2	3	4	5	6	7	8
A								
B								
C								
D								
E								
dv								
dh								

技术要求:

第一挡 $-0.08 \leq |dv = C - (A + E)/2| \leq 0$

其余各挡 $-0.06 \leq |dv = C - (A + E)/2| \leq 0.06$ $-0.06 \leq |dh = D - B| \leq 0.06$

(注:压缩表值为减。)

图 7 - 124 屈臂差测量

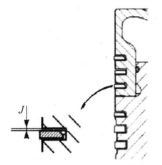
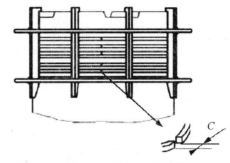

汽缸	顶环间隙/mm		压缩环间隙/mm						刮油环间隙/mm			
			第一道		第二道		第三道		第一道		第二道	
	J	C	J	C	J	C	J	C	J	C	J	C
极限	0.55	7	0.55	8	0.55	8	0.55	8	0.25	7.5	0.25	7.5
标准	0.173 ~ 0.208	2.0 ~ 2.4	0.173 ~ 0.208	0.17 ~ 2.10	0.173 ~ 0.208	0.17 ~ 2.10	0.103 ~ 0.138	0.17 ~ 2.10	0.093 ~ 0.128	0.17 ~ 2.10	0.093 ~ 0.128	0.17 ~ 2.10

图 7-125　活塞环间隙测量

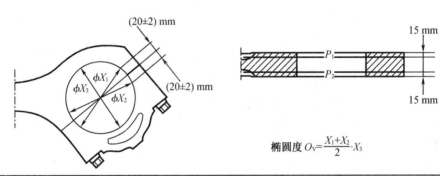

$$椭圆度\ O_V=\frac{X_1+X_2}{2}\cdot X_3$$

汽缸	平面 P_1/mm				平面 P_2/mm				O_V 标准 /mm	850 N·m 检查 紧固,旋转≤1 mm	是否合格
	ϕX_1	ϕX_2	ϕX_3	O_V	ϕX_1	ϕX_2	ϕX_3	O_V			
标准值											

图 7-126　连杆大端测量

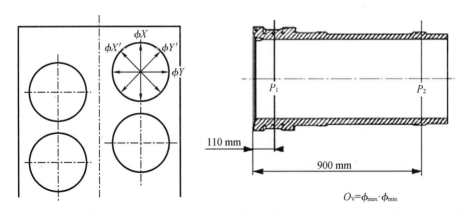

$$O_V=\phi_{max}\cdot\phi_{min}$$

图 7-127　缸套尺寸测量

汽缸	平面 P_1/mm					平面 P_2/mm		凸出量	是否合格
	ϕX	$\phi X'$	ϕY	$\phi Y'$	O_V	ϕX	ϕY	T/mm	
标准值	≤402	≤402	≤402	≤402	≤0.3	≤402	≤402	≤0.3	

图 7-127（续）

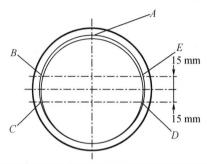

项目		A 点	B 点	C 点	D 点	E 点
第二挡	前					
	后					
第六挡	前					
	后					

技术要求：A 点（油隙）0.35～0.46 mm，B 点 > 2.0 mm，C 点 > 0.15 mm，D 点 > 0.15 mm，E 点 > 0.20 mm。

图 7-128　主轴承检查前主轴承间隙测量

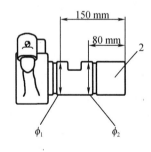

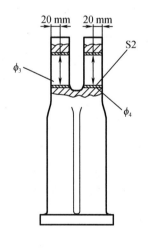

使用极限	LR/mm
轴使用极限	59.90
衬套使用极限	60.20

图 7-129　进气摇臂测量

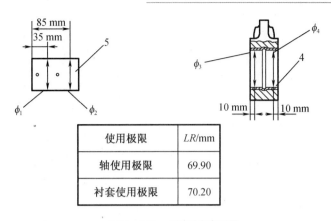

使用极限	LR/mm
轴使用极限	69.90
衬套使用极限	70.20

图 7 - 130　排气摇臂测量

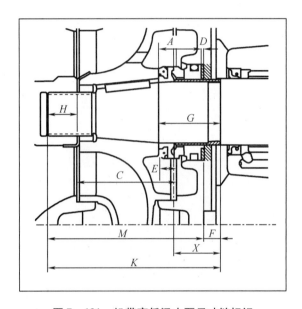

图 7 - 131　机带高低温水泵尺寸链标识

7.5.5　典型案例分析

1. 辅助设备故障

（1）橡胶膨胀节损坏

秦二厂曾多次出现橡胶膨胀节损坏导致系统介质泄漏,需要隔离辅助系统进行更换,导致柴油机不可用。典型事例有:

①2017年12月18日,执行3LHQ柴油机低负荷试验,在柴油机停运过程中,发现柴油机高温水系统膨胀节3LHQ210FL破裂(图7 - 132),高温冷却水大量喷出。最终分析结论为橡胶膨胀节老化,橡胶层表面产生大量孔隙,橡胶中的金属层被空气氧化,导致破损(图7 - 133),整个橡胶膨胀节的强度下降,无法抵抗系统压力而瞬间爆裂。

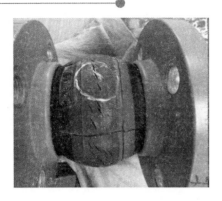
图 7 - 132　破损膨胀节外观照片

图 7 - 133　内部破损照片

②2018 年 11 月 29 日,巡检时发现膨胀节 2LHQ108FL 表面开裂,露出内衬。更换后检查发现,膨胀节内表面橡胶出现融化现象(图 7 - 134)。经过材质分析,破损膨胀节为前期国产化选择的通用膨胀节,为乙丙橡胶,非物资编码要求的丁腈类橡胶。进一步调查显示,同时期秦二厂采购了多种膨胀节,同规格的膨胀节中也同时采购了未明确要求材质的物资编码(用于非柴油机辅助系统),厂家在供货时发生混乱,因产品中没有明确文字标志,造成了非丁腈橡胶的膨胀节入库时进入柴油机物资编码货位,导致材质使用错误。

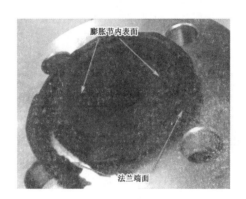
图 7 - 134　破损膨胀节内表面照片

③2020 年秦三厂维修巡检时发现膨胀节表面鼓包,进行隔离更换。调查该膨胀节为原厂备件,且到货后库存和现场使用时间总计不足 5 年,最终判断该膨胀节为个别质量问题。

以上事例启示:

①需要重视橡胶件的寿期管理,特别是长期处于高温热备用部位,需要缩短使用时间;

②需要重视橡胶膨胀节的物资管理,包括维护物资编码中的信息及膨胀节实体的标志要求;

③要加强橡胶膨胀节的备件验收管理,特别要注意检查备件内表面。

(2)换热器故障

2020 年 9 月,秦二厂 LHF(附加柴油机,PC2 - 5 型)在对润滑油进行日常取样分析时发现润滑油中含水量达到 8 000 ppm[①](标准为不大于 2 000 ppm)。经过分析,导致水进入润

---

① 1 ppm = 1×10^{-6}。

滑油的部位有限,包括缸头密封、润滑油冷却器等几个,经过排查,定位在润滑油冷却器上。该换热器为管壳式结构,但是进行了气压查漏及氦气查漏均未发现漏点,最终在把试验压力提高至 6 bar 后才发现泄漏部位,为管板连接处。该事例的启示是柴油机系统中的管壳式换热器需要定期查漏,查漏的压力需要大于正常工作压力。

(3)电加热器故障

2020 年 8 月 25 日 11:08,方家山主控 KIC 发报警 1LHQ704KA 应急柴油发电机组机械故障、1LLB013KA 1LLW 总故障;现场检查 1LHQ202RS 冷水预热器故障跳闸,1LHQ202R S 本体向外漏水严重,经值长许可后将 1LHQ203PO 停运断电,解除 1LHQ20 1VC 预热水泵入口截止阀、1LHQ202VC 电加热器出口截止阀,行政隔离并将其关闭,关闭后漏水停止,膨胀水箱 1LHQ200BA 液位 1LHQ20 0MN 由 412 mm 下降并稳定在 247 mm。检查发现该电加热器水垢严重堵塞,多根加热管已经爆裂,如图 7 – 135 所示。

图 7 – 135 故障电加热器图片

(4)阀门故障

2019 年,福清核电站附加柴油机(MTU 型)启动压空回路止回阀 600VA 卡死,导致启动不成功。该止回阀为弹簧式止回阀,因附加柴油及平时不启动,仅在每次大修后进行一次启动试验,而且该止回阀无任何检修项目。设备长期停运,压空中的水汽导致阀芯锈蚀卡死。

MTU 型柴油机启动空气先导阀频繁发生的漏气现象,目前已在田湾核电站、大亚湾核电站、秦山核电站等多家核电站出现,属于共性故障。该先导阀的结构如图 7 – 136 所示。其本身还有一个先导阀(为进行区分,整个阀门称为先导阀,该先导阀的先导部分称为先导小阀,图中 A),自身先导小阀是一个电磁阀,电磁阀把先导小阀开启后,压空驱动打开先导阀阀芯,压空再进入柴油机主启动阀,控制主启动阀开启。故障特点为先导小阀收到关闭指令后,先导阀主阀芯无法顺利回座(暂不能确认故障原因是先导小阀未密封还是先导阀主阀芯被卡涩)。该回路缺少空气过滤器,可能有颗粒进入阀芯,联系 MTU 公司,其不同意在先导回路增加过滤器。

(5)泵故障

①2020 年,秦二厂 1 号机组预热水泵(单级卧式离心泵)在柴油机正常试验停运过程中,由机带泵切换至预热泵运行时,发生跳泵。跳泵时发生巨响,查看继电保护信号为过载。停运后再次启动泵运转正常,该现象已多次出现。后解体该泵,发现阀芯叶轮背面与泵壳有明显磨损,查询根本原因为检修规程中无尺寸链内容(泵的运维手册中也无相关标

准）。后续完善了该泵的检修规程。

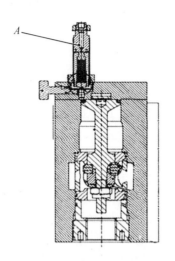

图 7-136 先导阀结构图

②2019 年,MTU 型燃油输送泵(单级卧式离心泵,开式叶轮)在定期的解体检查时发现,叶轮多个叶片弯曲变形,按照原厂备件安装要求在盘动过程中发现叶轮卡涩比较严重。进一步检查发现泵的安装说明里也没有安装尺寸链控制要求,因此泵的检修规程中也无相关内容。后续也完善了该泵的检修规程。

③2016 年 10 月 18 日,按计划执行 PT3LHQ001(柴油发电机组低负荷运行性能试验),在试验恢复过程中,柴油发电机组停运后主控发 3LHQ004AA(柴油发电机组机械故障)报警,现场查看为柴油发电机组润滑油压力低,仅为 0.01 MPa,技术规范要求在柴油机备用状态时润滑油压力大于 0.03 MPa。检查发现该泵自带泄压阀阀芯磨损导致其卡死在阀芯导向套内(图 7-137),之后国内多家电厂陆续发生同类故障。后联系厂家对阀芯结构进行修改,如图 7-138 所示。

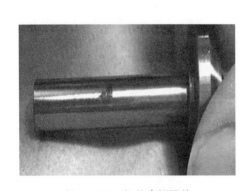

图 7-137 阀芯磨损图片

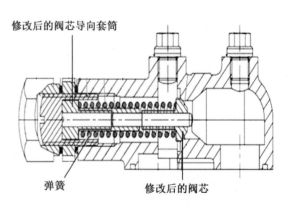

图 7-138 阀芯修改示意图

④2021 年,秦二厂 D408 大修时对 MTU 型高温水预热泵(202PO,WILO 直连泵)进行更换后的试验过程中发现预热回路温度异常,检查发现新换的泵未转动,进一步检查发现泵

的电源控制模块插针松动,重新回插后问题解决。后发现方家山同位号泵出现该模块插针松动导致烧毁问题。

⑤2020 年 9 月,D214 大修处理 2LHQ 高温水泵机械密封故障。首先发现轴窜超标严重,进一步解体发现轴肩磨损,更换新轴及机械密封,柴油机再鉴定过程中再次出现机械密封泄漏。解体重新安装机械密封,完成回装后准备再次进行鉴定。在对比新旧备件后发现定距套尺寸问题,再次隔离更换机械密封。本次事故根本原因为,新的定距套为加工件,若在更换叶轮或者轴套后,需要根据尺寸链进行计算,并二次加工,而相关信息在检修规程中缺失。

⑥2019 年 11 月 1 日,方家山 2LHQ 应急柴油机执行 PT2LHQ001《LHQ 柴油发电机组满功率试验》,启动成功约 24 s 后 A10 汽缸排气温度 309MT 超出 720 ℃定值,导致柴油机保护停机。排净进气总管残留润滑油后重新启动柴油机,运行参数正常,试验合格。2019 年11 月 29 日,此柴油机再次试验时,再次出现类似故障。对故障进行根本原因分析,发现应急柴油机预润滑油系统压力由预润滑油泵 153PO 提供,在预润滑油系统与阀动装置润滑油系统(缸头、摇臂等部件润滑油系统)边界设置了一个压力保持阀 157VH,该阀门开启压力值为 1.5 bar。现场发现预润滑油泵 153PO 供油压力过高,导致压力保持阀 157VH 开启,润滑油进入摇臂内部,进而渗入汽缸内部。在柴油机启动初期,过多的润滑油进入 A10、B10汽缸,造成汽缸内燃烧不充分,未完全燃烧的润滑油和燃油排出汽缸后在排气支管出现二次燃烧,导致排气温度异常升高。

2. 电仪设备故障

(1)液位传感器故障

MTU 机械多次发生高低温膨胀水箱(200、201BA)的液位计读数在柴油机运行时剧烈波动,甚至瞬间降低为 0,导致触发液位低保护,柴油机跳机,试验不合格。该液位计为压差式原理液位计,通过安装在罐低和罐顶的两个膜式压力传感器测量压力(罐顶压力记为 P_s,罐底压力记为 P_x),液位通过压力差换算取得,换算公式为

$$P = P_x - P_s \qquad (7-67)$$

式中,$P_x = P_{H_2O} + P_s$。但是,经过分析发现,膜式压力传感器不能测量负压,而罐子安装有呼吸阀,该呼吸阀的结构要求有开启压力,负压需要达到 0.1 bar 才能开启,即罐子在液位下降过程中会存在负压的工况。当负压出现时,P_x 测量所得到的压力为正确压力,但是 P_s 只能保持在数值 0,导致了实际的 P 值计算时得数减小。而该罐的高度不足 1 m(0.1 bar),因此,负压的波动对数值影响巨大。

因此,明确了根本原因为液位计选型不合理,已变更换型。

(2)继电器故障

秦二厂 PC 机械的继电器数量众多,其中双稳态继电器在某次大修后大面积故障,日常也多次出现继电器故障,导致泵不能启动或停运、冷却风机不能停运、设备异常跳机等各类故障。主要的问题为继电器备件质量检测手段缺乏。

①2019 年 12 月 6 日,2LHQ 应急柴油发电机组在执行定期低负荷试验过程中因差动保护误动导致 2LHQ 非预期停运,后续检查发现差动保护继电器底座存在异常。对继电器底座进行解体(图 7-139),发现内部结构有少量油污以及黑色附着物。其中 10/11 号端子、22/23 号端子有轻微变形,其短路片有疑似电弧灼伤或者弹簧压伤痕迹。该差动保护继电

器本体和底座设计为可以分开的结构,且底座设有短路结构,在拆除继电器后,底座自动将电流回路短接,以防 CT 回路开路,继电器回装后通过限位开关自动断开短路片。经过试验验证,如果正常运行过程中,该短路机构异常接通(油污、异物等导致的绝缘异常、机构卡涩等),由于电流分流,将会导致差动保护误动。经过对同型底座的拆解检查,未发现有类似痕迹。底座为密闭结构,该异物应为出厂时产生。且底座插针部分存在轻微弯曲,存在因内部接触问题导致保护误动的可能。

图 7 - 139 故障继电器底座

②2016 年 11 月 23 日 13:36,4LLW351JA(4LHQ202RS 预热电加热器)故障跳闸,造成负载电加热器停运,引起柴油机热备用期间预热水回路温度下降。4LLW351JA 装有内热继电器,制造过程中该热继电器形变片缺陷,使热继电器发热量加大,经长期运行引起形变片特性改变,热继电器的动作曲线改变,原因为厂家制造问题。

另外,以继电器为代表的各种电气备件还存在升级替代无法购买备件的问题。

③接线故障:

a. 2021 年,秦三厂 PC2 - 6 型柴油机在进行运转时发现转速异常波动,经过分析发现直接原因为电子调速器异常动作。进一步分析,根本原因为电气柜中的接地线松动,导致发生干扰,致使电子调速器工作异常。

b. 2019 年,MTU 型柴油机航空插座插针松动,发生异常报警。

c. 115 大修期间,柴油机修后试验时发现信号异常,最终原因为接线位置互换。

d. 2019 年,MTU 型柴油机的发电机轴承温度传感器接线松动,导致温度异常。

④控制逻辑问题:

a. 2014 年 6 月 27 日,2LHP001GE 柴油机十年全面解体大修后的磨合试验期间,在高负荷平台上运转时连续三次出现跳机。前两次跳机未有任何报警显示,第三次出现跳机时"燃油压力低(105PSL<300 kPa)"报警灯亮起。查看跳机时 002PP 仪表显示柜上的燃油压力指示表,显示当时燃油压力指示在 480 kPa 至 500 kPa 之间波动,未达到报警限值。在设计上,105PSL 压力开关的上游设置了阻尼器,但是在燃油压力低跳机控制回路的继电器为中间继电器,并非延时继电器,因此正常的压力波动即有可能触发信号。后在控制回路中增加延时。

b. 2018 年 11 月 24 日上午,307 大修 3LHQ 应急柴油机在检修后进行维修后试验,由于发电机组轴承润滑油泵(3LHQ157PO)手动停运信号未复位,柴油机启动后发电机轴承润滑油泵未正常启动,导致发电机驱动端及非驱动端轴瓦磨损。当选择开关 3LHQ002CC 位于

"就地位置"并在 PLC 触摸屏上手动触发"ON""OFF"的启动、停止信号时,157PO/150ZV 便会收到相应的手动启停信号并一直保持(若要复位该信号,需将"自动/主控——就地"选择开关 002CC 置于"自动/主控"位置,否则该信号便会一直保持)。正常在柴油机检修后进行修后试验时,就地启动柴油机需将 002CC 置于就地位置。本次对辅机的修后试验时使用了 PLC 触摸屏的操作,而在主机试验规程中也没有复位操作确认,最终导致故障的发生。该事故根本原因为逻辑不合理。

c.2020 年 9 月 4 日 10:10,执行 4LHQ 应急柴油机低负荷试验。试验结束后发现应急柴油机启动时间为 10.019 s,超过合格标准 10 s,导致再鉴定不合格。进一步检查发现柴油机启动过程中机端电压最高达到 7.1 kV,超过了柴油机准备好电压 4.8 ~ 6.9 kV 的范围。检查发现现有的控制逻辑中,当启动柴油机时,柴油机电压最大值未超过 6.9 kV 的高限值时,电压超过 4.8 kV 的时刻便是柴油机准备好信号触发的时刻。而当电压的超调量超过 6.9 kV 时,此时电压准备好信号消失,由于此时电压"超调"导致电压准备好信号消失,柴油机需等到机端电压回调降至 6.9 kV 以下,电压准备好信号再次出现时,柴油机准备好信号才能发出,这种情况会导致柴油机准备好时间延长。如图 7 – 140 所示,本次试验中柴油机电压达到 4.8 kV 后 0.692 s 电压越过 6.9 kV 限值,电压准备好信号首次合格的持续时间为 0.692 s,并不足以使系统走完 001JA 分闸逻辑,直到 0.805 s 后,柴油机电压回调至 6.9 kV 以下,柴油机电压合格信号才再次出现并得以长期保持,由此相当于一共使柴油机准备好信号的触发推迟了 1.497 s。查询其他机组只对启动电压、频率的最低值有要求,并未限制电压的上限,根本原因为逻辑不合理。

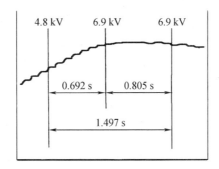

图 7 – 140　4LHQ 柴油机启动过程中电压波形截取

(3)其他电仪部件故障

①2017 年 4 月 20 日,主控执行柴油机低负荷性能试验(PT1LHQ001)。在柴油机带载运行 30 min 时,13:57 触发"柴油机曲轴箱压力高"导致柴油机跳闸。当晚再次执行试验,在柴油机带载运行 31 min 时,20:35 触发"发电机轴承温度高高"导致柴油机跳闸。最终找出根本原因:压力开关 PSH154 偶发故障导致柴油机曲轴箱压力高;使用了质量不可靠的返修后的温度巡检仪导致发电机轴承温度高高。

②2019 年 9 月 6 日 13:10,方家山运行人员执行 PT2LHQ001《LHQ 柴油机组满功率试验》,在执行到将柴油发电机组的负荷提升至满功率运行的过程中,柴油机涡轮增压器 2LHQ309CO 故障导致柴油机不可用,试验不合格,运行人员执行停机操作通知维修人员进行检修。经维修人员现场检查确定故障点为 2LHQ350UC 电磁阀组中控制 B3 涡轮增压器

的电磁阀密封圈破损,造成电磁阀无法正常开启,继而涡轮增压器无法投入运行。

3.柴油机本体故障

(1)调速器故障

2016 年 2 月 5 日,211 大修 2LHP001GE 柴油机检修后试验期间,出现了柴油机偶尔启动不成功的故障。最终检查发现机调速输出拉杆的螺母锁紧垫片翻边不规范以及机调本体与输出拉杆间隙过小,导致机调输出拉杆与本体螺钉偶尔摩擦(故障部位如图 7-141 所示),是导致机调输出转角不到位的根本原因。

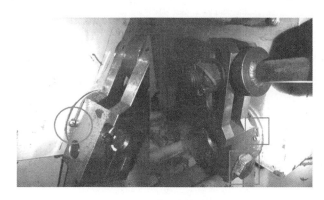

图 7-141　卡阻部位演示图

(2)燃油大量跑油故障

2015 年 1 月 14 日,秦二厂 403 大修按计划进行 4LHQ 柴油机(型号 MTU25V956TB33)再鉴定,执行 PT4LHQ002 柴油机满负荷试验。19:48,柴油机在 75% 功率平台运行时,现场再鉴定人员发现柴油机本体大量喷出燃油,运行人员立即汇报主控并就地紧急停机。检查发现燃油滤器固定螺栓断裂,断裂部位如图 7-142 所示。根本原因为螺栓结构设计缺陷,螺栓变径连接处的壁厚过小,如图 7-143 所示。

101FF左侧过滤器压盖存在间隙,经检查螺栓断裂

101FF过滤器右侧螺栓未断裂

图 7-142　断裂螺栓安装位置照片

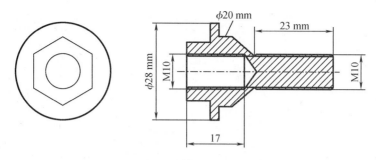

图7-143 断裂螺栓结构图

注:原螺栓为碳钢材质,顶部螺纹孔深17 mm,导致螺栓连接处存在薄弱环节,最终断裂。

（3）重大机损

2018年10月22日晚,秦一厂3#EDG并网试验时曲轴箱压力高报警停机,油底壳液位上升。将油底壳机油全部抽出后拆除曲轴箱侧边盖发现6号、14号汽缸套断裂,15号汽缸套内壁有轻微划痕。拆除6号、14号、15号汽缸盖,发现14号汽缸盖排气门弯曲、14号汽缸活塞顶部有击穿孔。6号、15号汽缸盖无异常,活塞无异常。根据6号、14号、15号汽缸检查情况扩大检查范围,拆除剩余13个汽缸缸盖,检查活塞及汽缸套,各汽缸盖均无异常,活塞无异常,缸套内壁无磨损、划痕。进一步解体14号、6号汽缸活塞连杆组件,发现14号活塞裙下部断裂分离,14号汽缸套内壁严重拉伤,连杆大头瓦磨损严重,连杆瓦与连杆之间定位销剪切断裂,连杆瓦抱轴瓦背严重磨损。检查14号、6号汽缸位置曲柄,发现曲轴曲柄位置磨损,曲轴该位置平衡块有撞击痕迹。部分缺陷部位照片如图7-144、图7-145所示。

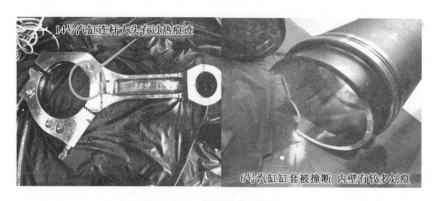

图7-144 故障部件照片(一)

直接原因:从14号汽缸解体情况看,造成汽缸套断裂的原因为14号汽缸活塞断裂,连杆运行轨迹发生变化,在柴油机曲轴带动下敲击汽缸套。14号汽缸活塞断裂后曲轴不平衡,造成安装在同一曲柄上的6号汽缸连杆击碎缸套。

根本原因:连杆大端螺栓紧固力矩不足。

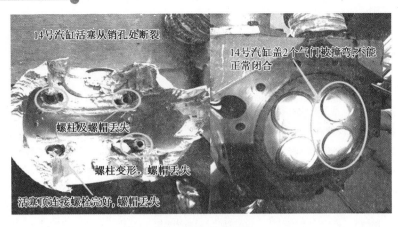

14号汽缸活塞从销孔处断裂

14号汽缸盖2个气门被撞弯,不能正常闭合

螺柱及螺帽丢失

螺柱变形,螺帽丢失

活塞顶连接螺栓完好,螺帽丢失

图 7 - 145　故障部件照片(二)

7.5.6　课后思考

(1)应急柴油机为什么要进行热备用?

(2)如何提高柴油机可靠性?

(3)柴油机最核心部件有哪些? 举例说明。

(4)在电厂大修周期不断压缩的大趋势下,群堆电厂如何优化安排柴油机检修项目?

(5)如何在群堆电厂中,提高应急电源整体可用性? (可思考柴油机配置架构)

7.6　空　压　机

7.6.1　概述

1. 压缩机

压缩机是一种压缩气体、提高气体压力或输送气体的机械,通常其排气压力大于 0.02 MPa,在工农业、交通运输业、国防等领域有着广泛应用。压缩机的种类和形式很多,常见分类方法如下。

(1)根据结构或工作特征分类

根据压缩气体的原理,压缩机通常分为容积式和动力式,并且每一类别下面又有相应类别,详见图 7 - 146 压缩机根据结构或工作特征分类图。其中容积式空压机是对一可变容积工作腔中的气体进行压缩,使该部分气体的容积变小、压力提高。动力式压缩机首先使气体流动速度提高,即增加气体分子的动能,然后使气流速度有序降低,使动能转化成压力能,与此同时气体容积也相应减小。

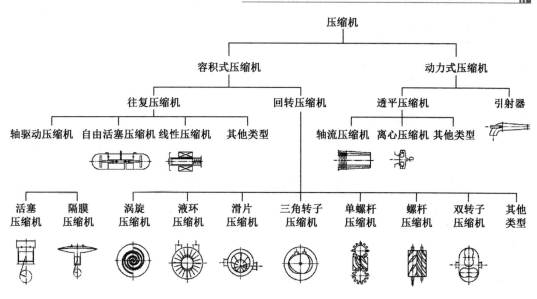

图7-146 压缩机根据结构或工作特征分类图

（2）按照排放压力分类（表7-28）

表7-28 根据排气压力对压缩机分类

名称	排气表压
低压压缩机	>0.2~1.0 MPa
中压压缩机	>1.0~10 MPa
高压压缩机	>10~100 MPa
超高压压缩机	>100 MPa

（3）按照压缩级数分类

在容积式压缩机中，每经过一次工作腔压缩后，气体便进入冷却器中进行一次冷却，这称为一级。而在动力式压缩机中，往往经过两次或两次以上压缩后，才进入冷却器进行冷却。把每进行一次冷却的数个压缩"级"合称为一个段。根据压缩级数不同，将压缩机分为单机压缩机、两级压缩机、多级压缩机。

（4）根据功率大小分类（表7-29）

表7-29 根据功率大小对压缩机分类

名称	功率/kW	一般配用电源/V
小型压缩机	<5	220
中型压缩机	5~450	380
大型压缩机	≥450	3 000 或 6 000

（5）根据压缩介质分类

根据压缩介质,压缩机可分为空气压缩机、氮气压缩机、天然气压缩机、二氧化碳压缩机以及冷媒压缩机等。

2. 空压机

空压机为空气压缩机的简称,属压缩机中的一种,用于提升空气压力或输送空气。根据压缩机分类可知,在核电厂中常见的空压机主要有活塞式(图7-147)、螺杆式(图7-148)及隔膜式等。同时根据容积式空压机的级数,核电厂中的空压机以两级或多级空压机为主。这些空压机主要用于生产仪表用压缩空气、检修用压缩空气、驱动柴油机启动用压缩空气及压缩放射性空气。

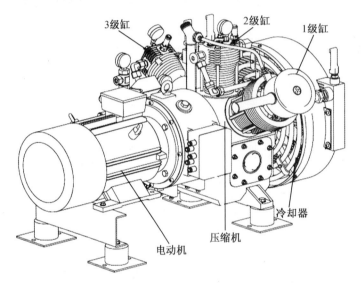

图7-147 三级压缩活塞式空压机外形结构图

图7-148 二级压缩螺杆式空压机外形结构图

空压机类别不同,性能参数略有不同,其中容积式压缩机的主要性能参数如下:

①排气压力,通常指空压机排气接管处的压力,常用单位为bar、MPa或kg/m^2。

②排气温度指在该级工作腔排气法兰接管处测得的气体温度,常用单位为℃或℉。

③排气量,也称容积流量或输气量,是指在所要求的排气压力下,压缩机最后一级单位时间内排出的气体容积,折算到第一级进口压力和温度时的容积值,常用单位是m^3/min、m^3/h或L/h。

④供气量,也称标准容积量,是指压缩机单位时间内排出的气体容积折算到基准状态时的干气体容积值,常用单位有m^3/min、m^3/h或L/h。

⑤指示功率,是指单位时间内消耗的指示功,单位为kW。

⑥轴功率,是指单位时间消耗的轴功,单位为kW。

⑦比功率,是指单位排气量消耗的功率,单位为$kW/(m^3/min)$。

7.6.2 结构与原理

1. 结构组成及工作原理

（1）空压机结构概述

空压机通常由驱动装置、控制装置、压缩单元、冷却单元、冷凝液分离单元、冷凝液导出/泄压单元以及润滑油单元组成。其中不同空压机之间的不同主要表现在压缩单元的不同上，核电厂中常用的空压机为活塞式压缩机和螺杆式压缩机。

（2）活塞式压缩机

①基本结构

活塞式压缩机的基本结构如图 7 - 149 所示。活塞式压缩机基本结构中主要包括汽缸、活塞、活塞环、曲轴、连杆、气阀（均为自动开启和关闭的单向阀）等。

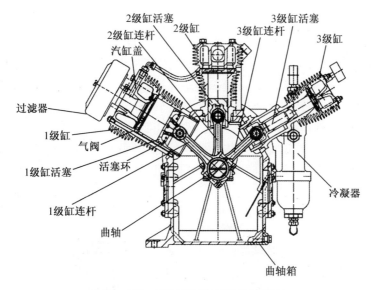

图 7 - 149　活塞式压缩机结构示意图

②工作原理

活塞式压缩机的工作循环是指活塞在汽缸内往复运动一次，气体经过一系列状态变化后，又回到初始吸气状态的全过程。活塞式压缩机的工作原理可以通过工作循环加以说明。

活塞式压缩机的工作循环是一个比较复杂的循环过程。由于活塞与汽缸盖间的安装间隙及气阀阻力损失等各方面的原因，使实际气体压缩循环与理论气体压缩循环之间存在一定的差别。活塞式压缩机实际气体压缩循环如图 7 - 150 所示。

活塞每往复运动一次，重复着气体膨胀—进气—压缩—排气 4 个过程。图 7 - 150 中1—2 曲线表示实际压缩过程，2—3 曲线表示实际排气过程，3—4 曲线表示实际膨胀过程，4—1 曲线为实际吸入过程，1—2—3—4 表示压缩机的一次实际循环。

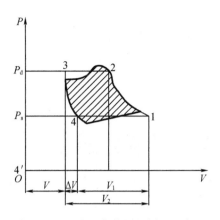

图 7 – 150　实际气体压缩循环示意图

（3）螺杆式压缩机

①基本结构

螺杆式压缩机的基本结构如图 7 – 151 所示。在压缩机的机体中，平行地配置着一对相互啮合的螺旋形转子。通常把节圆外具有凸齿的转子称为阳转子或阳螺杆；把节圆内具有凹齿的转子称为阴转子或阴螺杆。一般阳转子与原动机连接，由阳转子带动阴转子转动。因此，阳转子又称为主动转子，阴转子又称为从动转子。转子上的球轴承使转子实现轴向定位，并承受压缩机中的轴向力。同样，转子两端的圆柱滚子轴承使转子实现径向定位，并承受压缩机中的径向力。在压缩机机体的两端，分别开设一定形状和大小的孔口，一个供吸气用，称作吸气孔口，另一个供排气用，称作排气孔口。

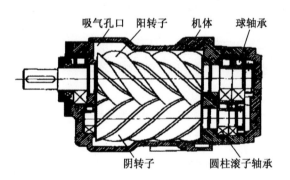

图 7 – 151　螺杆式压缩机结构示意图

②工作原理

螺杆式压缩机的工作循环可分为吸气、压缩和排气三个过程。随着转子旋转，每对相互啮合的齿相继完成相同的工作循环。为简单起见，这里只介绍一对齿的工作循环过程。

a. 吸气过程

图 7 – 152 示出了螺杆式压缩机的吸气过程。图 7 – 152（a）为吸气过程即将开始的转子位置。在这一时刻，这一对齿前端的型线完全啮合，且即将与吸气口连通。随着转子开始运动，由于齿的一端逐渐脱离啮合而形成齿间容积，且齿间容积不断扩大，在其内部形成了一定的真空，而此齿间容积又仅与吸气口连通，因此气体便在压差作用下流入其中，如图 7 – 152（b）中阴影部分所示。在随后的转子旋转过程中，阳转子齿不断从阴转子的齿槽中

脱离出来,齿间容积不断扩大,并与吸气口保持连通。图7-155(c)为吸气过程结束时的转子位置,其最显著的特征是齿间容积达到最大值,随着转子的旋转,齿间容积不会再扩大。齿间容积在此位置与吸气口断开,吸气过程结束。

(a)吸气过程即将开始　　　(b)吸气过程中　　　(c)吸气过程结束、压缩过程即将开始

图7-152　螺杆式压缩机的吸气过程

b.压缩过程

图7-153示出了螺杆式压缩机的压缩过程。图7-156(a)为压缩过程即将开始的转子位置。此时,气体被转子齿和机壳包围在一个封闭的空间中,齿间容积由于转子齿的啮合开始减小。随着转子的旋转,齿间容积由于转子齿的啮合而不断减小。被封闭在齿间容积中的气体所占据的体积也随之减小,导致压力升高,从而实现气体的压缩,如图7-156(b)所示。压缩过程可一直持续到齿间容积即将与排气口连通之前,如图7-156(c)所示。

(a)压缩过程即将开始　　　(b)压缩过程中　　　(c)压缩过程结束、排气过程即将开始

图7-153　螺杆式压缩机的压缩过程

c.排气过程

图7-154所示为螺杆式压缩机的排气过程。齿间容积与排气口连通后,即将开始排气过程。随着齿间容积的不断缩小,具有排气压力的气体逐渐通过排气口被排出[图7-154(a)]。这个过程一直持续到齿末端的型线完全啮合[图7-154(b)]。此时,齿间容积内的气体通过排气口被完全排出,封闭的齿间容积的体积将变为零。

从上述工作原理可以看出,螺杆式压缩机是一种工作容积做回转运动的容积式气体压缩机械。气体的压缩依靠容积的变化来实现,而容积的变化又是借助压缩机的一对转子在机壳内做回转运动来达到的。

(4)冷却系统

空压机需要进行冷却,通常需要的冷却部位有:级间冷却——多级压缩级间的冷却;后冷却——压缩气体排出空压机前进行冷却,使其温度降低、分离气体中的水分等;润滑油冷却——对其传动机构润滑油进行冷却,以维持其良好的润滑性能及对摩擦副进行冷却。目前空压机常用的冷却方式有水冷和风冷。

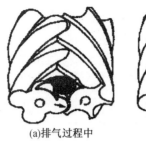

(a)排气过程中　　　　　　(b)排气过程结束

图7－154　螺杆式压缩机的排气过程

①风冷空压机

微型和小型压缩机以及中型压缩机在缺水地区运行时采用风冷。风冷效果较差,空压机的指示功消耗较水冷消耗大,并且鼓风消耗的动力费用一般也较水冷系统的泵能量大,同时风冷系统(尤其是较大机组)还带来很大的噪声。但是风冷系统构成简单,使用方便,维护工作量小,在核电厂中被广泛应用,如秦二厂应急空压机和柴油机启动压空用空压机等均是采用风冷。

②水冷空压机

水冷空压机的水冷系统常见的有开式和闭式两类。开式冷却系统又有两种方案:一是冷却水一次性使用,如取江、河、湖泊等水源,因经济上不划算,使用甚少;二是冷却水循环使用,冷却水吸热升温后被送至冷却塔或冷却水池进行冷却降温,以便再次循环使用,目前在核电厂也有应用,如秦二厂主压空空压机。闭式冷却系统的冷却水处于封闭系统中,吸热升温后的冷却水被送至专门的热交换器释放热量,再将热量传递给冷却水或空气。

(5)管路附件

①滤清器(进口过滤器)

环境空气进入空压机前,一般要先进行过滤,以防止空气中灰尘等固体颗粒进入压缩机,增大运动副部件磨损。目前微型空压机中,这种过滤装置基本被做成标准产品,常称为滤清器;大型空压机可以建造滤清室,以增大处理气量。滤清器(进口过滤器)的作用原理是利用阻隔、惯性、吸附等方法分离异物。被过滤的物质会吸附在滤清元件上而导致其脏污,因而滤清元件需要定期清洗或更换,以免阻力损失增加太多。

②液气分离器

液气分离器安装冷却器之后,用于分离掉气体中携带的油滴和水滴。液气分离器按作用原理分为惯性式、过滤式及吸附式三种。惯性式液气分离器主要靠液滴和气体分子的质量不同,通过气流转折利用惯性力进行分离;过滤式液气分离器主要依靠液滴和气体分子的大小不同,使气体通过多孔性过滤材料而液滴被阻隔将两者分开;吸附式液气分离器则是利用液体的黏性使之吸附在容器或某一材料的表面而得以分离。

③消声器

空压机在运行过程中伴随有气流噪声、风扇和电机发出的声音等。通常在空压机上设置消音器降低进气噪声,同时对中小型空压机也常采用隔声罩控制噪声。

2. 案例介绍

以秦二厂使用的 ZR250 型二级压缩双螺杆式空压机为例,进行介绍。

（1）空压机参数

ZR250 型空压机是一种由电机驱动的二级螺杆、无油润滑、水冷式压缩机,输出的压缩空气无油、无脉动,其主要技术参数如表 7 - 30 所示。

表 7 - 30 　ZR250 型空压机主要技术参数

项目	参数
压缩机空气生产量	37. 66 m^3/min
最大工作压力	10 bar
正常工作压力	9 bar
空气过滤器的压差	低于 0. 044 bar
中间冷却器的压力	1. 9 ~ 2. 6 bar
空气输入温度	25 ℃（最高 40 ℃,最低 0 ℃）
低压转子输出空气温度	160 ~ 180 ℃
高压转子输入空气温度	25 ~ 30 ℃
高压转子输出空气温度	140 ~ 175 ℃
冷却水输入温度	低于 40 ℃
冷却水输出温度	低于 50 ℃
冷却水消耗量	3. 68 L/s
电动机轴的转速	1 485 r/min
输入电功率	254 kW
油压	2 ~ 2. 5 bar
油温	40 ℃
油的容量	60 L
故障停机设定值	
油压	≤1. 2 bar
油温	≥70 ℃
低压转子出口温度	≥235 ℃
高压转子进口温度	≥70 ℃
高压转子出口温度	≥235 ℃
低压安全阀开启压力	3. 7 bar
高压安全阀开启压力	11 bar

（2）结构组成

ZR250 型空压机放置在一个隔音的机柜中,主要由空气进口过滤器、加卸载阀、低压转子、中间冷却器、高压转子、后置冷却器、电动机、齿轮箱、疏水器、安全阀和控制系统组成,主要部件如图 7 - 155 所示。

①高低压螺杆转子

ZR250 型空压机高低压螺杆转子是一对斜齿轮,其齿形主要由摆线、圆弧等组成,齿数比为4:6,有转子刚性相同、无磨损、主机温度低、压缩效率高、运行噪音低等优点。

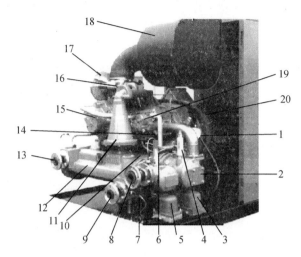

1—齿轮箱;2—空压机;3—中冷疏水器;4—低压安全阀;5—后冷疏水器;6—高压安全阀;7—疏水口;8—排气口;
9—冷却水进;10—中间冷却器;11—消音器;12—后冷却器;13—冷却水出;14—冷却水管;15—低压转子;
16—加卸载阀;17—节流阀;18—空气过滤器;19—高压转子;20—电动机。

图 7 – 155　ZR250 型空压机主要部件

双螺杆转子压缩空气的工作原理如图7 – 156所示。(a)为吸气阶段,此时螺杆齿面两端都处于未封闭状态,空气进入阴阳转子空腔处。(b)为吸气结束,压缩开始阶段,此时齿面两端转入封闭区域,阴转子空腔内的空气处于闭合状态。(c)为压缩阶段,随着阳转子凸齿面与阴转子凹齿面啮合的进行,阴转子空腔中的气体被逐渐压缩,此时压缩机对空气做功,空气压力迅速上升。(d)为排气阶段,转子齿端面转到排气口,压缩的密闭空间打开,压缩空气排出转子空腔。

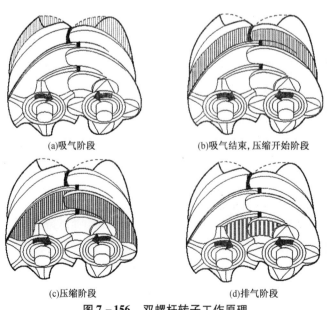

图 7 – 156　双螺杆转子工作原理

随着转子的高速旋转,以上四个工作阶段周期进行,任何时刻都有空气被压缩,所以螺杆压缩机的出气压力稳定,无脉动。

(3)工作原理

①工作流程

空压机的工作流程如图7-157所示。

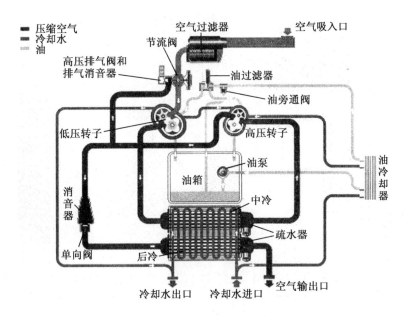

图7-157 空压机的工作流程图

②控制系统

ZR250型空压机的控制装置为一个调节器,是空压机自动化运行的核心部分。该调节器主要有以下几个功能:

a.空压机运行的自动控制

按空压机的自动加载和卸载,调节器在可编程范围内保持管网的压力。调节器有很多可编程参数需设置,例如:加载和卸载压力,最小的停机时间,以及电动机启动的最多次数等。

当管网压力达到设定压力且长时间不下降时,调节器可使压缩机自动停机;而当管网压力减小时,调节器又可自动地重新启动空压机。在设置的卸载时间过短时,调节器还可使压缩机保持运行,以防止停滞期过短。

b.压缩机保护

空压机的调节器可提供故障停机报警。故障停机报警值低于故障停机值的设置,在各种停机保护信号到达停机设定值之前提供警示信息。ZR250型空压机在达到故障停机线以前,显示器上将出现一个出错信息,并且一般报警二极管将会发光,以警告操作者故障停机的报警线已经到达。当故障排除后,出错信息便会消失。

空压机的调节器可提供压缩机故障停机和电机的过负荷停机。当低压或高压压缩机转子的输出空气温度、高压压缩机转子的空气输入温度、油温等参数超过预先设定值,当油压低于预先设定值,或者电动机的电流超过最大允许值时,压缩机自动停机并给出提示。

在重新启动压缩机之前,应先排除故障,并重新设置显示器上的数据。

c. 失电后的重启

在失电时,如果压缩机的调节器处于自动运行模式,并且此控制模式在失电时未改变,当控制模块的电压在程序设定的动力恢复时间内重建,空压机将自动重新启动。动力恢复时间可设置在 1~254 s 之间。

d. 主要部件的监控

调节器可以持续地监控空压机的一些主要部件(如油过滤器、润滑油、电机润滑脂和空气过滤器等),并且显示相应的警报信息。

e. 对启动条件的判断(即启动许可)

在启动命令发出后(手动发出或者调节器发出),空压机会自动检查启动条件是否完全满足设定要求,如果不满足则会给出提示并且不启动空压机。

③空气系统

流经空气过滤器的空气,在低压压缩机转子中被压缩,再流向中间冷却器。冷却后的空气在高压压缩机转子中进一步被压缩,并经过消声器和后冷却器输出到空气管网中,如图 7-158 所示。

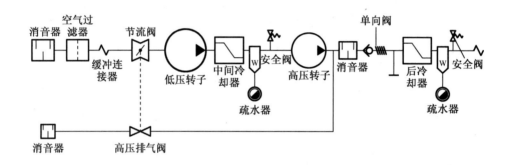

图 7-158 空气系统流程图

④润滑油系统

润滑油主要用于空压机的润滑,它经油泵增压后,从齿轮箱的油池循环流过油冷却器和油过滤器,再流向空压机轴承和同步齿轮。如果油回路压力过高,旁通阀将开启,油回路的部分油直接进入油箱,如图 7-159 所示。

⑤冷却水系统

冷却水对润滑油、空压机部件及压缩空气进行冷却,冷却水主要分为两个回路。一路先冷却油,再对空压机部件进行冷却,即先后流经油冷却器、高压压缩机转子和低压压缩机转子的冷却套壳后流出;另一路冷却压缩空气,即流过中间冷却器和后部冷却器后流出,如图 7-160 所示。

⑥冷凝水排放系统

空压机装有两个阻湿器:一个装在中间冷却器的下游,以防止冷凝水进入高压转子腔;另一个装在后冷却器的下游,以防止冷凝水进入空气输出管道。阻湿器与冷凝水疏水阀相连接。每一个疏水阀装有一个浮动阀,可自动地排放冷凝水,另外还装有一个手动的排放阀。

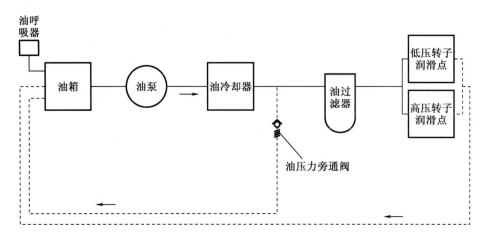

图 7-159 润滑油系统流程图

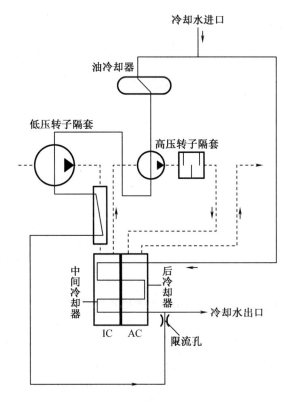

图 7-160 冷却水系统流程图

⑦卸载与加载

ZR250 型空压机有 LOADING(加载)和 UNLOADING(卸载)两种运行状态。在运行过程中,空压机根据出口压力信号以及在调节器里的相应设定值,判断压力是否已经超过要求,如果超过设定值,空压机会在调节器的控制下转到 UNLOADING 状态。同样,当出口压力值低于调节器相应设定值时,调节器会提供相应的显示信息,并且控制空压机转入 LOADING 状态。空压机卸载流程如图 7-161 所示。

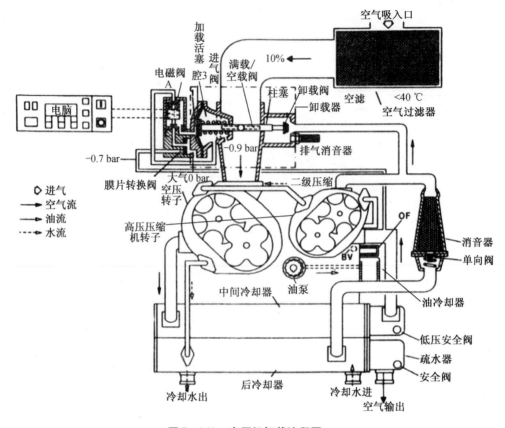

图 7-161　空压机卸载流程图

a. 卸载

如果空气消耗量少于压缩机的空气供应量,则管网压力增加。当管网压力达到工作压力的上极限(卸载压力)时,电磁阀断电,电磁阀柱塞在弹簧力作用下运动,并切断通向卸载器的控制气。

控制气从卸载器的腔(1)中排出,经过电磁阀和腔(3)流向空压机转子的进口。由于在腔(1)和腔(3)之间不再有压力差别,柱塞由弹簧力顶回,使满载/空载阀关闭,而卸载阀开启。在单向阀和卸载阀之间的压缩空气通过消音器排出,单向阀关闭。当中间冷却器中为真空时,膜片移向左面。此时空气输出停止,空压机开始卸载运行,卸载状态如图 7-162 所示。

b. 加载

当管网压力减少到工作压力的最低极限(加载压力)时,电磁阀通电。电磁阀的柱塞克服弹簧力运动,将打开卸载器的供应气口。

大气压力允许经过电磁阀通到卸载器的腔 1 中。由于这种压力高于腔 3 的压力,满载/空载阀开始开启。中间冷却器压力建立,使膜片移向右面。由于腔 1 和 3 之间的压力差增加,柱塞进一步克服弹簧力运动,直到满载/空载阀完全开启后,卸载阀关闭。空气输出恢复,空压机加载运行,加载状态如图7-163所示。

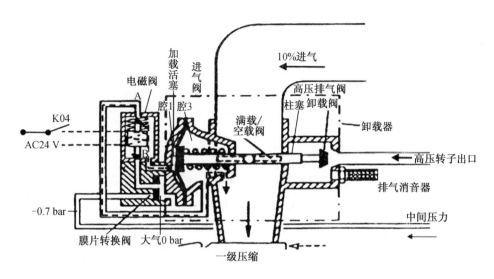

图7-162 空压机卸载状态

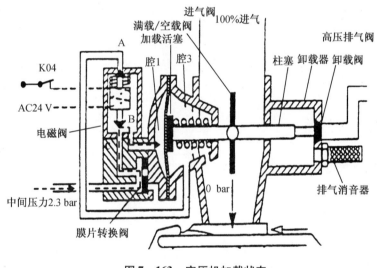

图7-163 空压机加载状态

7.6.3 标准规范

GB/T 4976《压缩机 分类》

GB/T 4975《容积式压缩机术语 总则》

GB/T 3853《容积式压缩机 验收试验》

JB/T 8541《容积式压缩机机械振动分级》

7.6.4 预维项目

对于空压机运行维护,厂家有其推荐要求,以 ZR250 型空压机为例,其有 A(2 000 h)、B(4 000 h)、C(8 000 h)、D(16 000 h)及 E(40 000 h)五个等级,如表7-31所示。

表 7 – 31　ZR250 型空压机厂家建议保养周期

序号	保养内容	A(2 000 h)	B(4 000 h)	C(8 000 h)	D(16 000 h)	E(40 000 h)
1	检查空压机读数(温度及压力等)	×	×	×	×	×
2	检查冷却器性能(热交换器)	×	×	×	×	×
3	检查空气 – 水 – 油是否泄漏	×	×	×	×	×
4	检查所有紧固螺栓及连接件	×	×	×	×	×
5	检查所有安全阀或安全开关		×	×	×	×
6	检查润滑油冷却水进水	×	×	×	×	×
7	更换压缩机油			×	×	×
8	更换压缩机油过滤器		×	×	×	×
9	检查空气进气室状态	×	×	×	×	×
10	检查空气过滤器状态	×				
11	更换空气过滤器芯		×	×	×	×
12	检查油呼吸器滤芯	×				
13	更换油呼吸器滤芯		×	×	×	×
14	检查进气阀消音器	×	×	×	×	×
15	更换进气阀膜片		×	×	×	×
16	更换进气阀轴承滑块			×	×	×
17	检查主电机联轴器		×	×	×	×
18	进气阀大修				×	×
19	更换排气消音器				×	×
20	检查单向阀状态及功能			×		
21	单向阀大修				×	×
22	检查平衡膜片状态		×	×		
23	更换平衡膜片				×	×
24	检查所有冷凝水排水功能	×				
25	打开并清洁冷凝水排污阀		×	×	×	×
26	主电机轴承加油	×	×	×	×	×
27	清洁电机风扇罩		×	×	×	×
28	主电机大修					×
29	打开并清洗所有冷却器内部			×	×	×
30	检查橡胶联轴器,驱动连接		×	×		
31	更换橡胶联轴器,驱动连接				×	×
32	检查驱动齿轮状态			×	×	×
33	更换压缩机高压及低压螺杆转子					×
34	更换主轴轴承					×
35	更换压缩机及主电机的橡胶避震垫					×

根据空压机运维经验,将其维护保养项目优化为 B(4 000 h)、D(16 000 h)及 E(40 000 h)。其中 B 级保养(周期为 1 年或 4 000 h)内容:换油、油过滤器、油呼吸器、空气过滤器、进气阀膜片,校验安全阀,同时对空压机的其他项目进行外观检查(消音器、卸载阀、单向阀、联轴器);D 级保养(周期为 3 年或 16 000 h)在 B 级保养基础上增加解体进气阀和更换高压转子等工作;E 级保养(周期为 9 年或 40 000 h)在 D 级保养基础上增加解体齿轮箱和更换高低压转子等工作。空压机检验后的主要验收参数如表 7 - 32 所示。

表 7 - 32　修后试验参数

项目	参数
正常工作压力	约 9 bar
空气过滤器的压差	低于 0.044 bar
中间冷却器的压力	1.9 ~ 2.6 bar
低压转子输出空气温度	160 ~ 180 ℃
高压转子输入空气温度	25 ~ 30 ℃
高压转子输出空气温度	140 ~ 175 ℃
冷却水输入温度	低于 40 ℃
冷却水输出温度	低于 50 ℃
电动机轴的转速	1 485 r/min
油压	2 ~ 2.5 bar
油温	约 40 ℃

7.6.5 典型案例分析

1. ZR250 型空压机高压转子锈蚀原因分析及处理

秦二厂 ZC 厂房压空生产系统中的中 ZR250 型空压机曾多次出现高压转子锈蚀问题(图 7 - 164),严重时曾导致高压转子卡死。

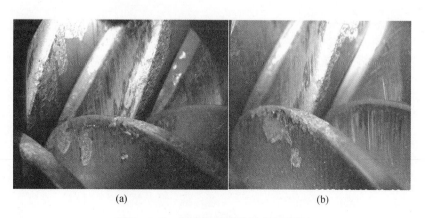

(a)　　　　　　　　　　(b)

图 7 - 164　锈蚀导致的转子齿面磨损

结合该螺杆式空压机的结构分析,当空压机运行时,外界的空气经过压缩,达到高温高压的饱和状态,经过冷却器后,降低了饱和气体的温度,大量的水分析出,并通过疏水阀排出机体。空压机在停运后无法及时将高压转子内的残余气体通过排车的方式排出,长时间停运后,随着空气温度降低,有部分水汽析出并附着在高压转子的表面。

虽然转子表面有特富龙涂层防止锈蚀,但在运转过程中,涂层受到高温高压气体的周期性冲击,而且在机组运行初期,会有少量铸造空压机箱体时附着在气道上的型砂被气流带入转子,使部分保护层剥离或磨损,转子表面直接暴露在高温潮湿的空气中,导致转子表面产生锈蚀。空压机间断运行时,转子表面的锈蚀区域不断被磨除又再次产生。随着磨损的增加,阴阳转子之间的间隙加大,使得气体压缩效率下降,高压高温的气体通过转子齿顶与转子腔壁之间的间隙泄漏到低压转子出口区域,导致低压转子的出口温度和压力上升,情况严重时会使设备停运。若空压机处于备用状态的时间较长,甚至会导致阴阳转子之间锈死,使得空压机无法启动。

为避免类似问题再次出现,采用增加干燥的压缩空气吹扫空气管路,即从干燥后的系统引出管线,用 $\phi 6$ mm 的管子连接高压转子出口,并在管线上设置隔离阀,当压缩机工作时关闭隔离阀,而压缩机停运时打开,让干燥的压缩空气从高压转子出口吹入,空气吸入口排出,以去除潮湿空气或残余的水分,降低螺杆转子锈蚀。

2. WP101L 型活塞式空压机三级缸上安全阀频繁起跳原因分析及处理

某核电厂一台 WP101L 型活塞式空压机三级缸(图 7-165)上安全阀曾多次出现起跳,且缸头垫片中间部分损坏(图 7-166),导致空压机不可用。

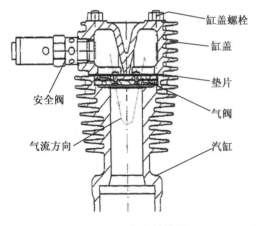

图 7-165　三级缸结构图

图 7-166　损坏的三级缸缸盖垫片

三级缸上安全阀起跳的原因可能为安全阀定值低漂或系统存在超压。拆卸安全阀进行定值校验,发现其定值在要求范围内,因此判断其起跳原因为存在系统超压。

根据空压机三级缸结构可知,安全阀安装在三级缸的进气侧,其压力应为二级缸出口压力,然而目前出现系统超压问题,说明三级缸排气进入了进气侧。

结合三级缸结构可知,导致三级缸的排气进入进气侧的原因有气阀漏气或三级缸垫片上的拉筋破损。对气阀进行密封性检查,气阀完好;检查垫片中间拉筋,发现其已破损,因此分析判断系统超压原因为三级垫片上的拉筋破损。

分析三级垫片上的拉筋破损原因,对三级缸缸盖进行检查发现缸盖上分隔高低压区的中间筋存在凹陷,测量显示其中间部位和两侧相差 0.05 mm 左右(图 7 - 167)。导致垫片预紧力不足,部分区域无法被有效压紧,长时间运行后将导致垫片吹出损坏。

图 7 - 167 缸盖缺陷部位

将缸头高出部位铣至与凹进去的部位一致,铣削量为 0.07 mm,同时更换缸盖垫片,故障消除,该空压机至今运行良好。

7.6.6 课后思考

(1)根据工作原理,简述空压机分类。

(2)简述活塞式空压机结构组成。

(3)画出 ZR250 型空压机工作流程。

(4)简述 ZR250 型空压机高压转子出口温度高的原因。

(5)简述 WP101L 型活塞式空压机三级缸上安全阀频繁起跳的原因。

7.7 暖 通

7.7.1 风机

1.分类

风机是我国对气体压缩和气体输送机械的习惯简称。通常所说的风机包括通风机、鼓风机、压缩机以及罗茨鼓风机,但是不包括活塞压缩机等容积式鼓风机和压缩机。

气体压缩和气体输送机械是把旋转的机械能转换为气体压力能和动能,并将气体输送出去的机械。

(1)按工作原理分类(图 7 - 168)

(2)按气体出口压力分类

①通风机:其在大气压为 0.101 MPa,气温为 20 ℃时,出口全压值低于 0.115 MPa。

②鼓风机:其出口压力为 0.115 ~ 0.35 MPa。

③压缩机:其出口压力大于 0.35 MPa。

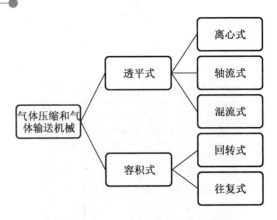

图 7-168 风机按工作原理分类

2. 结构与原理

核电厂主要使用风机为透平式通风机,下面主要对离心式风机和轴流式风机进行机构及原理的介绍。

(1)性能参数

①流量 Q:单位时间内流经通风机的气体容积,又称为风量,常用单位为 m^3/h。

②压力 P:通风机进出口处压力差,分为全压、静压、动压,压力通常指通风机的全压,单位为 Pa。

静压 P_{st}:气体给予与气流方向平行的物体表面的压力。

动压 P_d:气体流动速度所引起的动能,$P_d = \frac{1}{2}\rho v2$。

全压 P:气体的静压与动压之代数和,$P = P_{st} + P_d$。

③功率 N:功率又分为有效功率和轴功率。

有效功率 N_e:气体在单位时间内从通风机中所获得的总能量,$N_e = PQ/1\,000$,单位为 kW。

轴功率 N_s:驱动通风机所需要的功率,或者说是单位时间内传递给通风机轴的能量,单位为 kW。

④效率 η:有效功率与其轴功率之比,$\eta = N_e/N_s$。

⑤转速 n:指通风机转子旋转速度,其快慢直接影响通风机的流量和压力,转速单位为 r/min。

(2)离心式风机工作原理、结构与分类

①离心式风机的工作原理

离心式风机是根据动能转换为势能的原理,利用高速旋转的叶轮将气体加速,然后减速、改变流向,使得动能转换为势能(压力)。在单级离心风机中,气体从轴向进入叶轮,气体流经叶轮时改变成径向,然后进入扩压器。在扩压器中,气体改变了流动方向并且管道断面面积增大使气流减速,这种减速作用将动能转换为压力能。压力增高主要发生在叶轮中,其次发生在扩压过程。在多级离心风机中,用回流器使气流进入下一叶轮,产生更高压力。

②离心式风机的主要组成部件

a. 叶轮部

叶轮部是风机的心脏,是将风机机械能转换为介质压力能的关键部位,是风机效率的决定因素,对风机性能影响最大,叶轮叶片最好设计成空气性能优异的机翼型叶片。

同时叶轮是风机的旋转部件,是造成风机振动等故障的主要部件,因此叶轮的设计的合理性成为风机制造的关键。应将其设计成轻型结构,以减少叶轮部对其支撑件的负荷,叶片采用单板模压成型,以减少焊接带来的不平衡量。

b. 进风口

进风口一般称为集流器,作用是保证气流均匀进入叶轮的进口截面,降低流动损失和提高叶轮效率。

c. 机壳

机壳的作用是收集气流并导至出风口,具有扩压作用。

d. 传动部件

传动部件是保障整台风机安全运行的重要支撑部件,主要包括轴承、轴承座、轴承座支架、传动带等部件。

③离心式风机的分类

a. 电机直联式风机

此种风机结构为电机直联,叶轮直接装在电机轴上,如图7-169所示。

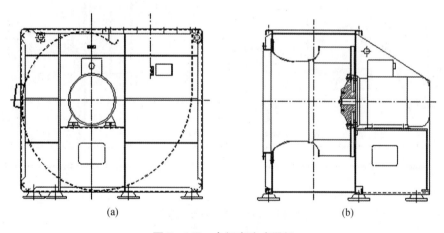

(a)   (b)

图7-169 电机直连式风机

b. 联轴器传动式风机

此种风机结构为轴承座或轴承箱通过联轴器与电机连接,叶轮悬臂安装,如图7-170所示。

c. 皮带传动式风机

此种风机结构为皮带传动,带轮悬臂安装在轴一端,叶轮悬臂安装在轴的另一端,如图7-171所示。

(3)轴流式风机工作原理与分类

①轴流式风机的工作原理

当叶轮旋转时,气体从进风口轴向进入叶轮,受到叶轮上叶片的推挤而使气体的能量升高,然后流入导叶。导叶将偏转气流变成轴向流动,同时将气体导入扩压管,进一步将气体动能转换为压力能,最后引入工作管路。

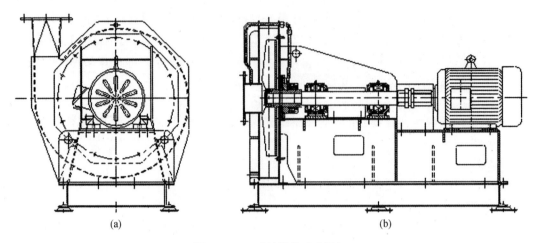

(a)   (b)

图 7 - 170 联轴器传动式风机

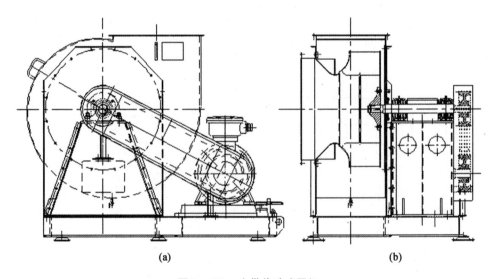

(a)   (b)

图 7 - 171 皮带传动式风机

轴流式风机叶片的工作方式与飞机的机翼类似。但是机翼是将升力向上作用于机翼并支撑飞机的质量,而轴流式风机则固定位置并使空气移动。可改变叶片角度或间距是轴流式风机的主要优势之一。

②轴流式风机的分类

a. 导叶轴流式风机

该类风机是在叶轮前或叶轮后,或前后都有导叶的轴流式通风机,适用于风量较大、压力较高的场合(图 7 - 172)。

b. 无导叶轴流式风机

该类风机是在叶轮前或叶轮后,或前后都无导叶的轴流式通风机,适用于风量较小、压力较低的场合(图 7 - 173)。

图 7 - 172　导叶轴流式风机

图 7 - 173　无导叶轴流式风机

3. 标准规范

GB 1236《通风机空气动力性能试验方法》

JB/T 10562《一般用途轴流通风机 技术条件》

JB/T 10563《一般用途离心通风机 技术条件》

JB/T 6445《通风机叶轮超速试验》

JB/T 8689《通风机振动检测及其限值》

JB/T 8690《通风机 噪声限值》

JB/T 9101《通风机转子平衡》

4. 预维项目

（1）设备安装的技术要求

设备吊装需小心轻放，不宜有过大的冲击使风机变形。

安装前应仔细检查风机各个部件是否齐全、完好；叶轮、风筒是否因运输而损坏变形；各零部件连接是否紧固。如发现问题应经修复、调整后方可安装使用。

安装风机的基础应具有足够的强度、稳定性和耐久性。风机与基础结合面、进出口有风管连接时应调整使之自然吻合，不得强行连接。

在安装过程中应保证风机的位置水平。

设备就位前核对接口资料是否一致,检查设备安装现场是否已具备安装条件。

风机与两端管道的连接必须采用挠性接头,以隔离振动和保护风机。

按照设备的安装总图要求进行安装施工。

(2)调试前的检查

①风机在调试前必须完成的检验项目(至少):

a.风机部件在安装过程中无损坏,风机没有承受管道等施加到风机本体上的额外载荷和扭曲变形等;

b.检查风机叶轮和机壳之间的间隙;

c.手动拨动叶轮,检查是否有异常声响,转动是否灵活,无卡阻,如有应及时查找排除;

d.检查风机机壳内、管道内及进风口四周是否留有杂物,如螺栓、螺母、垫片、垫圈、工具等;

e.风机本身以及风机安装支架的紧固件均无松动;

f.风机轴承以及电机轴承的润滑状态良好;

g.皮带罩以及轴保护罩是否安装到位;

h.风机的介质流向和管道的气流方向是否一致。

②在调试前对连接电缆的检查需要注意以下几点:

a.风机在调试前需对照电缆接线图认真检查电缆线的连接是否正确;

b.电机接地端子是否已经接地;

c.供给风机的工作电压是否符合要求,三相电流是否基本平衡;

d.电源是否缺相或同相位;

e.所配电器元件的容量是否满足要求;

f.常温下风机外壳与电机绕组间的绝缘电阻不应低于 0.5 MΩ。

5.典型案例分析

(1)典型故障及处理

①异常噪音(表7－33)

表7－33　异常噪音

故障症状	可能的故障原因	可能的故障排除措施
叶轮碰到进风口	叶轮和进风口不对中	调整叶轮和进风口对中
	轴损坏	更换已损坏的轴
	叶轮变形或损坏	校正已变形的叶轮或更换已损坏的叶轮
	轴在轴承座上窜动	检查轴的定位并固定
	叶轮和轴的连接松动	紧固轴和叶轮的连接
	轴承在轴承座内窜动	有必要更换轴承座
叶轮碰到蜗舌	叶轮和机壳不对中	调整叶轮和蜗壳中心对中

表 7-33(续1)

故障症状	可能的故障原因	可能的故障排除措施
皮带传动异常	皮带轮和轴之间的连接松动	紧固皮带轮
	皮带和皮带罩碰撞	调整皮带罩的安装位置,确保皮带和皮带罩的间隙均匀
	皮带没有张紧	调整皮带张紧力
	皮带张紧过度	调整皮带张紧力
	皮带截面选择和皮带轮不匹配	更换合适的皮带
	多条皮带传动中皮带长度不同	更换相同长度的一组皮带
	主、从动皮带轮不在同一平面内	调整皮带轮的位置,保证两皮带轮在同一平面
	皮带严重磨损	更换皮带
	皮带沾满油污或异物	清洁皮带或更换新皮带
轴承异常	轴承损坏	更换轴承
	需要润滑	加润滑油
	在轴承座内窜动	检查轴承的定位环并固定
	轴承内有异物	清除异物并更换
	轴承严重磨损	更换新轴承
叶轮处异常	轴向窜动	紧固叶轮和轴之间的连接
	叶轮损坏	需要通知厂家进行修护
	叶轮动平衡超标	对叶轮进行平衡
	叶轮漆膜脱落	补漆或重新涂装表面
	严重磨损和腐蚀	重新更换叶轮
机壳处异常	机壳内有异物 机壳检修门以及进风处密封不好	清除异物 拧紧紧固螺栓,达到良好的密封状态
电气部件	电机缆线固定松动 轴承处噪音 启动声音异常	固定好缆线 更换轴承
轴	严重弯曲变形 两个轴承座的中心不对中	更换新轴 调整两个轴承座的中心对中
空气高速经过障碍物时的嗡嗡声	风阀 格栅 突变弯头 管道的变径	必要时改进风管的管路设计
振动	风机没有在工况点运行 使用的风机太大	调整风机的工况点 调整风机的运行工况点

表 7-33(续2)

故障症状	可能的故障原因	可能的故障排除措施
嘎嘎声或隆隆声	管道系统的振动 机壳的振动 来自建筑物的振动	增加管道支架 加固机壳 增加减震器或软接

②流量不足(表 7-34)

表 7-34　流量不足

故障症状	可能的故障原因	可能的故障排除措施
风机	风机未正常运行	检查电机转速和功率
	进风口安装不到位	正确安装进风口
	叶轮和进风口不对中	调整叶轮和进风口的对中位置
	风机速度太低	调整传动部件提高风机叶轮转速
	风机选型错误	重新核算阻力和流量并选型
管道系统	系统实际阻力高于计算阻力	修改风机运行工况点
	风阀关闭了	打开风阀
	进风管泄漏超标	密封进风管泄漏处
过滤器	太脏或堵住了	清洗过滤器或更换过滤器
盘管	太脏或堵住了	清洗盘管
回流	进风管和出风管回路太短	检查风回路
阻力较大的进风口	进风口或机壳进风口处阻力较大	增加风机叶轮转速达到预期的流量
气流的阻碍	接近风机进风口处 风机进风口处有突变的弯头 没有考虑增加导叶 在高速气流处有突起物、风阀等	完善管路运行工况

③流量过高(表 7-35)

表 7-35　流量过高

故障症状	可能的故障原因	可能的故障排除措施
风机	风机转速过高	检查电机转速和功率以及转动部件,降低风机叶轮转速
	叶轮旋向安装错误,或者传动皮带轮安装错误,导致叶轮转速过高	检查叶轮旋向和皮带轮的大小,正确安装

表7-35(续)

故障症状	可能的故障原因	可能的故障排除措施
管道系统	系统管道太大	修改风机运行工况点
	检修门打开了	打开风阀
	进风管泄漏超标	密封风管泄漏处
	过滤器没有安装	安装过滤器

④静压不正确(表7-36)

表7-36 静压不正确

故障症状	可能的故障原因	可能的故障排除措施
静压低流量大	风机转速过高	检查电机转速和功率以及转动部件,降低风机叶轮转速
	叶轮旋向安装错误,或者传动皮带轮安装错误,导致叶轮转速过高	检查叶轮旋向和皮带轮的大小,正确安装
	系统阻力超过预期数值	减小风速达到预定的流量
	如果空气温度增高,压力会减低	适当调整系统设计参数,考虑可能的温度变化
静压低流量小	现场风机进风口、出风口与试验室的测量情况不同	依据实际对系统参数进行修订或改变风机的运行工况点
高静压小流量	管道系统中有阻碍	检查系统管道并排除阻碍
	过滤器太脏	清洗过滤器或更换过滤器
	表冷器太脏	清洗表冷器

⑤电机超功率(表7-37)

表7-37 电机超功率

故障症状	可能的故障原因	可能的故障排除措施
风机	叶轮旋向安装错误	检查叶轮的旋向是否和风机机壳相符
系统	风机安装的系统尺寸过大	修改管道
	管道中的风阀状态错误,导致风机风量太大	检查管道中的风阀状态,并按照要求调整阀门的打开角度
	没有安装过滤器导致阻力减小	安装过滤器
	风机检修门打开	安装好检修门,并拧紧螺栓
风机的选择	风机的选型不当,导致风机超功率	核算系统阻力和流量重新选型

⑥风机不工作(表7-38)

表7-38　风机不工作

故障症状	可能的故障原因	可能的故障排除措施
电气或机械故障	保险丝熔断	更换新的保险丝
	没有电源	检查线路,接通电源
	电机超功率,热继电器使系统停止	更换电机
	皮带断了	更换皮带
	皮带轮松动	紧固皮带轮
	叶轮在机壳内卡住	调整叶轮位置并紧固

⑦过早磨损(表7-39)

表7-39　过早磨损

故障症状	可能的故障原因	可能的故障排除措施
皮带磨损	皮带轮没有对中	调整皮带轮的位置
	皮带长度太小	核算皮带长度,并更换皮带
轴承磨损	轴承承受额外载荷	调整风机的安装位置,避免轴承承受额外力
	轴承润滑不好	更换润滑脂或加油
	轴承配合尺寸超标	调整轴承的配合尺寸
	叶轮不平衡	对叶轮进行平衡测定并增加平衡块
叶轮磨损	介质中含有杂质	选择适应环境条件的叶轮
	叶轮漆膜脱落	对叶轮进行补漆

(2)经验反馈

①事件描述

a. 2020年1月4日21:05,秦三厂1号机组主控室出现火灾报警,检查为T1-102-1和T1-102-2房间VESTA报警。

b. 现场检查发现TB-102房间内有浓重的烟雾,能见度差,味道刺鼻,主控室根据消防行动卡响应,启动二级消防干预措施。

c. 经现场人员排查,发现11.6&6.3 kV开关室空调1-7322-ACU4121风机轴承损坏,皮带断裂,出现大量烟雾,立即将空调停运,烟雾减少。

d. 启动11.6&6.3 kV开关室备用空调7322-AH8121或7322-AH8143。

②事件后果

a. 直接后果

11.6&6.3 kV开关室空调1-7322-ACU4121风机轴承损坏,皮带断裂,出现大量烟雾。

b. 潜在的事件后果

有可能引起火灾,导致 11.6&6.3 kV 开关房间喷淋阀动作,失去三四级电源,停机停堆。

③事件原因

a. 直接原因

风机轴承在该更换时未更换,导致风机轴承超期服役,轴承损坏。

b. 根本原因

预维工作变化时未严格按照管理程序 EQ - Q5 -310《预防性维修管理》执行。其中管理方面的问题包括:预维过程备件不合适未发 QDR;备件未更换时工程师未按预维要求评价;备件不符,修改备件包中的备件信息;2011 年风机解体大修后没有提出备件采购需求,2017 年轴承备件到货后未提出更换。

c. 促成原因

工作人员在工程过程中发现备件不符未按照管理程序 QA - QS -240《质量缺陷报告管理》中的要求提出 QDR。

④纠正行动

a. 由于空调 1 - 7322 - ACU4121 风机解体大修发生在 2011 年和 2016 年,在此期间设备工程师发生变更,承包商维修人员已永久离厂,不建议对以上人员的行为进行纠正行动。公司预维性维修管理程序也对预维项目取消或不执行问题有明确的规定,不需要升版。但目前实际流程中,非变更类工作包关闭由维修部门负责,设备工程师已经不再对工作包关闭进行审查。因此,需要对 MA - QS -2101《工作包管理》进行升版。

b. 秦三厂汽机厂房通风系统使用全封闭式轴承的空调风机较多,技术三处已经对汽机厂房使用全封闭式轴承的空调进行了排查,并发出 13 份工单对汽机厂房通风系统 13 台使用全封闭式轴承的空调风机轴承进行一次性更换。

c. 需要对秦三厂汽机厂房通风系统使用全封闭式轴承的空调进行统计,对需要进行定期解体大修更换轴承的空调编制预防性维修项目。

d. 对秦三厂汽机厂房通风系统使用全封闭式轴承的空调风机轴承备件进行确认,确保备件包中的轴承信息正确。

e. 管理程序 EQ - QS -310《预防性维修管理》对预防性维修项目在执行过程中部分内容未执行没有给出后续评估和处理流程,建议对管理程序 EQ - QS -310《预防性维修管理》进行升版,对预维项目部分未执行给出评估和处理流程。已经和科技管理处讨论了预维项目部分未执行的问题,需要对 EQ - QS -310《预防性维修管理》进行升版,明确预维项目部分未执行需要给出评估和处理流程。

f. 核安全处编制本事件的经验反馈材料,强调预维工作中要严格遵守《预防性维修管理》程序,发现任何异常、流程或规定不清楚应当及时报告;设备变更后所涉及的技术文件(包括预维项目)的修改需要在变更现场实施完成后才能进行。

6. 课后思考

(1)离心风机主要有哪几类?

(2)风机的主要性能参数有哪几个,定义是什么?

7.7.2 换热器

1. 概述

换热器,亦称热交换器或热交换设备,是用来使热量从热流体传递到冷流体,以满足规定的工艺要求的装置,是对流传热及热传导的一种工业用设备。

换热器可以按不同的方式分类:根据传热面的形状和结构可分为管式换热器和板式换热器;根据使用目的可分为冷却器、加热器、冷凝器和汽化器;根据作用原理可分为间壁式换热器、蓄热式换热器、混合式换热器;根据结构材料可分为金属材料换热器和非金属材料换热器。

2. 结构与原理

本节将主要根据传热面的形状和结构,同时结合核电厂的运行实际情况,对管式换热器和板式换热器进行简单介绍。

(1)管式换热器

①基本结构

管式换热器主要由壳体、管束、管板和封头等部分组成,壳体多呈圆形,内部装有平行管束,管束两端固定于管板上。壳体中设置有管束,管束两端采用焊接、胀接或胀焊并有的方法将管子固定在管板上,管板外周围和封头法兰用螺栓紧固。

②工作原理

在管式换热器内进行换热的两种流体,一种在管内流动,其行程称为管程;一种在管外流动,其行程称为壳程。管束的壁面即为传热面。为提高管外流体给热系数,通常在壳体内安装一定数量的横向折流挡板。折流挡板不仅可防止流体短路,增加流体速度,还迫使流体按规定路径多次错流通过管束,使湍动程度大为增加。常用的挡板有圆缺形和圆盘形两种,前者应用更为广泛。流体在管内每通过管束一次称为一个管程,每通过壳体一次称为一个壳程。

为提高管内流体的速度,可在两端封头内设置适当隔板,将全部管子平均分隔成若干组。这样,流体可每次只通过部分管子而往返管束多次,这种方式称为多管程。同样,为提高管外流速,可在壳体内安装纵向挡板使流体多次通过壳体空间,这种方式称为多壳程。在管式换热器内,由于管内外流体温度不同,壳体和管束的温度也不同。

③核电站常见的管式换热器

a. 冷却器和加热器

核电站空调设备中的冷却器和加热器主要由紫铜管、紫铜肋片、不锈钢管板、框板、加固件、进出水管、汇集管、法兰及紧固件焊接和拼装而成。冷却器和加热器结构及外形如图7-174至图7-175所示。

b. 蒸发器和冷凝器

核电站一般使用的冷水机组包括水冷式冷水机组(图7-177)和风冷式冷水机组。冷水机组的核心部件是蒸发器和冷凝器。

蒸发器内装有传热性能优良的高效蒸发管,管束长度方向由支撑板支撑,制冷剂在壳侧恒定的压力下连续蒸发吸热,管侧的冷冻水温度下降,形成热交换。水冷式冷水机组蒸发器如图7-178所示。

冷凝器内装有传热性能优良的冷凝传热管,管束长度方向由支撑板支撑,制冷剂在壳侧冷凝放热,管侧的冷却水温度上升,形成热交换。水冷式冷水机组冷凝器如图7-179所示。

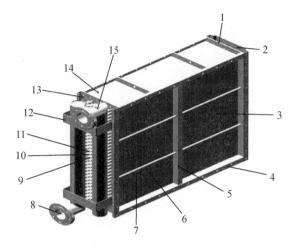

1—后管板;2—护板;3—肋片;4—下框板;5—中间管板;6,7—加固套筒、加固拉杆;8,15—进出水汇集管;
9,10,11—基管、U型弯、套管;12—汇集管加固件;13—前管板;14—上框板。

图7-174 冷却器和加热器结构图

图7-175 冷却器和加热器主视照片

图7-176 冷却器和加热器侧视照片

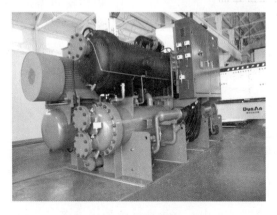

图7-177 水冷式冷水机组

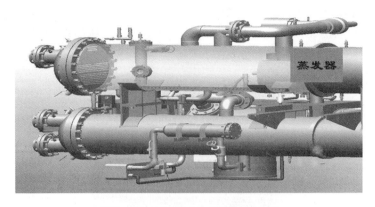

图 7 - 178　水冷式冷水机组蒸发器

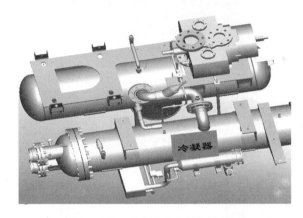

图 7 - 179　水冷式冷水机组冷凝器

（2）板式损热器

①基本结构

板式换热器的形式主要有框架式（可拆卸式）和钎焊式两大类,板片形式主要有人字形波纹板、水平平直波纹板和瘤形板片三种。

②工作原理

板式换热器是由一系列具有一定波纹形状的金属片叠装而成的高效换热器。各种板片之间形成薄矩形通道,通过板片进行热量交换。板式换热器是液—液、液—汽进行热交换的理想设备。它具有换热效率高、热损失小、结构紧凑轻巧、占地面积小、应用广泛、使用寿命长等特点。

可拆卸板式换热器由许多冲压有波纹的薄板按一定间隔,四周通过垫片密封,并用框架和压紧螺旋重叠压紧而成,板片和垫片的四个角孔形成了流体的分配管和汇集管,同时又合理地将冷热流体分开,使其分别在每块板片两侧的流道中流动,通过板片进行热交换。

③核电站常见的板式换热器

以 M310 机组的 RRI/SEC 板式换热器为例,其主要由固定压紧板、板片、上导杆、下导板、活动压紧板、支柱、拉杆等部件组成,如图 7 - 180 所示。

RRI/SEC 板式换热器的功能是将设备冷却水从重要的、与安全相关的构筑物、系统和设备中收集来的热量传递到海水中。该板式换热器由许多换热板片按一定间隔四周通过密封垫片密封,并用夹紧螺柱夹紧而成,其角上的孔构成了通道,介质从入口进入通道,并被分配到换热片之间的流道内,每张板片都有密封垫片,板与板之间的位置交替放置,两种介质分别进入各自通道,由板片隔开,在通道内逆流流动,热介质将热能传递给板片,板片又将热能传递给另一侧的冷介质,从而达到热介质温度降低被冷却,冷介质温度升高被加热的目的。

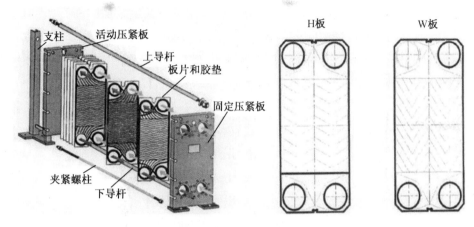

图7-180 RRI/SEC板式换热器部件图

3. 标准规范

(1)标准规范

HAF 003《核电厂质量保证安全规定》

HAF 102《核动力厂设计安全规定》

HAF 103《核动力厂运行安全规定》

HAF 601《民用核安全设备设计制造安装和无损检验监督管理规定》

EJ 322《压水堆核电厂反应堆压力容器设计准则》

ASME AG - 1《核空气和气体处理规范》(RA 制冷设备部分)

EJ/T 1116《核设施通风空调和气体处理系统机械设备设计规范》

GB/T 14296《空气冷却器与空气加热器》

JG/T 21《空气冷却器与空气加热器性能试验方法》

GB/T 17791《空调与制冷用无缝铜管》

JB/T 9064《盘管 耐压试验与密封性试验》

JB/T 4292《盘管 技术条件》

GB/T 14929《组合式空调机组》

GB 10891《空气处理机组 安全要求》

GB 13326《组合式空气处理机组噪声限值》

EJ/T 886《核级通风机设计通则》

GB 5099《采暖通风与空气调节设计规范》

GB/T 14295《空气过滤器》

此外还有所有空调设备技术规格书。

（2）一般核电用换热器的设计要求

①盘管内的水流速度为 1~2 m/s；

②加热盘管迎面风速不超过 3 m/s；

③冷却盘管迎面风速不超过 2.5 m/s；

④加热器和冷却器负荷应考虑到污垢情况（污垢系数 = 0.000 086 km²/W）带来的影响，换热面积应增加 10% 余量；

⑤加热器和冷却器的长、宽和排深尺寸的公差等级不得低于 GB/T 1804 中 IT16 级的规定，详细要求遵守国家标准 GB/T 14296；

⑥盘管肋片应整齐、片距均匀，无卷边、裂纹、毛刺等，不允许有明显的碰撞和损坏；

⑦盘管肋片和基管应接触紧密；

⑧盘管的耐压与密封性试验时盘管应无渗漏，不能有超过设计允许的残余变形；

⑨盘管应装有冷凝水收集系统；

⑩盘管肋片冲孔的翻边应无裂纹；

⑪焊缝应牢固、光滑，无过烧、裂纹、气孔等缺陷；

⑫盘管弯头应无明显皱折和变形；

⑬肋片应为版翅片，肋片采用铜片。

4. 预维项目

换热器验收标准如下：

①外观检查：盘管焊缝应进行外观检查，不能有坑和裂纹等表面缺陷。

②焊缝检查：核级冷却器、加热器焊缝都要进行无损探伤检验；被检验区域及焊缝应使用丙酮除油，经彻底除油、无杂物、表面光洁而干燥后，方可进行液体渗透试验。框架壳体的焊缝应做液体渗透试验，其余焊缝按目视检查，被检查的表面要求干燥，光泽性好，检查在 10~40 ℃ 环境下进行，液体应施压至少 20 min。

③密封性试验：按 JB/T 9064 要求进行。冷却器、加热器均浸在水中，没水深度至少 50 cm。试验压力应为设计压力的 1.05 倍。用压缩空气充气，使盘管承受气密性试验压力，在试验中盘管不应出现水（气）泡。视觉查出的任何泄漏都应消除、补漏，并重新试验检查。

④水压试验：按 JB/T 9064 要求进行。冷却器水压试验压力应为设计压力的 1.25 倍。试验时间至少保持 30 min，在 30 min 内没有压力降、无泄漏现象即为合格。试验中不允许有任何永久变形。试验之后所有盘管均应彻底干燥。

⑤性能试验：每种规格冷却器、加热器均应进行小样性能试验，在设计风量、水量条件下，达到规定的供冷量（供热量）要求，允许偏差 0~10%，空气阻力和水阻力的允许偏差为设计值的 0~5%，每台设备均需提供性能测定的书面报告。

5. 典型案例分析

下面以方家山 2#机组凝汽器 2B 钛管泄漏（CR201824108）为例进行介绍。

（1）事件概述

2019 年 4 月 28 日，方家山 2#机组发现凝泵出口钠和阳电导率同时上涨，凝汽器 B 电机侧（凝汽器 2B）钛管存在泄漏，海水初始泄漏量为 4.1~6.7 L/h，泄漏量增加速率较快。

4 月 30 日晚，2#机组功率降至 650 MW，5 月 1 日上午对凝汽器 2B 钛管进行查漏，此时凝汽器泄漏量已达到 21 L/h。检查发现凝汽器海水进水侧有大量二次滤网网芯碎片、贝壳类海生物和二次滤网上游蝶阀阀板防腐涂层脱落碎片,出口侧有少量网芯碎片。海水进水侧钛管密封焊有两个区域受损较严重,3根钛管端部存在小孔且有锈蚀痕迹,1根钛管管口处磨损严重,1根钛管距端部40 mm处有1个穿孔及明显的磨损痕迹。对穿孔钛管进行了永久性焊接堵管,并对其他4根钛管进行了预防性堵管,对损伤的密封焊进行了补焊处理。完成上述处理至今,凝汽器运行正常。

(2)事件后果

处理钛管泄漏缺陷导致一台循泵停运,2#机组功率降至650 MW运行,持续时间约39小时。

(3)原因分析

①直接原因:其中有部分钛管进水侧距管口40 mm深度位置有一个穿孔。

②根本原因:二次滤网网芯破损,网芯碎片进入凝汽器钛管内磨损钛管,导致钛管减薄及穿孔。

③促成原因:二次滤网网芯定期更换预防性维修不足。

(4)纠正行动(表7-40)

表7-40 此案例事件原因及纠正行动

序号	事件原因	纠正行动	责任处室	完成期限
1	钛管(091,052)进水侧距管口40 mm深度位置有一个穿孔	对钛管进行永久性焊接堵管,对端部密封焊损伤进行补焊处理	维修二处	已完成
2	二次滤网网芯破损,网芯碎片进入凝汽器钛管内磨损钛管,导致钛管减薄及穿孔	画出此次事件所有受损钛管的分布图,204大修期间对有相似缺陷包络区的钛管进行涡流检测,并提供相应的检测报告	技术支持处	2019年7月31日
3		对此次发现的二次滤网破损网片进行材料失效分析,进一步确定滤网失效机理	技术支持处	2019年12月31日
4		提出二次滤网网芯物项替代,增大网芯孔间距,增加厚度	技术四处	2019年9月30日
5	二次滤网网芯更换预防性维修不足	建立二次滤网网芯定期更换的预防性维修项目	技术四处	2019年8月31日
6		建议将二次滤网加入ERDB系统设备性能监测模块中	技术四处	2019年12月31日

6. 课后思考

(1)换热器的分类主要有哪些?

(2)冷却器和加热器验收标准中,一般有哪几项验收试验?

7.7.3 冷冻机

1. 概述

空调即空气调节器(air conditioner),是指用人工手段,对建筑/构筑物内环境空气的温度、湿度、洁净度、流速等参数进行调节和控制的设备,一般包括冷源/热源设备、冷热介质输配系统、末端装置等几大部分和其他辅助设备。其主要结构有制冷主机、水泵、风机和管路系统。末端装置则负责利用输配来的冷热量,具体处理空气状态,使目标环境的空气参数达到要求。核电厂的空调系统主要服务于生产厂房,为核岛/常规岛等厂房内设备提供适当的散热,以及为工作人员提供适宜的可居留环境,以保证设备的正常运行以及人员的正常工作。

核电厂的核岛空调通风系统,使用冷(热)水作为调节和处理空气设备的冷(热)源,其中采用冷水机组作为产生冷水的制冷装置,采用电加热器与汽水交换机组作为产生热源(水)的加热装置(图7–181)。电加热器与汽水交换机组(主要由管壳式热交换器组成)不在本节中进行介绍。

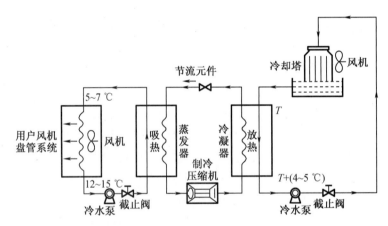

图7–181 冷/热水式机组空调系统

注:T为环境温度(即室外温度)。

冷水机组可向通风空调系统中的空调箱(机)、风机盘管和非独立式新风机提供处理空气所需的低温水(通常称为冷媒水、冷水或冷冻水)。蒸汽压缩式冷水机组将压缩机、冷凝器、蒸发器、节流机构及控制系统等集中安装在一个公共机座上。冷水机组按冷凝器冷却方式的不同,可分为水冷冷水机组和风冷冷水机组。热泵型冷热水机组不但可以为中央空调系统提供冷水,还可以在供暖季节提供空调用热水,例如溴化锂吸收式冷水机组可以提供冷水、供暖用温水和生活热水等,在一些新的核电厂也有所采用,目前在二代核电上较少应用。

不同形式的冷水机组的制冷量范围、使用工质及性能指标如表7–41所示。

表 7 - 41　不同形式的冷水机组的制冷量范围、使用工质及性能指标

种类		制冷剂	单机制冷量/kW	性能系数
蒸汽压缩式冷水机组	活塞式	R22、R134a	52 ~ 700	3.57 ~ 4.16
	螺杆式	R22、R134a	112 ~ 3 870	4.50 ~ 5.56
	离心式	R123	250 ~ 10 500	5.00 ~ 6.00
		R134a	250 ~ 28 500	4.76 ~ 5.90
		R22	1 060 – 35 200	—
	涡流式	R22	<335	4.00 ~ 4.35
溴化锂吸收式冷水机组	热水型	H_2O/LiBr	175 ~ 23 260	>0.6
	蒸汽型	H_2O/LiBr	175 ~ 23 260	1.00 ~ 1.23
	直燃型	H_2O/LiBr	175 ~ 23 260	1.00 ~ 1.23

2. 结构与原理

核电厂中核岛通风系统中的冷源设备主要使用离心式和螺杆式蒸汽压缩式水冷机组，采用 R134a 制冷剂。利用工质（制冷剂 R134a）相变产生的潜热，通过压缩、冷凝、节流、蒸发 4 个过程的封闭循环实现制冷，这是应用最广泛的一种制冷循环（图 7 – 182）。

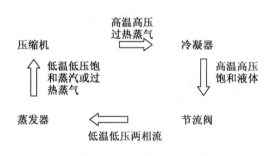

图 7 – 182　冷水机组制冷循环过程示意图

（1）离心式冷水机组

核岛冷冻水系统（DEG）是一个冷却系统，它用来冷却每台核电机组的下列介质：

①来自下述通风系统的空气：

a. EVR：安全壳连续通风系统；

b. EVC：反应堆堆坑通风系统；

c. DVN：核辅助厂房通风系统；

d. DVK：核燃料厂房通风系统；

e. DVG：辅助给水泵房通风系统。

②当设备冷却水系统（RRI）的水温过高时，则用于冷却核取样系统（REN）在线分析仪二次侧所用的设备冷却水。

虽然本系统设计用于为反应堆厂房各部分通风系统提供冷源，并用于防止其他部件过热，诸如敏感元件、电气设备以及支撑反应堆压力容器的混凝土，但是它并不是与安全有关的系统，只有两个安全壳贯穿件被认定为与安全有关的部件。

　　核岛冷冻水系统是一个闭合式的冷冻水回路,它的功能是将核岛通风系统冷却盘管所回收的热量通过冷水机组传送给设备冷却水系统。冷水机组的蒸发器供应冷冻水,并回收冷冻水回水中的热量。热量经冷水机组的冷凝器传送给设备冷却水系统。本系统每个反应堆有 3 套 50% 容量的冷水机组,其中两套运行,一套备用。本系统的控制在主控制室进行,控制两套机组的启动和停运,同时在现场也可以进行操作。

　　核岛冷冻水系统的冷水机组采用离心式冷水机组。离心式冷水机组也属于蒸汽压缩式制冷机组中的一种。其主机为离心式压缩机,属于速度型压缩机,是一种叶轮旋转式的机械。目前,制冷量在 350 kW 以上的大、中型空调系统中,离心式冷水机组是首选设备。与活塞式、螺杆式冷水机组相比,离心式冷水机组有如下优点:

　　①冷量大,最大可达 28 000 kW。

　　②结构紧凑、质量轻、尺寸小,因而占地面积小,在相同的冷水工况及冷水量下,活塞式冷水机组比离心式冷水机组重 5～8 倍,占地面积多 1 倍左右。

　　③结构简单、零部件少、制造工艺简单。离心式冷水机组没有活塞式冷水机组中复杂的曲柄连杆机构,以及气阀、填料、活塞环等易损部件,因而工作可靠,操作方便。维护费用低,仅为活塞式冷水机组的 1/5。

　　④运转平稳、噪声低、制冷剂无污染。运转时,制冷剂中不混有润滑油,因此蒸发器、冷凝器的传热性能不受影响。

　　⑤容易实现多级压缩和节流,操作运行可达到同一制冷机组多种蒸发温度。

　　核电厂核岛冷冻水系统配备的离心式冷水机组,二代压水堆一般每台机组配备 3 台离心式冷水机组,每台容量为机组的 50%,平时两台运行,一台备用。

　　离心式冷水机组采用蒸汽压缩式制冷循环:利用工质(制冷剂 R134a)相变产生的潜热,通过压缩、冷凝、节流、蒸发 4 个过程的封闭循环实现制冷,这是应用最广泛的一种制冷循环(图 7－183)。

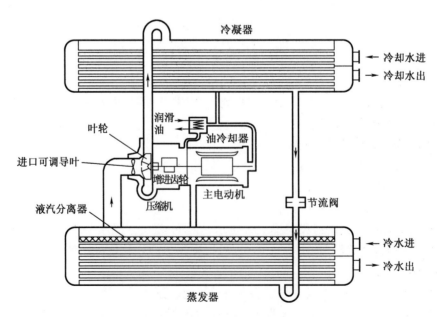

图 7－183　离心式冷水机组制冷剂循环示意图

一台典型的离心式冷水机组外观结构如图 7 - 184 所示。其主要部件的结构功能如下。

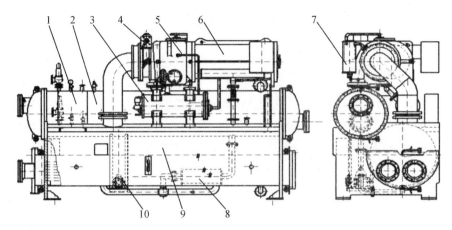

1—微机控制柜;2—冷凝器;3—油箱;4—导叶执行机构;5—离心压缩机;6—主电机;
7—旋风分离器;8—冷媒提纯装置;9—蒸发器;10—冷媒泵。

图 7 - 184　离心式冷水机组外观结构示意图

①压缩机

可调导叶:制冷量控制是通过装在压缩机进口处的导叶的开度大小来控制吸入制冷剂蒸气的流量来实现的。该可调导叶根据需保持冷水出水温度恒定,由微机控制系统通过采集的温度变化信号输出指令,控制电动执行器的机械旋转方向,通过其中连杆和齿轮来实现导叶的开、闭动作,亦可手动操作,最终实现对制冷量的调节。

本机组采用进口可调导叶调节机构和可调扩压器的双重调节方式,扩压器流道宽度随冷量减少而减少,不仅扩大了机组冷量调节范围,且可避免机组在小冷量时发生喘振。机组运行在超低负荷时(如冷冻水温度过低),进口可调导叶调节机构的导叶已关闭到最低值,此时旁通装置自动打开,以维持机组在超低负荷时的运行。

叶轮:叶轮是压缩机的心脏,是传递能量的唯一元件。叶轮采用特殊铝合金材料制成,耐蚀性好,具有足够的强度和刚度确保高速旋转。

齿轮:采用渗碳淬火磨齿的高强度硬面齿轮,齿轮参数均经优化设计,且齿高、齿向都做了特殊修型。齿轮啮合性能好,加上齿轮箱体为双层结构,能有效消除部分啮合噪声,使齿轮副的传动噪声降低。大齿轮直接装在电机轴上;叶轮与小齿轮轴的连接采用先进的无键连接,避免了应力集中,从而使整台压缩机结构先进、紧凑、可靠。

离心式压缩机主要结构部件如图 7 - 185 所示。

②蒸发和冷凝系统

蒸发器:蒸发器为卧式壳管式换热器,冷水走管程,制冷剂 R134a 走壳程。其内部装有传热性能优良的高效蒸发管,管束的长度方向由支撑板支撑,为避免制冷剂液滴吸入压缩机叶轮,在蒸发器管束上方沿整个管长装有除雾性能良好的汽液分离器(图 7 - 186)。

冷凝器:冷凝器的作用在于通过冷却水带走制冷机组系统中的全部热负荷,保持制冷循环的热平衡。冷凝器也为卧式壳管式换热器,其主要结构与蒸发器相同,内装有传热优良的高效冷凝传热管。为避免由压缩机出口排出的过热蒸汽直接冲刷冷凝管,在冷凝器内沿轴向装有缓冲板。

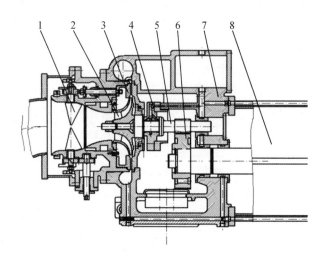

1—进口可调导叶;2—叶轮;3—可调扩压器;4—复合轴承;5—小齿轮轴;6—主动齿轮;7—机壳;8—电机。

图7-185　离心式压缩机主要结构部件

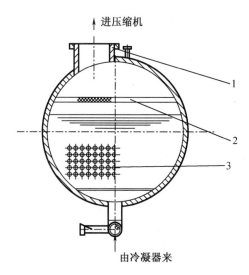

1—排气管;2—汽液分离器;3—传热管。

图7-186　蒸发器结构示意图

③润滑油系统:安装在油箱中的油泵、油冷却器(板式冷油器)、油过滤器(纸滤芯)组成的油路系统供给主电动机、压缩机各轴承(及增速箱齿轮)润滑、冷却所必需的润滑油。油箱内的润滑油被内装式密闭电动机驱动的油泵加压后,进入R134a液冷却的油冷却器,润滑油在这里被冷却至一定的温度后,经过滤器过滤,调整至给定的压力后供给各个轴承。润滑油冷却后的油温通过调节进入油冷却器的冷媒流量来完成,供油温度范围35～55℃(油箱油温保持在45～55℃)。润滑油油压的调节通过在油泵上的调压阀来完成,供油压差范围为150～250 kPa。

④冷却系统:主电动机和润滑油的冷却主要由制冷剂液从冷凝器中引来,利用它与蒸发器之间的压力差,将其引入主电动机和油冷却器内部,在其中摄取了电动机发热和润滑油的热量后汽化为气体,使电机和润滑油冷却,汽化后的气体引入蒸发器中。机组在低能

量时,由于冷凝压力和蒸发压力间的压差变小,造成供应油冷却器和电机的冷媒减少,使供油温度和电机温度上升,此时冷媒泵启动运行,对冷却用制冷剂液体进行加压,以保证油冷却器和电机的冷媒供应,使机组能正常运行。在供液管上装有制冷剂过滤器,以除去供给的制冷剂液中可能有的杂质,滤网应定期清洗。

⑤制冷剂的提纯系统:在制冷机组的运行中,少量的润滑油从压缩机的轴承、齿轮箱混入压缩机的制冷剂气体中,随制冷剂气体液化后混于冷凝器的制冷剂液体,最后流入蒸发器;另一方面,在主电动机两轴承处,润滑油也有可能进入电动机内腔,然后随同冷却电机后的制冷剂气体从电机回气管进入蒸发器。所有从以上两种渠道进入蒸发器的润滑油不会蒸发,蒸发器中的润滑油将越来越多,同时油箱中的润滑油将越来越少。由于润滑油相对密度低于液体制冷剂,在蒸发器中润滑油浮在液体制冷剂的上部。因此,冷媒提纯装置取自从蒸发器液面来的低温混合液,通过从冷凝器来的高温制冷剂加热,使混合液中的制冷剂蒸发,回到压缩机进气口,不能蒸发的润滑油返回到油箱,从而达到了分离、提纯的目的。实现分离制冷剂中的润滑油功能的,还有一个旋风分离器。它抽取齿轮箱的部分制冷剂,经一级过滤再经二级分离器,最后进入旋风分离器。分离出的制冷剂进入压缩机入口,润滑油则送回油箱(图7-187)。

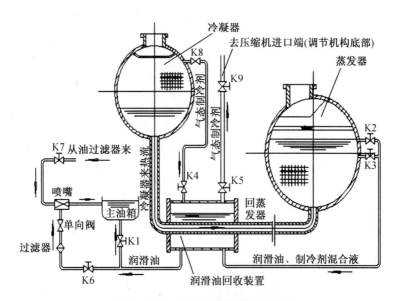

图7-187 制冷剂提纯系统示意图

(2)螺杆式冷水机组

冷冻水系统(DEL)的功能是对下列通风系统的冷却盘管提供7℃的冷冻水:

①DVC:主控制室空调系统;

②DVL:电气厂房主通风系统;

③DVE:电缆层通风系统。

冷冻水系统为非安全相关系统。但由于冷冻水系统故障后,电气厂房内的温度升高会最终导致电厂核电机组停运,故它间接地对核电厂的运行安全做出贡献。该系统的能动部件(冷水机组和电动泵)为冗余设置,以减少核电机组停运的风险。由柴油发电机组对两个电气系列(系列A和系列B)进行应急供电。电厂的每个核电机组,由两台螺杆式的冷水机组生产冷冻水。每台冷水机组在正常工况下的额定制冷量为100%负荷,一台运转,一台备用。所供冷量用于克服盘管和管路内的热量损失。每台冷冻水泵的流量对应于冷水机组的额定功率。

压水堆核电厂每台机组所配备的螺杆式冷水机组应包括以下主要部件和系统:

①制冷压缩机;

②电机(包括主电机和油泵电机);

③蒸发器;

④冷凝器;

⑤支架(包括地脚螺栓);

⑥各种附属的机械和电气部件;

⑦机组控制柜;

⑧机组启动柜;

⑨机组制冷剂系统;

⑩机组润滑油系统;

⑪机组控制和调节系统;

⑫机组保护系统。

螺杆式冷水机组制冷过程为逆卡诺循环。

①压缩机

核电厂用螺杆式冷水机组多采用新型单螺杆式压缩机,其结构为一个螺杆和两个对称分布的星轮啮合,当动力传到螺杆轴上时,螺杆就带动星轮旋转。气体经过吸气腔进入螺槽内,经压缩后通过排气口由排气腔排出。图7-188为典型的单螺杆式压缩机示意图。

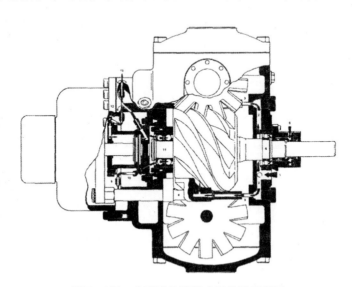

图7-188 典型的单螺杆式压缩机示意图

压缩机的工作过程包括吸气过程、压缩过程和排气过程,如图7-189所示。

吸气过程:螺杆螺槽在星轮齿尚未啮入前,与吸气腔连通,处于吸气状态,当螺杆转到一定位置,星轮齿将螺槽封闭,吸气过程结束。

压缩过程:吸气过程结束后,螺杆继续转动,随着星轮齿沿着螺槽推进,封闭的工作容积开始减小,实现工质的压缩过程。当工作容积与排气口连通时,压缩过程结束。

排气过程:工作容积与排气口连通后,随着螺杆继续转动,被压缩工质由排气口输送到排气管道,直至星轮齿脱离螺槽为止。

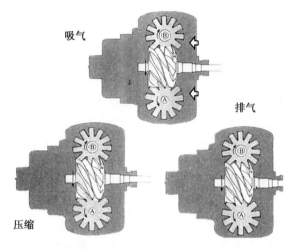

吸气

排气

压缩

图7-189 螺杆式压缩机工作过程图

②蒸发器

蒸发器在制冷系统中的作用是使低温低压的液态冷媒在冰水器内吸收被冷却介质(水、空气或盐水等)的热量而气化,使被冷却介质的温度降低而达到制冷目的。核电厂螺杆式冷水机组采用满溢蒸发技术(图7-190),换热管完全润浸在沸腾的液态制冷剂中,总传热系数为干式蒸发器的3倍以上,机组能效比可提高15%,近于饱和的吸气状态有效提高了压缩机的压缩效率和质量流量。同时冷冻水流动于管程,水垢容易清洗。

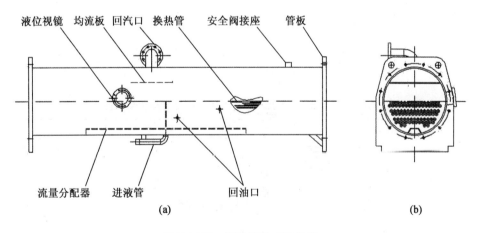

液位视镜 均流板 回汽口 换热管 安全阀接座 管板

流量分配器 进液管 回油口

(a)   (b)

图7-190 满溢蒸发式蒸发器

③冷凝器

冷凝器的作用是使制冷压缩机排出的过热蒸汽冷却,水冷机组采用卧式管壳式冷凝器。冷却水以水平方向在管内依次流过,高温高压的气态冷媒则在管外冷凝,通过高效换热管管壁将热量传递给冷却水,冷凝后制冷剂液体流向膨胀阀,吸收冷凝热水温上升后的冷却水则流向设备,将热量释放给环境,水温降低后又重新回到冷凝器,如此反复循环。

核电厂螺杆式冷水机组冷凝器水管采用高效换热管,以发挥最佳热传效果。直通式水管设计易于清洗保养,端盖可左右互换以便于变更水侧接管方向。壳体外侧附有安全阀、排气阀等装置。壳侧设有冷媒分流装置,将冷媒平均分配至各铜管。

④电子膨胀阀

用电子膨胀阀做节流机构,以蒸发器液位为目标参数,可在较大容量范围内实现制冷剂流量的精确控制。当冷却水温或机组容量发生较大变化时,能自动调整阀门开度,使蒸发器伺液量与实际负载相匹配,以保持机组在最佳状态下运行。

⑤制冷剂和润滑油系统

电气厂房冷水机组采用蒸汽压缩式制冷方式,制冷剂与润滑油互溶,制冷剂循环中增加油分离器对制冷剂和润滑油进行分离。

制冷剂流程:进气过滤器→压缩机→油分离器→冷凝器→干燥过滤器→电子膨胀阀→蒸发器→进气过滤器。

油循环系统:油分离器→油过滤器→出口分两路,一路到压缩机螺杆润滑与密封,一路去容量调节器和压缩机前后轴润滑→油分离器。部分聚集在蒸发器的油通过引射器导回压缩机。

3.标准规范

GB/T 18430.1《蒸汽压缩循环冷水(热泵)机组 工商业用和类似用途的冷水(热泵)机组》

JB 8654《容积式和离心式冷水(热泵)机组安全要求》

GB/T 10870《容积式和离心式冷水(热泵)机组性能试验方法》

GB 50274《制冷设备、空气分离设备安装工程施工及验收规范》

JB/T 4750《制冷装置用压力容器》

除满足以上标准和规范外,还应符合国家及行业的相关标准。

4.预维项目

(1)离心式冷水机组维护项目(表7-42)

表7-42 核电厂离心式冷水机组维修项目内容与周期

项目名称	项目周期
离心式冷水机组定期巡检	2 次/周(维修人员巡检)
离心式冷水机组换油检查	2 年
离心式冷水机组解体检查	8 年

①离心式冷水机组定期巡检

a.通过控制屏检查各项运行参数是否在正常范围内,是否存在异常与报警;

b.检查机组各接头、管线和部件是否存在跑冒滴漏现象;

c.检查油视窗与制冷剂视窗液位是否在正常范围。

②离心式冷水机组换油检查

a.使用冷媒回收装置,回收制冷剂;

b.将旧润滑油排空;

c.清洗油箱及潜油油泵;

d.清洗油冷却器;

e.检查油箱油管及阀门有无堵塞或泄漏;

f.更换油过滤器滤芯;

g.检查各支路小管道有无接触碰磨;

h.拆下压缩机进气管,开启导叶机构,检查导叶运转是否卡涩,执行机构各零部件有无锈蚀;

i.检查导叶是否存在腐蚀、变形;

j.将导叶开度置于零位,检查导叶间隙是否均匀;

k.清理法兰面,更换进气管法兰 O 型密封圈;

l.回装进气管及各部件;

m.检查冷水机组外部铜管及各接头是否有磨损或松动,若有则进行更换或处理;

n.检查冷水机组的机体调节阀盘根压盖是否松动,进行适当紧固;

o.机组制冷剂回路安全阀校验;

p.各传感器校验检查;

q.进行机组总体气密试验,使用高纯高压氮气,将机组内逐步加压至 1.25 MPa(正负偏差 0.05 MPa),保压 24 小时,24 小时内允许压降 5 kPa,用检漏液检查各结合部、管接头、各焊缝部位和角阀盘根等密封部位,确认无泄漏;

r.真空试验,将机内抽至绝对压力为 1 kPa(7.5 mmHg)以下的真空,停放 1~2 小时,若机内压力不回升,再放置 24 小时后用数字式电子真空计测量机内压力的回升,若机内压力的回升超过 0.4 kPa(3 mmHg)则应重新进行气密试验,找出泄漏部位并进行修理,然后再进行真空试验,直至合格;

s.充油,确认冷水机组已进行压力试验和真空试验,且试验合格,确保机组内处于负压状态,务必确认润滑油电加热器已停运并隔离。连接油箱和新的润滑油桶,打开阀门将新的润滑油充入冷水机组;

t.回充制冷剂,保持机组在真空状态下,按照机组额定制冷剂量回充制冷剂;

u.进行维修后启机试验,检查各项参数正常,机组不存在跑冒滴漏现象。

③离心式冷水机组解体检查

a.使用冷媒回收装置,回收制冷剂;

b.将旧润滑油排空;

c.清洗油箱及潜油油泵;

d.清洗油冷却器;

e.检查油箱油管及阀门有无堵塞或泄漏;

f.更换油过滤器滤芯;

g.检查各支路小管道有无接触碰磨;

h.拆下压缩机进气管,开启导叶机构,检查导叶运转是否卡涩,执行机构各零部件有无锈蚀;

i.检查导叶是否存在腐蚀、变形;

j.解体压缩机,更换叶轮/传动大齿轮/传动小齿轮/轴瓦/梳齿密封;

k.主电机定转子检查,更换驱动/非驱动轴承/梳齿密封;

l.更换主电机金属膨胀节;

m.将导叶开度置于零位,检查导叶间隙是否均匀;

n.清理法兰面,更换进气管法兰 O 型密封圈;

o.回装进气管及各部件;

p.拆除蒸发器/冷凝器水室封头,检查传热管清洁情况及接头情况,如有必要进行换热管清洗,并更换封头密封垫片;

q.检查冷水机组外部铜管及各接头是否有磨损或松动,若有则进行更换或处理;

r.机组制冷剂回路安全阀校验;

s.各传感器校验检查;

t.检查冷水机组的机体调节阀盘根压盖是否松动,进行适当紧固;

u.进行机组总体气密试验,使用高纯高压氮气,将机组内逐步加压至 1.25 MPa(正负偏差 0.05 MPa),保压 24 小时,24 小时内允许压降 5 kPa,用检漏液检查各结合部、管接头、各焊缝部位和角阀盘根等密封部位,确认无泄漏;

v.真空试验,将机内抽至绝对压力为 1 kPa(7.5 mmHg)以下的真空,停放 1~2 小时,若机内压力不回升,再放置 24 小时后用数字式电子真空计测量机内压力的回升,若机内压力的回升超过 0.4 kPa(3 mmHg)则应重新进行气密试验,找出泄漏部位并进行修理,然后再进行真空试验,直至合格;

w.充油,确认冷水机组已进行压力试验和真空试验,且试验合格,确保机组内处于负压状态,务必确认润滑油电加热器已停运并隔离,连接油箱和新的润滑油桶,打开阀门将新的润滑油充入冷水机组;

x.向机组中充入高纯氮气压力至 500 mmHg(66.5 kPa),机组在线后,试运转 2~3 min,确认各机构运转正常,新安装的轴承温度正常;

y.回充制冷剂,重新将机组真空抽至 1 kPa 以下,保持机组在真空状态下,按照机组额定制冷剂量回充制冷剂;

z.进行维修后启机试验,检查各项参数正常,机组不存在跑冒滴漏现象。

(2)螺杆式冷水机组维护项目(表 7-43)

表 7-43　核电厂螺杆式冷水机组维修项目内容与周期

项目名称	项目周期
螺杆式冷水机组定期巡检	2 次/周(维修人员巡检)
螺杆式冷水机组换油检查	1.5 年
螺杆式冷水机组解体检查	5 年

①螺杆式冷水机组定期巡检

a.通过控制屏检查各项运行参数是否在正常范围内,是否存在异常与报警;

b.检查机组各接头、管线和部件是否存在跑冒滴漏现象;

c. 检查油视窗与制冷剂视窗液位是否在正常范围。

②螺杆式冷水机组换油检查

a. 使用冷媒回收装置,回收制冷剂;

b. 将旧润滑油排空;

c. 更换干燥过滤器;

d. 更换润滑油过滤器;

e. 检修并修复发现的各处泄漏点;

f. 检查电加热器;

g. 打开蒸发器/冷凝器水室封头,检查内部铜管清洁及腐蚀情况;

h. 更换新的蒸发器/冷凝器水室封头垫片并回装;

i. 检查油泵出口调节阀和油泵情况,检查是否有泄漏等故障,并进行处理;

j. 检查校验制冷剂回路侧安全阀;

k. 检查校验机组各传感器;

l. 冷水机组密封性试验,使用高纯氮气对机组内加压至 1.2 MPa,过程中进行查漏,确认无泄漏后保压 24 小时,根据公式 $P_1/P_2 = T_1/T_2$(精确到小数点后两位)进行核对机组是否存在泄漏,如有泄漏则重复打压查漏直至合格;

m. 开启真空泵,连接管线,对机组进行抽真空 1 小时;

n. 连接油箱和新的润滑油桶;

o. 打开阀门将新的润滑油充入冷水机组;

p. 待润滑油充注完毕,立即关闭相关阀门,以免空气进入冷水机组中;

q. 保持真空泵运行,对机组进行抽真空 11 小时,随后关闭阀门,拆除抽真空管线;

r. 重新回充额定质量的制冷剂 R134a。

③螺杆式冷水机组解体检查

a. 使用冷媒回收装置,回收制冷剂;

b. 将旧润滑油排空;

c. 更换干燥过滤器;

d. 更换润滑油过滤器;

e. 检修并修复发现的各处泄漏点;

f. 检查电加热器;

g. 打开蒸发器/冷凝器水室封头,检查内部铜管清洁及腐蚀情况;

h. 更换新的蒸发器/冷凝器水室封头垫片并回装;

i. 检查油泵出口调节阀和油泵情况,检查是否有泄漏等故障,并进行处理;

j. 检查校验制冷剂回路侧安全阀;

k. 检查校验机组各传感器;

l. 更换螺杆式压缩机循环备件;

m. 对机组进行重新对中,标准参照说明书要求执行;

n. 更换机组电子膨胀阀,及机组上各回路电磁阀;

o. 冷水机组密封性试验,使用高纯氮气对机组内加压至 1.2 MPa,过程中进行查漏,确认无泄漏后保压 24 小时,根据公式 $P_1/P_2 = T_1/T_2$(精确到小数点后两位)进行核对机组是否存在泄漏,如有泄漏则重复打压查漏直至合格;

p. 开启真空泵,连接管线,对机组进行抽真空 1 小时;

q. 连接油箱和新的润滑油桶;

r. 打开阀门将新的润滑油充入冷水机组;

s. 待润滑油充注完毕,立即关闭相关阀门,以免空气进入冷水机组中;

t. 保持真空泵运行,对机组进行抽真空 11 小时,随后关闭阀门,拆除抽真空管线;

u. 重新回充额定重量的制冷剂 R134a。

5. 典型案例分析

(1)离心式冷水机组典型故障

①制冷剂泄漏(最常见的故障):由于该机组接口较多,并且部分管道采用的是细径铜管,因此容易在接口处或者由于其他原因导致细铜管破裂,从而导致制冷剂泄漏。处理方法:抽出机组制冷剂,用氮气进行打压;在相应规定的压力下进行查漏。找到泄漏点后,机组泄压,处理漏点。重新进行打压试验,直至所有泄漏点消除。如冷凝器/蒸发器传热管发生泄漏,则需要采用堵管或内卡套等方式进行处理。

②机组漏油:机组部分存在润滑油的部件接口处,由于密封件的失效、螺丝力矩不够及安装偏差等原因,可能导致漏油问题。处理方法:由于该机组润滑油及制冷剂空间互通,同样需要先抽出制冷剂,然后再根据具体情况消除漏油点,再进行打压试验。

③导叶异常:离心式冷水机组的导叶驱动机构容易出现零位漂移问题,容易导致导叶异常故障。一般情况下导叶机械结构不存在卡涩问题,多数为导叶驱动机构的电动头零位发生漂移,重新校正后机组可以正常工作。

④冷冻机的正常工作情况下,冷冻水进水温度要求是 15 ℃以上,但是本地冬季温度较低,室外温度多次低至 0 ℃及以下,厂房内温度也随之降低,冷冻水进水温度低至 10 ℃左右,导致 DEG 冷冻机负载过低,触发机组跳机及综合报警。重启冷冻机,并减少冬季冷冻机运行数量,保证一定的运行负荷。

(2)螺杆式冷水机组典型故障

①螺杆式冷水机组的电子膨胀阀由于工作期间动作频繁,存在一定的磨损,建议定期更换,否则容易在运行过程中出现异常。

②螺杆式冷水机组上润滑油回路有较多电磁阀,由于机组振动及电磁阀频繁动作等原因,电磁阀容易产生破损,导致制冷剂外漏,因此也建议定期对其进行更换,一般可以安排在解体检查期间更换。

6. 课后思考

(1)冷水机组的主要设备构成及系统运行特点有哪些?

(2)冷水机组的主要巡检关注点有哪些?

(3)DVN 全停后为何要调节 DEG 温度?

第8章 特殊设备

8.1 消防设备

8.1.1 概述

核电站内可燃物的种类多、数量大、分布广,存在着较大的火灾安全隐患。从统计数据来看,核电站火灾发生频度较高、危害大;发生火灾时可能会失去对核安全相关系统的控制,直接影响到核安全。因此,消防和核安全一样重要,必须像重视核安全一样重视消防。

核电站防火的三个主要目标:

(1)预防火灾发生;

(2)快速探测并扑灭已发生的火灾,从而限制火灾带来的损害;

(3)防止尚未扑灭的火灾蔓延,从而将火灾对电厂安全的影响降至最低。

为了及时并有效地防止可能发生的火灾,减少火灾带来的损失,电站根据各厂房内可燃物的种类的不同,设置了各种不同类型的固定灭火设施及移动式灭火装置,并实施分区管理,以保障电站的安全运行。

现场起到灭火作用的固定设备主要有消火栓系统、自动喷水灭火系统、气体灭火系统等。

8.1.2 消火栓系统

消火栓系统是扑救、控制建筑物初期火灾最为有效的灭火设施,是应用最广泛、用量最大的水灭火系统。根据结构不同,消火栓系统分为室外消火栓和室内消火栓。

1. 室外消火栓系统

室外消火栓系统是设置在建筑外的供水设施,主要供消防车取水,经增压后向建筑内的供水管网供水或实施灭火,也可直接连接水带、水枪出水灭火。室外消火栓系统主要由市政管网或室外消防给水管网、消防水池、消防水泵和室外消火栓组成。室外消火栓按安装形式分为地上式和地下式两种。地上式室外消火栓(图8-1)适用于温度较高的地方,地下式室外消火栓(图8-2)适用于寒冷地区,方家山所用的大多是地下式室外消火栓。

(1)地下式室外消火栓设置要求

地下式室外消火栓主要由本体、阀座、阀瓣、排水阀和接口等部件组成。进水口的公称直径有 DN100 和 DN150 两种。地下式室外消火栓有 DN100 和 DN65 的消火栓接口配置,按公称压力可分为 1.0 MPa 和 1.6 MPa 两种,承插式消火栓为 1.0 MPa,法兰式消火栓为 1.6 MPa。

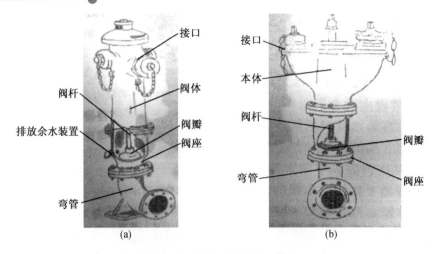

图8-1 地上式室外消火栓

图8-2 地下式室外消火栓

地下式室外消火栓应沿道路设置,并宜靠近十字路口;消火栓的间距不应大于120 m;消火栓的保护半径不应大于150 m;消火栓距离路边不应大于2 m,距房屋外墙不宜小于5 m。

(2)地下式室外消火栓室外操作方法

①将消防水带铺开;

②将水枪和水带快速连接;

③连接水带与消火栓;

④连接完毕后,用室外消火栓专用扳手逆时针旋转,把螺杆旋到最大位置,打开消火栓。

⑤室外消火栓使用完毕后,需打开排水阀,将消火栓内的积水排出,以免结冰损坏消火栓。

2.室内消火栓

室内消火栓系统是指担负建筑物内部消防灭火任务的一种给水设施。室内消火栓是室内管网向火场供水的带有阀门的接口,与消防水带、消防软管卷盘、消防水枪等器材配套使用(图8-3)。

消防软管卷盘是一种用于输送水、干粉、泡沫等灭火剂,供一般人员自救室内初期火灾或消防员进行灭火作业的一种消防装置(图8-4)。它由阀门、输入管路、轮辐、支撑架、摇臂、软管及喷枪等部件组成,适用于扑救A类碳水化合物等物质引起的火灾。与消火栓相比,具有操作简单、机动灵活等优点。

图8-3 室内消火栓(消防水枪、水带)　　　　图8-4 消防软管卷盘

消防水带是一种用于输送水或其他液体灭火剂的软管。室内消火栓多配套DN65或DN50的消防水带,水带两头为内扣式标准接头,一头与消火栓出口连接,另一头与水枪连接。

消防水枪是以水为喷射介质的消防枪。消防水枪可以通过射流形式的选择进行灭火、冷却保护、隔离等多种消防作业。消防水枪根据射流形式分为直流水枪、喷雾水枪、直流喷雾水枪和多用水枪;根据工作压力分为低压水枪(0.2~1.6 MPa)、中压水枪(1.7~2.5 MPa)、高压水枪(2.6~4.0 MPa)和超高压水枪(>4.0 MPa)。

(1)室内消火栓设置要求

①设有消防给水系统的建筑物,各层均应设置消火栓;

②室内消火栓的布置应保证有水枪的充实水柱到达室内的任何部位;

③室内消火栓应设在明显、易于取用的地点,栓口离地面的高度为1.1 m,出水方向宜向下或与墙面成90°角;

④消防电梯前室应设置室内消火栓;

⑤消火栓应采用同一型号规格,栓口直径为65 mm,水带长度不应超过25 m,水枪喷嘴口径不应小于19 mm。

(2)消防软管卷盘的设置要求

栓口直径应为25 mm,配备的软管内径不应小于19 mm,长度不应超过40 m,水喉喷嘴口径不应小于6 mm。

(3)室内消火栓操作方法

①将消防水带铺开;

②将水枪和水带快速连接;

③连接水带与消火栓接口;

④连接完毕后,转动打开消火栓手轮(逆时针旋转),把螺杆旋到最大位置,打开消

火栓；

⑤消火栓使用时必须两人配合，一人操作阀门，一人手持消火栓枪，以免消火栓水带压力过大导致甩带。

8.1.3　自动喷水灭火系统

1. 概述

方家山常规岛喷水灭火系统的主要阀门按防护区位置分组布置，形成 7 个消防阀门站，每个阀门站设两根供水总管（若阀门站仅有一组报警阀组，则只设一根供水管），接自常规岛消防水分配系统（JPD）。消防用水流经一只信号闸阀和过滤器后向消防阀门站内各喷水灭火系统供水。

2. 自动喷水灭火系统分类

自动喷水系统由洒水喷头、报警阀组、水流报警装置（水流指示器或压力开关）等组成。根据所使用喷头的形式，其可分为闭式自动喷水灭火系统和开式自动喷水灭火系统两大类；根据系统用途和配置状况，其分类如下所示：

$$自动喷水灭火系统\begin{cases}闭式系统\begin{cases}湿式自动喷水灭火系统\\干式自动喷水灭火系统\\预作用自动喷水灭火系统\\自动喷水-泡沫联用系统\end{cases}\\开式系统\begin{cases}雨淋系统\\水幕系统\end{cases}\end{cases}$$

方家山厂房灭火系统主要由下列形式组成：

①开式水喷雾灭火系统（属于开式系统中的雨淋系统）；

②预作用水喷淋灭火系统（属于闭式系统中的预作用自动喷水灭火系统，管网又具有干式自动喷水灭火系统特性）；

③自动喷水-泡沫联用系统（属于闭式系统）。

3. 开式水喷雾灭火系统结构与原理

开式水喷雾灭火系统主要由雨淋阀阀体（常闭）、信号蝶阀（常开）、控制球阀、止回阀、过滤器、压力开关、水力警铃、电磁阀、紧急手动启动阀等部件组成。它是一种快速启动、差压膜板式、配置可移动式部件的水力控制阀门。在雨淋系统和预作用系统中，该阀门通常用于控制水流。

开式水喷雾灭火系统采用信号蝶阀作为控制阀门，确保系统更安全可靠。它利用隔膜运动实现阀瓣的启闭，由隔膜将阀分为压力腔和工作腔，由于两腔受水力作用面积的差异，实现密封。

当发生火灾时，火灾探测器发出信号，通过消防控制中心，实现自动打开隔膜雨淋阀上的电磁阀（或手动打开紧急启动装置），使压力腔的水快速排出，泄压后作用于阀瓣下部的水迅速推起阀瓣进入系统管路喷水灭火，同时水流向报警管网，使水力警铃发出警报声，开通压力开关，给值班室发出信号或启动消防泵供水（图 8-5、图 8-6）。

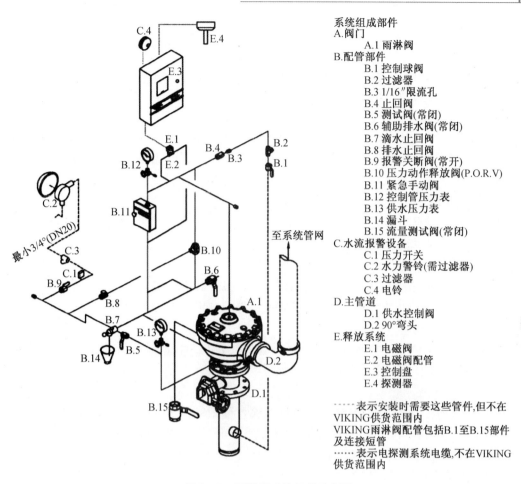

系统组成部件
A.阀门
　　A.1 雨淋阀
B.配管部件
　　B.1 控制球阀
　　B.2 过滤器
　　B.3 1/16″限流孔
　　B.4 止回阀
　　B.5 测试阀(常闭)
　　B.6 辅助排水阀(常闭)
　　B.7 滴水止回阀
　　B.8 排水止回阀
　　B.9 报警关断阀(常开)
　　B.10 压力动作释放阀(P.O.R.V)
　　B.11 紧急手动阀
　　B.12 控制管压力表
　　B.13 供水压力表
　　B.14 漏斗
　　B.15 流量测试阀(常闭)
C.水流报警设备
　　C.1 压力开关
　　C.2 水力警铃(需过滤器)
　　C.3 过滤器
　　C.4 电铃
D.主管道
　　D.1 供水控制阀
　　D.2 90°弯头
E.释放系统
　　E.1 电磁阀
　　E.2 电磁阀配管
　　E.3 控制盘
　　E.4 探测器

‥‥‥ 表示安装时需要这些管件,但不在
VIKING供货范围内
VIKING雨淋阀配管包括B.1至B.15部件
及连接短管
‥‥‥ 表示电探测系统电缆,不在VIKING
供货范围内

图 8-5　雨淋阀系统组成示意图

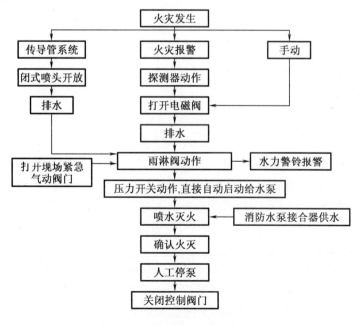

图 8-6　雨淋阀系统的工作原理

4. 部件组成

(1)雨淋阀阀体

雨淋阀的腔室分为上腔、下腔和控制腔三部分。控制腔与供水管道连通,中间设限流传压的孔板。供水管道中的压力水推动控制腔中的膜片,进而推动驱动杆顶紧阀瓣锁定杆,把阀瓣锁定在阀座上。阀瓣使下腔的压力水不能进入上腔。控制腔泄压时,使驱动杆作用在阀瓣锁定杆上的力矩低于供水压力作用在阀瓣上的力矩,于是阀瓣开启,供水进入配水管道。其平常为常闭状态,系统启动后通过阀瓣隔膜动作,为消防管网供水,并向报警管网供水。

(2)信号蝶阀

信号蝶阀在隔离雨淋阀、管理进出口水流和日常做试验时使用,平时为常开状态。当关闭的时候将信号反馈给消防主机。

(3)电磁阀

当发生火灾时,报警主机发出信号,电动开启电磁阀,迅速排出雨淋阀上腔水流,控制雨淋阀启动。该阀可使雨淋阀通过远程控制或就地控制柜启动,实施远程灭火。

(4)水力警铃

水力警铃指水流流过报警阀推动内部叶轮使之转动,通过警铃摆臂快速敲击警铃壁,发出声响起到警报作用的水力驱动式报警装置。

(5)内漏检测阀

内漏检测阀直通雨淋阀阀体内部腔室,监测内部腔室积水情况,在日常巡检过程中可操作滴水阀上的阀球,观察出水管是否有水流出。若有,说明内部腔室有积水,可能隔膜破损,或余水未排出。雨淋阀动作试验后用于检查腔内余水是否排净。

(6)压力动作释放阀

在雨淋阀动作过程中,压力动作释放阀通过内部压力弹簧对进口压力进行调节,释放多余压力,防止阀体压力过高。

(7)膜腔注水控制阀

该阀门直接连通进水管网与雨淋阀上腔室,进行雨淋阀试验时需关闭膜腔注水控制阀,释放上腔压力。当雨淋阀动作结束后,通过打开此阀,优先建立上腔压力。

5. 系统启动方式

(1)自动启动

当防护区/设备的探测器发出火灾信号时,向火灾探测报警控制盘发出警报,指示火灾发生的部位,开始进入延时阶段($0 \sim 30$ s可调),联动设备(如停运关键设备等)动作,火灾探测报警控制盘向失火的防护区/设备的雨淋阀阀体的电磁阀及排气阀的配套电动控制阀发出开启指令,雨淋阀阀体打开向配水管道排气充水,同时火灾探测报警控制盘接收预作用报警阀组开启的反馈信号,即向失火的防护区/设备进行喷水作业。

(2)电气手动控制

当自动喷水消防系统的控制方式选择"手动"时,应把火灾探测报警控制盘上的控制方式转换开关拨到"手动"位置,灭火系统即处于手动控制状态。当防护区/设备发生火情,探测器只向火灾探测报警控制盘发出警报,不输出动作信号,由值班人员确认火警后,按动火灾探测报警控制盘上的相应按钮,开启雨淋阀阀体/预作用阀组,即可按上述程序启动灭火系统实施灭火。也可在阀组带自备电源的就地控制箱按钮手动启动。

（3）机械应急手动控制

当防护区/设备发生火情，但由于电源发生故障或火灾探测报警控制系统失灵不能执行灭火指令时，在雨淋阀阀体/预作用阀组上直接打开手动应急操作阀，雨淋阀阀体/预作用阀组打开向失火的防护区/设备进行灭火作业。

6. 系统维护管理

（1）每日巡查内容

①喷头外观及其周边障碍物、保护面积等；

②报警阀组外观、报警阀组检测装置状态、排水设施状况等；

③自动控制装置、手动控制装置等外观、运行状态。

（2）季度巡查内容

①报警阀组的试水阀放水及其启动性能测试完好；

②控制阀门开启状况及其使用性能测试完好。

（3）年度巡查内容

①水源供水能力测试；

②检查设备材料、结构，对于缺损、锈蚀情况及时修补；

③检查系统过滤器使用性能，对滤网进行拆洗，并重新安装到位；

④进行系统联动测试，各部位功能正常。

8.1.4　气体灭火系统

1. 概述

目前，方家山厂房 JPM 系统采用了 IG541 混合气体灭火系统，该系统采用的灭火剂是由大气层中的氮气（N_2）、氩气（Ar）、二氧化碳（CO_2）三种气体分别以 52%、40%、8% 的比例混合而成的，使用以后以其原有成分回归自然，是一种绿色灭火剂，是哈龙灭火剂的理想代替品。该灭火剂无色无味、不导电、无腐蚀、无环保限制，在灭火过程中无任何分解物。IG541 灭火剂的无毒性反应（NOAEL）浓度为 43%，有毒性（LOAEL）浓度为 52%，设计浓度一般为 37% ~ 43%，在此浓度内人员短时停留不会造成生理影响，相对安全。

2. 结构与原理

（1）灭火机理

气体灭火系统采用物理作用灭火，通过降低空气中氧气浓度达到灭火目的。

当 IG541 混合气体火火系统的灭火剂喷放到着火区域时，在短时间内会使着火区域内的氧气浓度降低至能够支持燃烧的 12.5% 以下，对燃烧产生窒息作用，使燃烧迅速终止。而人体在 12.5% 的氧气浓度和 2% ~ 5% 的二氧化碳浓度的环境下呼吸，人脑所获得的氧量与在正常的大气环境（21% 的氧气浓度和 0.03% 的二氧化碳浓度）所获得的氧量是一致的。

（2）设计标准

GB 50370《气体灭火系统设计规范》。

汽机厂房、TC 继电器楼、JX 电气厂房的电气配电间及电缆间的固定式气体灭火系统采用全淹没式组合分配系统，防护区内的惰性气体 IG541 气体灭火系统一组运行，另一组备用。系统采用固定管网式，灭火系统设置驱动控制盘。一个组合分配系统保护的分区不超过 4 个，IG541 气体灭火设计浓度为 40%，最小设计灭火浓度为 37.5%（16 ℃时），最大设计灭火浓度为 43.0%（40 ℃时），喷放时间不大于 60 s。单个气体钢瓶的容积为 80 L，常温储存压力为 15 MPa，质量为 117.9 kg，直径为 280 mm，高为 160 cm。

3. 启动方式

（1）自动控制

每个保护区域内都设置有多路火灾探测器，汇集成两个独立的报警回路。发生火灾时，其中单一回路报警后，设在该保护区域内的警铃将动作，而当有两个回路都报警后，设在该保护区域外的蜂鸣器及闪灯将动作，在经过 30 s 延时，控制盘将启动 IG541 气体钢瓶组上的启动电磁阀和对应保护区域的区域选择阀，使 IG541 气体沿管道输送到对应的保护区域，经喷头喷射布气，进行气体淹没式灭火。一旦 IG541 气体释放后，设在管道上的压力开关会将药剂已经释放的信号送回控制盘或火灾报警系统。而保护区域门外的蜂鸣器及闪灯在灭火期间将一直工作，警告所有人员不能进入保护区域，直至确认火灾已经扑灭。当 IG541 气体灭火系统的控制盘启动所有的警铃、蜂鸣器及闪灯后，进入 30 s 延时，如果在此延时阶段发现是系统误动作，或确有火灾发生但仅使用手提式灭火器和其他移动式灭火设备即可扑灭火灾时，可按下设在保护区域门外的紧急停止按钮（必须持久按下，直至系统复位），可以使系统暂时停止释放药剂。在保护区域的每一个出入口的外侧，都设有一个蜂鸣器及闪灯，而警铃则设在每个出入口的内侧。（在保护区域的主要出入口的外侧，设有一个就地紧急停启/停按钮。）

（2）电气手动控制

当保护区域发生火情，可按下就地紧急启动/停止按钮即可直接启动灭火系统，释放灭火剂，实施灭火。系统控制盘无论在自动或手动均可操作。

（3）机械应急手动控制

当控制系统发生故障，灭火控制器不能发出灭火指令或指令不能执行时，应立即通知所有人员撤离现场，关停相关风机、空调等通风设备，关闭防火门、窗、防火阀等。拔出发生火灾的保护区域相应的区域选择阀电磁阀上的安全销，压下圆头把手，打开区域选择阀；拔出相应驱动钢瓶电磁阀上的安全销，压下圆头把手，打开电磁阀释放启动气体，启动气体喷射进入系统内部管网，气体压力驱动本系列中的其他编组灭火钢瓶瓶头阀，引发编组内钢瓶组集体喷射，释放灭火剂，实施灭火。

JPM 系统经常处于备用状态。当发生火灾报警时，JPM 系统自动启动。

IG541 气体的各贮气钢瓶的压力指示稳定在绿区（15 MPa），贮气钢瓶的瓶头阀处于关闭状态，区域选择阀处于关闭状态。

每个保护区域的气体灭火控制箱的"有效/无效"选择开关旋至"有效"位置，"手动/自动"按钮处于"自动"控制状态。

气体灭火系统工作过程如图 8-7 所示。

4. 系统组成

IG541 混合气体灭火系统由灭火瓶组、高压软管、灭火剂单向阀、安全泄压阀、选择阀、压力信号器、集流管喷头、高压管道、高压管件等组成。

（1）灭火瓶组：每套灭火瓶组包含灭火剂储存瓶、瓶头控制阀、安全泄放阀、压力表、IG541 灭火剂。

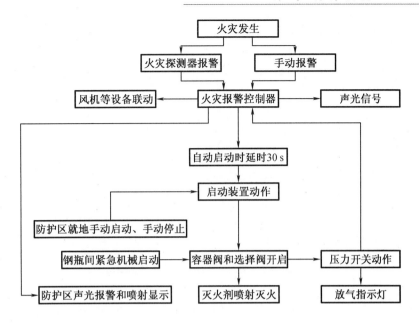

图 8 - 7　气体灭火系统工作过程

（2）高压软管：连接灭火瓶组和灭火剂单向阀的装置。

（3）灭火剂单向阀：安装在高压软管与集流管之间的装置，防止气体倒流。

（4）安全泄压阀：安装在集流管上防止系统超压。

（5）选择阀：当有管网保护多个分区时，通过选择阀控制灭火剂进入相应的保护区。

（6）压力信号器：反馈灭火剂喷放信号。

（7）集流管：用于输送灭火剂。

（8）高压管件：用于连接高压管道。

（9）喷头：用于喷放灭火剂。

5. 系统巡查

采用观察的方法，检查系统及其组件外观、阀门启闭状态、用电设备及其控制装置的工作状态和压力检测装置（压力表、压力开关）的工作状态。

（1）每日组织一次巡查。

（2）每月进行检查：灭火剂储存容器及容器阀、单向阀、连接管、集流管、安全泄放阀、选择阀、阀驱动装置、喷头、信号反馈装置、检漏装置、减压装置等全部系统组件应无碰撞变形及其他机械性损伤，表面应无锈蚀，保护涂层应完好，铭牌和保护对象标志应清晰，手动操作装置的防护罩、铅封和安全标志应完整。灭火剂储存容器内的压力不得小于设计储存压力的90%。

（3）每年进行一次联动试验：对每个防护区进行一次模拟自动喷气试验。通过报警联动，检验气体灭火控制盘功能，并进行自动启动方式模拟喷气试验，检查比例为20%。

（4）每3年对（金属软管）连接管进行水压强度试验和气密性试验，性能合格方能继续使用，如发现老化现象，应及时更换。

（5）每5年对释放过灭火剂的储瓶、相关阀门等部件进行一次水压强度和气体密封性试验。

8.1.5 标准规范

GB 50016《建筑设计防火规范》(2018 年版)
GB 50045《高层民用建筑设计防火规范》(2005 年版)
GB 50084《自动喷水灭火系统设计规范》(2005 年版)
GB 50261《自动喷水灭火系统施工及验收规范》
GB 50370《气体灭火系统设计规范》
GB 50263《气体灭火系统施工及验收规范》

8.1.6 预维项目

1. 地下式室外消火栓的维护管理

地下式室外消火栓应每季度进行一次维护保养,主要内容有:
(1)检查消火栓井盖是否完好;
(2)检查橡胶垫圈等密封件有无损坏、老化、或丢失,出水口是否完整无损;
(3)使用专用扳手转动启闭杆,观察是否灵活,必要时加注润滑油;
(4)开启消火栓,放净锈水后关闭,检查关闭是否严密;
(5)检查消火栓外表油漆有无脱落、锈蚀,如有应及时修补;
(6)清除井内垃圾、尘土等杂物;
(7)检查排水装置是否好用;
(8)检查消火栓及其周围是否有障碍物;
(9)检查地面上固定标志是否完好醒目;
(10)重点部位的消火栓每年应进行一次出水试验,出水应满足压力要求,可使用压力表测试管网压力,或者连接水带做试射试验,检查管网压力是否正常。

2. 室内消火栓的维护管理

室内消火栓箱内应保持清洁、干燥,防止锈蚀、碰伤或损坏。每半年进行一次维护保养,主要内容有:
(1)检查消火栓和消防卷盘供水闸阀是否渗漏水,若渗漏应及时更换密封圈;
(2)检查消防水枪、消防水带、消防卷盘及配件,全部附件应齐全完好,卷盘转动灵活;
(3)消火栓箱及箱内装配的部件外观应无破损,涂层应无脱落,箱门玻璃应完好无缺;
(4)对消火栓、供水阀门及消防卷盘等所有转动部位应定期加注润滑油;
(5)消火栓设备管路上的阀门为常开阀,平时不得关闭。

8.1.7 典型案例分析

外部经验反馈:岭澳核电站应急柴油机厂房消防泡沫液检验不合格,导致设备不可用时间超过运行技术规范要求。

2021 年 1 月 15 日 16:30,岭澳核电站 4 号机组处于功率运行模式,电厂收到第三方出具的应急柴油机厂房消防系统泡沫液样品检验报告,其中 L4JPV010/020/110BA 样品检验结果不合格,判定 L4JPV010/020/110BA 不可用。电厂立即对 L4JPV010/020/110BA 泡沫液进行更换,于 2021 年 1 月 17 日 07:30 完成全部泡沫液的更换,设备恢复可用。本次

L4JPV 泡沫液送检样品的取样时间为 2020 年 12 月 29 日,截至 2021 年 1 月 17 日,L4JPV010/020/110BA 不可用时间超过了运行技术规范要求的检修期限。根据《核动力厂营运单位核安全报告规定》第二十二条第(三)款违反核动力厂运行限值和条件规定的操作或者状况,本事件界定为运行事件。

建议对照相关机组运行技术规格书以及消防法规或规范,确认是否有对消防泡沫液进行定期检测的要求;排查秦山核电站四个生产单元是如何保证柴油机厂房消防泡沫液满足设计要求的,是否会发生类似岭澳核电站的问题,是否可对现有管理方式进行进一步改进。

8.1.8 课后思考

(1)简述室外消火栓的分类方法及操作要求。
(2)自动喷水灭火系统如何分类?
(3)简述雨淋阀阀体的工作原理。
(4)IG541 灭火系统有哪几种启动方式?
(5)简述 IG541 灭火系统的灭火原理及组成部分。

8.2 起 重 设 备

8.2.1 起重机械

1. 概述

起重机械是用来对物料进行起重、运输、装卸和安装作业的机械。它可以完成靠人力无法完成的物料搬运工作,减轻人们的体力劳动,提高劳动生产率,在工厂、矿山、车站、港口、建筑工地、仓库、水电站等多个领域和部门中得到了广泛的应用。在高层建筑、冶金、化工及电站等的建设施工中,需要吊装和搬运的工程量日益增多,其中不少组合件的吊装和搬运重达几百吨。因此,必须选用一些大型起重机进行诸如锅炉及厂房设备的吊装工作。通常采用的大型起重机有龙门起重机、门座式起重机、塔式起重机、履带式起重机、轮式起重机以及厂房内装置的桥式起重机等。

在核电站建设施工期间,起重机的使用范围更是极为广泛。装卸设备器材,吊装厂房构件,安装电站设备,吊运浇筑混凝土、模板,开挖废渣及其他建筑材料等,均须使用起重机械。核电站大修期间起重机也是检修过程中重要的吊装工具,包括反应堆压力容器吊装、汽轮机解体检查、各大型泵电机的吊装、各大型容器顶盖的拆卸等工作均需使用起重机械。目前核电站使用的起重机主要有:桥式起重机、龙门起重机、环形起重机,均属于核电站固定设备。起重设备的安全可靠运行对机组大修有极为重大的意义,本节主要针对核电站使用最广泛的桥式起重机、龙门起重机和环行起重机进行详细介绍。

2. 结构与原理

(1)桥式起重机

桥式起重机是生产车间、料场、电站厂房和仓库中为实现生产过程机械化与自动化,减轻体力劳动,提高劳动生产率的重要物品搬运设备。它通常用来搬运物品,也可用于设备的安装与检修等。桥式起重机安装在厂房高处两侧的吊车梁上,整机可以沿铺设在吊车梁上的轨道(在车间上方)纵向行驶,又可沿小车轨道(铺设在起重机的桥架上)横向行驶,吊钩可做升降运动,因此它的工作范围是其所能行驶地段的长方体空间,正好和一般车间的形状相适应。普通桥式起重机主要由以下两大部分组成。

大车:大车由桥架及大车运行机构组成。桥架是由主梁(沿跨度方向)和端梁组成的"金属构架",它支撑着整个起重机的自重和起升载荷,同时又是起重机大车的车体,在其两侧的走台上,安装有大车运行机构和电气设备。大车运行机构用来驱动大车的行走。在起重机的大车上一般还有驾驶室,用来操纵起重机和安装各机构的控制设备。

小车(行车):小车由起升机构和小车运行机构、小车架及安全保护装置等组成。

①桥式起重机分类

桥式起重机的类型较多,分类形式复杂,根据吊装方式可分为以下几类:

通用桥式起重机:取物装置为吊钩,适用于各种物料的搬运,通用性强。

抓斗式桥式起重机:取物装置是抓斗,用于大批量散粒物料的搬运。

电磁桥式起重机:取物装置为电磁吸盘,为专用起重机,用于铁磁性物料的搬运。

普通桥式起重机按主梁数目可分为单梁和双梁,按驱动方式可分为电动和手动。

桥式起重机根据驱动形式和承重结构可分为以下几类:

手动单梁桥式起重机:这种起重机的桥架由一根主梁和两根端梁构成。主梁是工字钢,端梁通常由对置的槽钢组成,行走车轮安装在端梁之中。起升机构为一手拉葫芦,挂在可以沿工字钢下缘行走的小车架上。起升及行走机构均由人在地面拽引链条来驱动。由于靠人力驱动,它只能用在起重量不大、速度低、操作不频繁的场合。

手动双梁桥式起重机:这类桥式起重机的起升机构、大车和小车运行机构都是由人在地面上拽引环形链来驱动的。它只用在工作不太繁忙、工作速度较低的场合,目前在核电站起重量较轻的吊装作业中使用。

电动单梁桥式起重机:电动单梁桥式起重机与手动单梁桥式起重机相似,只是起升机构为电动葫芦,大车运行机构采用了电力驱动,故起重量及操作速度均比手动式大,用途也较广泛。由于受载大,工作速度高,所以对工字钢主梁进行了加固,在工字钢上又增加了垂直的和水平的辅助桁架,虽然主梁强度和刚度得到了加强,但外形尺寸及自重较大。也有采用箱形主梁的,箱形梁表面平滑,可以采用自动焊接。

起重机大车运行机构一般采用集中驱动方式,当起重机的跨度大于 16.5 m 时,采用分别驱动方式。电动葫芦的电动小车沿工字钢下缘行驶。起重机的操纵有两种方式:一种是用按钮盒操纵,适用于运行速度小、行程不太长、地面无障碍的场合;另一种是采用安装在桥架的驾驶室操纵,适用于运行速度较高的场合。整台起重机由软电缆供电。

电动单梁桥式起重机的优点是自重小,对厂房的负荷小,整体高度小,耗电少,结构简单,安装和维修方便,价格低廉,因而获得广泛的应用;缺点是起重量不能太大。

电动双梁桥式起重机:电动双梁桥式起重机的各个工作机构均为电力驱动。起重小车在桥架主梁上方铺设的轨道上行驶,其桥架是双主梁结构形式。在桥架两侧的走台上,一侧用来安装大车运行机构,另一侧则安装有电气设备和给小车供电的滑线设施。起重机所需的电力,通过沿车间纵向架设的 3 根滑线,由集电器导入驾驶室内的控制盘上。驾驶室安装在大车端部走台的下边。小车的电力则由滑线或软电缆引入。国产电动双梁桥式起重机的起重量为 5~250 t,最大可达 500 t 甚至更大;跨度一般为 10.5~31.5 m(间距 3 m)。

②桥式起重机的小车

桥式起重机小车(又称行车)主要由起升机构、小车运行机构和小车架三大部分组成,另外还有一些安全保护装置。图8-8是桥式起重机小车结构简图。下面分别介绍其主要组成部分。

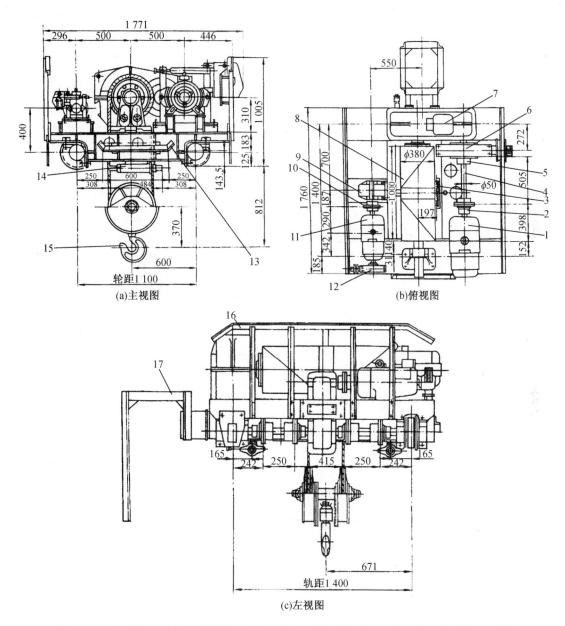

1—起升电动机;2—半齿联轴节;3—平衡滑轮;4—浮动轴;5—待制动轮的半齿联轴节;6—制动器;7—减速器;8—卷筒;9—运行减速箱;10—全齿联轴节;11—运行电动机;12—制动器;13—撞尺;14—缓冲器;15—吊钩;16—栏杆;17—滑线架。

图8-8 桥式起重机小车结构简图(单位:mm)

a. 起升机构

起升机构由电动机、传动装置、卷筒、制动器、滑轮组及吊钩装置等组成。由于这些零件结构和组合方式的不同,起升机构有很多种结构形式,但不管哪种形式均应考虑到改善零部件受力情况,减小外形尺寸及自重,安全可靠,工作平稳,装配维修方便等因素。桥式起重机的滑轮组一般均为双联滑轮组,相应的卷筒也是左右对称双螺旋槽的卷筒,或普通双联卷筒。

由于制造和安装的误差以及车架受载后变形,使传动件轴线之间容易产生偏心和歪斜,故在桥式起重机上应当采用弹性联轴节。过去一直采用齿式联轴节,虽然补偿效果好,但加工工序复杂,磨损大。现代桥式起重机,采用了梅花形弹性联轴节,如图 8-9 所示。该联轴节由左右爪形盘和中间芯子构成。芯子用聚氨酯塑料压制成梅花形,按直径不同,分为六、八、十瓣,有较好的弹性变形能力,用它来传递动力,可以减少冲击和弥补轴的偏斜及不同心,效果较好。这种联轴节结构简单、补偿量大、耐冲击、减震耐磨、无噪声、寿命长、安装维护较方便,是推广使用的一种新型联轴节。

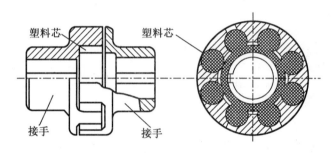

塑料芯　　　塑料芯

接手　　　接手

图 8-9　梅花形弹性联轴节

在桥式起重机上,一般采用块式制动器,通常装在减速器的高速轴上。

b. 小车运行机构

在中小吨位的桥式起重机中,小车有四个行走轮。车轮与轴承组成一个单元组合件(带角形轴承箱的车轮),整件安在小车架的下面,这样便于在高空作业中装卸。采用立式减速箱,电动机和制动器就可以放在小车架上面,便于安装维修工作的进行,也可减小小车架的平面尺寸,使其结构紧凑。

目前广泛采用的小车运行机构的形式如图 8-10 所示。机构中减速箱放在两个车轮的中间,这样每边的传动轴只传递总力矩的一半。通过半齿联轴节和浮动轴来传动(两段浮动轴可以等长,也可以一长一短),也有把立式减速箱靠近一个车轮,用一个全齿联轴节直接与车轮连接(只采用了一段浮动轴)的。它便于安装,也有较好的浮动效果。考虑到小车车架变形的影响,在小车轨距大的场合,高速级也增加一段浮动轴,以提高其补偿效果[图8-10(b)]。

c. 小车架

小车架要承受全部起重量和各个机构的自重,应有足够的强度和刚度,同时又要尽可能地减轻自重,以降低轮压和桥架受载。现代起重机的小车架均为焊接结构,由钢板或型钢焊成。根据小车上受力分布情况,小车架由两根顺着其轨道方向的纵梁及其连接的横梁构成刚性整体(图8-11),纵梁的两端留有直角形悬臂,以安装车轮的角形轴承箱。

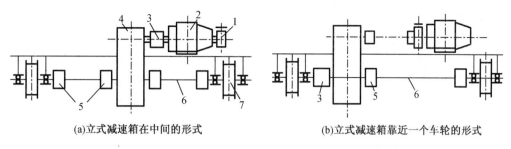

(a)立式减速箱在中间的形式   (b)立式减速箱靠近一个车轮的形式

1—制动器;2—电动机;3—全齿联轴节;4—减速箱;5—半齿联轴节;6—浮动轴;7—车轮。

图8-10 小车运行机构

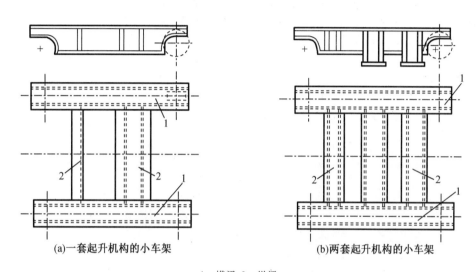

(a)一套起升机构的小车架   (b)两套起升机构的小车架

1—横梁;2—纵梁。

图8-11 小车架的构成

d.安全装置

安全装置主要有起重量限制器、限位开关、撞尺、缓冲器、栏及排障板等。

● 限位开关,又称行程开关或终点断电器,它主要用来限制吊钩、小车和大车的极限位置。当这些机构运行到极限位置时,限位开关能自动切断电源,防止操作失误造成的事故。常用的形式有杠杆式和丝杠式。

杠杆式限位开关(图8-12)在限位开关盒体的外面伸出一个短轴肩,在轴肩固定有弯形杠杆,一端为重锤1,另一端用一绳索悬挂另一重锤2,在重锤2上装有环套3。此环套在起升钢丝绳的外面,正常不妨碍钢丝的运动。由于重锤2的力矩大于重锤1产生的力矩,所以弯形杆顺时针方向转至极限位置,但当吊钩上升至最高极限位时,吊钩上面的撞板就抬起重锤2,杠杆在另一端重锤1的作用下逆时针方向旋转一个角度,从而使盒内微动开关电气触点分开,切断电路,吊钩停止运动保护设备不受损坏。

小车运动机构的限位开关(图8-13)也是悬臂杠杆式的,安装在小车轨道两端。在小车上安装有撞尺(图8-12),当小车开至极限位置时,撞尺刚好压住限位开关的摇臂迫使摇臂转动,从而切断电源,保证小车及时刹车,不会冲出轨外。

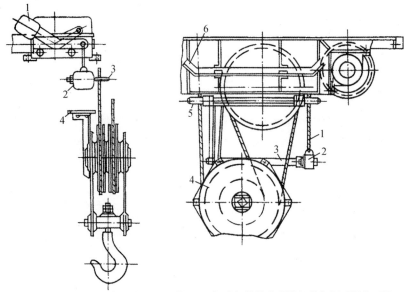

(a)起升机构装有套环的杠杆式限位开关   (b)起升机构装有带连杆的杠杆式限位开关

(a)1—重锤;2—用绳索悬挂在杠杆上的重锤;3—环套;4—撞尺。
(b)1—悬挂在弯杠杆上的钢丝绳;2—重锤;3—杠杆;4—吊钩夹套;5—缓冲器;6—撞尺。

图8-12   杠杆式限位开关

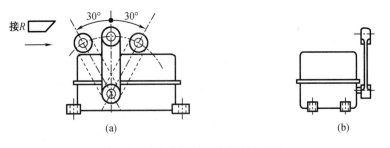

图8-13   小车运行机构的限位开关

丝杠式限位开关(图8-14)的主要动作零件为螺及滑块,螺杆上面套有带螺纹的滑块,滑块又套在导柱9上,但它不能转动,螺杆的一端用联轴节与卷筒连接。当螺杆由卷筒带动旋转时,滑块11只能沿螺杆左右移动当卷筒旋转至相当于吊钩最高极限位置时,滑块11也刚好移动到右端极限位置,从而压迫限位开关14,使之断电,因而起升起构停止运动。滑块11在螺杆上的相对位置可以调整,限位高度可以通过螺钉12来调节。这种限位开关较重锤式轻巧,由于它安装在小车架卷筒轴的端部,所以装配、调整、维护均很方便,目前已广泛采用。

●撞尺、缓冲器和排障板。为了预防限位开关失灵,在大车桥架轨道的两个极端位置装有弹簧式缓冲器和撞尺,用此来阻止小车前进和吸收撞击时小车的动能。缓冲器安在小车架上[图8-12(b)],其构造如图8-15所示。当小车运动速度不高时,也可以用木块或橡胶块进行缓冲。排障板装在小车车轮外面的车架上,用来推开轨道上可能存在的障碍物。

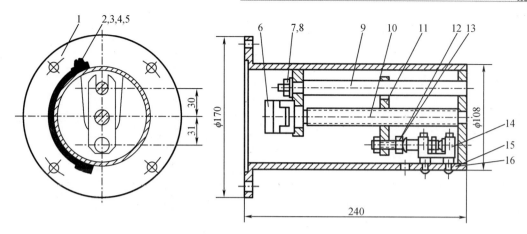

1—壳体;2—弧形盖;3—螺钉;4—压板;5—纸垫;6—十字联轴节;7,13—螺母;
8,16—垫圈;9—导柱;10—螺杆;11—滑块;12—螺钉;14—限位开关;15,16—螺栓螺母。

图 8-14　丝杠式限位开关(单位:mm)

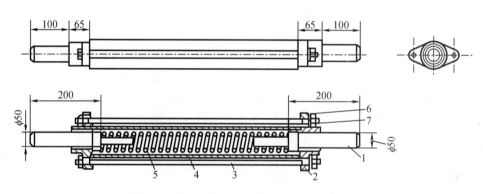

1—撞头;2—凸缘;3—螺栓;4—套筒;5—弹簧;6,7—螺母及垫圈。

图 8-15　弹簧式缓冲器(单位:mm)

●起重量限制器,其作用是防止起吊的货物超过起重机的额定起重量。当起吊货物超出规定值时,限制器发出信号,并停止起升机构的运转。

起重量限制器主要有机械式和电子式两大类。机械式是将吊重直接或间接地作用在杠杆或偏心轮上(或者是弹簧上),超重时便产生机械动作切断电源。下面介绍一种机械式的起重量限制器,如图 8-16 所示。它是杠杆式结构,由杠杆、弹簧及限位开关等组成。当起重机正常工作时,货物质量小于额定起重量,即 $Ra < Nb$、杆不动;当超载时,即 $Ra > Nb$,杆向下移动,断开开关使机构断电,停止起吊,从而保护设备,防止安全事故发生。机械式起重量限制器结构简单,但体积和自重大,通常只用在中小起重量的起重机上。

③桥式起重机的桥架

桥架是桥式起重机的金属结构,它一方面支承着小车,允许小车在它上面横向行驶;另一方面又是起重机行走的车体,可以沿铺设在厂房上面的轨道行驶。

桥架由主梁及端梁构成,由于主梁形式较多,因而有各种不同形式的桥架。桥架的设计和制造首先要满足强度、刚度和稳定性的要求,而且也要考虑到自重和外形尺寸要小,加工制造简单,适合大批量自动化生产、运输、存放和使用维修方便、成本低等系列因素。这些因素往往是互相矛盾的,实际应用中要结合具体使用及制造条件来考虑。以下介绍几种常见的桥架形式。

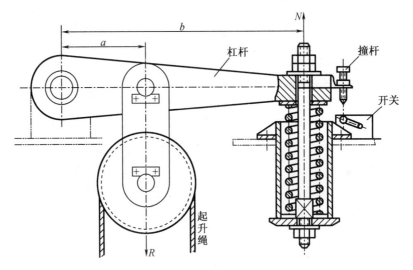

图 8-16 杠杆式起重量限制器

a. 工字钢桥架

工字钢桥架主梁由一根(或两根)工字钢构成,两端支承在端梁上,端梁的断面为双槽型钢组成的门形,或用钢板弯焊成的门形。为了增加工字钢的承载能力,也可以在工字钢上加焊加强杆件;为增加水平刚性,在侧面加焊水平加强杆件或水平桁架,并兼作走台。单工字钢桥架只用在单轨制葫芦小车上,双工字钢桥架可以作为手动或电动双梁起重机的桥架小车轨道,即铺设在工字钢顶上。这种桥架结构简单、加工方便,但承载能力差,刚度也小,只能用在跨度和起重量都不大的场合。

b. 桁架式桥架

桁架式桥架是应用较早的一种桥架形式,由两根主梁和两根端梁组成。两根主梁都是空间四桁架结构,由主桁架、副桁架及上下水平桁架组成,各个桁架均由不同型号的型钢(角钢、槽钢等)焊接而成。小车轨道铺设在主桁架上,所以主桁架承受大部分的垂直载荷。上水平桁架承受水平力,并可保证桥架水平方向的刚性。在水平桁架上铺有花纹钢板充当走台,走台钢板同时也加强了水平桁架的承载能力。在走台上面安装有大车运行机构和电气设备。

端梁槽钢或钢板构成封闭的门形,大车车轮安装在槽钢之中,由于车轮的轴线低于电动机的轴线,所以在运行机构中要用一级开式齿轮来驱动(也可以将运行机构安装在下水平桁架上,车轮和电动机可以调整到同一水平面上,但运行机构安装在闭式桁架内,安装维护均不太方便)。通常起重机的车轮均安装在轴承箱上,再整体安装在端梁上,这就要求端梁形式能够与其配合。

桁架式桥架自重小,风阻力也小,节省钢材,但其外形尺过大,要求厂房建筑高度大,加工量大。

c. 箱形梁桥架

箱形梁桥架整个桥架由两根(或一根)箱形的主梁和两根支承主梁的端梁构成。主梁

(图8-17)由上下盖板及左右腹板焊接而成,断面为封闭的箱形。小车运行轨道安装在上盖板上。根据轨道在主梁上安装位置的不同,箱形主梁结构可分为以下几种形式(图8-18)。

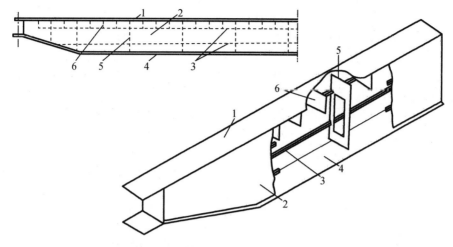

1—上盖板;2—腹板;3—水平加强角钢;4—下盖板;5—长加劲板;6—短加劲板。

图8-17 箱形梁桥架的主梁结构

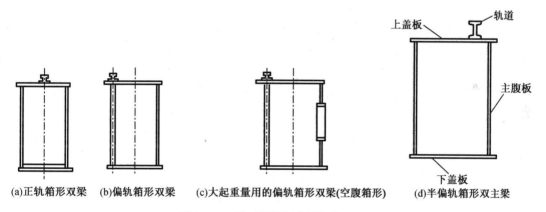

(a)正轨箱形双梁　(b)偏轨箱形双梁　(c)大起重量用的偏轨箱形双梁(空腹箱形)　(d)半偏轨箱形双主梁

图8-18 箱形梁桥架主梁各种形式

● 双主梁正轨箱形桥架[图8-18(a)]小车轨道安装在主梁中间。为了防止上盖板变形,在箱形主梁内部,每隔一定间隔加焊了长加劲板及短加劲板(图8-18)。桥架的刚度由两根主梁来保证。在两主梁外侧设有走台,侧走台上安放大车运动机构,另一侧走台上安装有电气设备。走台增加了桥架的整体刚度,便于起重机的维修,但加大了桥架的自重和对主梁的附加扭矩,所以在一些新设计的桥架中,有的取消了走台,有的则减小了走台的宽度。

从主梁受力来考虑,主梁纵向外形以抛物线为优,但制造较费力,故一般将两端做成斜线段式。国内生产的5~125 t桥式起重机大多为这种正轨双主梁形式。

● 箱形双主梁偏轨桥架[图8-18(b)、(c)]小车轨道放在双主梁内侧的腹板上方(主腹板上)。它的主要优点是最大限度地减少了桥架的辅助构件,充分地利用了材料。由于轨道有了主腹板的支承,改善了上盖板的受力条件,因此可以减少主梁内部短加劲板的数目和主梁焊接时的变形,有利于提高主梁的加工质量和生产效率。为了减轻主梁的自重,有时在腹板上开许多窗口,并在窗口上镶有板条式框架(增加腹板的稳定性),这种结构为"空腹箱形",多用在大起重量的起重机上。

● 半偏轨箱形双主梁桥架[图8-18(d)]的小车轨道半偏心放在主梁上。它的优点基本与偏轨双主梁相似,节约钢材,简化工艺,而且也减小了主腹板的受力。这种形式国内外均已采用。

● 偏轨箱形单主梁桥架(图8-19)的桥架只有根箱形主梁,小车运行轨道也只有一根,小车即沿单轨行驶。单主梁桥架突出的优点是自重小,节约钢材;缺点是对起重机维修不便,因而限制了其在桥式起重机上的使用。但在龙门起重机上,因单主梁结构货物容易通过支腿,视野开阔,反而得到广泛应用。

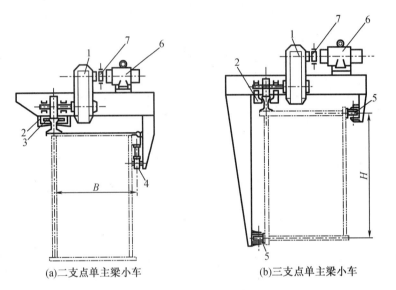

(a)二支点单主梁小车　　　　　　(b)三支点单主梁小车

1—减速器;2—安全钩;3—水平轮;4—垂直反滚轮;5—水平反滚轮;6—电动机;7—制动器。

图8-19　偏轨单主梁及小车运行机构简图

端梁通常有两种形式:一种是用钢板压制成型再接的箱形结构,这种结构的优点是焊接工作量小,生产效率高,适合做中小型桥式起重机的端梁。车轮安装部位的轴孔直接在端梁上镗孔。另一种为四块钢板焊接而成的箱形断面结构,配以带角形轴承箱的车轮组,这种端梁焊接工作量大,生产效率低,但承载能力强,稳定性好。

端梁与主梁的连接方式一般有以下两种。

● 焊接方式:用连接板焊接方式把主、端梁永久性地连接在一起。图8-20(a)所示为把主梁的肩部放在端梁上,用连接板2,3,4焊接。图8-20(b)所示为把主梁上下盖板直接搭接在端梁上并焊为一体,再用角撑板5和垂直连接板4焊接而成。为了运输方便,常将端梁制成两段,每段各和一主梁焊接在一起,整个桥架便分割成两个工字形构件,在使用安装时,再用精制螺栓连接在一起,接头处的下盖板用连接板及螺栓连接,顶面和侧面用角钢法兰盘连接。经长期使用证明,这种连接方式制造简单,装卸方便,成本低,安全可靠,目前仍是中小型桥式起重机端梁的主要分割形式。

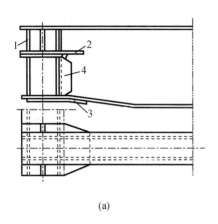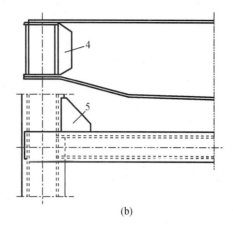

(a)   (b)

1—箱形主梁支撑肩部;2,3—水平连接板;4—垂直连接板;5—角撑板。

图8-20 主梁与端梁之连接(焊接)

● 法兰盘连接方式:在主梁的两端,用法兰盘和高强度螺栓将其与端梁连接,如图8-21所示。这样,整个桥架分割成主梁、端梁各两根,故简称"四梁结构"。主梁与端梁各作为独立部件,便于运输与存放,安装时现场拼接。

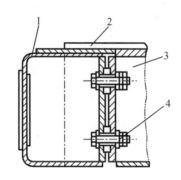

1—端梁;2—小车钢轨;3—主梁;4—高强度螺栓。

图8-21 四梁结构的主端梁法兰盘连接

箱形桥架外形尺寸小,采用钢板焊接,下料方便,易于实现自动焊接,适用大批量生产,但其自重较大。

(2)龙门起重机

龙门起重机也称龙门式起重机或门式起重机,俗称龙门吊。龙门起重机是桥架通过两侧支腿支在地面轨道(或地基)上的桥架型起重机,能沿着铺设在地面上的轨道行驶。龙门起重机适用于露天料场、仓库码头、车站、建筑工地、水电站等场地,主要用于运输和起吊安装作业。

①龙门起重机的分类

龙门起重机的形式很多,可按照不同的分类方法进行分类。按主梁数量不同,可分为单主梁和双主梁;按取物装置不同,可分为吊钩式、抓斗式、电磁吸盘式等;按结构形式不同,可分为桁架式、箱形梁式、管形梁式、混合结构式等;按支腿平面内的支腿形状不同,可分为 L 形、C 形单主梁龙门起重机和八字形、O 形、半门架形等双梁龙门起重机(图 8－22)。按支腿与主梁的连接方式不同,可分为两个刚性支腿、一个刚性支腿与一个柔性支腿两种结构形式,柔性支腿与主梁之间可采用螺栓、球形铰和柱形铰连接,或其他方式的连接;按用途不同,可分为一般用途、造船用、水电站用、集装箱用以及装卸桥用等;此外,还可分为单梁或双梁,单悬臂、双悬臂或无悬臂,轨道式或轮胎式等。

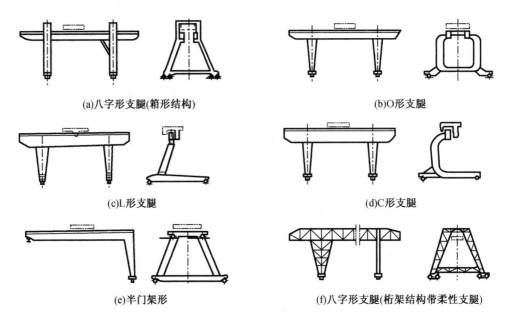

(a)八字形支腿(箱形结构)　　　　　　　　(b)O 形支腿

(c)L 形支腿　　　　　　　　(d)C 形支腿

(e)半门架形　　　　　　　　(f)八字形支腿(桁架结构带柔性支腿)

图 8－22　龙门起重机支腿外形示意图

②龙门起重机的构造

龙门起重机主要由门架结构、载重小车、大车运行机构、电气设备和驾驶室等几大部分构成。

a.门架结构

门架结构主要是主梁和支腿。主梁用以支承载重小车,并且通过支腿沿轨道运行。小型龙门起重机采用单梁,大型的则用双梁。主梁的结构常用箱形和桁架式两种,箱形梁结构简单,便于制造,但迎风面积大,运行阻力大,且自重大,不利于节省钢材。支腿的构造,大型机上一般一侧用刚性支腿,另一侧用柔性支腿,以减轻其自重,补偿跨度误差。

b.载重小车

双主梁龙门起重机的载重小车与桥式起重机小车基本相同,单主梁常用电动葫芦作载重小车,但单主梁的龙门起重机不是用普通的电动葫芦作载重小车。由于吊钩需要放置在主梁的外侧(即侧向悬挂的方式),所以小车形式也相应有了变化,除了沿轨道行驶的车轮外,还增加了防止倾翻和导向的水平或垂直滚轮。

c.大车运行机构

大车运行机构同桥式起重机,多采用分别驱动。因为是露天作业,其支腿下部装有夹轨器(图 8－23)或轨器,在起重机不工作或遇有大风时,用夹轨器夹紧轨道,防止起重机被风吹动造成事故。

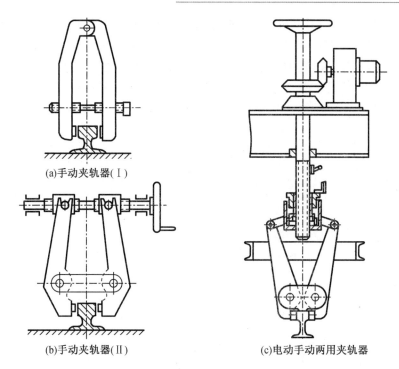

(a)手动夹轨器(Ⅰ)

(b)手动夹轨器(Ⅱ)

(c)电动手动两用夹轨器

图 8-23 夹轨器

（3）环行起重机

核电站用环行起重机（简称环吊）在核电站安装期间用来起吊和处理设备安装。在电站交付使用后用于每年一次的反应堆停堆换料和反应堆厂房内设备维修所需的各种吊运服务。它是基础系统 DMR 的一部分，下面以方家山 1 号、2 号机组环吊为例进行详细介绍。

环吊直接安装在反应堆安全壳的穹顶下，在环形轨道上运行，环轨安装在环梁上，环梁通过牛腿与具有预应力的混凝土构成。方家山 1 号、2 号机组环吊设备型号为 205/10 + 205 + 5 t 环行起重机。环吊主要部件包括：

a. 工作小车 4，工作小车又由 205 t 主起升机构 5 和 10 t 副起升机构 6 组成。

b. 带 5 t 葫芦 8 的 XY 运行梁 7。

c. 安装小车 9，安装小车又带有 205 t 起升机构 10。

安装小车在安装阶段作为环吊的一部分，用于与工作小车联合作业起吊载荷（396 t）。安装结束后，安装小车拆下，运出反应堆建筑厂房。

①环吊工作内容

环吊在核电站安装设备期间（电站建设期）、工作期间（起重机只是在反应堆停止工作时使用）用于如下工作。

a. 205 t 主起升机构用于吊运：反应堆压力容器顶盖上部堆内构件、下部内构件、反应堆冷却泵电机、螺栓拉紧机、主泵转子。

b. 10 t 副起升机构和 5 t 运行梁用于吊运：水池围墙、测量室插销、安装井盖板、反应堆水池隔热墙、转运室绝热墙、安装在反应堆内的小设备、大量的小部件和工具等。

c. 205 t 工作小车和 205 t 安装小车利用 396 t 吊梁联合作用，用于吊运：蒸汽发生器、反应堆压力容器。

②环吊结构布置

环吊具有抗震能力。环吊轨道是由一系列呈放射状分布的挡块固定,防止轨道移动。如果发生冷却液泄漏的重大事故,这些相同的挡块就作为"保险丝"来限制起重机的力,"保险丝"在每个挡块承受的力约为65 t时就起作用。XY运行梁锁定在停车位置。除了反应堆建筑中起重机在停车位置的方向不同外,1号和2号机组是相同的。

③环吊主要参数

a. 环吊主要参数

轨道中心直径:35.4 m

轨面标高:40.915 m

旋转速度:0~20 m/min

整机重(不包括安装小车):336 t

b. 工作小车205 t起升机构主要参数

整个工作小车外形尺寸(吊钩处于上极限位置):

长5.43 m,宽10.5 m,高(含吊钩)64 m

质量(整个装配小车):62 920 kg

额定起重量:205 t

起升速度(≥20 t):0~1 m/min

起升速度(≤20 t):0~5 m/min

起升高度:42 m

吊钩标高(上极限):44.135 m

吊钩标高(下极限):2.135 m

定滑轮的调整距离:0.25 m

调整移动速度:0.194 m/min

小车运行速度:0~10 m/min

工作小车总行程:24.20 m

c. 工作小车10 t起升机构主要参数

额定起重量:10 t

起升速度:0~10 m/min

起升高度:48.5 m

吊钩上极限:45 m

吊钩下极限:3.5 m

吊钩调整距离:0.200 m

调整移动速度:0.194 m/min

d. XY运行梁(起重能力5 t)主要参数

额定起重量:5 t

起升速度:1.25~12.5 m/min

起升高度:43.2 m

吊钩上极限:39.625 m

吊钩下极限:-3.575 m

总行程(与主梁平行):24.575 m

运行速度(与主梁平行):0～16 m/min

总行程(与主梁垂直):7.79 m

运行速度(与主梁垂直):0～10 m/min

XY 运行梁质量:11.899 kg

e.吊梁装配(起重量396 t)主要参数

吊梁将205 t工作小车和205 t安装小车联合起来,共同构成396 t起吊能力。

额定起重量:396 t

起升速度:0.5 m/min

吊梁总行程:24.20 m

吊梁运行速度:2 m/min

f.安装小车(205 t)主要参数

长:4.738 m

宽:10.30 m

高(含吊钩):6.335 m

质量(整个装配小车):44 328 kg

额定起重量:205 t

起升速度(带载或空载):0.5 m/min

起升高度:4.03 m

吊钩标高(上极限):43.905 m

吊钩标高(下极限):0.125 m

小车运行速度:2 m/min

安装小车总行程:24.20 m

④环吊工作范围

a.工作小车205 t起升机构工作范围如图8-24所示。

●至反应堆安全壳内壁:

司机室侧:3.7 m

司机室对侧:9.1 m

工作小车行程:24.20 m

●至反应堆安全壳中心:

司机室侧:14.8 m

司机室对侧:9.40 m

b.工作小车10 t起升机构工作范围如图8-25所示。

●至反应堆安全壳内壁:

司机室侧:1.685 m

司机室对侧:11.115 m

●至反应堆容器中心:

司机室侧:16.815 m

司机室对侧:7.385 m

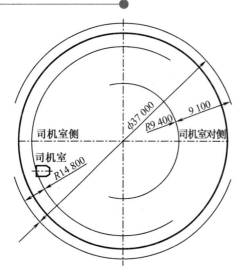

图 8 – 24 工作小车 205 t 起升机构工作范围
（单位：mm）

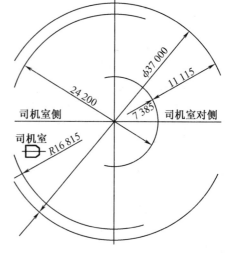

图 8 – 25 工作小车 10 t 起升机构工作范围
（单位：mm）

c. XY 运行梁（起重能力 5 t）工作范围如图 8 – 26 所示。

● 至反应堆安全壳内壁：

司机室：8.125 m

司机室对侧：4.30 m

● 至反应堆容器中心：

司机室侧：10.375 m

司机室对侧：14.20 m

d. 396 t 联合起吊梁工作范围如图 8 – 27 所示。

● 至反应堆安全壳内壁：

司机室侧：6.20 m

司机室对侧：6.60 m

● 至反应堆容器中心：

司机室侧：12.30 m

司机室对侧：11.90 m

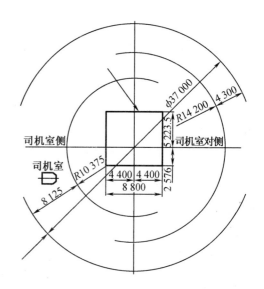

图 8 – 26 XY 运行梁（起重能力 5 t）工作范围（单位：mm）

e. 安装小车（205 t）工作范围如图 8 – 28 所示。

● 从反应堆容器墙内侧至吊钩中心线距离：

司机室侧：8.70 m

司机室对侧：4.10 m

安装小车行程：24.20 m

● 至反应堆容器中心：

司机室侧：9.80 m

司机室对侧：14.40 m

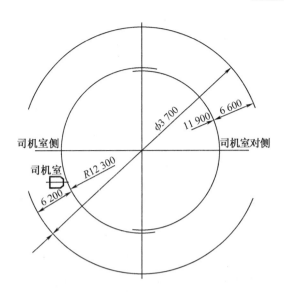

图 8 - 27　396 t 联合起吊梁工作范围(单位:mm)　　图 8 - 28　安装小车(205 t)工作范围(单位:mm)

⑤环吊主要部件

环吊主要部件包括环梁装配、环吊金属结构、205 t 工作小车和起升机构、10 t 副起升机构、205 t 安装小车和起升机构、XY 移动梁及其纵向移动机构和横向移动机构、自备检修吊、396 t 吊梁等。下面结合图 8 - 27 进行介绍。

a.环梁装配:205/10 t 环吊包括工作小车与支承工作小车的金属结构部分。环吊运行于与反应堆安全壳连接的环轨上。本环梁包含 6 段 60°的环梁单体,彼此之间用螺栓连接。整个环梁组成了一个环形支撑梁,它用螺栓连接到 36 个牛腿上,使牛腿与预应力后的反应堆安全壳成为一个整体。在箱型环梁的周边设有 12 个水平千斤顶,使环梁尽可能成为一个完美的圆。在每个千斤顶的两侧有挡块,防止环梁沿半径方向移动。更重要的是,该结构可用于限制梁受到的力(通过穿过每个挡块的承剪销)。环形轨道为矩形截面,每 20°一段,用压板固定到箱型环梁上,每段轨道均接地。

b.环吊金属结构:主要由两个箱形主梁与两个箱形端梁组成,每个主梁的两端分别搭接在端梁上环吊的主、端梁上组成一个刚性的框架结构。每个端梁通过铰连接支撑于两个台车上,台车运行于环形轨道。环吊旋转机构由 4 套动单元组成,即 4 个台车组,每个台车组由以下部件组成:一个西门子交流变频电动机,带制动器的空心花键轴减速器(速比为193.631:1),带电机的法兰及联轴器,一个主动车轮组和一个被动车轮组。

环吊大车的车轮采用无轮缘形式,直径为 900 mm,锥形踏面。吊车旋转时由 4 组水平轮导向,每个都设在靠近台车处。导向系统设有一组碟形弹簧,用来抵消由于偏心引起的力,并设有一个限位开关来检测吊车的正确旋转运行。

电气室主梁内放有所有电气检测和控制装置。

在环吊中心有一个支撑在主梁上的拱架。拱架通过滑环将动力传到环吊上,同时也支撑着用来拆卸安装小车的滑轮组。

在电气设备主梁的一端,39.650 m 高度位置有一个控制室(司机室),控制室内设置有所有环吊各种运动的检测和控制元件。同时还有载荷指示器和其他各种指示器。

在标高 20 m 处设置遥控按钮站,按钮站可以用来控制起重机的各种运动。在每一个主梁下有一根由 300 mm H 型钢制成的单轨梁作为 XY 运行梁的轨道。轨道面标高为 42.110 m,用螺栓固定。

c. 205 t 工作小车和主起升机构：工作小车由结构件小车架与机构装配而成，运行于主梁的 A120 型（DIN536）轨道上。运行机构由 4 个直径为 630 mm 的车轮组构成，采用 1/2 驱动工作小车的运行机构是由两套驱动单元驱动的，每套驱动单元构成如下：

- 一台"二合一"交流变频电机（带制动器）；
- 一台速比为 270.443:1 的空心轴减速器；
- 每个车轮安装一套轴承，含有两个调心滚子轴承；
- 工作小车设有防震反钩，防止脱离轨道。

205 t 主起升机构的构成如下：

- 一台 SIEMENS 电机，转速为 738 r/min，功率为 75 kW；一个固定离心转速表（带联轴器）；一个带制动盘的联轴器。
- 一个 FLENDER 减速器，速比为 36.106:1，公称转矩带载时，高速为 801 N·m，低速为 27 600 N·m；一个型号为 GIICL6YA80/YA70 的联轴器；一个带制动盘的联轴器。
- 保证传动链同步采用以下装置：一个增量型绝对型二合一编码器（安装在卷尾部）；一个增量型编码器（安装在减速器低速轴）；减速器高速轴设有一个工作制动器。
- 减速器高速轴设有一个紧急制动器。
- 在卷筒上安装有 3 个安全制动器。
- 一个型号为 CE8L-20 的液压站。
- 一个安全制动器手动释放电磁驱动轴包括：一个直径为 120 mm 的调心滚子轴承；一个直径为 170 mm 的调心滚子轴承；一个 $Z=16$，$m=15$ 的小齿轮，驱动卷筒端部的大齿轮。
- 带双向绳的卷筒包括：一个 $Z=122$，$m=15$ 的大齿轮，由驱动轴上的小齿轮驱动；一个制动盘；一个直径为 180 mm 的调心滚子轴承；一个旋转限位开关。
- 平移机构包括：一个螺旋千斤顶，行程为 250 mm，头部带导环；一个电机，转速为 680 r/min，功率为 1.1 kW；一个弹性联轴器。
- 平衡臂固定两根钢丝绳的一端。
- 定滑轮组包括：4 套直滑轮，装配固定在平移支座上；两套过渡滑轮，装配固定在小车架上。
- 防叠绕装置以及钢丝绳叠绕报警开关。
- 两根起升钢丝绳，直径为 32 mm，长为 400 m，强度极限为 1 960 N/m²，左右捻向各一根。
- 动滑轮组包括：4 个直径为 710 mm 的滑轮；4 个直径为 900 mm 的滑轮；一个 100 号的双钩，带两套安全防脱装置；一套重锤限位开关。

d. 10 t 副起升机构

10 t 副起升机构由焊接钢结构支撑，通过载重滚子支撑于小车架上，设有 4 个防震安全钩，可以防止地震时机构被抛起。其构成如下：

- 一台电机：转速为 1 465 r/min，功率为 22 kW；一个固定离心转速表（带联轴器）；一个带制动盘的联轴器。
- 一台减速器：速比为 62.832:1，公称转矩带载时，高速为 143 N·m，低速为 8 990 N·m；一个带制动盘的联轴器。
- 保证传动链同步采用以下装置：一个增量型绝对型二合一编码器（安装在减速器低速轴）；一个联轴器。
- 减速器高速轴设有一个工作制动器和一个紧急制动器。

- 在卷筒上安装有一个安全制动器。
- 一个液压站,电机功率为 2.2 kW。
- 一个安全制动器手动释放电磁阀。
- 带双向绳槽的卷筒包括:一个制动盘;一个直径为 140 mm 的调心滚子轴承;一个旋转限位开关;一个直径为 110 mm 的调心滚子轴承。
- 平移机构包括:一个螺旋千斤顶,头部带导环;一个电机;一个弹性联轴器。
- 平衡臂固定两根钢丝绳的一端。
- 滑轮组包括:两个直径分别为 315 mm 的滑轮;两个直径为 450 mm 的滑轮;一套带安全防脱装置的吊钩;一套重锤限位开关。
- 防叠绕装置以及钢丝绳叠绕报警开关。
- 两根起升钢丝绳。

e. 205 t 安装小车和起升机构

安装小车由结构件小车架与机构装配而成,在安装期间,与 205 t 工作小车通过机械连接,联合起吊大于 205 t 的载荷,运行于主梁的轨道上。运行机构由 4 个直径为 630 mm 车轮组构成,采用 1/2 驱动。安装小车的运行机构是由两套驱动单元驱动的,每套驱动单元构成如下:一台"三合一"减速器,包括 M8S4 交流变频电机(带制动器);一台转速比为 1 392:1 的空心轴减速器;每个车轮安装一套轴承,含有两个调心滚子轴承。

205 t 起升机构的构成如下:

- 一台电机:转速为 146 r/min,功率为 30 kW;固定离心转速表(带联轴器);一个带制动盘的联轴器。
- 一台减速器:速比为 208.216:1,公称转矩带载时,高速为 143 N·m,低速为 27 800 N·m;一个带制动盘的联轴器。
- 保证传动链同步采用以下装置:一个增量型绝对型二合一编码器(安装在卷筒尾部);一个联轴器。
- 减速器高速轴设有一个工作制动器和一个紧急制动器。
- 驱动轴包括:一个直径为 120 mm 的调心滚子轴承;一个 SKF 直径为 170 mm 的调心滚子轴承;一个 $Z=16$, $m=15$ 的小齿轮驱动卷筒端部的大齿轮。
- 带双向绳槽的卷筒包括:一个 $Z=122$, $m=15$ 的大齿轮,由驱动轴上的小齿轮驱动;2 个直径为 180 mm 的调心滚子轴承;一个旋转限位开关。
- 平衡臂固定两根钢丝绳的一端。
- 定滑轮组包括:4 套直径为 900 mm 的滑轮,装配固定在滑轮支座上。
- 防叠绕装置以及丝绳叠绕报警开关。
- 两根钢丝绳:直径为 36 mm,长为 310 m,左右捻向各一根。
- 动滑轮组包括:6 个直径为 900 mm 的滑轮,包括 6 个轴承;一个吊环,包括一个轴承;一套重锤限位开关。

f. XY 运行梁移动机构和起升机构

XY 运行梁由单轨梁构成,单轨梁横向悬挂在环吊主梁下的支承轮上,每对支承轮上有 2 对单轮缘车轮,在纵向悬挂于每根主梁下的 H 型钢的下翼缘上移动。XY 运行梁设有一台 5 t 电动葫芦,各种运动既可以通过司机室控制,也可以通过按钮站控制,有一个纵向入口平台,用来维修机械部件(电葫芦和运行梁的运行机构)。

纵向移动机构包括:XY 运行梁的运行机构采用两套驱动系统,每套系统包括电机、减速器、主动车轮组,安装在两端梁上。每侧端梁包括一套电机 – 减速器 – 制动器"三合一"机构、两个被动轮、两个主动轮、一个传动轴,将运动从电机－减速器轮传到对侧车轮,该运动通过两个小齿轮来实现。另外,电气室主梁侧端梁的一侧安装两个限位开关,另一侧安装一个限位开关。

横向移动机构包括:XY 运行梁的葫芦架悬挂在单轨梁上,在单轨梁下翼缘上移动。运行机构包括一套电机－减速器－制动器"三合一"机构(通过一个小齿轮驱动主动轮)、两个被动轮、两个主动轮、一个传动轴(将运动从电机－减速器轮传到对侧车轮,该运动通过齿数为 12、模数为 2.5 的小齿轮来实现)、一个限位开关。

起升机构包括:

● 一个左旋绳槽的卷筒装配有:一个制动盘,安装在卷筒轴上;一个紧急制动器,固定在卷筒端板上,紧急制动器上设有手动释放开关;一个 2000X 高度限位开关。

● 一个吊钩滑轮组,包括一个滑轮组。

● 一根直径为 14 mm 的左捻向钢丝绳。

● 卷筒上两个叠绕限位开关。

● 一个 3PS 载荷限制器。

● 一台减速器,安装在卷筒的轴上。

● 一台电机,功率为 18.6 kW,固定在减速器上。

g. 自备检修吊

6.3 t 自备检修电葫芦由支撑在两根主梁的拱形架与 6.3 t 电葫芦组成。电动葫芦悬挂在箱形单轨梁上,在单轨梁下翼缘上移动。运行机构包括:两套电机－减速器－制动器"三合一"机构;4 个被动轮;4 个主动轮;每套电机－减速器通过齿轮将运动传到主动车轮;两个运行限位开关;4 个橡胶缓冲器。

葫芦起升机构包括:一台双速鼠笼式电机,固定在减速器高速轴端;一台减速器;一个紧急制动器,固定在减速器一端的高速轴上;一个双联卷筒,装配两套钢丝绳导绳器;两根直径为 11 mm 的钢丝绳;一个起升旋转式限位开关,安装在起升齿轮箱上的接线盒中;一个上极限(高度)限位开关;一个吊钩滑轮组,包括两个直径滑轮组;卷筒上两个叠绕限位开关;一个用于过载保护的负荷传感器;自备检修拱形架,由三段箱形结构组成;两个支腿,一个横梁,它们之间采用螺栓连接。

h. 396 t 吊梁

396 t 吊梁利用工作小车和安装小车联合抬吊,396 t 吊梁处理 205~396 t 之间的载荷。吊梁采用机加工－焊装装配形式,矩形截面,设有加筋肋,形成刚性梁。在吊梁的两端,从上至下设有通孔,使工作小车和安装小车的吊钩可以通过。在吊梁的每一端穿过端部开口的垂直中心线处有锁定系统,锁定系统是通过直径 250 mm 的销轴来保证工作小车和安装小车吊钩安全的。

吊梁的两个吊轴之间(205 t 工作小车和 205 t 安装小车)的 U 形夹(该 U 形夹固定在锥形滚子止推轴承上)安装在一个防护罩内,由一个圆螺纹保护着。

3. 标准规范

FEM 1.001《起重机械设计规范》

GB/T 3811《起重机设计规范》

GB 6067《起重机械安全规程》

GB/T 14405《通用桥式起重机》

JB/T 53442《通用桥式起重机产品质量分等》

GB 6974《起重机械名词术语——起重机械类型》

EJ/T 801《核电厂专用起重机设计准则》

AWS D1.1《美国钢结构焊接规范》

DIN 15018《起重机钢结构计算原则应力分析》(德国)

DIN 15020《起重机卷绕系统标准》(德国)

GB 6249《核电厂环境辐射防护规定》

RCC-E《压水堆核电厂核岛电气设备设计和建造规则》(法国)

GB/T 13626《单一故障准则应用于核电厂安全系统》

EJ/T 659《核电厂安全级电气设备零件更换要求》

EJ/T 1065《核电厂仪表和控制设备的接地和屏蔽设计准则》

GB 497《低压电器基本标准》

JB/T 4315《起重机械电控设备》

CB/T 12668《交流电动机半导体变频调速装置总技术要求》

JB/T 8437《起重机械无线遥控装置》

CB 4208《外壳防护等级的分类》

GB 10183《桥式和门式起重机制造及轨道安装公差》

GB/T 10051《起重吊钩》

GB/T 5972《起重机械用钢丝绳检验和报废实用规范》

GB/T 14407《通用桥式和门式起重机司机室技术条件》

EJ/T 564《核电厂物项包装、运输、装卸、接收、贮存和维护要求》

GB 50278《起重设备安装工程施工及验收规范》

GB/T 5905《起重机 试验规范和程序》

除满足以上标准和规范外,还应符合国家及行业的相关标准。

4. 预维项目

(1)桥式起重机维护项目(表8-1)

表8-1 核电厂桥式起重机维修项目内容与周期

项目名称	项目周期
桥式起重机定期巡检	2次/周(维修人员巡检)
桥式起重机年度保养	1年

①桥式起重机定期巡检

a. 检查缓冲器是否完好,如有缺陷则进行更换;

b. 检查减速器润滑油是否合格、油位是否正常,如润滑油不合格应更换润滑油,如油位低则补充润滑油。

②桥式起重机年度检查

a. 起重机结构件、运行轨道、驾驶室工况检测;

b. 检查紧固件是否松动、脱落;

c. 焊接部件是否有裂纹、变形;

d. 检查轨道、钢梁是否有明显变形,轨道压板检查;

e. 整车油漆情况检查;

f. 钢丝绳、滑轮组、大小车车轮、吊钩工况及其紧固工况检查;

g. 销、轴润滑及磨损情况检查；

h. 吊钩是否有危险截面的裂纹或异常磨损；

i. 检查滑轮、吊钩和吊钩横梁自由转动情况，吊钩安全挡板是否有效，滑轮罩清洁度检查；

j. 检查钢丝绳磨损、断丝、断股、扭曲、锈蚀情况，端部紧固情况，钢丝绳在滑轮和卷筒上缠绕有无错位；

k. 检查卷筒是否有裂纹及钢丝绳槽的磨损情况；

l. 车润滑检查及维护保养；

m. 减速箱油液洁净度及油位目视检查，必要时更换；

n. 制动装置磨损情况检查，视情况更换制动器摩擦片，检查主弹簧损坏或松动变形情况，补充液压油；

o. 检查缓冲器损坏情况，必要时更换。

（2）龙门起重机维护项目（表 8 - 2）

表 8 - 2　核电厂龙门起重机维修项目内容与周期

项目名称	项目周期
龙门起重机日常巡检	2 次/周（维修人员巡检）
龙门起重机年度保养	1 年

①龙门起重机日常巡检

a. 检查缓冲器是否完好，如有缺陷则进行更换；

b. 检查减速器润滑油是否合格、油位是否正常，如润滑油不合格应更换润滑油，如油位低则补充润滑油。

②龙门起重机年度保养

a. 起重机结构件、运行轨道、驾驶室工况检测；

b. 检查紧固件是否松动、脱落；

c. 检查焊接部件是否有裂纹、变形；

d. 检查轨道、钢梁是否有明显变形进行轨道压板检查；

e. 整车油漆情况检查；

f. 钢丝绳、滑轮组、大小车车轮、吊钩工况及其紧固工况检查；

g. 检查销、轴润滑及磨损情况；

h. 检查吊钩是否有危险截面的裂纹或异常磨损；

i. 检查滑轮、吊钩和吊钩横梁自由转动情况，吊钩安全挡板是否有效，滑轮罩清洁度检查；

j. 检查钢丝绳磨损、断丝、断股、扭曲、锈蚀情况，端部紧固情况，钢丝绳在滑轮和卷筒上缠绕有无错位；

k. 检查卷筒是否有裂纹及钢丝绳槽的磨损情况；

l. 整车润滑检查及维护保养；

m. 减速箱油液洁净度及油位目视检查，必要时更换；

n. 制动装置磨损情况检查，视情况更换、制动器摩擦片，检查主弹簧损坏或松动变形情况，补充液压油；

o. 检查缓冲器损坏情况,必要时更换;

p. 检查各联轴器位置对中情况。

(3)环形起重机维护项目(表8-3)

表8-3 核电厂环形起重机维修项目内容与周期

项目名称	项目周期
环形起重机定期检查	1个燃料循环
环形起重机定期维护保养	1个燃料循环

①环形起重机定期检查

a. 检查缓冲器是否完好,如有缺陷则进行更换;

b. 检查减速器润滑油是否合格、油位是否正常,如润滑油不合格应更换润滑油,如油位低则补充润滑油。

②环形起重机定期维护保养

a. 主起升联轴器:检查紧固、相对位置情况;

b. 主起升制动器:检查衬垫磨损情况,并清除油脂、污垢;

c. 主起升减速器:检查油位、油质、密封情况;

d. 检查主起升齿轮的润滑和磨损情况;

e. 检查主起升轴承的润滑情况;

f. 检查主起升钢丝绳的外观、润滑及紧固情况;

g. 检查主起升滑轮组润滑及轮槽磨损情况;

h. 检查主起升液压装置外观及油位情况;

i. 主起升卷筒外观检查;

j. 副起升联轴器:检查紧固、相对位置情况;

k. 副起升制动器:检查衬垫磨损情况,并清除油脂、污垢;

l. 副起升减速器:检查油位、油质、密封情况;

m. 检查副起升齿轮的润滑和磨损情况;

n. 检查副起升轴承的润滑情况;

o. 检查副起升钢丝绳的外观、润滑及紧固情况;

p. 检查副起升滑轮组润滑及轮槽磨损情况;

q. 检查副起升液压装置外观及油位情况;

r. 检查副起升卷筒外观检查;

s. 旋转机构减速器:检查油位、油质、密封、轴承润滑情况;

t. 检查大车车轮润滑情况;

u. 检查小车运行机构减速器:检查油位、油质、密封、轴承润滑情况;

v. 检查小车运行机构车轮润滑、外观检查;

w. 主起副起的平移机构千斤顶的润滑情况;

x. 主起副起的平移机构滚轮外观检查;

y. 检查 XY 移动梁联轴器紧固、相对位置情况;

z. 检查 *XY* 移动梁钢丝绳的外观、润滑及紧固情况;

zz. 检查 *XY* 移动梁滑轮组润滑及轮槽磨损情况。

5. 典型案例分析

(1)钢丝绳叠绳、脱丝:由于设备操作过程中使用人员异常操作,导致钢丝绳在运动过程中受力不均,出现叠绳和脱丝,严重情况下甚至会断裂。处理方法首先用外力将叠绳位置进行恢复,并详细检查钢丝绳各位置损伤情况,检查润滑情况,并更换钢丝绳。

(2)起重设备驱动齿轮磨损:起重设备一般在大修期间在厂房内使用,驱动齿轮位置极易进入焊渣、粉尘、金属粉末等异物,如长期运行易造成驱动齿轮严重磨损。发现缺陷后应及时对驱动齿轮进行全面清理,并对损伤位置进行打磨,做好润滑工作。

6. 课后思考

(1)核电厂桥式起重机小车主要包括哪些部件?

(2)核电厂桥式起重机主要包括哪些类别?

(3)在核电站安装设备期间、机组换料大修期间,环形起重机 205 t 主起升机构主要对哪些设备进行吊装?

8.2.2　装卸料机

1. 概述

装卸料机是压水堆核电站停堆换料的关键设备之一,它的基本功能是在反应堆首次装料或停堆换料时装卸、倒换燃料组件,以及在堆芯与燃料转运系统之间运输燃料组件。装卸料机类似于移动式起重机,包括一台移动桥架、一台运行小车和一个带抓具的伸缩套筒,主要由提升、抓取、旋转、运行和定位系统等部分组成,能够在 *X*、*Y*、*Z* 三个坐标轴线方向运动,并使燃料组件在 0°~180°范围内旋转,以完成装卸、倒换和转运燃料组件的任务。

装卸料机的操作对象是燃料组件,作为核安全相关设备,必须要保证其对燃料组件做安全、可靠、灵活、准确地操作。由于燃料组件在反应堆运行燃耗后会有一定程度的弯曲变形,其顶部高度与水平位置均会存在一定量的变化,所以要确保装卸料机能安全、可靠、灵活和准确地完成燃料组件的装卸、倒换和转运任务,在设计上除了考虑结构要具有足够的机械强度和刚度外,还必须考虑周全的限位、联锁、报警、信号显示及监测等一系列的安全保护措施。简单来说,装卸料机的行走机构必须能够准确定位,提升机构须具备良好的载荷监测和超、失载保护,准确的提升高度监测和可靠的限位装置,以及可靠的制动装置和超速保护,此外燃料组件抓具也必须对中准确、抓取及自锁可靠,等等。因此,在设计、制造和操作过程中,都必须根据 RCC 建造规范及我国有关辐射防护规定和安全准则等要求进行。

2. 结构与原理

核电厂燃料操作和贮存系统(简称 PMC 系统)属于核辅助系统,其主要服务对象是燃料组件,包括新燃料组件入堆前的接收、检查、贮存,拆卸和装封反应堆,堆芯换料以及乏燃料组件的运输、贮存和发送等一系列工艺操作。

PMC 系统主要设备有:装卸料机、燃料转运装置、人桥吊车、辅助吊车等,以及各种燃料组件倒换操作工具,设备布置在反应堆厂房和燃料厂房。装卸料机作为 PMC 系统的重要设备之一,安装于反应堆厂房堆芯换料水池顶部,操作平台位于标高 20 m 左右,所要操作的燃料组件位于水下 12 m 处,距操作平台约 14 m。装卸料机的安全等级为 LS 级,质保等级为 Q2 级,抗震类别为 Ⅱ 类。下面将以方家山 1 号、2 号机组装卸料机为例详细介绍装卸料机设备功能、技术参数、运行工况和设备结构特点。

(1)设备功能

装卸料机安装在反应堆安全壳内的换料水池上方,轨顶标高 20.220 m。其功能如下:

①进行核电站首炉燃料组件的吊装;

②在反应堆换料期间,在堆芯处装卸燃料组件;

③在堆芯与转运装置之间转运燃料组件;

④在主提升出现故障时,辅助单轨吊具备应急操作的功能;

⑤借助于啜吸系统,执行燃料组件在线破损检查;

⑥辅助单轨吊通过专用工具对控制棒解锁工具和辐照样品塞进行操作。

装卸料机对燃料组件的装卸和运输是按规定的操作点及既定的运输路线进行的,其装卸燃料组件操作点有:反应堆堆芯和燃料转运系统的承载器。

装卸料机上的辅助单轨吊操作点有:反应堆堆芯、燃料转运系统的承载器、阻力塞存放架、控制棒驱动杆解锁工具存放架。

装卸料机还设置了一处用于役前检查的操作点,即触动装置,位于转运轴线上。

装卸料机通过大、小车的移动,能对反应堆换料水池内任何一点进行操作,在换料水池无水的情况下,执行首炉堆芯装料。

燃料在水下的装卸和转运是通过伸缩套筒末端的抓具完成的。该抓具能通过伸缩套筒的升降操作,在水下完成从燃料组件上管座至固定套筒内的运动。在"带载上部位置"时,伸缩套筒和燃料组件均缩回到固定套筒内。

固定套筒内装有导向装置,用于引导伸缩套筒抓具的运动,燃料组件导向板用于防止燃料组件的扭转,以减少装卸料机在运行时产生的摆动。

(2)技术参数

①特征数据

大车轨距:7.9 m

大车轮距:3.4 m

小车轨距:2.2 m

小车轮距:2.3 m

装卸料机高度:大车轨面以上 10 m,大车轨面以下 7.6~12.5 m

大车行程:19.610 m

小车行程:5.182 m

主提升高度:8.961 m

辅助单轨吊横向行程:8.910 m

辅助单轨吊提升行程:15.000 m

②运行速度

大车运行速度:在低速区 0~1 m/min,在高速区 0~15 m/min

小车运行速度:在低速区 0 ~ 1 m/min,在高速区 0 ~ 12 m/min

辅助提升小车横向运行速度:2.5 m/min

③提升速度

主提升速度:在慢速区 0 ~ 1 m/min,在高速区 0 ~ 12 m/min

辅助提升:5 m/min 和 0.5 m/min

④旋转范围:0° ~ 270°

⑤操作载荷

主提升:20 kN

辅助提升:20 kN

⑥定位精度

大车:对目标 3 mm

小车:对目标 3 mm

⑦电视摄像杆提升机构

提升速度:5.5 m/min

提升载荷:1.8 kN

⑧设备质量

大车(含辅助单轨吊门架):18 t

小车:3 t

塔架:3 t

固定套筒:1.8 t

伸缩套筒和抓具:730 kg

控制台:290 kg

电控柜:345 kg

在线啜吸监测装置:420 kg

辅助单轨吊:750 kg

辅助单轨吊控制柜:200 kg

⑨设备参数

设备质量(含大车轨道):32 t

大车轨道长度:23.7 m

大车轨道(上表面)标高:20.220 m

装卸料机外形尺寸(不含大车轨道):10.10 m(长)×4.9 m(宽)×17.9 m(高)

(3)运行工况

建造期间环境条件:温度为 0 ~ 40 ℃,压力为常压,含盐空气,最大湿度为 100%。

试验环境条件:反应堆安全壳首次试验压力为 0.59 MPa(绝对压力),以后的试验压力为 0.52 MPa(绝对压力)。

反应堆运行环境条件:空气温度范围为 10 ~ 50 ℃,压力范围为 0.096 ~ 0.106 MPa(绝对压力),空气不含盐分,最大相对湿度 95%。堆腔及换料水池均无水。

反应堆换料环境条件:空气温度为 5 ~ 38 ℃,压力范围为 0.096 ~ 0.106 MPa(绝对压力),含盐空气,相对湿度为5% ~100%。换料水池池水温度为50 ℃(最高80 ℃),水深为12 m,换料水池池水含硼量为2 000 ~2 500 ppm。

事故环境条件:LOCA 事故工况。

(4)设备结构特点

方家山1 号、2 号机组装卸料机的机械部分由轨道、压缩空气系统、上部塔形构件、小车、大车、啜吸试验系统、固定套筒及旋转机构、伸缩套筒和燃料组件抓具部件组成,各系统及部件的制造、装配和检验按照相应的设备图纸由西安核设备有限公司完成,结构如图8 –29 所示。

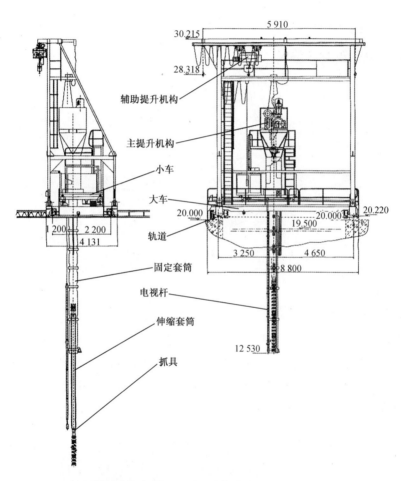

图8 –29 装卸料机结构示意图(长度单位:mm;粗糙度单位:μm)

①大车轨道

轨道总长度为23.7 m,在水池0°侧为非导向轨,180°侧为导向轨。

轨道基础是一些用于对轨道进行支承和轨道安装时对轨顶标高进行调整的预埋板、预埋螺杆、调整螺母、调整板等。在第一次混凝土浇灌后,将它们装配、调整到轨道所需高度,再进行第二次混凝土浇灌,将它们固结在土建中,以后不可拆卸。

导向轨侧装有大车编码系统的齿条,定位标尺,位置确认系统的反光带和用于装载控制电缆与气路气管的大车电缆输送系统。

非导向轨侧装有:大车编码系统的齿条;在轨道的两个末端水池边装有两个缓冲器止挡;与堆芯对应的一段轨道是可拆卸轨道(1 号机组为 180°侧轨道,2 号机组为 0°侧轨道);大车电缆输送装置的基础;轨道固定附件,包括用于固定和安装轨道时,对轨道平行度、直线度、轨道跨距等几何参数进行调整的压板、紧固螺栓、调整板、调整螺栓等。

大车轨道安装方式如图 8 - 30 所示。

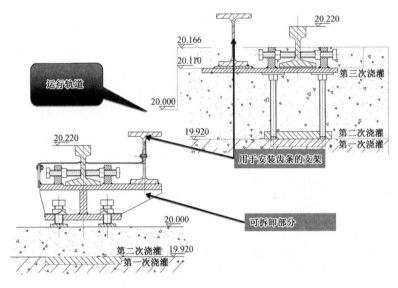

图 8 - 30　大车轨道安装示意图(单位:μm)

②大车门架

大车门架又称辅吊支架,由矩形管焊接而成的横跨梁和左支腿、右支腿通过螺栓连接而成。横跨梁靠近反应堆中心一侧安装有电动小车运行轨道,又称辅助单轨吊,包括提升机构、行走小车和操作按钮盒。辅吊的提升机构是带平衡轮的双联滑轮组,有两挡提升速度。提升机构的设计满足使用时连续运行的要求。提升机构挂在一个可沿轨道运行的电动小车上,按钮盒上设置有操控开关。大车门架、辅助单轨吊如图 8 - 31 所示。

图 8 - 31　大车门架、辅助单轨吊示意图

③大车桥架

两个主梁和两个端梁组成了刚性的大车桥架结构。主梁装在经过加工的端梁支座上，采用螺栓紧固。在每个主梁两端焊有起吊用吊耳，起吊吊耳也作为小车运动方向的极限止挡板使用。

梁通长 8 800 mm，采用箱型梁的焊接结构，采用主腹板和次腹板结构，载荷作用力主要由主腹板承担。两个主梁尺寸不相同，主要是考虑到承载的载荷端梁是由弯板拼焊组成的方形箱体，大车车轮的轴承座与端梁焊接在一起。端梁还承载大车门架的质量。

大车桥架上装有两个供人员通行的走台。两个走台沿桥架的全长通过螺栓紧固在两根主梁上。围绕走台的外侧设有 1.05 m 高的栏杆，通过梯子可以从桥架的两端进入走台。走台台面铺有钢板，并带有 100 mm 高的趾挡围板。

大车桥架有两套完整的驱动机构，分别位于 0°和 180°侧。大车驱动系统采用双侧驱动，每侧各有一个电机、一个减速器、一个制动器、一个应急手动操作装置。大车车轮都是等直径配对使用的，轮径误差不致使车身跑偏。大车手动操作是通过大车操作杆进行控制的。当操纵杆被松开后，则自动返回到空挡位置；只有操作员扳动相应的操纵杆，才能实现相应的运动；运动速度正比于操纵杆的角度。

大车桥架还有一个位置确认传感器，位于 180°侧。该结构通过采集光电信号，发挥大车定位验证的功能，可以保证在任何情况下大车定位点不发生偏移。当大车采集到位置确认信号后，可标明大车定位在相应燃料组件的位置。

大车桥架还有两套编码系统，分别位于 0°和 180°侧，用于控制系统手动定位的参考和自动定位确定目标位置以及采集实时位置信号。该系统可将大车轨道两侧的编码系统独立采集的信号进行比较，当比值大于规定值时，系统会报错，表明大车 0°和 180°车轮位置需要调整。

大车电缆输送装置用于输送装卸料机的电缆和供气气管。

大车桥架结构如图 8 - 32 所示。

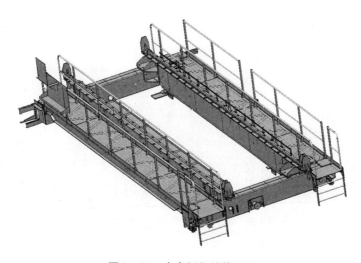

图 8 - 32　大车桥架结构示图

④小车

小车具有一个平台,由小车架和台面板焊成,包括固定套筒旋转机构支撑架(图8-33)。小车架是框架结构,主梁和端梁采用焊接结构连接。在小车架上有一个支撑固定套筒的支撑架,固定套筒的齿轮旋转机构安装在上面。

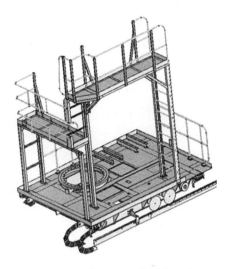

图8-33 装卸料机小车平台示意图

小车台面用钢板铺成,并涂以一层防滑漆,其四周配有1.00 m高的栏杆,并带有100 mm高的趾挡围板。在小车台面上设有两个观察窗,用于观察伸缩套筒和抓具的操作。小车台面上布置有控制台、电源柜和在线啜吸装置等。

小车具有套完整的驱动机构。小车为集中驱动,有一个电机、一个减速器、一个制动器、一个应急手动操作装置。小车驱动机构通过传动轴、万向联轴节与车轮相连。小车车轮都是等直径配对使用的,轮径误差不致使车身跑偏(图8-34)。

小车手动操作通过小车操作杆进行控制。当操纵杆被松开后,自动返回到空挡位置;只有操作员扳动相应的操纵杆,才能实现相应的运动;运动速度正比于操纵杆的角度。

图8-34 装卸料机小车驱动机构示意图

小车上具有两个水平导向轮组,位于270°侧。在小车的一根主梁上装有两套导向轮组件,小车运动时,它们沿小车导向侧轨道的两侧面滚动,保证小车沿轨道运动方向上不发生偏离。小车水平导向轮的结构可参见大车水平导向轮的结构。

小车上有一个位置确认传感器,位于270°侧,它可通过采集光电信号,发挥小车定位确认的功能。当小车采集到位置确认信号后,可标明小车定位在相应燃料组件的位置。

还有4个防止小车脱轨的防脱钩装置分别位于90°和270°侧,安装在两个小车主梁上,防止小车从轨道中脱离。

除此之外,小车上还安装有定位标尺及摄像系统、电控柜和控制台、检修操作台(由高台和低台组成)、两套编码系统(分别位于270°方向的0°和180°侧)。

装卸料机小车实物如图8-35所示。

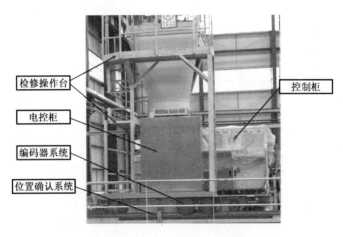

图8-35 装卸料机小车实物图

⑤上部塔形构件

上部塔形构件安装于小车的操作平台上,是一个高6 m的上方下圆构件,装卸料机的提升系统就集中在这个构件内(图8-36至图8-38)。塔架作为整个构件的支承件,可看作三层结构,上层方形结构主要安装有主提升机构、电缆卷筒、气管卷筒等部件;中层过渡结构主要包括平衡梁装置、链条卷筒、电视摄像杆电缆卷筒装置、安全梁、主提升限位装置等部件;下层圆筒结构则主要有平衡重等部件。此外,各层结构均安装有各种传感器及限位装置。此外,该结构还包括:一个确认塔架0°和180°位置的传感器、一个电缆卷筒、一个气管弹簧筒、两个用于测量主提升载荷的载荷传感器、一个带断绳探测装置的平衡杆、一个高度测量编码器。

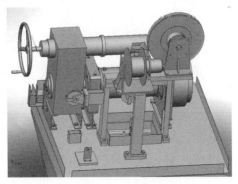

图8-36 上部塔形构件结构示意

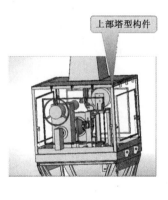
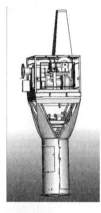

图 8 - 37 上部塔形构件布置示意图

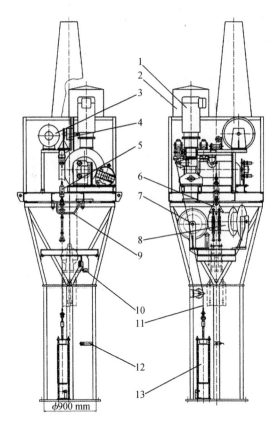

1—主提升机构;2—塔架;3—电缆卷筒;4—气管卷筒;5—载荷限制器;6—平衡梁装置;7—链条卷筒;
8—电视摄像杆电缆卷筒装置;9—安全梁;10—主提升限位装置;11—平衡重钢丝绳;12—传感器组件;13—平衡重。

图 8 - 38 上部塔形构件装配图

主提升机构主要由传动机构(包括减速器和电机等)、钢丝绳、卷筒、编码器装置、运行制动器(高速)、安全制动器(低速)、基座、轴承座等组成(图 8 - 39)。

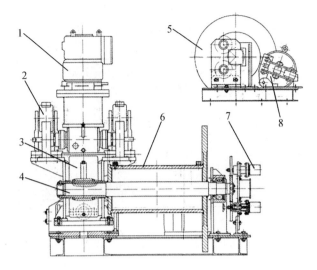

1—电机;2—高速制动器;3—减速器;4—卷筒轴;5—卷筒制动盘;6—主提升卷筒;7—编码器装置;8—安全制动器。

图 8 – 39　装卸料机主提升机构结构图

主提升传动机构由进口的直流电机驱动,通过弹性联轴器与减速器输入轴连接,减速器是一个齿轮－蜗轮减速器,属于特殊设计的减速器(非标准),电机和输入轴均为垂直安装。减速器分为上下两层,上层为锥齿轮箱,下层为蜗轮减速箱,输入轴通过键分别与上层的锥齿轮及下层的直齿轮连接。锥齿轮通过两个锥齿轮副与两根水平轴联动,轴上分别安装一套电磁制动装置,即高速运行制动器。其中一根轴端可安装手轮,在事故工况下可实现手动操作。直齿轮副与蜗杆同轴,蜗轮则套在主提升卷筒轴上,主提升卷筒为双联卷筒,起升钢丝绳两端分别固定在卷筒的两端,卷筒一侧法兰也安装有一套电磁制动器,即安全制动器,卷筒轴端与编码器装置连接。

主提升手动操作方法为:首先把手轮套在减速器手动轴上。为了防止松制动器时的下滑,操作人员手应把住手轮,松开低速轴上的制动器,再松高速轴上的两个制动器手动释放装置,通过手轮就可以提升或下降伸缩套筒。操作结束后,制动器抱闸,取下手轮,放到原来位置。

⑥固定套筒

固定套筒及旋转机构是伸缩套筒和燃料组件的导向装置,也是啜吸试验系统的支承机构和检测气体收集场所。整个机构安装在小车上,可通过齿轮机构实现整个套筒及安装在它上面的上部塔形构件一起旋转。固定套筒及旋转机构主要由齿轮机构、照明系统、摄像系统、固定套筒、伸缩套筒导向装置、燃料组件导向装置等组成(图 8 – 40、图 8 – 41)。

固定套筒安装在小车架上,顶部的法兰与上部塔形构件法兰连接固定,它的齿轮机构位于小车操作平台,操作人员在平台上即可用棘轮扳手旋转齿轮机构。正常操作位置在0°,固定套筒是机械锁定的,必要时可由正常工作位置旋转到180°位置并固定。

啜吸试验系统的吸气装置、吹气装置及部分气管都安装在固定套筒上,通过试验装置下吹上吸的方式对吊装在固定套筒内部的燃料组件破损后释放的裂变气体进行收集,实现燃料组件的在线破损检测。

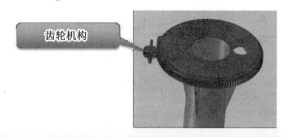

图 8 - 40　固定套筒、齿轮机构结构示意图

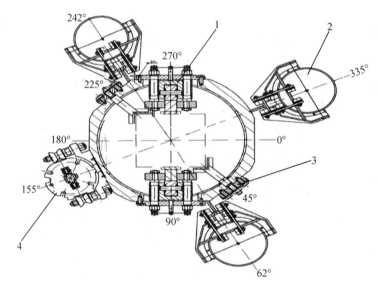

1—伸缩套筒导向装置；2—照明灯；3—燃料组件导向装置；4—电视摄像杆。

图 8 - 41　装卸料机固定套筒水平截面图

　　固定套筒的筒体外部安装有水下照明装置和电视摄像装置，布置在筒体的水平截面四个对称方向上，其中三个方向都是照明装置，分别安装有竖直的照明灯导轨及照明灯；另一个方向安装的是电视摄像装置，包括电视杆、摄像头及电视杆导向装置，电视杆依靠塔架内的提升机构驱动，可上升或下降。此外，还包括 12 个导向轮组（伸缩套筒导向用）、2 个燃料组件的导向轨道、2 个探测基准标高 0 位的传感器（上部位置）、4 个轮组（用来保证电视摄像杆的导向）、装在固定套筒上的 3 根导轨、3 只水下照明灯。

　　导向装置的导向轮与伸缩套筒导向轨之间可有一定间隙，间隙的理论值如表 8 -4 所示。

表8-4 导向装置的导向轮与伸缩套筒导向轨间隙理论值

导向装置(从上到下)	第一组	第二组	第三组	第四组	第五组	第六组
导向轮对应方向与伸缩套导轨总间隙理论值/mm	0.5~1.2			0.5~0.8		

固定套筒轴线与伸缩套筒轴线之间的同轴度应小于等于2 mm,此时伸缩套筒应处于铅垂的自由状态。通过调整固定套筒上伸缩套筒导向轮进一步调节固定套筒与伸缩套筒的同轴度。

⑦伸缩套筒和抓具

伸缩套筒是实现燃料组件升降操作的执行机构,在固定套筒的导向下进行竖直坐标轴Z方向上运行,其顶部的两个滑轮组通过钢丝绳悬挂在主提升机构下部,由主提升机构进行驱动。伸缩套筒主要由悬吊头、外套筒、手动工具、汽缸支承、尼龙管等组成。伸缩套筒是一个外径为219 mm的套筒,操作时在固定套筒内升降运动。在燃料组件的转运过程中,其组件处于固定套筒内。伸缩套筒外壁对称装有两条沿全长布置的导轨,平直度误差在0.3 mm以内。套筒下部设有连接燃料组件抓具的法兰,并有拆装抓具的操作窗口(图8-42)。

(a)悬吊头

(b)抓具

图8-42 悬吊头和抓具结构示意图

伸缩套筒内部的汽缸是往复式结构,两端各有一个进/出气孔,通过尼龙管与气管卷筒的橡胶气管连接,组成了压缩空气系统回路,由气路中的双电阀切换控制进出气方向,驱动汽缸筒中的活塞及活塞杆向上或向下移动,然后通过连接管将汽缸的动作传递给下方的燃料组件抓具,以实现相应的抓取或释放操作。

手动工具在装卸料机正常运行时不需要安装在伸缩套筒内,只有在气动无法实现燃料组件抓具正常释放燃料组件时,将手动工具从塔架下层检修窗口安装于伸缩套筒内,齿轮轮廓的工具头部与连接管的齿轮配合,通过扭转手动工具驱使连接管及燃料组件抓具的螺杆旋转,从而实现抓具的手动释放操作。

燃料组件抓具是抓取燃料组件的执行机构,安装在伸缩套筒下部,由大车、小车及伸缩套筒在坐标轴X、Y、Z三个方向的移动实现其与指定位置的燃料组件上管座正确配合,并由压缩空气系统通过往复式汽缸驱动抓具进行抓取操作(图8-43)。在压缩空气系统故障情况下,还可通过手动工具实现抓具的抓取或释放操作。抓具的导向和定位是通过燃料组件上管座的三个孔进行的,上管座对角线上两个较大的孔供抓具上的导向柱插入,直径较小的第三个孔是防错位孔,若抓具相对燃料组件旋转180°,则抓具的防错位销则无法对应防错位孔,抓具就不能坐落到燃料组件上。此外,燃料组件抓具具有机械自锁功能,在将燃料组件移动吊装未达指定状态下,抓具无法进行释放操作。

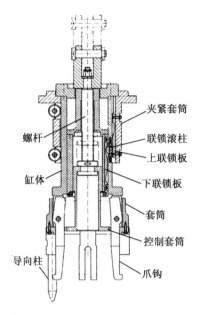

图8-43 装卸料机燃料组件抓具结构图

燃料组件抓具的工作原理简述如下:

a.抓取燃料组件过程:主提升机构驱动伸缩套筒下降,依靠抓具导向柱的导向和定位,确保抓具准确落在燃料组件上管座上。此时抓具停止下降,而夹紧套筒继续下降约60 mm直至与缸体下部接触,此时抓具的机械自锁解除,主提升机构停止运行。操作人员发出抓取指令,通过压缩空气系统驱动伸缩套筒内的汽缸活塞向下移动。抓具内的螺杆及滑动套筒受到向下的驱动力,在缸体内下移75 mm,带动控制套筒使得爪钩张开,完成抓取动作。这时,主提升机构可以向上提升伸缩套筒,将夹紧套筒提升至自锁状态,联锁滚柱卡在下联锁板的凹槽中,使得缸体与滑动套筒无法相对运动,从而使得控制套筒与爪钩无法相对运动,达到了自锁目的。

b.释放燃料组件过程:需操纵装卸料机将燃料组件移动至指定位置,通过伸缩套筒将燃料组件降至支承物上。只有在燃料组件放置平稳无歪斜的情况下,才能落下夹紧套筒,直至上联锁板的凹槽对准联锁滚柱,自锁机构解除,联锁滚柱可在下联锁板的推动下向外移动至上联锁板的凹槽中。此时操作空气压缩系统驱动汽缸活塞上移,螺杆带动滑动套筒和控制套筒一起上升,控制套筒的法兰通过抓钩上部的斜面将4个爪钩向内收缩,从而完成释放动作。

⑧气路系统

气路系统主要包括:压缩空气气源与大车桥架之间的连接、小车架与大车桥架之间的连接、油雾过滤器的接口、两位两通阀和两位五通阀、汽缸。

⑨啜吸试验系统

啜吸试验系统又称为在线啜吸检测系统,其功能是在换料操作过程中,当每组燃料组件在提升至装卸料机的固定套筒后,进行燃料破损检测。

啜吸试验系统原理图和布置图如图8-44、图8-45所示。

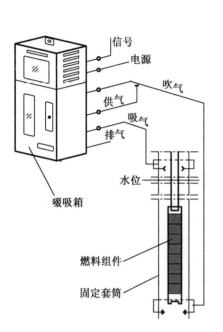

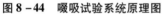

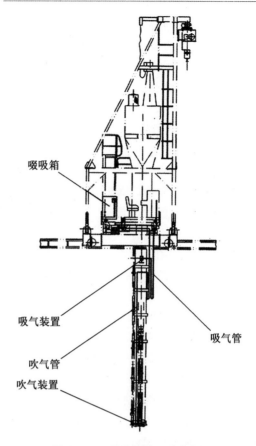

图 8 - 44　啜吸试验系统原理图　　　　图 8 - 45　啜吸试验系统布置图

系统检测的方法是:燃料组件从堆芯提出,在上升到固定套筒上部位置时,由于燃料组件所受外压降低,如果燃料棒有破损,则加速了裂变气体^{133}Xe向外泄漏。该系统从固定套筒底部吹气口吹入的压缩空气气流将漏出的裂变气体带着上升到套筒内水面上,位于此的吸气口把夹带裂变气体的空气吸入计量罐,进行γ活度测量。用探测破损燃料棒漏出的^{133}Xe的γ活度来判定燃料组件是否有破损,若^{133}Xe的γ活度超过设定值则系统会发出报警信号。同时,用啜吸因子f(^{133}Xe计数率与本底计数率之比)来标识被检测的燃料组件的破损情况。当$f<1.3$时,为无破损;当$1.3<f<3$时,为可疑;当$f>3$时,为破损。后两者优先做进一步检测。

3. 标准规范

HAF 102《核动力厂设计安全规定》

HAD 102/15《核动力厂燃料装卸和贮存系统设计》

GB/T 3811《起重机设计规范》

GB/T 14405《通用桥式起重机》

GB/T 10183《桥式和门式起重机制造及轨道安装公差》

GB 5905《起重机试验规范和程序》

GB 6067《起重机械安全规程》

GB/T 1804《一般公差 未注公差的线性和角度尺寸的公差》

GB/T 1184《形状和位置公差 未注公差值》

GB/T 18324《滑动轴承 铜合金轴套》

GB/T 17854《埋弧焊用不锈钢焊丝和焊剂》

GB 15763.2《建筑用安全玻璃 第 2 部分:钢化玻璃》

GB/T 12470《埋弧焊用低合金钢焊丝和焊剂》

GB 11352《一般工程用铸造碳钢件》

CB 11264《轻轨》

B/T 9944《不锈钢丝绳》

GB 8918《重要用途钢丝绳》

GB/T 8110《气体保护电弧焊用碳钢、低合金钢焊丝》

GB 6946《钢丝绳铝合金压制接头》

GB/T 6728《结构用冷弯空心型钢尺寸、外形、重量及允许偏差》

GB 6181《六角开槽薄螺母—A 和 B 级》

GB 6180《2 型六角开槽螺母—A 和 B 级》

GB 6178《1 型六角开槽螺母—A 和 B 级》

GB 6172.1《六角薄螺母—A 和 B 级—倒角》

GB/T 6170《1 型六角螺母》

GB/T 5976《钢丝绳夹》

GB/T 5974.1《钢丝绳用普通套环》

GB/T 5972《起重机 钢丝绳保养、维护、安装、检验和报废》

GB/T 5783《六角头螺栓 全螺纹》

GB/T 5782《六角头螺栓》

GB/T 5781《六角头螺栓 全螺纹 C 级》

GB/T 5117《碳钢焊条》

GB/T 4240《不锈钢丝》

YB/T 5309《不锈钢热轧等边角钢》

GB 2686《滑动轴承 粉末冶金带挡边筒形轴承型式、尺寸与公差》

GB/T 2673《内六角花形沉头螺钉》

GB/T 1591《低合金高强度结构钢》

GB 1348《球墨铸铁件》

GB/T 1096《普通型 平键》

GB/T 983《不锈钢焊条》

GB 894.1《轴用弹性挡圈—A 型》

GB 893.2《孔用弹性挡圈—B 型》

GB 882《销轴》

GB 858《圆螺母用止动垫圈》

GB 856《外舌止动垫圈》

GB 855《双耳止动垫圈》

GB 854《单耳止动垫圈》

GB 853《槽钢用方斜垫圈》

GB 852《工字钢用方斜垫圈》

GB 825《吊环螺钉》

GB/T 819.1《十字槽沉头螺钉 第1部分:钢4.8级》

GB 812《圆螺母》

GB/T 706《热轧工字钢》

GB/T 343《一般用途低碳钢丝》

GB/T 308《滚动轴承 钢球》

GB/T 288《滚动轴承 调心滚子轴承 外形尺寸》

CB/T 276《滚动轴承 深沟球轴承 外形尺寸》

GB/T 229《金属夏比缺口冲击试验方法》

GB/T 120.2《内螺纹圆柱销 淬硬钢和马氏体不锈钢》

GB/T 3811《起重机设计规范》

GB 6067《起重机械安全规程》

GB/T 14405《通用桥式起重机》

JB/T 53442《通用桥式起重机产品质量分等》

GB 6974《起重机械名词术语——起重机械类型》

EJ/T 801《核电厂专用起重机设计准则》

AWS D1.1《美国钢结构焊接规范》

DIN 15018《起重机钢结构计算原则应力分析》(德国)

DIN 15020《起重机卷绕系统标准》(德国)

GB 6249《核电厂环境辐射防护规定》

除满足以上标准和规范外,还应符合国家及行业的相关标准。

4. 预维项目

(1)装卸料机在卸料前的年度检查

①目视外观检查

a. 塔架的检查

● 检查塔架周围走台、护栏的紧固件有无松动和掉落;

● 塔架的金属结构连接紧固件检查,有无松动等异常,且内部平台无异物。

b. 主提升机构的检查

● 检查减速器是否存在漏油情况,必要时补充润滑油;

● 检查制动器的固定螺母有无松动现象,制动闸片应正确贴合在制动盘上,并测量两边制动闸片的厚度,闸片磨损超过50%时应立即更换;

● 制动盘的工作面应光洁,不应有妨碍制动性能的缺陷或粘上油污等异物;

● 检查钢丝绳卷筒的紧固件,以及钢丝绳固定压板有无松脱或出现裂纹等异常情况;

● 检查气管卷筒、链条卷筒、电缆卷筒及电缆导轮的紧固情况;

● 检查电视摄像杆提升机构的紧固情况,以及其钢丝绳应无磨损、胀鼓或断丝等异常情况。

c. 小车的检查

● 检查小车的金属结构连接紧固件和护栏有无松动和掉落;

● 检查轨道、电缆导车和靠模标尺的紧固情况,以及轨道表面是否存在压痕、裂纹和破损;

●检查车轮和导向滚轮的表面磨损情况和润滑情况,必要时补充润滑脂;

●检查编码装置齿轮、齿条的啮合和磨损情况;

●检查减速器的紧固情况,是否存在漏油,必要时补充润滑油。

d. 大车的检查

●检查大车的通道走台、护栏的紧固件有无松动和掉落;

●检查主梁与端梁等连接紧固情况;

●检查轨道、靠模标尺的紧固情况,以及轨道表面是否存在压痕、裂纹和破损;

●检查车轮和导向滚轮的表面磨损情况和润滑情况,必要时补充润滑脂;

●检查编码装置齿轮、齿条的啮合和磨损情况;

●检查减速器的紧固情况,是否存在漏油情况,必要时补充润滑油;

●检查高层桥架、梯子、护栏和辅助吊车及其电缆滑车的紧固件有无松动和掉落,并检查辅助吊车的润滑情况,以及钢丝绳的磨损和固定情况。

②气路系统检查

a. 接通气源后,检查气管(包括橡胶管、尼龙管)及接头部分有无破损、泄漏等异常情况;

b. 检查调压过滤器的油量及漏气情况;

c. 进行抓具的啮合/脱扣操作试验,检查汽缸,双电阀动作应能快速到位,无异常情况。

③动车检查

a. 主提升机构的检查

●在主提升机构运行前,向套筒内部浇上除盐水润滑;

●运行主提升机构,检查钢丝绳卷筒、气管卷筒、链条卷筒、电缆卷筒及导轮是否运行平稳无异常振动和噪音,制动器打开、抱合迅速到位;

●运行过程中检查主提升钢丝绳无磨损、胀鼓或断丝等异常情况,链条、橡胶气管和电缆随着提升机构同步运行情况良好,无松散、缠绕、不能同步等情况;

●随着主提升上提,当伸缩套筒滑轮到达观察窗口时检查其转动和磨损情况,主要检查滑轮的绳槽磨损情况,轮缘有否崩裂以及是否卡住。

b. 小车的检查

●控制小车在轨道上行走,检查车轮和导向滚轮的转动平稳,无啃轨、异常振动和噪音,编码装置齿轮、齿条的啮合良好,制动器制动迅速无滞后。

c. 大车的检查

●控制大车在轨道上行走,检查车轮和导向滚轮的转动平稳,无啃轨、异常振动和噪音,编码装置齿轮、齿条的啮合良好,制动器制动迅速无滞后;

●操作辅助吊车,检查其运行情况是否良好。

④抓具的回装和试验

a. 将检查维护好的抓具连同燃料组件上管座模拟体一起吊入水池;

b. 装卸料机伸缩套筒移动到抓具上方,将抓具回装,注意回装的方向;

c. 操作抓具,检查脱扣和啮合是否正常。

(2)装卸料机在装料后的机械检查

①目视检查

a. 对主提升、电视摄像杆及辅助吊车的提升钢丝绳进行检查;

b.目视检查电缆缠绕装置中的电缆及空气软管,不应有擦伤或损伤;

c.检查压缩空气系统的过滤器及其芯子的工作情况,并检查润滑器油位;

d.目视检查轨道的情况,包括大车轨道、小车轨道及伸缩套筒的导向轨道;

e.目视检查所有的导向轮,各导向轮的支承面不应有压痕;

f.目视检查运行制动器、辅助制动器及应急制动器的衬垫的磨损情况;

g.检查各连接装置,看其是否拧紧;

h.检查各层高度的台架,排除异物。

②抓具拆卸

a.将燃料组件上管座模拟体吊入构件池底;

b.装卸料机开到构件池上方,拆卸抓具;

c.将拆卸下来的抓具连同燃料组件上管座模拟体一起吊出水池,包好后放入集装箱,等待运到 AC 厂房。

5.典型案例分析

(1)燃料组件抓具卡涩故障处理

故障现象:2006 年秦二厂 1 号机组在进行小修卸料过程中发生燃料组件抓具无法正常动作的故障,导致卸料工作无法进行。

原因分析:首先对抓具驱动回路进行检查处理。①检查抓具驱动连杆与导向板之间无碰磨现象。②检查橡胶气管、尼龙管,无破损漏气现象,拔出尼龙气管与汽缸的接头,检查气管、汽缸内无进水现象。③检查电气控制回路,无异常。④更换了压缩空气驱动线路上的电磁阀,无效果。⑤更换汽缸。对拆除下来的旧汽缸进行检查,汽缸动作顺畅;新汽缸连接抓具执行机构安装调试结束后,仍然不能恢复正常操作。排除其他因素后,最后排水将抓具拆除并解体检查,发现抓具动作芯杆外壁和芯杆套筒内壁均有磨损及金属残留物,最终确认是抓具内部部件配合面卡涩磨损导致无法动作。

处理方法:将发生卡涩磨损的配合面进行打磨,清洗后组装,并在 KX 厂房新燃料组件上进行动作试验,确认合格后回装到装卸料机上,恢复并顺利完成卸料工作。

(2)主提升安全制动器无法释放故障处理

故障现象:秦二厂 101/102 换料大修装卸料期间,装卸料机通上电源后主提升安全制动器不能自动打开,主提升无法动作。

原因分析:弹簧预紧力过大,即制动器抱合过紧,电磁线圈的吸引力不能克服弹簧张力将制动器打开。

处理方法:旋转力矩螺母可以调整弹簧预紧力,从而调整抱合力矩,如果增加弹簧预紧力即增加抱合力矩,就旋进力矩调整螺母,如果要减小弹簧预紧力即减小抱合力矩,就将力矩调整螺母退出一些(注意:d 值调整需要与仪控专业联合实施,抱合力矩调整必须在制动器断电抱紧的状态下实施,进行反复吸合/打开调试,并且最终的 d 值应当在 4~21 mm 之间),直至通电后安全制动器能自动打开为止。

(3)气管卷筒断裂卷簧的更换

故障现象:方家山 2 号机组 204 大修装料期间,卷筒内的卷簧发生断裂,导致卷筒回卷力丧失,气管松脱开并缠绕在一起。

原因分析:随着长时间反复收放,导致弹簧断裂处出现疲劳断裂。

处理方法:拆除气管卷筒,将卷筒轴承拆下后取出卷筒轴,打开分离下来的卷簧盒,取出里面损坏的卷簧,将新卷簧装入卷簧盒中,注意须将卷簧压紧后装入,一定要固定好卷簧,小心卷簧蹦开伤人。组装好卷筒后将其回装到塔架中,再将气管缠绕到卷筒上,注意气管不要扭曲交叉,并调节气管长度,试验确认气管无松脱。

(4)固定套筒导向轮卡涩故障处理

故障现象:方家山103大修时部分导向轮发生卡死,伸缩套筒提起燃料组件上升过程中摩擦力增大,导致超载报警频繁。

原因分析:伸缩套筒轨道与导向轮存在憋劲现象,且轮子与轴同种材质,硬度相同,挤压导致导向轮与轮轴发生卡死。

处理方法:将卡死的导向轮取下,将轮孔扩大并嵌入铝青铜材质的轴套,并将轮轴表面修复后回装。

(5)大、小车制动器抱死故障处理

故障现象:秦二厂101换料大修卸料期间大、小车运行三个制动器曾先后咬轴抱死,导致大、小车无法行走,卸料工作被迫临时中止。

原因分析:上述制动器均为电磁多片式失电制动器,其制动器线圈及固定压板内孔与减速器出轴配合间隙太小,仅为0.05 mm。大、小车提速或减速时有时冲击较大,轴/孔易咬死。

处理方法:将三个制动器拆除后解体,拆下三个制动器的线圈及固定压板,并机加工将压板内孔扩大1 mm,然后在内孔与轴上涂抹凡士林后复装。之后大、小车运行正常,未再出现咬轴现象,顺利完成装料工作。

6. 课后思考

(1)核电厂PMC系统装卸料机设备功能有哪些?

(2)列出10项装卸料机燃料组件抓具的主要组成部件。

8.3 锅 炉

8.3.1 概述

目前,核电厂采用了三代核电技术,并采用电锅炉来提供辅助蒸汽。电锅炉不仅启动和提供蒸汽的速度快,而且具备显著的环保性,占地面积小。

现阶段,电锅炉可以分成电加热管型与电极型两种,对比来说,电加热管型电锅炉的容量比电极型小,参数也较低,因此大多情况下用于采暖,无法满足核电厂的应用需求,因此核电厂主要采用电极型电锅炉。

电锅炉运行系统简单,辅助设备中包含了锅炉、除氧装置、给水泵、补水泵、循环泵、排污罐以及专用变压器等。

8.3.2 结构与原理

电极型蒸汽锅炉中水由循环泵从锅炉的下方送至中心集箱,靠重力从中心集箱上的喷嘴流出并冲击电极板,从而形成电流通路(图8-46)。高电压电源直接与电极的端子相连。当电导率在最大额定值时,约有3%的水流被蒸发。当未蒸发的那部分水(约为总流量的

98%)从电极流至反电极时,又形成了第二电流通路。

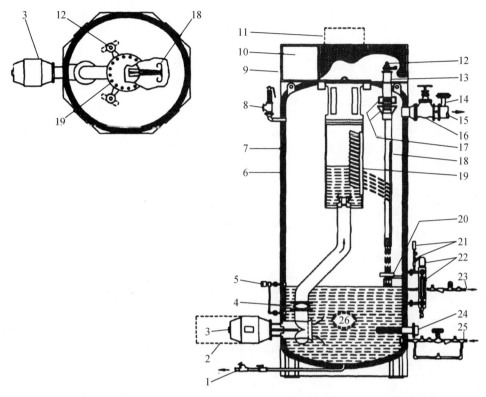

1—排污网;2—泵拆装空间;3—循环泵;4—止回阀;5—电导率测量仪;6—铁皮壳体;7— 保温层;
8—安全阀(2只);9—电极烟罩;10—高压电缆接入口;11—集箱拆装空间;12—导电棒;13—高电压绝缘体;
14—背压调工装置;15—蒸汽出口;16—止回阀;17—绝缘罩;18—电极/冲击板;19—中心集箱;20—反电极;
21—压力表;22—水位计;23—表面排污;24—备用加热器;25—给水阀;26—人孔。

图 8 – 46　电极型蒸汽锅炉结构示意图

锅炉出力的调节是通过变频循环泵来控制送至中心集箱的水量实现的。循环泵的转速取决于锅炉压力控制系统,从而使蒸汽压力保持恒定。

水的电导率是锅炉运行的重要参数。几乎在所有情况下,由于补水时把盐分加入了炉水中(除非补水是得到彻底除盐的),而蒸汽夹带的盐分是可以忽略不计的,这部分盐分就留在锅炉中,所以炉水电导率总是存在增加的趋势。为了抵消这一电导率的增加趋势,设置了一个自动电导率控制区来监控水的电导率,如果电导率偏高,就将向一个自动阀发出信号使少量高电导率的水从锅炉中排出,然后这部分水就由更低电导率的水取代。

炉水位控制采用比例式给水调节器,另外还设有独立高水位和低水位切断开关,并接入锅炉的安全回路。所有锅炉安全回路都直接至循环泵,所以当泵停转时,就不再形成电流通路,从而实现锅炉的有效停止。

锅炉中设有备用电加热器以便将锅炉压力提升到启动时的最低运行压力(50 psi,即0.33 MPa),或当锅炉处在备用状态时用于在短时间内维持这一压力或更高的压力。

锅炉出力可在零符合与满负荷之间无级调节,而且有比较高的变化速率,因此可以满足用户的需求变化。从零功率到满功率需要约 5 s。

其性能特点有：

(1)投资成本低；

(2)效率高,100%输出时为99.5%,且不会随着时间而衰减,不需做性能评估或试验；

(3)占地面积小；

(4)备品备件少；

(5)维护费用低；

(6)启动速度快,对符合变动的反应快；

(7)可靠性高；

(8)输出0~100%全程可调；

(9)水处理要求低；

(10)蒸汽品质高；

(11)误操作宽容度大；

(12)没有低水位风险；

(13)没有整机失效的可能；

(14)无烟气排放；

(15)没有冷水冲击损坏的可能。

1. 锅炉供电方式

电极型锅炉供电电压为13.8 kV,通过一个6.6 kV/13.8 kV升压变压器供电,6.6 kV电源由电厂辅助变压器提供。

2. 锅炉启动方式

电极型锅炉的启动主要分为冷启动与热启动。

热启动是指锅炉在热态状态下启动,锅炉热态是指锅炉压力达到350 kPa以上,温度大于110 ℃。热启动操作只需要一键启动就可以完成操作,在15 min内锅炉压力达到1.2 MPa,温度达到188 ℃。若需要更快的速度达到目标值可以手动启动,但是电功率变化不能超过7 MW/min。

冷启动是指锅炉压力和温度都在常温常压下,锅炉可以直接接通高压电,手动控制循环泵转速给锅炉内部升温加压。当压力到达热态压力350 kPa时可以转为自动启动。第二种升压方式是通过压缩空气使锅炉内压力达到350 kPa,然后通过自动程序启动。

3. 锅炉停止

典型的停机流程如下:关闭出口背压控制阀,最终把蒸汽需求降为零,循环泵转速降为零,循环泵切换到OFF位置,断路器控制开关将高压断路器断开,触摸屏关闭化学加药泵、电解质加药泵和锅炉给水泵,关闭排污电磁阀。

4. 锅炉控制

(1)输出控制

锅炉的出力是由锅炉内置循环泵的转速控制的,转速越快集水盘中水的流量越大,流到电极板上的水越多。电极板上能蒸发的水量是固定值,约使3%的水转化为蒸汽,所以提高给水量可以提高蒸汽的产生量。

每台锅炉有两个循环泵,分别在锅炉对称的两侧,锅炉的输出和循环泵的转速之间基本成正比曲线,在频率达到 1 200 r/min 的时候锅炉的出力接近最大值 24 MW,循环泵转速达到 450 r/min 之前炉水无法从集水管中喷射到电极板上。这个设定是为了在调解电导率的时候,能使炉水的电导率在泵的搅拌下更加均匀。

一台循环泵和两台循环泵之间输出相差很大,无法满足输出要求,所以在控制设计中设置了若一台循环泵因故障停运,第二台循环泵将在 10 s 后随之停运。这是对循环泵的保护原则,锅炉的出力需要满足用户的需求,而循环泵是对应输出去调整循环泵转速,当需要输出超过 65% 时单台泵转速达到额定最大值,当输出再提高时循环泵会超速而损坏电机。

(2)电导率控制

水的电导率对锅炉运行非常重要,补水里的任何盐分都会加到炉水里(除非补水是完全除盐水),留在锅炉里,因为蒸汽里盐分的携带是可忽略的。电导率分析仪能自动测定水的电导率,如果太高,就发信号给自动排污阀使少量高电导率的水从锅炉排出去,随后这部分水由低电导率的补水来补充。相反,当电导率过低,则电导率控制回路会启动电解质加药泵来加入电解质提高炉水的电导率。

(3)水位控制

电极型锅炉的补水主要来自除盐水系统。补水先经过除氧器,通过水位自动控制阀进入锅炉。锅炉的给水由自动控制阀控制,正常水位在 45～55 cm。若给水控制失控,锅炉也有自身的高水位与低水位保护。锅炉的低水位保护主要是为了保护循环泵,当水位达到 2 cm 时循环泵自动停运。锅炉水位高会淹没电极,使电极之间短路,这是锅炉使用中最大的风险。所以在水位达到 65 cm 的时候锅炉会自动跳开高压电,使电极失电避免被击穿。除氧器的压力过高也会导致锅炉循环泵停运,原因是压力过高会使水在进入给水泵的时候发生闪蒸,蒸汽会对管道造成冲击。

(4)给水泵控制

给水泵一般都在自动模式下运行,也可以由操作员在控制柜上切换到手动运行模式。当所有逻辑条件全满足时,1 号、2 号给水泵连续运行。为了让适量的水进入锅炉,控制阀会按所需的比例打开。如果存在低压情况(两台给水泵不能满足给水要求),那么第三台给水泵会自动投入运行,以提供所需的压力。

三台给水泵之间将每隔 100 个累计运行小时后自动切换。

(5)除氧器控制

除氧器一般都在自动模式下运行,其储水容器里的水位由差压水位变送器进行测量,然后由水位控制器控制。除氧器储水容器里的压力通过压力控制器控制,控制器根据来自压力变送器的输入信号来控制压力控制阀。水位控制阀和压力控制阀可以由操作员在控制柜上执行自动运行模式。水位控制和压力控制可以通过人机界面进行操作。

8.3.3　标准规范

《在用锅炉定期检验规则》(劳锅字〔1988〕1 号,1988 年 8 月 1 日颁布,1988 年 8 月 1 日实施)。

《锅炉运行状态检验规则》(试行)(劳锅字〔1992〕4 号,1992 年 1 月 22 日颁布,1992 年 10 月 1 日起试行)。

《锅炉定期检验规则》(质技监局锅发〔1999〕202 号,1999 年 9 月 3 日颁布,2000 年 1 月

1 日实施)。

8.3.4 预维项目

1.手动排污

(1)底排污

锅炉应按系统要求进行定期的短时间手动底排污操作,如果炉内有污垢产生,建议每天都要进行这样的排污。

(2)表排污

由于锅炉不是从水面以下产生蒸汽,即不从水面夹带水中的化学物,同时水面上可能发生的泡沫现象会在电极底部引起打弧,所以有必要至少每月一次对水的表面部分进行排污。在循环泵停运情况下手动执行表面排污,直到水位降至表面排污管口以下。

2.自动表排污

按系统需要对自动表排进行定期清洗,清洗频率不低于每周一次。

3.水位计排污

水位计水柱和玻璃管都必须每天进行一次短暂的排污。

4.电导率腔体

电导率腔体应每周进行一次排污。关闭电导率控制器,在执行此项排污前必须关闭进口流量阀,以免引起电导池的反冲洗。

5.电导池

电导池应至少每两月一次(或按经验确定频率)拆下并进行检查。

6.阀门执行机构

每两个月目视检查一次各控制阀的动作情况。

7.给水过滤器

按给水质量水平对给水过滤器进行定期清洗,但至少不应低于每月一次。

8.导电棒绝缘体及垫圈

(1)垫圈老化

内部绝缘体与容器上安装套管和连接螺母之间的垫圈时间过长会老化,在锅炉没有蒸汽排放时,该垫圈位置有蒸汽出现即说明垫圈需更换。

(2)垫圈更换

每天对所有蒸汽排气口进行检查,以便及时发现垫圈老化,一旦发现蒸汽出现就应安排对锅炉进行检修,更换垫圈,检查绝缘体老化情况。

(3)绝缘体

重新装上的绝缘体不应有污垢和灰尘,清理绝缘体时应使用温肥皂水和软刷子,短路弹簧的设置是为了消除静电放电,故必须彻底清理干净。

9.背压调节器

背压调节器的填料密封应进行定期检查、定期压实和重新填料,如果调节器自带活塞

操纵杆,那么操纵杆也需要进行定期检查,确认上面没有灰尘且动作灵活。

10. 喷嘴

(1)堵塞

喷嘴应每年检查一次,如果在数月的锅炉运行中发现要保证满负荷输出就必须不断地提高电导率,那么检查频率应更高,在这种情况下锅炉将不得不最终停炉进行喷嘴的清理。可使用一字螺丝刀来松开喷嘴内壁上硬化的沉积物,要进一步清除喷嘴内部的污垢可使用钢丝刷。

(2)流量检查

每次锅炉检修后,需进行一次水流检查。

11. 安全阀

按照安全阀检验规定进行定期检验。

8.3.5　典型案例分析

1. 蒸汽出口背压控制阀关闭不严

当汽水分离器检修完毕,基础隔离后,由于蒸汽出口背压控制阀关闭不严,锅炉热备用时,汽水分离器内温度压力将与辅助蒸汽系统管道内的气体温度压力一致。解除隔离时,由于汽水分离器温度较低,如果隔离阀 XCA012VV 开启过快,将大量高温高压蒸汽(188 ℃,1 150 kPa)通入汽水分离器内,就会在管道和附件上产生很大的热应力,这时若膨胀又受到阻力的话将导致汽水分离器破坏。蒸汽进入冷管道时,还会产生凝结水,如果凝结水不能及时通畅地排出,将会造成强烈的水击现象而使汽水分离器损坏。因此,在解除隔离时,应进行暖管。

解除隔离单上增加建议指令。在开启 XCA012VV 之前,保持 XCA131VL、XCA133VL 微开,然后缓慢开启 XCA012VV,当听到蒸汽流声音后停止开启,持续观察 XCA008LP。当 XCA008LP 压力指示到 1 100 kPa 后,关闭 XCA131VL、XCA133VL,最后全开 XCA012VV。

2. 三台给水泵隔离风险

锅炉三台给水泵电源均来自锅炉除氧器电控箱,如果一台泵需要隔离,则需要把整个电源断开。为了保持给水泵的可用性,在未变更前,电厂采取的措施是先把电源箱的电源断开,然后把对应需隔离给水泵的保险拔掉,做临时变更,最后重新对电源箱送电。这项工作执行中需要检修人员配合,增加了工作的复杂性。

已通过正式变更手段,在电源箱下游对应每台给水泵增加隔离开关,使其能够单独控制每台给水泵供电,增加了锅炉运行的灵活性,提高了工作效率,同时也增加了设备的可靠性。

8.3.6　课后思考

(1)锅炉有哪几种运行方式?

(2)电导率有什么作用,过大过小的后果是什么?

(3)简述定期排污的重要性。

8.4 水处理设备

8.4.1 概述

凝结水一般是指蒸汽发生器产生的蒸汽在汽轮机做功后,经循环冷却后冷却凝结的水。实际上凝汽器热井的凝结水还包括高压加热器(正常疏水不到热井)、低压加热器等疏水(疏水是指进入加热器将给水加热后冷凝下来的水)。由于热力系统不可避免地存在水汽损失,需向热力系统补充一定量的补给水(除盐水箱来水),因此凝结水主要包括汽轮机内蒸汽做功后的凝结水、各种疏水和给水。凝结水由于某些原因会受到一定程度的污染,污染源有以下两点。

(1)凝汽器渗漏或泄漏

凝结水污染的主要原因是冷却水从凝汽器不严密的部位漏至凝结水中。凝汽器不严密的部位通常是在凝汽器内部管束与管板连接处,由于机组工况的变动会使凝汽器内产生机械应力,即使凝汽器的制造和安装质量较好,在使用中仍然可能会发生循环冷却水渗漏或泄漏现象。而冷却水中含有较多悬浮物、胶体和盐类物质,必然影响凝结水水质。

(2)金属腐蚀产物的污染

凝结水系统的管路和设备会由于某些原因而被腐蚀,因此凝结水中常常有金属腐蚀产物,其中主要是铁和铜的氧化物。铁的形态主要是以 Fe_2O_3、Fe_3O_4 为主,它们呈悬浮态和胶态,此外也有铁的各价态离子。凝结水中腐蚀产物的含量与机组的运行状况有关,在机组启动初期凝结水中腐蚀产物较多,另外在机组负荷不稳定情况下杂质含量也可能增多。

凝结水精处理系统为永久性设置的系统,用以除去凝结水中的离子态及悬浮状杂质,确保达到蒸汽发生器规定的给水水质。其主要功能如下:

(1)在机组启动阶段,凝结水精处理系统的投入,可使凝结水较快地达到回收指标,从而减少凝结水的排放量,并缩短机组的启动时间。

(2)在机组启动阶段或正常运行期间,凝结水精处理系统的投入,可除去热力系统在机组正常运行或机组启停期间形成的腐蚀产物,为锅炉提供悬浮物质(如铁、铜氧化物以及其他细小颗粒)含量极低的给水。

(3)在机组正常运行期间,凝结水精处理系统的投入,可除去凝汽器水侧或汽侧因微量泄漏而进入凝结水的杂质(特别是对于那些虽能检测到,但又难于堵漏的微量泄漏),确保给水水质,满足热力系统的水化学要求。

(4)在凝汽器发生微量泄漏时,作为应急措施,可以使给水水质在短时间内免受凝汽器泄漏的影响,有利于泄漏事故的处理,从而达到蒸汽发生器安全运行,延长使用寿命的目的。

8.4.2 结构与原理

根据蒸汽发生器对二回路给水品质的高要求,为了延长混床的运行周期,并使热力系统与凝结水精处理系统在运行方式上具有一定的安全和灵活性,采用全流量的中压旁流式

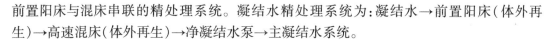

前置阳床与混床串联的精处理系统。凝结水精处理系统为：凝结水→前置阳床（体外再生）→高速混床（体外再生）→净凝结水泵→主凝结水系统。

1. 前置阳床及高速混床

前置阳床及高速混床主要除去水中的盐类物质（即各种阴、阳离子），另外还可以除去前置过滤器漏出的悬浮物和胶体等杂质。

前置阳床单元主要设备包括 5 台 DN3400 的球型床，5 台中压树脂捕捉器，一台阳床再循环泵和一台组合型仪表安装、取样架。正常状态时 4 台运行 1 台备用或维修。

混床单元主要设备包括 5 台 DN3400 的球型床，5 台中压树脂捕捉器，一台阳床再循环泵和一台组合型仪表安装、取样架。正常状态时 4 台运行 1 台备用或维修。

两种床均为直径 DN3400 的球型罐体，设计压力为 3.5 MPa，内件主要有进水布水装置和出水集水装置。

内部管道设计应使通过整个装置的流量收集和分配均匀，避免在局部产生过高的流速或偏流。顶部采用水帽进水，防止水流直接冲刷到树脂层表面，造成树脂层表面凹凸不平引起偏流，从而引起周期制水量及出水水质降低。

下部排水系统（弧形板加水帽）的设计满足在额定流量下均匀地集水，不会引起出水偏流而降低出水水质；并能在正常运行时，在额定压差下有足够的出水量。当卸出树脂时，采用小流量冲洗水和压缩空气输送至再生系统；当混合树脂时，则采用小流量除盐水和低压压缩空气进行混合；当设备失效解列停运后，可从底部进压缩空气和冲洗水将失效树脂输送至再生装置；对于混床，当再生好的树脂从再生装置的贮存塔中送回高速混床后，为避免树脂输送过程中，因阳、阴树脂的相对密度差异造成分层现象，此时可通过罗茨风机的压缩空气，使阳、阴树脂充分混合，以保证出水水质。

2. 中压树脂捕捉器

中压树脂捕捉器设备为卧式柱形容器，设计压力为 3.5 MPa，直径为 DN350，过滤精度为 150 μm，用于截留运行塔（高速混床）出水装置可能泄漏出来的树脂。如果运行塔发生跑、漏树脂事故，可以将漏出的所有树脂截留住，以防止树脂进入热力系统，影响蒸汽发生器的排污水品质。

3. 阳床树脂再生塔

阳床树脂再生塔设备为立式柱形容器，设计压力为 0.69 MPa，内件主要有上部布水装置、进酸装置、溢流装置及下部布水装置。容器的设计应满足通过空气擦洗和水力作用达到清洁树脂以及树脂彻底再生的要求。再生塔包含阀门、表计、内部连接管、附件、控制设备等。

4. 混床树脂分离塔

分离塔为上大下小的倒锥形立式容器，设计压力为 0.69 MPa，分离塔内主要有上部布水装置及下部布水装置。树脂分离塔接受来自混床的失效树脂，容器的设计应满足通过空气擦洗和水力作用使阳、阴树脂彻底分层从而达到完全分离（控制指标：经分离后，阳树脂中的阴树脂和阴树脂中的阳树脂质量分数均≤0.1%）等要求。为此，要求分离塔下部的截面积尽量小，以保证树脂的有效分离；上部应有充分膨胀分层的区域。分离塔应能完全将上层阴树脂送往阴床树脂再生塔，将下层阳树脂送往阳床树脂再生塔进行再生，而混脂层则留在分离塔内。分离塔包括阀门、表计、内部连接管、附件、控制设备等。

5. 混床阳树脂再生塔

混床阳树脂再生塔设备为立式柱形容器,设计压力为 0.69 MPa,内件主要有上部布水装置、进酸装置及下部布水装置。其配备能满足完成阳树脂的彻底再生,并将再生好的阳树脂输送到混床树脂混合贮存塔中。混床阳树脂再生塔包括阀门、表计、内部连接管、附件、控制设备等。

6. 混床阴树脂再生塔

混床阴树脂再生塔设备为立式柱形容器,设计压力为 0.69 MPa,内件主要有上部布水装置、进碱装置及下部布水装置。其配备能满足完成阴树脂的彻底再生,并将再生好的阴树脂输送到混床树脂混合贮存塔中。混东阴树脂再生塔包括阀门、表计、内部连接管、附件、控制设备等。

7. 混床树脂混合贮存塔

混床树脂混合贮存塔设备为立式柱形容器,设计压力为 0.69 MPa,内件主要有上部布水装置及下部布水装置。其配备能接纳分别从混床阳树脂再生塔和混床阴树脂再生塔已经再生好的树脂,将其混合、清洗合格贮存备用。混床树脂混合贮存塔包括阀门、表计、内部连接管、附件、控制设备等。

8. 高位酸、碱贮存罐

该部分设备为装卸、贮存浓硫酸(H_2SO_4)、烧碱(NaOH)所用。其结构均为卧式圆柱形容器,两端带有椭圆形封头,罐体为常压容器。上部设计有进液口、排气口(酸贮存罐设呼吸器,碱贮存罐设吸湿器)、人孔等接口;底部有排污管接口、出液口;一端封头配置了液位计接口,用于监测罐体内溶液的液位高度,并能随时发出液位信号,高、低液位时能及时报警,提请运行人员注意。

9. 酸、碱计量箱

该部分设备为对再生及废水中和用的酸、碱进行批量计量所用,包括阳床酸计量箱、混床酸计量箱及混床碱计量箱。其结构为立式圆柱形容器,箱体为常压容器。箱体顶部有盖板,并留有进液口、排气口(酸计量箱设呼吸器,碱计量箱设吸湿器)、安全阀回液口等管接口。箱底部设有排污口,用于设备检修、定期排污或非正常情况时排走箱内溶液。箱体侧面设有液位计接口,用于监测箱体内溶液的液位高度,并能随时发出液位信号,高、低液位时能及时报警并与酸、碱计量箱出口气动阀联锁,在最低液位时关闭阀门。

10. 罗茨风机

罗茨风机是一种容积式动力机械。一对相互啮合的叶轮将进、排气口分开,由同步齿轮传动,两叶轮在汽缸中做等速反向旋转,在旋转过程中,进气口的气体不断被叶轮推移到排气口,从而达到强制排气的目的。

罗茨风机用于树脂的擦洗松动和树脂的混合。其气源是空气,进口有滤网,防止杂物进入;前后都有消音器,利于减少所释放的噪音。再生步骤需启动罗茨风机时,往往先要预启动,是为了吹去风管的杂物,此时需开启风管上的排风门。

8.4.3 标准规范

DL/T 5068《火力发电厂化学设计技术规程》

DL 5000《火力发电厂设计技术规程》

GB 12145《火力发电机组及蒸汽动力设备水汽质量》

GB/T 50109《工业用水软化除盐设计规范》

JB/T 2932《水处理设备制造 技术条件》

CJ/T 43《水处理用滤料》

HG/T 20677《橡胶衬里化工设备》

HG 20538《衬塑(PP、PE、PVC)钢管和管件》

GB 150《钢制压力容器》

JB/T 4730《承压设备无损检测》

8.4.4 预维项目

1. 检修维护规程(以方家山为例)

检修维护规程如表8-5所示。

表8-5 检修维护规程(以方家山为例)

文件编号	标题
QFX - ATE - TPMAPM - 0016	方家山1号、2号机组 ATE 系统高速混床定期维护保养规程
QFX - ATE - TPMAPM - 0004	方家山1号、2号机组 ATE 系统废水泵定期维护保养规程
QFX - ATE - TPMAPM - 0028	方家山1号、2号机组 ATE 系统混床阴树脂再生塔定期维护保养规程
QFX - ATE - TPMAPM - 0021	方家山1号、2号机组 ATE 系统混床树脂分离塔定期解体检修规程
QFX - ATE - TPMAPM - 0026	方家山1号、2号机组 ATE 系统混床阳树脂再生塔定期维护保养规程
QFX - ATE - TPMAPM - 0011	方家山1号、2号机组 ATE 系统再生水泵定期解体检查规程
QFX - ATE - TPMAPM - 0020	方家山1号、2号机组 ATE 系统回收水箱定期维护保养规程
QFX - ATE - TPMAPM - 0006	方家山1号、2号机组 ATE 系统回收水泵定期维护保养规程
QFX - ATE - TPMAPM - 0010	方家山1号、2号机组 ATE 系统阳床再循环泵定期维护保养规程
QFX - ATE - TPMAPM - 0022	方家山1号、2号机组 ATE 系统混床树脂分离塔定期维护保养规程
QFX - ATE - TPMAPM - 0005	方家山1号、2号机组 ATE 系统回收水泵定期解体检查规程
QFX - ATE - TPMAPM - 0019	方家山1号、2号机组 ATE 系统回收水箱定期解体检查规程
QFX - ATE - TPMAPM - 0030	方家山1号、2号机组 ATE 系统前置阳床定期维护保养规程
QFX - ATE - TPMAPM - 0003	方家山1号、2号机组 ATE 系统废水泵定期解体检查规程
QFX - ATE - TPMAPM - 0032	方家山1号、2号机组 ATE 系统阳树脂再生塔定期维护保养规程
QFX - ATE - TPMAPM - 0013	方家山1号、2号机组 ATE 系统除盐水箱定期解体检查规程
QFX - ATE - TPMAPM - 0024	方家山1号、2号机组 ATE 系统混床树脂混合贮存塔定期维护保养规程

表 8 - 5（续）

文件编号	标题
QFX - ATE - TPMAPM - 0014	方家山 1 号、2 号机组 ATE 系统除盐水箱定期维护保养规程
QFX - ATE - TPMAPM - 0017	方家山 1 号、2 号机组 ATE 系统回收水混床定期解体检查规程
QFX - ATE - TPMAPM - 0001	方家山 1 号、2 号机组 ATE 系统冲洗水泵定期解体检查规程
QFX - ATE - TPMAPM - 0012	方家山 1 号、2 号机组 ATE 系统再生水泵定期维护保养规程
QFX - ATE - TPMAPM - 0018	方家山 1 号、2 号机组 ATE 系统回收水混床定期维护保养规程
QFX - ATE - TPMAPM - 0002	方家山 1 号、2 号机组 ATE 系统冲洗水泵定期维护保养规程
QFX - ATE - TPMAPM - 0008	方家山 1 号、2 号机组 ATE 系统混床再循环泵定期维护保养规程
QFX - ATE - TPMAPM - 0027	方家山 1 号、2 号机组 ATE 系统混床阴树脂再生塔定期解体检修规程
QFX - ATE - TPMAPM - 0025	方家山 1 号、2 号机组 ATE 系统混床阳树脂再生塔定期解体检修规程
QFX - ATE - TPMAPM - 0023	方家山 1 号、2 号机组 ATE 系统混床树脂混合贮存塔定期解体检修规程
QFX - ATE - TPMAPM - 0031	方家山 1 号、2 号机组 ATE 系统阳床树脂再生塔定期解体检修规程
QFX - ATE - TPMAPM - 0029	方家山 1 号、2 号机组 ATE 系统前置阳床定期解体检修规程
QFX - ATE - TPMAPM - 0033	方家山 1 号、2 号机组 ATE 系统净凝结水泵解体检查规程
QFX - ATE - TPMAPM - 0009	方家山 1 号、2 号机组 ATE 系统阳床再循环泵定期解体检查规程
QFX - ATE - TPMAPM - 0034	方家山 1 号、2 号机组 ATE 系统净凝结水泵定期检查维护规程
QFX - ATE - TPMAPM - 0007	方家山 1 号、2 号机组 ATE 系统混床再循环泵定期解体检查规程
QFX - ATE - TPMAPM - 0015	方家山 1 号、2 号机组 ATE 系统高速混床定期解体检修规程

2. 修后试验规程（以方家山为例）

修后试验规程如表 8 - 6 所示。

表 8 - 6　修后试验规程（以方家山为例）

文件编号	规程
QF2 - ATE - TPMATE - 0004	2ATE204PO 再鉴定试验规程
QF1 - ATE - TPMATM - 0006	1ATE201PO 再鉴定规程
QF1 - ATE - TPMATM - 0007	1ATE202PO 再鉴定规程
QF1 - ATE - TPMATM - 0005	1ATE101PO 再鉴定规程
QF1 - ATE - TPMATE - 0004	1ATE204MO 再鉴定规程

8.4.5　典型案例分析

以方家山关于 ATE 系统树脂的污染问题为例。

1. 事件描述

2016 年 5 月 13 日凝结水精处理系统 2ATE 退出运行，随后 102 燃料循环 2ATE 处于停运备用状态。2016 年 12 月 23 日 3:35，方家山 2 号机组解列，开始 QF - OT202 大修，直至

2017 年 1 月 20 日 1:43 机组并网结束。202 大修机组启动初期凝汽器进水冲洗换水,并于 2017 年 01 月 16 日起重新投运 2ATE 净化床,保持凝结水全流量处理净化。203 燃料循环机组于 2017 年 2 月 1 日 18:00 重新升至满功率运行后,随着蒸汽发生器排污水(2SG)水质趋于良好及稳定,2ATE 于 2017 年 2 月 2 日退出运行。

2017 年 2 月 1 日从 1 号高速混床 2ATE201DE 将失效树脂转移到分离塔、阳床树脂再生塔、阴床树脂再生塔,观察到以下现象:

①2ATE 树脂输送管道试镜在输送失效树脂前晶莹透明,输送树脂后可以明显观察到内壁黏附一层黄黑色疑似油类物质。

②在分离塔中阴、阳树脂分离后,漂浮于水面的阴树脂层高度为 40 mm,体积约为 0.1 m^3。

③分离塔内漂浮于水面的阴树脂样品,取出后放置于烧杯内,加酒精搅拌后液面漂浮少许油状物。

④失效树脂分离塔分层后转移到阳再生塔的阳树脂表面存有 5 mm 左右阴树脂。

⑤阴、阳床树脂再生塔内树脂经 3% NaOH 溶液浸泡后,液面漂浮油膜状物质。

以上观察到现象表明,2ATE 混床树脂存在疑似油类污染,因 2ATE 凝结水精处理系统是在 202 大修机组启动初期才开始投入运行,净化处理的是二回路凝结水,所以疑似的油类污染应来自方家山 2 号机组 202 大修常规岛所进行的大修工作。

2. 原因分析

直接原因:202 大修 1 号低压缸叶片叶根超声检查时使用的油性耦合剂未彻底擦除干净;大修二回路开口系统设备、蓝油试验、设备解体后用油保养等工作维修结束前,化学辅助材料(包括油类或油脂类)使用后的清洁度控制不严,油类或油脂类清除不彻底。

根本原因:汽轮机叶片叶根超声检验使用了油性耦合剂。

促成原因:在役检查相关技术程序规定不完善。

3. 纠正行动

(1)升版高压缸、低压缸叶片叶根超声检验质量计划:"4.0 清理现场"节增加耦合剂擦除清洁度检查的 QC 质量控制点。另外役检人员需在汽机部件超声检测质量计划中明确:使用耦合剂实施检测后,需要通知化学人员现场对耦合剂的去除清洁度一同进行检查。

(2)升版高压缸、低压缸末二级叶片叶根相控阵超声检验质量计划:"4.0 清理现场"节增加耦合剂擦除清洁度检查的 QC 质量控制点。另外役检人员需在汽机部件超声检测质量计划中明确:使用耦合剂实施检测后,需要通知化学人员现场对耦合剂的去除清洁度一同进行检查。

(3)升版 QFX – ADG – TPMAPM – 0001《方家山 1 号、2 号机组 ADG 系统主给水除氧器定期解体检修规程》,要求除氧器容器内部在维修结束前的清洁度和异物检查的 QC 见证点中的检查人员需增加化学人员,侧重检查除氧器内部化学辅助材料(包括油类或油脂类)使用后的清洁度控制。

(4)在役检查时若需要使用油性耦合剂用于汽轮机等二回路系统设备内部,应将在役检查使用的油性耦合剂牌号及成分等提交化学处。(对于汽轮机叶片叶根超声检验,在役检查确认其他电厂也使用机油作为汽机部件超声检测耦合剂,使用油性耦合剂后的清除方式均为干净棉布擦拭,待缝隙中没有机油渗出即可。)

（5）化学处对在役检查提交的需使用的油性耦合剂进行技术审定，并完善"公司批准使用的化学辅助材料清单"，保证化学品控制技术文件与在役检查使用一致。

（6）升版 QFX‐5II‐TPII‐0002《方家山1号机组、2号机组金属监督适用程序清册》中的"汽轮机叶片叶根超声检验程序"（NW‐FJ‐GC‐102）和"汽轮机叶片叶根超声相控阵检验程序"（NW‐FJ‐GC‐117），增加采用耦合剂的型号规格，对耦合剂的使用要求做出明确的规定；对"检验后处理"如何擦除耦合剂进行详细的说明。

（7）升版 QFX‐CEX‐TPMAPM‐0003《方家山1号、2号机组 CEX 系统凝汽器定期解体检修规程》，要求凝汽器容器内部在维修结束前的清洁度和异物检查的 QC 见证点中的检查人员需增加化学人员，侧重检查凝汽器内部化学辅助材料（包括油类或油脂类）使用后的清洁度控制。

（8）升版 QFX‐4PTB‐TPMAPM‐0001《方家山1号、2号机组高中压合缸定期解体检查规程》，要求高中压合缸内部在维修结束前的清洁度和异物检查的 QC 见证点中的检查人员需增加化学人员，侧重检查汽轮机高中压合缸内部化学辅助材料（包括油类或油脂类）使用后的清洁度控制。

（9）升版 QFX‐4PTB‐TPMAPM‐0002《方家山1号、2号机组Ⅰ、Ⅱ低压缸定期解体检查规程》，要求低压缸内部在维修结束前的清洁度和异物检查的 QC 见证点中的检查人员需增加化学人员，侧重检查汽轮机低压缸内部化学辅助材料（包括油类或油脂类）使用后的清洁度控制。

8.4.6　课后思考

（1）凝结水受到的污染主要有哪些来源？
（2）凝结水精处理系统的主要功能是什么？
（3）请简述凝结水精处理系统的系统流程？
（4）前置阳床及高速混床的主要结构是什么？
（5）罗茨风机的主要功能是什么？

8.5　超压保护设备

8.5.1　概述

1. 安全阀的基本知识

（1）阀门：安装在压力容器、受压设备及其连接管道上，用以控制介质流向的、具有可动机构的机械产品的总称。

（2）通用阀门：压力容器、受压设备及其连接管道上最常用的阀门的统称。

（3）阀门的公称通径：是指阀门与管道及所有其他附件连接处信道的名义直径（用 DN 表示），单位是毫米（mm）。多数情况下，公称通径即为连接处信道的实际内径。公称通径有时简称为通径或口径。

（4）公称通径系列：将不同种类的阀门，根据其结构、用途等因素而划分成不同的公称通径范围（表8‐7）。

表 8 - 7　阀门的公称通径（GB/T 1047）　　　　　　（单位:mm）

1	15	100	350	1 000	2 000	3 600
2	20	125	400	1 100	2 200	3 800
3	25	150	450	1 200	2 400	4 000
4	32	175	500	1 300	2 600	
5	40	200	600	1 400	2 800	
6	50	225	700	1 500	3 000	
8	65	250	800	1 600	3 200	
10	80	300	900	1 800	3 400	

（5）阀门的公称压力:一个用圆整数来表示的与压力有关的标示代号,并指代阀门在此基准温度下允许的最大工作压力,即名义压力 P_N,常用单位为 MPa（表 8 - 8）。

表 8 - 8　阀门的公称压力（GB/T 1048）　　　　　　［单位:MPa(bar)］

0.05(0.5)	2.0(20.0)	20.0(200.0)	100.0(1 000.0)
0.1(1.0)	2.5(25.0)	25.0(250.0)	125.0(1 250.0)
0.25(2.5)	4.0(40.0)	28.0(280.0)	160.0(1 600.0)
0.4(4.0)	5.0(50.0)	32.0(320.0)	200.0(2 000.0)
0.6(6.0)	6.3(63.0)	42.0(420.0)	250.0(2 500.0)
0.8(8.0)	10.0(100.0)	50.0(500.0)	335.0(3 350.0)
1.0(10.0)	15.0(150.0)	63.0(630.0)	
1.6(16.0)	16.0(160.0)	80.0(800.0)	

（6）安全阀:一种自动阀门,能不借助任何外力而又利用介质本身的力来排出一额定数量的流体,以防止系统内压力超过预定的安全值。当压力恢复正常后,再自行关闭并阻止介质继续流出。

（7）直接载荷式安全阀:一种直接用机械载荷如重锤、杠杆加重锤或弹簧来克服由阀瓣下介质压力所产生作用力的安全阀。

（8）带动力辅助装置的安全阀:该安全阀借助一个动力辅助装置,可以在低于正常的整定压力下开启。即使该辅助装置失灵,此类阀门应仍能满足相应标准的要求。

（9）带补充载荷的安全阀:这种安全阀在其进口处压力达到整定压力前始终保持有一增强密封的附加力。该附加力(补充载荷)可由外来的能源提供,而在安全阀达到整定压力时应可靠地释放。其大小应这样设定,即假定该附加力未释放时,安全阀仍能在进口压力不超过国家法规规定整定压力百分数的前提下达到额定排量。

（10）杠杆式安全阀:一种利用重锤通过杠杆加载于阀瓣上的作用力来控制阀的启闭,从而起到泄压保护的安全阀。

（11）弹簧式安全阀:一种利用压缩弹簧的压缩预紧力加载于阀瓣上的作用力来控制阀的启闭,从而起到泄压保护的安全阀。

(12)先导式安全阀:一种靠从导阀排出介质来驱动或控制的安全阀,该导阀本身应是符合标准要求的直接载荷式安全阀(也有做成脉冲式结构的)。

(13)全启式安全阀:阀瓣开启高度等于或大于阀座喉径的 1/4 的安全阀。

(14)微启式安全阀:阀瓣开启高度为阀座喉径的 1/40 ~ 1/20 的安全阀。

(15)喉径:安全阀阀座通路最小截面的直径。

(16)波纹管平衡式安全阀:利用波纹管平衡背压的作用,以保持开启压力不变的安全阀。

(17)双联弹簧式安全阀:将两个弹簧式安全阀并联,具有同一进口的安全阀组。

(18)切换式安全阀:将两个弹簧式安全阀并联,且可选择性地只使一阀切入工作,另一阀待用,具有同一进口的安全阀组。

(19)压力 – 温度等级:在指定温度下用表压表示的最大允许工作压力。

2. 安全阀的分类

安全阀因其用途不同,结构种类也较多,但大致按以下方法进行分类。

(1)按使用介质分类

①蒸汽用安全阀(通常以 A48Y 型为代表)。

②空气及其他气体用安全阀(通常以 A42Y 型为代表)。

③液体用安全阀(通常以 A41H 型为代表)。

国外将用于液体介质的安全阀称为泄压阀,用于空气或蒸汽介质的称为安全阀,用于液体、空气和蒸汽介质的称为安全阀泄压阀。

(2)按公称压力分类

①低压安全阀:公称压力 $P_N \leq 1.6$ MPa 的安全阀。

②中压安全阀:公称压力 P_N 为 2.5 ~ 6.4 MPa 的安全阀。

③高压安全阀:公称压力 P_N 为 10.0 ~ 80.0 MPa 的安全阀。

④超高压安全阀:公称压力 $P_N > 100$ MPa 的安全阀。

(3)按适用温度 t 分类

①超低温安全阀:$t \leq -100$ ℃ 的安全阀。

②低温安全阀:-100 ℃ $< t < -40$ ℃ 的安全阀。

③常温安全阀:-40 ℃ $< t \leq 120$ ℃ 的安全阀。

④中温安全阀:120 ℃ $< t \leq 450$ ℃ 的安全阀。

⑤高温安全阀:$t > 450$ ℃ 的安全阀。

特别要指出的是,鉴于国内弹簧制造的实际情况,当安全阀用于 350 ℃ 以上工况条件时,大都采用加散热器或将阀盖做成花篮式,以便弹簧能更好地散热,使弹簧始终能在 350 ℃ 以下工作,确保其刚度不变,从而保证安全阀的正确开启、回座及其他性能要求。

(4)按连接方式分类

①法兰接连安全阀:安全阀进口和管道连接采用法兰形式,出口形式灵活。

②螺纹接连安全阀:安全阀进口和管道连接采用螺纹形式,出口形式灵活。

③焊接接连安全阀:安全阀进口和管道连接采用焊接形式,出口形式灵活。

(5)按结构形式分类

根据结构特点或阀瓣最大开启高度与阀座直径之比,安全阀一般可以分为以下几种:

①杠杆重锤式安全阀,如图 8 – 47 所示。

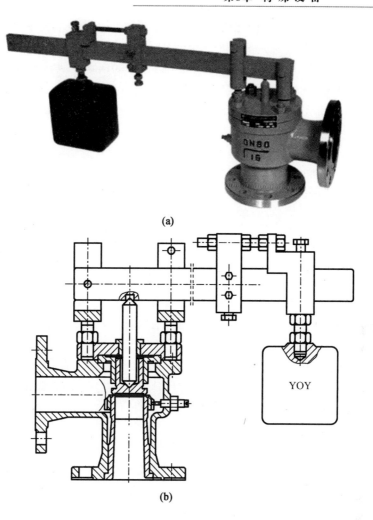

(a)

(b)

图 8 - 47　杠杆式重锤安全阀

②弹簧式安全阀:利用压缩弹簧的力来平衡阀瓣的压力,并使其密封的安全阀,参看 A42Y16C 型安全阀。

③脉冲式安全阀:脉冲式安全阀又称先导式安全阀,它把主阀和辅阀设计在一起,通过辅阀的脉冲作用带动主阀动作。这种结构通常用于大口径、大排量及高压系统。脉冲式安全阀如 WFXD 型所示。

④微启式安全阀:阀辦的开启高度为阀座通径的 1/40 ~ 1/20,如 A27W - 10T、A47H - 16C 型安全阀。

⑤全启式安全阀:如 A42Y - 16C 型安全阀,阀瓣的开启高度为阀座通径的 1/4。

⑥全封闭式安全阀:如 A42Y - 16C 型安全阀。

⑦半封闭式安全阀:如 A48Y - 16C 型安全阀。

⑧敞开式安全阀:A48Y - 16C 型安全阀亦为敞开式安全阀。

⑨先导式安全阀:如 WFXD 型安全阀。

(6)按密封副的材料分类

①硬质合金对硬质合金密封副:适用于高温高压的场合,尤其是高温高压的过热蒸汽。

②2Cr13 对 2Cr13 密封副:适用于一般场合下的饱和蒸汽和过热蒸汽,或温度低于 450 ℃的其他介质的容器或管路。

③阀座密封面为 2Cr13,阀瓣密封面为硬质合金:适用于高压蒸汽及流速比较大、易对密封面造成冲刷的其他介质。

④阀座密封面为合金钢,阀瓣密封面为聚四氟乙烯:适用于石油或天然气介质,密封要求严格,但工作温度低于 150 ℃的场合。

⑤密封副为奥氏体不锈钢:这种安全阀的阀体、阀盖多为奥氏体不锈钢,应用于介质中含有酸、碱等腐蚀性成分的场合。

(7)按作用原理分类

①直接作用式安全阀:直接依靠介质压力产生的作用力来克服作用在阀瓣上的机械载荷使阀门开启的安全阀。

②先导式安全阀:由主阀和导阀组成的,主要依靠从导阀排出的介质来驱动或控制的安全阀。

③带补充载荷式安全阀:在进口压力达到开启压力前始终保持有一增强密封的附加力,该附加力在阀门达到开启压力时可靠释放的安全阀。

(8)按动作特性分类

①比例作用式安全阀:开启压力随压力升高而逐渐变化的安全阀。

②两段作用式(突跳动作式)安全阀:开启过程分为两个阶段,起初阀瓣随压力升高而比例开启,在压力升高一个不大的数值后,阀瓣即在压力几乎不再升高的情况下急速开启到规定高度的安全阀。

(9)按开启高度分类

①微启式安全阀:开启高度在 1/40 ~ 1/20 流道直径范围内的安全阀。

②全启式安全阀:开启高度不小于 1/4 流道直径的安全阀。

③中启式安全阀:开启高度介于微启式和全启式之间的安全阀。

(10)按有无背压平衡机构分类

①背压平衡式安全阀:利用波纹管、活塞或膜片等平衡背压作用的组件,使阀门开高前背压对阀瓣上下两侧的作用相互平衡的安全阀。

②常规式安全阀:不带背压平衡组件的安全阀。

(11)按阀瓣加载方式分类

①重锤式或杠杆重锤式安全阀:利用重锤直接加载或利用重锤通过杠杆加载的安全阀。

②弹簧式安全阀:利用压缩弹簧加载的安全阀。

③气室式安全阀:利用压缩空气加载的安全阀。

3. 安全阀的型号编制方法

安全阀的型号编制方法完全是按照 JB 308《阀门型号编制方法》执行的。它由 7 个单元组成,其含意如图 8 - 48 所示。

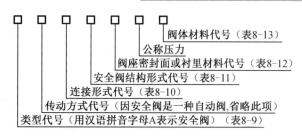

阀体材料代号（表8-13）
公称压力
阀座密封面或衬里材料代号（表8-12）
安全阀结构形式代号（表8-11）
连接形式代号（表8-10）
传动方式代号（因安全阀是一种自动阀,省略此项）
类型代号（用汉语拼音字母A表示安全阀）（表8-9）

图8-48 安全阀型号编制方法

示例:A42Y16C—DN50 是表示公称通径为 50 mm、弹簧封闭为全启式、法兰连接、密封面材料为硬质合金、公称压力为 1.6 MPa、阀体材料为碳素钢的安全阀。

注:低温(低于−40 ℃)、保温(带加热套)和波纹管的安全阀,在类型代号"A"前分别加"D""B"和"W"。

由于近年来,有些新的特殊用途的安全阀的产生,根据 JB 308 的型号编制方法又不能满足要求,导致各制造厂都有自己的补充编制型号方法。例如:吴江市东吴机械有限责任公司制造的切换式安全阀就用 WFQH16 等表示,其含义为 WF 表示吴江阀门,QH 表示切换,16 表示公称压力为 1.6 MPa。原上海阀门厂制造的槽车用安全阀就用 SFNA−42B25C 型表示其中一产品,其中 SF 表示上阀,NA 表示内装式安全阀,等等。用户或校验人员要了解更多的情况,可和制造厂商联系。

国外的安全阀制造厂大都也有各自的型号编制方法。如日本的本山公司对常规型安全阀的编号用 JNO 表示,而日本的福井公司对常规型安全阀则用 REC 表示。要想详细了解进口安全阀的含义,须查看各国制造商的型号编制说明。

表8-9 阀门的类型代号

类型	代号	类型	代号
闸阀	Z	旋塞阀	X
截止阀	J	止回阀和底座	H
节流阀	L	安全阀	A
球阀	Q	减压阀	Y
蝶阀	D	疏水阀	S
隔膜阀	G		

表8-10 连接形式代号

连接形式	代号	连接形式	代号
内螺纹	1	对夹	7
外螺纹	2	卡箍	8
法兰	4	卡套	9
焊接	6		

表 8－11　安全阀结构形式代号

安全阀结构形式				代号
弹簧	封闭	带散热片	全启式	0
		微启式		1
		全启式		2
	不封闭	带扳手	全启式	4
			双弹簧微启式	3
			微启式	7
			全启式	8
			微启式	5
		带控制机构	全启式	6
脉冲式				9

表 8－12　阀座密封面或衬里材料代号

阀座密封面或衬里材料	代号	阀座密封面或衬里材料	代号
铜合金	T	渗氮钢	D
橡胶	X	硬质合金	Y
尼龙塑料	N	衬胶	J
氟塑料	F	衬铅	Q
锡基轴承合金（巴氏合金）	B	搪瓷	C
		渗硼钢	P
合金钢	H		

表 8－13　阀体材料代号

阀体材料	代号	阀体材料	代号
灰铸铁	Z	1Cr5Mo、ZG1Cr5Mo	I
可锻铸铁	K	1Cr18Ni9Ti、ZG1Cr18Ni9Ti	P
球墨铸铁	Q	1Cr18Ni12Mo2Ti、ZG1Cr18Ni12Mo2Ti	R
铜及铜合金	T	12CrMoV、ZG12CrMoV	V

4. 对安全阀的基本要求

安全阀既然作为锅炉、压力容器、受压设备及连接管路的超压保护装置,那么对它的要求也是比较全面的。世界主要工业国家都制定了许多适应本国水平的相应法规来规范安全阀的设计、制造和使用,综合各国的这些规范来看,主要涉及以下方面。

（1）准确开启

这是对安全阀的最基本要求,当工作介质超过正常的操作压力渐渐达到开启压力时,安全阀的关闭件应能准确地在设定的整定压力下打开泄压。

（2）适时全开

安全阀从开启到全开，是一个压力积聚的过程。这个过程的时间长短是设计人员研究的主要课题，任何场合安装的安全阀都要求它能迅速到达全开状态，及时地全排放，从而能安全有效地将超压介质可靠排出，达到安全阀规定的排放量要求，起到保护受压设备的安全运行作用。

（3）稳定排放

要求安全阀的关闭件到达全开时，能保持在开启高度的位置上，稳定地全量排放，不得出现颤振，更不能出现频跳等情况，因为这两种情况的出现，都会使安全阀的排放量达不到额定的排量，这对液体介质的安全阀来说是特别危险的。对于不可压缩的液体，压力可能大大超过系统强度条件所允许的数值，从而导致管道破裂、泵损坏及其他危险情况。频跳会造成安全阀密封面严重损坏，使安全阀无法正常工作。如何避免这种情况的出现，和现场调试人员的调试经验有很大的关系，尤其是现场的热态调试，要求更高。

（4）及时关闭

安全阀及时有效地关闭，是安全阀的结构设计与弹簧匹配合理的最好体现。如果安全阀滞后关闭，会使系统压力大大低于工作压力，这不仅损失了很多的工作介质和能源，而且还能使整个系统的工况受到破坏，特别是蒸汽动力系统，即使安全阀起跳泄压，也不要求系统停止运转，而是希望安全阀动作泄压后又能迅速回到正常的工况下运转。

（5）可靠密封

安全阀在泄压关闭后，应能可靠地达到密封要求，不得出现泄漏现象。这也是衡量安全阀性能好坏的一个很重要的参数。因为在关闭状态下，安全阀的密封性不好（特别是安全阀起跳后更容易发生），是安全阀结构一个很严重的缺陷，其结果是浪费了宝贵的工作介质，降低了设备的效率，造成有毒有害、易燃易爆介质的泄漏，还会严重污染环境和危及人民的生命财产安全。此外，安全阀的泄漏还会加速密封面的破坏，最终导致安全阀完全失效。

5. 有关安全阀的名词术语和技术指标

由于安全阀是一种自动阀门，其性能要求比较严格，专用名词也较多，且容易混淆，要全面了解安全阀的结构性能、动作原理，必须对安全阀的有关名词术语有确切的了解。

（1）工作压力 P：阀门在适用介质温度下的压力。

（2）工作温度 T：阀门在适用介质下的温度。

（3）适用介质：阀门能适用的介质。

（4）适用温度 t：阀门适用的介质温度范围。

（5）整定压力 P_s：安全阀在运行条件下开始开启的预定压力。在该压力下开启阀瓣的力与使阀瓣保持在阀座的力平衡。

（6）超过压力 ΔP_0：指超过安全阀整定压力所增加的压力，通常用整定压力的百分数来表示。

（7）回座压力 P_r：指阀瓣重新与阀座接触，即开启高度变为零时，进口处的静压力。

（8）启闭压差 ΔP_{bl}：安全阀整定压力与回座压力之差，通常用整定压力的百分数来表示，只有当整定压力很低时，才用单位 MPa 表示。

（9）排放压力 P_b：整定压力加上超过压力。

（10）排放背压力 P_{bd}：是介质通过安全阀流入排放系统时在阀门出口处形成的压力。

（11）附加背压力 P_{bs}：系统运行时在安全阀出口处存在的静压力，它是由其他压力源在排放系统中引起的。

（12）额定排放压力 P_{dr}：标准规定排放压力的上限值。

（13）开启高度 h：阀瓣离开关闭位置的实际升程。

（14）流道面积 A：指阀进口端到关闭件密封面间流道的最小截面积，用来计算无任何阻力影响时的理论排量。

（15）流道直径 d_0：对应于流道面积的直径。

（16）帘面积 A_c：当阀瓣在阀座上方升起时，在其密封面之间形成的圆柱面形或圆锥面形的信道面积。

（17）排放面积 A_d：阀门排放时流体信道的最小截面积，对全启式安全阀，排放面积等于流道面积；对微启式安全阀，排放面积等于帘面积。

（18）理论排量 W_t：是流道截面积与安全阀流道面积相等的理想喷管的计算排量。

（19）排量系数 K_d：实际排量与理论排量的比值。

（20）额定排量系数 K_{dr}：排量系数与减低系数（取 0.9）的乘积。

（21）额定排量 W_r：实际排量中允许作为安全阀使用基准的那一部分。

①额定排量 ＝ 实际排量 × 减低系数（取 0.9）

②额定排量 ＝ 理论排量 × 排量系数 × 减低系数（取 0.9）

③额定排量 ＝ 理论排量 × 额定排量系数（由制造厂确定）

（22）当量计算排量 W_e：指流体的压力、温度或特性与额定排量条件下流体的压力、温度、特性不同时安全阀的计算排量。

（23）频跳：安全阀阀瓣迅速异常地来回运动，在运动中阀瓣接触阀座。

（24）颤振：安全阀阀瓣迅速异常地来回运动，在运动中阀瓣不接触阀座。

（25）壳体试验：对阀体和阀盖等连接而成的整个阀门的外壳进行的压力试验，目的是检验阀体和阀盖的致密性及包括阀体与阀盖连接处在内的整个壳体的耐压能力。

（26）壳体试验压力：阀门进行壳体试验时规定的压力。

（27）密封试验：检验启闭件和阀体密封副密封性能的试验。

（28）密封试验压力 P_t：进行密封试验时规定的压力。

（29）出厂试验：出厂前对产品进行的壳体强度、密封性、开启压力的试验。

（30）性能试验：产品在定型、修改或被要求时所进行的开启、排放、回座、开启高度排量等的试验。

（31）临界温度：在水的相变过程中，水和水蒸气两相平衡共存状态的系统叫饱和，这种状态存在着一个临界点，这个临界点的温度称为临界温度，其值为 374.15 ℃。不同介质的液气相共存时都存在着一个临界点，其临界温度也因介质的不同而不同。

（32）临界压力：临界点处的压力称为临界压力。

6. 对安全阀的基本技术要求

（1）整定压力大于 3.0 MPa 的蒸汽用安全阀或介质温度大于 235 ℃ 的空气或其他气体

用安全阀,应能防止排出的介质直接冲蚀弹簧。

(2)蒸汽用安全阀必须带有扳手,当介质压力达到整定压力 75% 以上时,能利用扳手将阀瓣提升,该扳手对阀的动作不应造成阻碍。

(3)对有毒或易燃性介质用安全阀必须采用封闭式安全阀,且要防止阀盖和保护罩垫片处的泄漏。

(4)为防止调整弹簧压缩量的机构松动,以及随意改变已调好的压力,必须设有防松装置并加铅印。

(5)阀座应固定在阀体上,不得松动,全启式安全阀应设有限制开启高度的机构。

(6)安全阀即使有部分损坏,应仍能达到额定排量,当弹簧破损时,阀瓣等零件不会飞出阀体外。

(7)对有附加背压力的安全阀,应根据其压力的大小和变动情况,设置背压平衡机构。

(8)对先导式安全阀应分别对导阀和主阀做密封性和开启动作试验,都应达到标准规定的性能要求。对安全阀的具体性能要求将在安全阀标准内给出。

8.5.2 安全阀的原理与结构

1. 安全阀的动作原理

安全阀是一种自动阀门,安全阀介质压力超过工作压力时自动开启,而在压力回到工作压力或略低于工作压力时,又自动关闭。由于多数工况条件下普遍采用的是弹簧直接载荷式安全阀,现以弹簧式安全阀的启闭件阀瓣的受力动作作为研究对象,以分析安全阀的动作原理,先以全启式安全阀为例进行说明。

(1)当安全阀的整定压力大于被保护系统的工作压力时,阀门是处于关闭状态的,如图 8 - 49 所示。

(2)这时作用在阀瓣上的力有弹簧预紧力 P_1(弹簧、弹簧座、反冲盘、阀杆等零件所受重力因与介质工作力相比较小,故忽略,只有当开启很小时,才考虑)方向向下,介质的工作压力 P,方向向上,另外还有阀座对阀瓣的托力(压紧力),这个托力在密封面上所产生的比压力,保证了安全阀关闭件间有了必需的密封性。当系统中的压力升高且超过正常工作压力时,由于此时的弹簧预紧力和压紧力未发生变化,升高的压力就会使阀瓣上下受的平衡力被破坏(合力不为零)。此时阀瓣在介质升高部分压力的作用下,有向上做功的趋势,使得关闭件密封面上的密封力随之减小;当介质升高到某一压力时,随着介质压力的进一步升高,阀瓣开始升起,介质压力升到一定程度,阀瓣打开也越发明显,如图 8 - 50 所示。

(3)当介质工作压力 P 积聚到某一瞬间,阀瓣在反冲力的作用下,终于被冲到限定的开启高度,继而全量排放,使介质压力迅速下降,如图 8 - 51 所示。

(4)当介质工作压力 P 降低到小于弹簧预紧力 P_1 时,阀瓣又会在弹簧力的作用下迅速回落到关闭位置,使关闭件间又产生了密封比压力,阻止了介质从密封面间流出,安全阀又处在了新的密封关闭状态,使系统压力又回到了正常工作状况,如图 8 - 49 所示。按照动作原理,用于液体的比例作用式(微启式)安全阀也有这样的动作过程,如图 8 - 51 至图 8 - 54 所示。

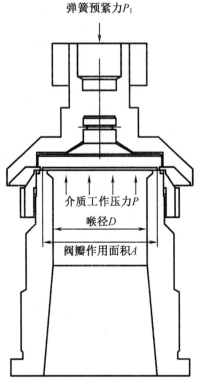

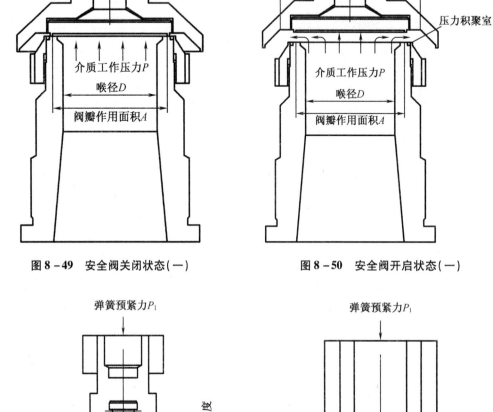

图 8 - 49 安全阀关闭状态(一)

图 8 - 50 安全阀开启状态(一)

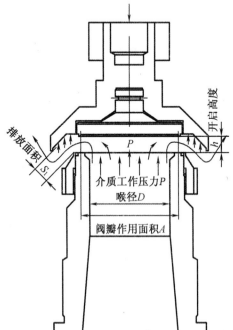

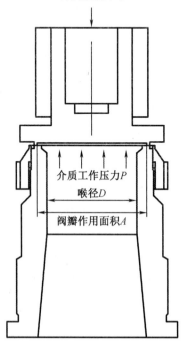

图 8 - 51 安全阀全量排放状态

图 8 - 52 安全阀关闭状态(二)

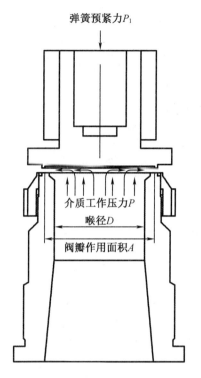

图 8 - 53　安全阀开启状态(二)

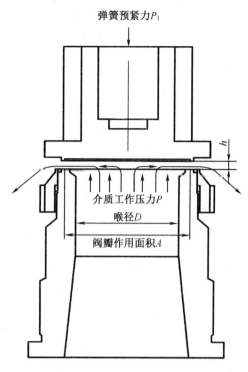

图 8 - 54　安全阀全开状态

图 8 - 55 所示为对全启式安全阀抽样所作的全性能测试曲线。图中 b 点(开始有位移)所对应的 a 点为开启压力值(0.709 MPa), d 点(达全开高度)所对应的 c 点为排放压力值(0.766 MPa), f 点(位移为零)所对应的 e 点为回座压力值(0.646 MPa),开启高度为 $Y_{10} - Y_0 \approx 9.6$ mm(Y_0 为原始位置值;Y_{10} 为开启后的最高值)。

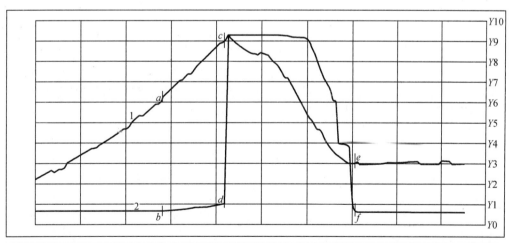

序号	曲线名称	Y0	Y1	Y2	Y3	Y4	Y5	Y6	Y7	Y8	Y9	Y10
1	实测压力/MPa	0.584	0.604	0.625	0.645	0.666	0.686	0.706	0.727	0.747	0.768	0.788
2	实测位移/mm	27.318	28.278	29.237	30.197	31.157	32.117	33.076	34.036	34.996	35.955	36.915

备注:　型号:A42Y-16C DN50

　　　　整定压力:0.7 MPa

图 8 - 55　安全阀全性能测试曲线

2. 安全阀的设计与制造原则

原来我国对安全阀制造厂实行生产许可证制度,由机械电子工业部组织专家对有关厂家的厂房设施和设计制造工艺等进行全面审查,并委托安全阀检测中心对抽样产品进行检测,全部合格后,颁发生产许可证,并将安全阀(弹簧直接载荷式)按型号和通径大小分成8个单元,颁发合格证书,各制造厂按自己的能力和需要申领。

近年来,安全阀产品划归国家质量技术监督局管辖。2001年3月,国家质量技术监督局编制了《阀门制造单位安全注册评审细则》,安全阀产品属安全注册范围,并出台了安全认证的实施办法。

(1)制造厂的基本条件

①具有企业法人资格。

②拥有生产需要的技术力量。

③拥有满足生产要求的生产装备。

④建立健全适应生产需要的质量体系。

⑤有一年以上生产(试生产)符合标准要求的安全注册范围内产品的经历。特别强调技术员职称以上的人员至少应占制造厂职工总数的8%,且不少于3人。

目前各安全阀制造厂正在严格对照上述细则,对安全阀产品进行安全注册。

(2)安全阀设计原则

①设计的产品必须满足用户实际使用的所有要求。

②保证实际使用的前提下,所设计的产品应是最经济的(如选型、用材等方面)。

③如何使安全阀的综合性能达到标准是设计人员需要考虑的首要问题。

④尽可能多地对设计产品做形式试验,以获取性能参数作为设计依据。

⑤正确设计弹簧的刚度,以便内部零件结构的匹配更合理,设计的产品便于装拆和维修。

⑥有较长的使用寿命(包括维修后的寿命)。

由于安全阀使用的介质繁多,总体可归纳为三种状态,即蒸汽、气态和液体(临界状态是一种特例)。有时设计人员借助于冷态试验的手段,对安全阀得出合格的性能数据,但用于重油(沥青)等介质时性能又不一定理想,设计人员又不可能在各种介质的工况条件下做性能试验,这就使得安全阀的设计不能照搬哪种成熟产品模式,而是要根据不同介质的实际使用状况,设计出弹簧刚度适当、内件结构合理的产品。当然,安全阀设计原则最终是要让用户得到满意的产品,但设计好产品的捷径,主要还是来自现场实践经验的积累。

(3)制造过程中的检验

由于国家对安全阀制造厂的基本条件做了明确规定,所以国内一些主要厂家都建有一套较完整的质量保证体系,对制造过程中的检验也都十分重视,主要包括:

①对原材料、外协件、外购件的检验。

②对原材料,铸锻件供应商提供的商品,作抽样化验和探伤,确定其材质和内在质量是否达到安全阀的相关标准及产品图纸的要求。

③机加工过程中的检验(一般机加工是作为关键工序控制的):

a.应建立严格的首检、巡检和完工检制度,对每个零部件的加工首件必须仔细检查,以便有问题可及时发现,防止批量出错。

b.对操作人员的测量工具如卡尺、环塞规精度等级,检验员也应在首检中加以督促。

c. 对零件尺寸精度检验的同时,还必须对形位公差用专用工具、夹具进行检验,并做出不同状态的产品标识,合格的方可入库。

④特殊工序的检验。制造过程中的热处理、焊接等工序一般都作为重要工序进行控制。其工艺流程是指导性文件,热处理的温度和时间控制应有自动记录,且要记录过程参数以便检验。热处理和焊接试样必须是同时加工的,检验人员对重要零件的硬度等应全数检验,对金相组织可按要求抽检,重要焊接件要做无损探伤检验。

⑤壳体检验。除了对铸段件做外形尺寸检验外,还应按标准对铸件壳体的致密度做检验,以 0.6 MPa 压力的空气逐个检验。

⑥阀座强度试验。按公称压力 1.5 倍,用净水打压逐个检验,保压一定时间(按标准)检验其是否出汗(对铸件)、变形或有其他缺陷。

⑦弹簧刚度检验。必须逐根对弹簧进行刚度及其他参数检验(按 GB/T 12243 规定)。制造厂只有严格按质量手册规定的程序去做好检验工作,才能使安全阀的整机质量得到保证。所有这些检验记录应该归档,以便产品出厂后的质量跟踪。

3. 安全阀类型及结构特点

(1)安全阀类型

安全阀的分类在前面已做了说明。图 8 – 56 所示为弹簧式安全阀的类型。

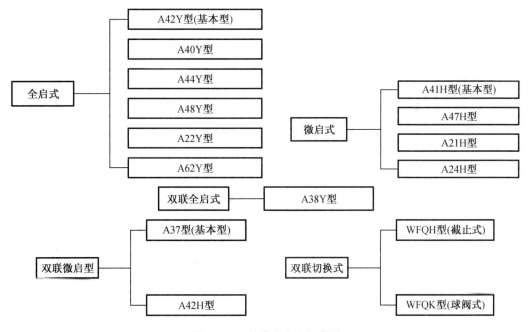

图 8 – 56 弹簧式安全阀类型

另外,还有按特殊用途分类的低温阀、保温夹套阀、内装式安全阀等。

WFQH 型阀如图 8 – 57 所示,A38Y 型阀如图 8 – 58 所示。

图 8 - 57　WFQH 型阀

图 8 - 58　A38Y 型阀

（2）全启式安全阀的结构特点

①进出口通径不一样大小，出口通径通常比进口通径大 1 ~ 3 挡。

②具有反冲机构，使开启高度提高，排放量大。

③部分用于蒸汽的全启式安全阀配有上下调节圈，开启、回座和排放压力能得以更准确的调整。

④阀瓣结构多样化（根据不同的介质，设计不同的结构）。

⑤对开启高度设有限位。

（3）微启式安全阀的结构特点

①进出口通径一样大小。

②没有反冲机构，开启高度低，排放量小。

③有的不带调节圈（开启高度为喉径的 1/40），有的带调节圈（开启高度为喉径的 1/20）。

④阀瓣结构比较简单。

⑤对开启高度不强，设立限位。

4. 安全阀主要零部件作用、结构和选用材质

（1）阀体

①作用

安全阀的阀体就好像是人体的骨架，支撑着所有零件的质量，还要和安装位置连接。它的形状一般以角式为主，进出口通常以法兰式较多，螺纹连接（一般体积小的，压缩机、泵等选用较多）。焊接式安全阀一般用于电站，主要是为了减少泄漏点。

②阀体的强度和刚度

阀体可按用户的要求做成各种形式，但其强度和刚度是设计人员首先要考虑的。由于阀体内腔比较大，壁厚较薄，大都按薄壁圆筒来计算壁厚，壁厚的设计通常采用以下三种方法：

a. 查表法：在中国标准 GB 12232 ~ GB 12240，美国标准 API 600、ANSI B16. 34 等标准中，对于阀体的最小壁厚都有明确的规定和标准的列表数据，可作为设计参考的依据。

b. 线性插入法：适用于最小壁厚不能直接从设计标准中查出的情况。

线性插入法计算公式为

$$t_m = t_{m1} + \frac{P_N - P_{N1}}{P_{N2} - P_{N1}}(t_{m2} - t_{m1})$$

式中　t_m——计算的阀体壁厚,mm;

　　　P_N——阀门公称压力,MPa;

　　　P_{N1}——"最小壁厚表"中公称压力(小值),MPa;

　　　P_{N2}——"最小壁厚表"中公称压力(大值),MPa;

　　　t_{m1}——由 P_{N1} 查得的壁厚,mm;

　　　t_{m2}——由 P_{N2} 查得的壁厚,mm。

例如采用 GB 12235 标准,设计计算通径 DN100,公称压力 2.5 MPa 阀体的壁厚。查得 $P_{N1} = 2.0$ 时,$t_{m1} = 11.1$;$P_{N2} = 5.0$ 时,$t_{m2} = 12.7$。将数据代入公式,得

$$t_m = t_{m1} + \frac{P_N - P_{N1}}{P_{N2} - P_{N1}}(t_{m2} - t_{m1}) = 11.1 + \frac{2.5 - 2.0}{5.0 - 2.0} \times (12.7 - 11.1)$$

$$t_m = 11.1 + \frac{0.5}{3.0} \times 1.6 = 11.37 \text{ mm}$$

圆整到 12 mm 为设计壁厚。

注意:一定要先定好标准,因为相同压力等级下,不同的设计标准对应不同的壁厚值。

c. 计算法:薄壁阀体(对于脆性材料,如铸铁制造的阀体)按第一理论强度计算,公式为

$$S_B = \frac{PD_N}{2\sigma_l - P} + C$$

式中　S_B——考虑腐蚀裕量后的阀体壁厚,mm;

　　　D_N——阀体中腔的最大内径,根据结构需要确定,mm;

　　　P——设计压力,取公称压力 P_N,MPa;

　　　σ_l——材料的许用拉应力,MPa;

　　　C——各种因素的附加裕量,mm。

塑性材料(如铸钢件阀体)按第四理论强度公式计算,公式为

$$S_B = \frac{PD_N}{2.3\sigma_l - P} + C$$

厚壁阀体,对于钢制高压阀门的阀体壁厚,一般按厚壁容器公式计算,公式为

$$S_B = \frac{D_N}{2}(k_0 - 1) + C_0$$

式中,k_0 为阀体外径与内径之比,按下式计算:

$$k_0 = \sqrt{\frac{\sigma}{\sigma - \sqrt{3P}}}$$

式中,σ 为材料的许用应力,MPa,取 $\frac{\sigma_b}{n_b}$ 与 $\frac{\sigma_s}{n_s}$ 两者中的较小者(σ_b、n_s 分别为常温下材料的强度极限和屈服极限(MPa),通常取安全系数 $\sigma_b = 4.25$,$n_s = 2.3$)。

③法兰的确定

阀体的法兰首先要满足用户所要求的法兰标准,再根据压力-温度等级对照来确定法兰的压力级,按标准就能查到。

④阀体的选材

阀体材料主要根据使用场合(如介质、温度等)而定,大致的选用情况如表8-14所示。

表 8 – 14　阀体选材标准

材料名称	铸件		锻件		说明
	牌号	使用温度/℃	牌号	使用温度/℃	
灰铸铁	HT200 ~ HT350	– 15 ~ 250			用于 $P_N \leqslant 1.6$ MPa 的低压阀门
可锻铸铁	KTH300 – 06 ~ KTH370 – 12	– 15 ~ 250			用于 $P_N \leqslant 2.5$ MPa 的中低压阀门
球墨铸铁	QT350 – 22 ~ QT900 – 2	– 30 ~ 350			用于 $P_N \leqslant 4.0$ MPa 的中低压阀门
碳素钢	WCA、WCB、WCC	– 29 ~ 425	20,25,30,40		用于中高压阀门
低温钢	(LCB)	– 46 ~ 345			用于低温阀门
合金钢	(WC6)	– 29 ~ 595	15CrM0	– 29 ~ 595	用于非腐蚀性介质的高温高压阀门
	(WC9)	– 29 ~ 595	25Cr2M0V	– 29 ~ 595	
	(C5)	– 29 ~ 650	1Cr5M0	– 29 ~ 595	用于腐蚀性介质的高温高压阀门
	(C12)				
奥氏体不锈钢	ZG00Cr18Ni10 ZG0Cr18Ni9 ZG1Cr18Ni9 ZG0Cr18Ni9Ti ZG1Cr18Ni9Ti ZG0Cr18Ni12M02Ti ZG1Cr18Ni12M02Ti ZG1Cr17MnG9Ni14M03Cu2N ZG1Cr18Mn13M02CuN	– 196 ~ 600	00Cr18Ni10 0Cr18Ni9 1Cr18Ni9 0Cr18Ni9Ti 1Cr18Ni9Ti 00Cr17Ni14M02 0Cr18Ni12 M02Ti	– 196 ~ 600	用于酸、碱等腐蚀性介质
	CF8 CF8M CF3 CF3M CF8C CN7M		(304) (316) (304L) (316L) (321L) B461		用于腐蚀性介质

注:括号内牌号还未正式列入国家标准。

美国 ASTM 材料使用温度范围如表 8 – 15 所示。

表 8 – 15   美国 ASTM 材料的使用温度范围

ANSIB16.34 材料分类号	标准钢号	锻件		铸件		说明
		代号	使用温度 /℃	代号	使用温度 /℃	
1.1	碳钢	A105	−29 ~ 425	A216 – WCB	−29 ~ 425	1. A105、WCB、WCC 长期处在 425 ℃以上高温时，碳钢的碳化相可能变成石墨相； 2. F1、WC1 长时间处在 470 ℃以上高温时，碳钼钢的碳化物相可能变为石墨相； 3. WC1、WC4、WC5、WC6、WC9、C5、C12 仅用于正火和回火材料； 4. CF8 使用温度或焊接温度超过 260 ℃时,不得采用含铅牌号的材料； 5. F304、F306、CF8M、F321、F347、CF8C、F348、CH8、CH20、F310、CK20 如果含碳量超过或等于 0.04%，温度超过 540 ℃才使用； 6. F310 工作温度 565 ℃或大于上述温度者，必须保证晶粒不低于 ASTMN 0.6 的规定； 7. B462、B160 – No. 2200 仅用退火材料； 8. CN – 7M 仅用固溶处理的材料
1.2	碳钢			A216 – WCC	−29 ~ 425	
	2 – 1/2Ni			A352 – LC2	−29 ~ 345	
	3 – 1/2Ni	A305 – LF3	−29 ~ 370	A352 – LC3	−29 ~ 345	
1.3	碳钢			A352 – LCB	−46 ~ 345	
1.4	碳钢	A350 – LF1	−29 ~ 345			
1.5	C – 1/2Mo	A182 – F1	−29 ~ 455	A217 – WC1	−29 ~ 455	
				A352 – LC1	−59 ~ 345	
1.7	1/2Cr – 1/2Mo	A182 – F2	−29 ~ 540			
	Ni – Cr – 1/2Mo			A217 – WC4	−29 ~ 540	
	Ni – Cr – 1Mo			A217 – WC5	−29 ~ 565	
1.9	1Cr – 1/2Mo	A182 – F12	−29 ~ 595			
	1 – 1/4 Cr – 1/2Mo	A182 – F11	−29 ~ 595	A217 ~ WC6	−29 ~ 595	
1.10	2 – 1/4Cr – 1Mo	A182 – F22	−29 ~ 595	A217 ~ WC9	−29 ~ 595	
1.11	3Cr – 1Mo	A182 – F21	−29 ~ 595			
1.13	5Cr – 1/2Mo	A182 – F5a	−29 ~ 650[①] ~ 540[②]			
		A182 – F5	−29 ~ 650[①] ~ 540[②]			
1.14	9Cr – 1Mo	A182 – F9	−29 ~ 650[①] ~ 540[②]	A217 ~ C12	−29 ~ 650	
2.1	18Cr – 8Ni	A182 – F304	−254 ~ 800[①] ~ 540[②]			
		A182 – F304H	−254 ~ 800[①] ~ 540[②]			
				A351 – CF3	−254 ~ 425	
				A351 – CF8	−254 ~ 800	
2.2	16Cr – 12Ni – 2Mo	A182 – F316	−254 ~ 800[①] ~ 540[②]			
		A182 – F316H	−254 ~ 800[①] ~ 540[②]			
	18Cr – 13Ni – 3Mo			A351 – CF3A	−254 ~ 345	
				A351 – CF8A	−254 ~ 345	

表 8-15(续)

ANSIB16.34 材料分类号	标准钢号	锻件		铸件		说明
		代号	使用温度/℃	代号	使用温度/℃	
2.2	18Cr-9Ni-2Mo			A351-CF3M	-254~455	1. A105、WCB、WCC 长期处在 425 ℃ 以上高温时,碳钢的碳化相可能变成石墨相; 2. F1、WC1 长期处在 470 ℃ 以上高温时,碳钼钢的碳化物相可能变为石墨相; 3. WC1、WC4、WC5、WC6、WC9、C5、C12 仅用于正火和回火材料; 4. CF8 使用温度或焊接温度超过 260 ℃,不得采用含铅牌号的材料; 5. F304、F306、CF8M、F321、F347、CF8C、F348、CH8、CH20、F310、CK20 如果含碳量超过或等于 0.04%,温度超过 540 ℃ 才使用; 6. F310 工作温度 565 ℃ 或大于上述温度者,必须保证晶粒不低于 ASTMN 0.6 的规定; 7. B462、B160-No.2200 仅用退火材料; 8. CN-7M 仅用固溶处理的材料
				A351-CF8M	-254~800① ~540②	
2.3	18Cr-8Ni	A182-F304L	-254~425			
	18Cr-12Ni-2Mo	A182-F316L	-254~450			
2.4	18Cr-10Ni-Ti	A182-F321	-254~540			
		A182-F321H	-254~800① ~540②			
2.5	18Cr-10Ni-Nb	A182-F347	-254~540			
		A182-F347H	-254~450			
		A182-F348	-254~540			
		A182-F348H	-254~450			
2.6	20Cr-12Ni			A351-CH8	-29~800① ~540②	
				A351-CH20	-29~800① ~540②	
2.7	25Cr-20Ni	A182-F310		A351-CK20	-29~800① ~540②	
3.1	Cr-Ni-Fe-Mo	B462	-29~450	A351-CN-7M	-29~450	
3.2	镍合金 200	B160-No2200	-29~450			

注:①仅适用于对焊连接阀门;②适用于法兰连接阀门。

(2)阀座

①作用

阀座是安全阀的主要受压件,又是密封面的一个组成部分,国外通常称其为喷嘴。全启式安全阀和微启式安全阀的喷嘴是有区别的,合理的确定 β 角度,使介质的阻力改小,流速得以提高,可增加安全阀的开启力,能让安全阀迅速达到全开状态。研究表明 β 角一般在 6°~25°范围,以 6°~10°对流体阻力的改小较好。

②强度

a. 阀座和阀体独立的阀座的强度是设计人员主要考虑的项目,因为标准规定安全阀进口侧的强度试验压力为公称压力的 1.5 倍。对阀座和阀体分开设计来说,1.5 倍的强度试验主要是由阀座承受,有些安全阀就是在高温下因强度不够,阀座密封面细微变形,导致密封失效而泄漏。

b. 阀座阀体为一体(或焊成一体)的安全阀,其阀座是由阀体自身带出或焊成一体的,这就对阀体铸造质量的合格率要求非常高,否则在强度试验通不过时,只能连阀体一起报废,这样很不经济,所以国内厂家大都将阀座单独制造,这给密封面的研磨也带来很大的方便(密封面堆焊硬质合金的研磨较费时)。

③材料的选用

阀座的材料选用通常要根据实际使用的工况(如介质、温度、公称压力等)而定。(分体制造的)阀座材料选用的原则是:其阀座材料起码和阀体同样,一般应比阀体选用更好的材料,原因是阀座要直接承受介质的压力和温度。

(3)阀瓣

①作用

阀瓣和阀座一起组成密封面,其密封面一侧要直接承受介质的压力、温度等,它的结构设计合理与否,直接影响到安全阀的密封性能。

②结构与强度

安全阀阀瓣结构的设计是根据安全阀要达到的排放能力、导向性、灵活性、密封性能、受弹簧预紧力的大小等诸多因素来考虑的。

③阀瓣的选材

阀瓣的材料选用和阀座相比,应相同或更好一点,对美国标准安全阀来说,采用较多的是304L和316L。当然,在所有腐蚀性强的地方,还应选用更好的材料,如蒙乃尔、哈氏合金、钛合金等材料。

安全阀内件除阀座、阀瓣为主要部件外,还有导向套,它起着导向阀瓣(或组件)上下运动的作用,对它的设计主要是确定和阀瓣间的间隙,应根据使用的工况而定,对热态场合的间隙可适当大些(这主要考虑阀瓣和导向套采用不同材料时的热膨胀系数不一样而引起卡阻等现象)。调节圈主要起调节开启压力、排放压力、回座压力等作用,用于高温高压环境。

蒸汽的安全阀,大都做成双调节圈结构,以便在相应工况条件下,能更准确地调试到符合标准规定的状态。

④密封面材料和硬度

a. 材料

根据安全阀密封面的标示代号可知:

H——用合金钢制造其密封表面,通常要经过高频淬火。

Y——用堆焊硬质合金方法制造,表面硬度达HRC40~HRC50。

F——用聚四氟乙烯制造(适用于液化石油气等)。

T——用黄钢制造(适用于小型锅炉和压缩机等)。

还有用蒙乃尔、哈氏合金、钛合金直接制造的密封面,主要适用于强腐蚀性介质。

b. 硬度

以平面密封为例,根据密封面宽窄分为阀座宽、阀瓣窄;阀座窄、阀瓣宽;阀座和阀瓣一样宽三种。对第一种情况来说,阀座密封面硬度应比阀瓣硬;对第二种情况来说,阀瓣密封面硬度应比阀座硬,相差HRC5~HRC8度为好;对第三种情况来说,阀座和阀瓣的密封面硬度可以接近。另外,阀瓣有的采用上导向和下导向之分。

c.密封面的结构和特点

锥形密封结构如图8-59所示,比较适用于小口径高压力的场合,对锥孔的圆度和光洁度要求很高,阀瓣和阀座的表面最好是堆焊硬质合金,以提高密封面的硬度和耐磨性,为避免卡住,密封面的锥角应大于90°。

平面密封结构如图8-60所示。大部分弹簧式安全阀的密封面都做成平面密封结构,主要是因为加工和研磨相当方便,维修时对密封面的修复也很简单,因此被广泛地用于中低压阀门的密封副上。对于平面密封结构,密封面宽度应尽可能小,以保证更大的密封所需的比压力。

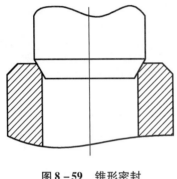 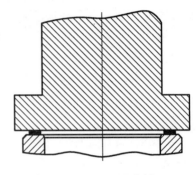

图8-59 锥形密封　　　　　　　　图8-60 平面密封

弹性密封结构如图8-61所示。这种阀瓣带有弹性密封唇,作用在密封唇上的介质压力增加了密封比压。由于密封唇较薄,热传递较快,使密封面前后温差较小,当发生泄漏时,由于介质的膨胀降温而产生的温差也较小,从而减小了温差变形,提高了高温条件下的密封性能。

双密封面弹性密封结构如图8-62所示。这种阀瓣带有的弹性密封唇被一个环形槽分割成两部分。外侧部分与阀座密封面成一个小的倾角,或者被适当磨低一些。内侧密封面起密封作用,而外侧密封面起保护内侧密封面作用。

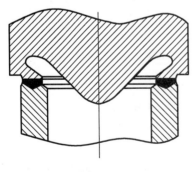 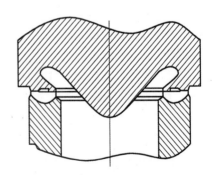

图8-61 弹性密封　　　　　　　图8-62 双密封面弹性密封结构

"O"形圈密封结构(软密封)如图8-63所示。这种软密封结构主要用于大型石油液化气储罐、某些已知性质的油气等温度和压力不高的场合。它的密封可靠,但启闭压差比较大,起密封作用的"O"形圈应根据不同的介质采用不同的橡胶材料。

聚四氟乙烯结构(软密封)如图8-64所示。聚四氟乙烯结构的密封性能较好,适用于温度小于200℃的气体、油品及其他有腐蚀性的介质,能承受的压力也比较高。缺点是密封面较软,做成平面密封的时候,开启后容易压出印子来,造成泄漏。所以阀座一般都做成 R 形密封面,既增加密封接触面积,又避免密封面压出印痕。

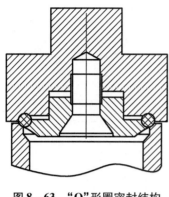

图 8 - 63　"O"形圈密封结构

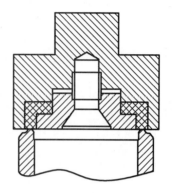

图 8 - 64　聚四氟乙烯结构

（4）弹簧

①弹簧的压力分级

安全阀动作性能是否稳定(尤其在高温下使用时),弹簧设计的正确性和制造质量起着极其重要的作用。安全阀制造厂将每一公称压力范围内使用的弹簧,分成若干个压力等级(即配有若干根弹簧)。显而易见,分得越细,弹簧根数越多,每根弹簧的实际使用刚度就越准确,安全阀的动作也越易保证。

例如:在安全阀全性能测试中装的是0.8~1.0 MPa 压力级,弹簧测试 0.8 MPa 开启时,性能被通过,而测试 1.0 MPa 时,就不一定被通过,如果弹簧分级为0.8~0.9 MPa,那么在测 0.9 MPa 开启时,阀的性能就有可能被通过。说明弹簧分级越细,越能保证安全阀性能。一般国内安全阀弹簧压力级分档见表 8 - 16。

②弹簧的设计

安全阀的选用型号和通径被确定以后,根据公称压力,如1.6 MPa 对全启式安全阀来说,查表 8 - 16,可分为 13 个压力级。根据每根弹簧的设计最小最大开启压力,计算弹簧最小开启负荷 P_1 和最大开启负荷 P_2。

a. 弹簧最小开启负荷力:

$$P_1 = 0.785 D_{mz} 2 P_{K1}$$

式中　D_{mz}——密封面平均直径,mm;

　　　P_{K1}——最小开启压力,MPa;

　　　P_{K2}——最大开启压力,MPa。

b. 弹簧最大开启负荷力:

$$P_2 = 0.785 D_{mz} 2 P_{K2} + \rho h$$

式中　ρ——弹簧刚度;

　　　h——安全阀开启高度,mm。

表8-16　安全阀弹簧压力级表

公称压力 (P_N)/MPa	0.1~0.13	0.13~0.16	0.2~0.25	0.25~0.3	0.3~0.4	0.4~0.5	0.5~0.6	0.6~0.7	0.7~0.8	0.8~1.0	1.0~1.3	1.3~1.6
						弹簧压力级/MPa						
1.6	>1.3~1.6	>1.6~2		>2~2.5								
2.5		>1.6~2		>2~2.5	>2.5~3.2	>3.2~4			注 Note(1)			
4.0(1)		>1.6~2		>2~2.5	>2.5~3.2	>3.2~4			注 Note(2)			
(2)	>1.3~1.6	>1.6~2		>2~2.5	>2.5~3.2	>3.2~4						
6.4								>4~5	>5~6.4			
10.0								>4~5	>5~6.4	>6.4~8		>8~10
16.0	>10~13	>13~16										
32.0				>16~19	>19~22	>22~25		>25~29	>25~29			

注：a. 有 P_N2.5 系列时采用注(1)；

　　b. 有 P_N4.0 系列时采用注(2)。

c. 弹簧最小负荷下的变形量:

$$F_1 = \frac{0.785 D_{mz}^2 P_{k1}}{P}$$

d. 弹簧最大负荷下的变形量:

$$F_2 = \frac{0.785 D_{mz}^2 P_{k2}}{\rho} + h$$

由于安全阀在全量排放时,排放力大于弹簧预紧力,才使阀瓣达到开启高度而全排放,用公式表示为

$$0.785 d_0^2 P_P S - 0.785 D_{mz}^2 P_K \text{(此式为阀瓣得到的升力)}$$

e. 弹簧任意负荷下的变形量:

$$F_K = \frac{0.785 d_0^2 P_P S - 0.785 D_{mz}^2 P_K}{\rho}$$

式中　ρ——弹簧刚度;

　　　P_P——安全阀排放压力,MPa;

　　　S——升力系数(通过试验确定);

　　　P_K——任意开启压力,MPa。

这说明正确地设计弹簧刚度和试验是分不开的。这是因为同样的开启压力,升力系数 S 和弹簧刚度 ρ 是因全启式、微启式等结构的不同而不同的。

f. 弹簧指数 C 和细长比 b:

对安全阀用弹簧的弹簧指数 C 取 4~8 且

$$C = D_2/d$$

式中　D_2——弹簧中径,mm;

　　　d——钢丝直径,mm。

弹簧的细长比为

$$b = H_0/D_2 \leqslant 3.7$$

式中　H_0——弹簧自由高度,mm。

g. 弹簧的工作极限计算负荷,公式为

$$P = \pi d_3 \tau_j / 8KD_2$$

式中　τ_j——弹簧工作极限扭切应力(和材料有关);

　　　K——曲度系数,$K = \dfrac{4C-1}{4C-1} + \dfrac{0.615}{C}$。

h. 弹簧的螺旋角按下式计算:

$$\alpha = \text{tg} - 1(t/\pi D_2)$$

取 $\alpha = 5° \sim 9°$ 比较合适。

③弹簧的材料

安全阀的材料国内制造厂通常都用 50CrVA,对有腐蚀的介质一般都采用 50CrVA 表面喷涂聚四氟乙烯,但只能用于温度不大于 200 ℃ 的工况,高于 200 ℃ 又有腐蚀的工况一般使用 304 或因科镍材料。对用于高温高压的安全阀(如电站过热蒸汽的汽包),如用 50CrVA 材料,就需加隔热器将弹簧腔隔离,或将阀盖做成花篮式。最好是采用 30W4Cr2VA 高温弹簧钢来制造弹簧,但这种钢材需定制,规格很难齐全,给制造厂的选择带来不便。

④弹簧的热处理硬度：

a. 经淬火、回火处理的冷卷弹簧，淬火次数不得超过两次，回火次数可不限，其硬度值为 HRC44 ~ HRC52。

b. 经淬火、回火处理的热卷弹簧，其硬度值可提升到 HRC55。

c. 弹簧还应作 24 小时恒温强压处理。

⑤弹簧的测试

安全阀制造厂对弹簧测试的依据是开启压力标准和弹簧设计图纸。

a. 外观测试：自由高度、钢丝直径、弹簧内径、间距等偏差，用带百分表的卡尺进行测量，其偏差值应符合 GB/T 12243 的规定。

b. 两端平面和轴心线的垂直度：一般采用专用工装，将弹簧用两个弹簧座架起，支在专用工装上，慢慢旋转，看其偏摆的程度，熟练的检验员很快就能确定其合格与否。

c. 刚度测试：制造厂的测试都采用弹簧拉伸试验机，根据弹簧设计负荷的最大值选用设备的测验范围，有 2 000 N、10 000 N、30 t 等。

d. 检测方法：根据图纸规定的设计开启压力 P_1 负荷力，将弹簧压下，从标尺中读取压缩量的值 F_1，同样用开启压力 P_2 负荷力，测 F_2 值，至少两组。

计算：$P_1/F_1 = \rho$ 和 $P_2/F_2 = \rho$，看其刚度 ρ 值是否在设计图纸范围内。

弹簧工作负荷的最小值和最大值，应该选定在弹簧极限工作负荷的 30% ~ 60% 范围内使用，这时刚度的稳定性最好。

5. 先导式安全阀的结构、工作原理、分类及特点

(1)先导式安全阀的结构和工作原理

先导式安全阀主要分为两大部分，主阀和导阀，它们之间采用接管和接头连接。主阀为活塞式，活塞有效面积大于阀座密封面中径所围的面积，在相同的进口介质压力作用下，活塞上部受到的介质压力大于阀座部分受到的介质压力，产生的合力将活塞紧紧压在阀座上，建立密封。系统进口介质压力越高，活塞上下面积差产生的合力就越大，压向阀座的力也就越大，与阀座的密封也就越好。导阀可以看作是一个小型的弹簧式安全阀。当系统压力升到整定压力时，导阀开启，主阀活塞顶部的介质会被排出，使活塞上升，被泄放介质会通过主阀排出。而后导阀关闭，主阀活塞上腔会重新加上系统进口压力，产生新的合力使活塞复位密封。导阀开始排放不能算作整个安全阀开始排放，一般只有当主阀活塞开始排放时，才能算作整个安全阀开始排放。

(2)先导式安全阀的分类

先导式安全阀按照主阀活塞起跳动作特性的不同可分为突跳型先导式安全阀和调制型先导式安全阀；按流动特性可分为流动型和非流动型。突跳型先导式安全阀具有导阀的动作、会引起主阀活塞突然全开，稳定动作特性。非流动突跳型先导式安全阀的结构如图 8 – 65(a)所示，突开的动作特性曲线如图 8 – 65(b)所示。

调制型先导式安全阀的主阀活塞开启高度与介质的超压成比例。非流动调制型先导式安全阀结构如图 8 – 66(a)所示，突开的动作特性曲线如图 8 – 66(b)所示。

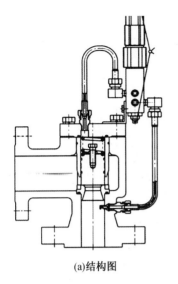
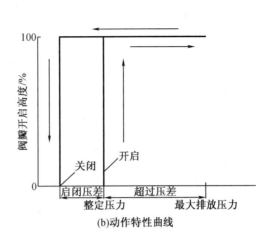

(a)结构图　　　　　　　　　　(b)动作特性曲线

图 8 - 65　非流动突跳型先导式安全阀结构图与动作特性曲线

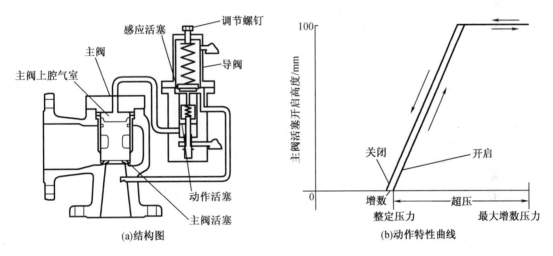

(a)结构图　　　　　　　　　　(b)动作特性曲线

图 8 - 66　非流动调制型先导式安全阀结构图与动作特性曲线

(3)先导式安全阀的特点

相比较于弹簧式安全阀,先导式安全阀有如下优点:

①密封性能较好。先导式安全阀多为软密封结构。弹簧式安全阀弹簧力不变,但随着介质力增加,密封面的密封力减小,容易前泄;而先导式安全阀的阀座密封力随着压力的升高而增加,无前泄。

②先导式安全阀导阀为小型阀,可适配不同口径的主阀。而弹簧式安全阀因为弹簧的存在,结构尺寸要比先导式安全阀大很多。因此,如果两者公称口径和公称压力相同,那么先导式安全阀的质量要比弹簧式安全阀轻 1/2 ~ 1/4。

③在相同口径的情况下,先导式安全阀的整定压力范围比弹簧式安全阀大很多。

④相对于弹簧式安全阀,背压对先导式安全阀的动作性能和开启高度几乎无影响。

⑤先导式安全阀允许工作压力或密封压力靠近整定压力,可以达到95%或以上。

⑥系统不大的超压就能使先导式安全阀快速达到全开状态。

⑦先导式安全阀导阀为非流动型结构,这样的结构设计减少了危险介质的排放和环境污染。

⑧突跳型先导式安全阀的启闭压差可以根据不同的排放量要求调节。

⑨调制型先导式安全阀的开启高度随超压值比例变化,仅排放多余的介质回座便关闭,减少了过多的能量损失。

⑩调制型先导式安全阀的开启不会产生颤振,降低了阀门动作时对被保护设备的冲击载荷。

⑪调制型先导式安全阀的出口可直接与主阀的排放侧出口或回收管道相连,并且不受管道背压的影响,避免了排放时危险介质对环境的影响,完全实现零排放。

⑫通过在接管上增加取压接头,先导式安全阀可在线监测安全阀的整定压力。

先导式安全阀也有一些缺点和局限性:

①由于先导式安全阀使用非金属密封件,所以其适用温度和压力受到一定限制。

②非金属的密封件,如橡胶"O"形圈等,容易老化失效,需要定期更换,成本较高。

③突跳型先导式安全阀一般只能用于气体介质,并且只能对空排放。

④调制型先导式安全阀可以用于气体、液体以及气液两相介质,可以排放回收。

⑤不能用于黏稠性介质,容易堵塞导阀管道,影响导阀的动作。

(4)突跳型先导式安全阀

目前市场上常用到的先导式安全阀类型主要有突跳型先导式安全阀和调制型先导式安全阀,均为非流动型安全阀。其中,突跳型先导式安全阀应用较多(图8-67)。

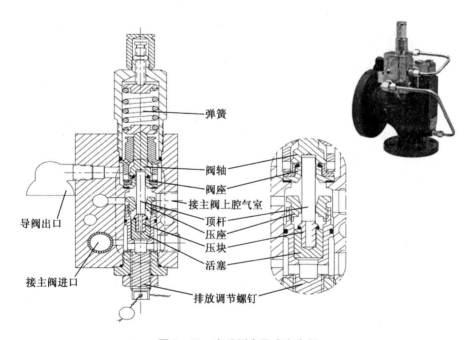

图8-67　突跳型先导式安全阀

①结构特点

先导式安全阀由主阀、导阀和接管等组成。导阀为弹簧式安全阀,主要由阀体、阀轴、阀座、弹簧和排放调节螺钉等构成。安全阀的整定压力的设定是通过调整导阀弹簧的压缩量来实现的。主阀的动作由导阀控制。

②工作原理

正常工作状态下,系统介质从导阀进气孔进入,通过活塞与排放调节螺钉的间隙,到达主阀上腔气室。由于主阀上腔气室是密闭的,且主阀上腔气室活塞的截面积大于流道阀座截面积,所以主阀上腔气室的合力大于阀座腔内介质向上的合力,总合力向下,从而使主阀活塞密封面和主阀阀座密封面紧紧贴合达到密封。当介质压力升高到规定值(即开启压力)时,导阀阀轴离开阀座,主阀上腔气室的介质会通过此开口向外排放。同时由于介质的快速流动,压块以及顶杆在介质推动下快速向上移动,与压座保持密封,进气通道关闭。主阀上腔气室的介质迅速通过开口排气,使压力下降,主阀活塞打开并全量排放。当介质压力下降到规定值时,导阀弹簧又将阀轴推向阀座,二者密封面重新贴合,导阀阀轴重新关闭,同时导阀下密封口压块处又重新打开,介质从此口进入主阀上腔气室,重新将主阀活塞推向主阀座,使其关闭,安全阀整体又回到正常工作状态。

③排放调节螺钉的调节原理

此系列的突跳型先导式安全阀的回座压力是可调的,主要通过排放调节螺钉来实现。当排放调节螺钉向上拧动时,减小了压块及顶杆与阀轴的距离,在下密封压块行程不变的情况下,当下密封压块到位密封时,阀轴的开启高度变大,排放通道面积变大,从而造成主阀的上腔气室介质排放量大,压力下降更大,主阀活塞开启更高,系统介质大量排放,压力降低,从而回座压力降低。向下拧动排放调节螺钉可减少导阀排放通道面积,从而提高回座压力。

(5)调制型先导式安全阀

由于动作特性和结构原理不同,调制型先导式安全阀与突跳型先导式安全阀相比,具有以下显著特点:

①能根据系统对超压保护的实际需求来调节排放能力,可以有效地节约介质和能源。

②导阀泄放的介质不对空排放,而是汇入主阀出口管线中,且动作性能不受出口管线中的背压影响。

③其主阀开启高度随入口压力增加(降低)而逐渐缓慢开启(关闭)的动作特性,可避免液态工况时由于主阀迅速开启或关闭造成管线中产生水击,有效保护管线。

目前,调制型先导式安全阀主要应用在以下场合:

①许多采用国外工艺的化工装置,如对二甲苯(PX)装置、精对苯二甲酸(PTA)装置,对环境和节能的要求较高,因此相当数量的先导式安全阀明确提出要使用调制型先导式安全阀。

②天然气输送管路上的安全阀采用的全部是先导式安全阀,而天然气是易燃易爆气体,不能对空排放,所以必需选用调制型先导式安全阀。

③许多石油化工管线上常常需要采用多台不同整定压力的安全阀来满足系统在不同超压下的安全泄压,而现在仅用一台调制型先导式安全阀就能满足系统不同超压的泄放

量,既节省了资源,又降低了采购成本。

④目前很多大型炼油、化工装置上,设计部门为了降低成本,将排放总管的直径加以控制,由此带来火炬背压的提升。这就使得某些以前可以选择使用弹簧式安全阀的工况,现在必须选择承受背压能力更强的先导式安全阀,又由于这些装置都不允许介质外泄,所以调制型先导式安全阀成了首选。

8.5.3 安全阀的标准及法规简介

1.安全阀标准简介

安全阀用于锅炉、压力容器、受压设备或管路上,作为超压保护装置,它的性能好坏,关系到上亿元投资的电站设备的安全,大型化工装置的长期正常运行,易燃易爆、有害有毒物质储罐的绝对安全……所以世界各国都对安全阀的设计制造制定了许多相关标准和法规。我们国家早期的安全阀标准大都参照苏联的安全阀标准。1964 年第一机械工业部颁布了JB 452《弹簧式安全阀技术条件》,1977 年修订,现在我们采用的安全阀标准主要列于表8 – 17。

表 8 – 17　现行安全阀相关标准

标准号	标准名称
GB/T 12241	安全阀　一般要求
GB/T 12242	压力释放装置性能试验方法
GB/T 12243	弹簧直接载荷式安全阀
JB/T 6441	压缩机用安全阀
ZBJ 98013	电站安全阀　技术条件
API 520(美国)	炼油厂泄压装置的设置、选择和安装
API 526(美国)	钢制法兰连接压力泄放阀
API 527(美国)	泄压阀的阀座密封度
JISB 8210(日本)	蒸汽锅炉及压力容器用弹簧载荷安全阀
JB 2202	弹簧式安全阀参数
JB/T 2203	弹簧式安全阀　结构长度
GB/T 9113	整体钢制管法兰
HG/T 20592 ~ 20635	钢制管法兰、垫片、紧固件

国内安全阀的排量系数、流道直径、阀座喉部截面积列于表 8 – 18 至表 8 – 20,以便参考。

表 8 – 18 安全阀额定排量系数 K_{dr}

安全阀类型	全启式安全阀	微启式安全	
		开启高度 $\geqslant \frac{1}{40}d_o$	开启高度 $\geqslant \frac{1}{20}d_o$
额定排量系数 K_{dr}	0.7 ~ 0.8	0.07 ~ 0.08	0.14 ~ 0.10

注: d_o——安全阀流道直径。

表 8 – 19 安全阀公称通径 D_N 与流道直径 d_o （单位:mm）

公称通径 D_N		15	20	25	32	40	50	65	80	100	150	200
d_o	全启式				20	25	32	40	50	65	100	125
	微启式	12	16	20	25	32	40	50	65	80		

表 8 – 20 安全阀阀座喉部截面积

形式	P_N/MPa	项目	公称通径 D_N/mm									
			15	20	25	32	40	50	80	100	150	200
全启式	1.6 4.0 6.4	阀座喉径 d_o/mm				20	25	32	50	65	100	125
		喉部截面积 A/mm²				314	491	804	1 963	3 318	7 854	12 270
		开启高度 h/mm	$\geqslant \frac{1}{4}d_o$									
	10.0	阀座喉径 d_o/mm				20	25	32	40	50	80	
		喉部截面积 A/mm²				314	491	804	1 257	1 963	5 027	
		开启高度 h/mm	$\geqslant \frac{1}{4}d_o$									
	16.0 32.0	阀座喉径 d_o/mm				15	20					
		喉部截面积 A/mm²				177	314					
		开启高度 h/mm	$\geqslant \frac{1}{4}d_o$									

表 8 – 20（续）

形式	P_N/MPa	项目	公称通径 D_N/mm									
			15	20	25	32	40	50	80	100	150	200
微启式	1.6 2.5 4.0 6.4	阀座喉径 d_o/mm	12	16	20	25	32	40	65	80		
		喉部截面积 A/mm²	113	201	314	491	804	1257	3318	5027		
		开启高度 h/mm	$\geqslant \frac{1}{40}d_o$					$\geqslant \frac{1}{20}d_o$				
	16.0 32.0	阀座喉径 d_o/mm	8			12	14					
		喉部截面积 A/mm²	50			113	154					
		开启高度 h/mm	$\geqslant \frac{1}{20}d_o$									

2. 国内标准简介

(1)《安全阀 一般要求》(GB/T 12241)

①该标准等效采用国际标准 ISO 4126《安全阀一般要求》,适用于压力 0.1~25 MPa,流道直径大于或等于 8 mm 的安全阀,对安全阀的设计介质和温度不做规定。

②该标准对安全阀的有关名词术语做了解释,目前国内出的有关安全阀的书籍所提的名词术语基本也以该标准为依据。

③该标准对成品试验目的一般要求做了明确的说明。

④该标准规定了成品强度试验的方法:

a. 封闭阀座密封面,在进口侧体腔施加试验压力,该压力应为安全阀公称压力的 1.5 倍。

b. 对于向空排放的安全阀或仅在排放时产生背压力的安全阀,不需在排放侧体腔部位进行强度试验。

c. 安全阀承受附加背压力或安装于封闭排放系统时,则应在排放侧体腔部位进行强度试验,试验压力最大为背压力的 1.5 倍。

⑤强度试验的持续时间见表 8 – 21。

表 8 – 21　强度试验的最短持续时间　　　　　　　（单位:min）

公称通径 D_N/mm	公称压力 P_N/MPa		
	≤4	>4~6.4	>6.4
≤50	2	2	3
>50~65	2	2	4

表 8-21(续)

公称通径 D_N /mm	公称压力 P_N/MPa		
	≤4	>4~6.4	>6.4
>65~80	2	3	4
>80~100	2	4	5
>100~125	2	4	6
>125~150	2	5	7
>150~200	3	5	9
>200~250	3	6	11
>250~300	4	7	13
>300~350	4	8	15
>350~400	4	9	17
>400~450	4	9	19
>450~500	5	10	22
>500~600	5	12	24

⑥强度试验的安全要求:

a. 通常用纯净适度的水作为试验介质。

b. 应避免用气体做强度试验,特殊情况需经有关各方同意后,方可用空气或其他合适的气体来进行。

⑦对用于蒸汽、空气、水或其他性质已知的气体对安全阀进行动作性能和排量试验的规定:

a. 测定动作性能时的整定压力应是所用弹簧设计的最小整定压力。

b. 用于蒸汽的阀门,应采用蒸汽做试验;用于空气或其他气体的阀门,可用蒸汽、空气或其他已知性质的气体进行试验;用于液体的阀门,可用水或其他已知其性质的液体进行试验。

⑧对试验设备和试验程序做了规定:

a. 每一通径的被试阀门应当用三种较大差别的压力进行试验(即高、中、低三挡弹簧做试验来测试该阀的性能),每种压力至少试验三次。

b. 用排量试验来测定排量系数时,对一给定阀门设计应以三种通径,每一通径以三种不同的压力来进行。

c. 试验用压力测量仪表的误差应小于等于仪表量程的 0.5%,试验压力应在仪表量程的 1/3~2/3 的范围内。

⑨标准详细介绍了安全阀用三种不同介质做试验时的理论排量的计算公式,这也是安全阀选型的重要依据。

⑩理论排量计算公式:

a. 用蒸汽作为试验介质时的理论排量:

● 饱和蒸汽。这里干饱和蒸汽是指最小干度为98%或过热度为10℃的蒸汽。

压力小于或等于 11 MPa 时:

$$W_{ts} = 5.25AP_d \tag{8-1}$$

压力大于 11 ~ 22 MPa 时:

$$W_{ts} = 5.25AP_d\left(\frac{27.644P_d - 1\,000}{33.242P_d - 1\,061}\right) \tag{8-2}$$

式中 W_{ts}——理论排量,kg/h;

   A——流道面积,mm^2;

   P_d——实际排放压力, MPa(绝对压力)。

• 过热蒸汽。这里过热蒸汽是指过热度大于 10 ℃的蒸汽。

压力小于 11 MPa 时:

$$W_{ts} = 5.25AP_dK_{sh} \tag{8-3}$$

压力大于 11 ~ 22 MPa 时:

$$W_{ts} = 5.25AP_d\left(\frac{27.644P_d - 1\,000}{33.242P_d - 1\,061}\right)K_{sh} \tag{8-4}$$

式中 K_{sh}——过热修正系数。

b. 用空气或其他气体作为试验介质时的理论排量:

• 临界流动下的理论排量为

$$W_{tg} = 10AP_dC\sqrt{\frac{M}{ZT}} = 0.911\,9AC\sqrt{\frac{P_d}{V}} \tag{8-5}$$

式中 C——气体特性系数,是绝热指数 K 的函数,见表 8-22;

   M——气体的摩尔质量,kg/kmol;

   T——实际排放温度,K;

   Z——压缩系数,在许多情况下 $Z = 1$,可忽略不计;

   V——实际排放压力和排放温度下的比体积,m^3/kg。

• 亚临界流动下的排量为

$$W_{ts} = 10AP_dCK_b\sqrt{\frac{M}{ZT}} = 0.911\,9ACK_b\sqrt{\frac{P_d}{V}} \tag{8-6}$$

液体作为试验介质时的理论排量为

$$W_{tl} = \frac{A\sqrt{\Delta P\rho}}{0.196\,4} \tag{8-7}$$

式中 ΔP——压差,$\Delta P = (P_d - P_b)$,MPa;

   ρ——密度,kg/m^3。

注意:式(8-1)至式(8-7)计算得出的只是理论排量值。

额定排量计算公式为

$$W_r = W_tK_{dr}$$

式中 W_t——理论排量,kg/h;

   K_{dr}——额定排量系数(由制造厂确定,对全启式安全阀一般为 0.7 ~ 0.8;带调节圈的微启式安全阀为 0.15 ~ 0.16;不带调节圈的微启式安全阀为 0.08)。

表8－22 气体特性系数 C 与 K 值的对应关系

K	C	K	C	K	C	K	C	K	C	K	C
0.40	1.65	0.84	2.24	1.02	2.41	1.22	2.58	1.42	2.72	1.62	2.84
0.45	1.73	0.86	2.26	1.04	2.43	1.24	2.59	1.44	2.73	1.64	2.85
0.50	1.81	0.88	2.28	1.06	2.45	1.26	2.61	1.46	2.74	1.66	2.86
0.55	1.89	0.90	2.30	1.08	2.46	1.28	2.62	1.48	2.76	1.68	2.87
0.60	1.96	0.92	2.32	1.10	2.48	1.30	2.63	1.50	2.77	1.70	2.89
0.65	2.02	0.94	2.34	1.12	2.50	1.32	2.65	1.52	2.78	1.80	2.94
0.70	2.08	0.96	2.36	1.14	2.51	1.34	2.66	1.54	2.79	1.90	2.99
0.75	2.14	0.98	2.38	1.16	2.53	1.36	2.68	1.56	2.80	2.00	3.04
0.80	2.20	0.99	2.39	1.18	2.55	1.38	2.69	1.58	2.82	2.10	3.09
0.82	2.22	1.001	2.40	1.20	2.56	1.40	2.70	1.60	2.83	2.20	3.13

⑪铭牌应至少具有下列标志：

a. 阀门设计的允许最高工作温度，℃ ；

b. 整定压力，MPa；

c. 依据的标准号；

d. 制造厂的基准型号；

e. 额定排量系数或对于基准介质的额定排量；

f. 流道面积，mm^2 ；

g. 开启高度，mm ；

h. 超过压力百分数；

i. 安全阀的开封。

标准规定，所有安全阀必须由制造厂，或其代表，或有关负责机构进行铅封。

应当注意的是，铭牌上给出的通常是对于试验证明书所用流体的数据，而不是计算出的当量排量。有关当量排量的运用和计算方法可参阅 GB/T 12241。

安全阀的新产品鉴定定型，老产品改进并提高性能，以及制造厂被要求出具产品性能时，必然要求对产品进行全性能试验，是否具备容量高、性能好、微机控制和检测的安全阀测试系统，也是恒量安全阀设计制造企业能力强弱的一个具体标志，其系统应符合国家推荐的系统布置。

系统应该具有足够大的压力和容量，以便使被测安全阀的动作更为真实。

安全阀冷态(空气和液体)测试系统主要是由三个部分组成：压缩机房、容器管道部分和电脑操作系统。

在图8－68 所示的系统中，压缩机的产气量是 6 m^3/min，压力为 20 MPa，这在国内为数不多的类似系统中算较大的。容器管道中的高压容器压力为 20 MPa；补气容器的压力为 10 MPa，测试容器的压力也为 10 MPa。电脑操作系统通过操作键来控制电动阀开启，从而控制空气介质的流量和流向，通过传感器捕捉被测阀的瞬间动作。

图 8 – 68   安全阀测试系统

这些数据传至电脑,以压力和开启高度的曲线形式显示出来,使我们能正确地判定被测阀合格与否。通过该系统还能测试安全阀的实际流量。

(2)《弹簧直接载荷式安全阀》GB/T 12243

①适用范围:该标准范围适用于公称压力 P_N 为 0.1 ~ 32 MPa,流道直径大于等于 8 mm 的蒸汽锅炉、压力容器和管道用安全阀。

②技术要求:

a. 一般要求已在第 1 章 1.5 节中介绍过。

b. 对阀体的要求:

• 连接尺寸及其密封面形状和尺寸按 GB/T 9113 的规定。

注:其实制造厂在确定法兰的连接尺寸和密封形式时,都以用户的要求而定,如石化行业大都要求按 HG/T 20592 ~ 20635 标准制造。

• 螺纹连接尺寸按 JB/T 1752 的规定,现在也由用户来决定,如要求按英制标准制造。

• 焊接端部尺寸按 GB/T 12224 的规定(基本也是按用户合同而定)。

• 结构长度按 JB/T 2203 的规定。

• 阀体在强度试验及工作条件下不允许发生任何有害变形,并便于制造和维修。

• 阀体法兰允许采用铸、锻、螺纹连接和焊接,但要确保强度。

c. 阀座和阀瓣要求:

• 阀座和阀瓣的密封面一般为平面或锥面,可在本体直接加工也可堆焊。

• 堆焊的阀瓣密封面经加工后的厚度应大于或等于 2 mm。

d. 对弹簧的要求:

• 弹簧的细长比(自由高度和中径之比)应小于 3.7。

• 弹簧两端应各有大于等于 3/4 圈的支承平面,支承圈末端应与工作圈并紧,弹簧轴线对两端支承平面的垂直度每 100 mm 长度其偏差值不大于 1.7 mm。

• 弹簧指数(中径和钢丝直径之比)可在 4 ~ 8 范围内选取。

• 弹簧自由高度的偏差按表 8 – 23 的规定。根据设计需要,允许对自由高度规定不对称分布的偏差,但其公差值应符合表 8 – 23 的规定。

表 8 - 23　弹簧自由高度的偏差　　　　　　　　　　　　（单位:mm）

自由高度 H_o	≤20	>20 ~60	>60 ~120	>120 ~200	>200 ~300	>300 ~450	>450 ~600	>600
偏差	±1.2	±1.5	±2.5	±3.5	±4.5	±7.0	±9.0	±1.5%H_o

- 弹簧内径的偏差按表 8 - 24 的规定。在特殊情况下,特别对大型弹簧,允许设计上规定弹簧座与弹簧单配,但其配合公差值应参照表 8 - 24 的规定。

表 8 - 24　弹簧内径的偏差　　　　　　　　　　　　（单位:mm）

内径 D_1	≤40	>40 ~60	>60 ~80	>80 ~100	>100 ~150	>150
偏差	+0.6 0	+0.8 0	+1.0 0	+1.2 0	+1.5 0	+1%D_1 0

- 在自由状态下弹簧工作圈间距的偏差按表 8 - 25 的规定。

表 8 - 25　自由状态下弹簧工作圈间距的偏差　　　　　　　　　（单位:mm）

工作圈间距 δ	≤4	>4 ~5	>5 ~6	>6 ~7	>7 ~8	>8 ~9	>9 ~10	>10 ~12	>12 ~15	>15
偏差	±0.4	±0.5	±0.6	±0.7	±0.8	±0.9	±1.0	±1.2	±1.5	±10%δ

- 弹簧应根据设计要求进行强压处理或加温强压处理。
- 弹簧表面进行防锈处理。

③性能要求

a. 整定压力偏差

- 压力容器和管道用安全阀的整定压力偏差:当整定压力小于 0.5 MPa 时为 ±0.014 MPa,当整定压力大于或等于 0.5 MPa 时为 ±3% 整定压力。
- 蒸汽锅炉用安全阀的整定压力偏差:当整定压力小于 0.5 MPa 时为 ±0.014 MPa;当整定压力为 0.5 ~2.3 MPa 时为 ±3% 整定压力;当整定压力大于 2.3 ~7.0 MPa 时为 ±0.07 MPa;当整定压力大于 7.0 MPa 时为 1% 整定压力。

b. 排放压力

- 蒸汽用安全阀的排放压力应小于或等于整定压力的 1.03 倍。
- 空气或其他气体用安全阀的排放压力应小于或等于整定压力的 1.10 倍。
- 水或其他液体用安全阀的排放压力应小于或等于整定压力的 1.20 倍。

c. 启闭压差

- 蒸汽用安全阀的启闭压差按表 8 - 26 的规定。
- 空气或其他气体用安全阀的启闭压差按表 8 - 27 规定。

表 8 - 26　蒸汽用安全阀的启闭压差

整定压力/MPa	启闭压差	
	蒸气动力锅炉用	直流锅炉、再热器和其他蒸气设备用
≤0.4	≤0.03 MPa	≤0.04 MPa
>0.4	≤7%整定压力	≤10%整定压力

表 8 - 27　气体用安全阀的启闭压差

整定压力/MPa	启闭压差
≤0.2	≤0.03 MPa
>0.2	≤15%整定压力

• 水或其他液体用安全阀的启闭压差按表 8 - 28 的规定。

表 8 - 28　液体用安全阀的启闭压差

整定压力/MPa	启闭压差
≤0.3	≤0.06 MPa
>0.3	≤20%整定压力

d. 开启高度

安全阀的开启高度,全启式为大于或等于流道直径的 1/4;微启式分别为大于或等于流道直径的 1/20 或 1/40。

当介质压力上升到本标准规定的排放压力的上限值以前,开启高度应达到设计规定值。对于全启式安全阀,其偏差为平均值的 ±5% 。

e. 机械特性

阀门动作必须稳定,应无频跳、颤振、卡阻等现象。

f. 密封性

• 密封试验压力:蒸汽用安全阀的密封试验压力为 90% 整定压力或为回座压力最小值,取二者中较小值。空气或其他气体用以及水或其他液体用安全阀的密封试验压力,当整定压力小于 0.3 MPa 时,比整定压力低 0.03 MPa;当整定压力大于或等于 0.3 MPa 时为 90% 整定压力。

• 密封试验介质按表 8 - 29 的规定。

表 8 - 29　密封试验介质

安全阀适用介质	密封试验用介质
蒸汽	饱和蒸汽
空气或其他气体	空气
水或其他液体	水

● 密封性要求:进行蒸汽用安全阀密封试验时,用目视或听音的方法检测阀的出口端,如未发现泄漏现象,则认为密封性合格。进行空气或其它气体用安全阀密封试验时,检查以每分钟泄漏气泡数表示的泄漏率。进行水或其他液体用安全阀密封试验时,在规定的试验持续时间 2 min 内,其密封面处不应有流淌的水珠。

g. 排量

安全阀的排量计算应按 GB/T 12241 或国家安全监察规程的规定。

④材料

a. 阀体

阀体材料应按 GB/T 12228、GB/T 12229、GB/T 12230 的规定。

b. 阀座和阀瓣

阀座和阀瓣本体材料的抗腐蚀性能应不低于阀体材料。

c. 导向套

导向套的材料应具有良好的耐磨与抗腐蚀性能。

d. 弹簧

弹簧的材料按 GB 1239 的规定。

(3)《电站安全阀技术条件》(ZBJ 98013)

①适用范围:该标准适用于火力发电站以水蒸气为介质,喉颈为 20～250 mm,工作压力为 0.35～22 MPa,工作温度≤570 ℃的弹簧式、杠杆式、先导式和带补充载荷的安全阀(包括锅炉、除氧器和高压加热器上用的安全阀)。

②引用标准:和常规安全阀不同的是,电站安全阀有其专门的制造技术标准和型号编制方法。

a. JB/T 3595《电站阀门 一般要求》。

b. JB/T 4018《电站阀门型号编制方法》。

c. JB 2765《阀门名词术语》。

值得指出的是:电站阀门(包括安全阀)对壳体材料、螺纹光洁度、铸锻件的质量要求以及探伤等都做了比较详细的规定。

有关电站安全阀的型号编制与 JB/T 308 有所不同的是:当介质最高温度小于 450 ℃时,标注公称压力数值;当介质最高温度大于 450 ℃时,标注工作温度和工作压力。工作压力须用 P 标志,并在 P 字的右下角附加介质最高温度数字,该数字是以 10 除介质最高温度数值所得的整数。

(4)《压缩机用安全阀》(JB/T 6441)

①适用范围:该标准适用于公称压力不大于 42 MPa 的压缩机用弹簧直接载荷式安全阀。

②该标准还规定了压缩机用安全阀的结构、性能、材料、试验与检验标志和供货要求等。其内容基本参照 GB/T 12241、JISB 8210 等标准,这里不再叙述。

3. 国外标准简介

(1)《炼油厂泄压装置设置、选择和安装》(API 520)

①适用范围:该标准推荐实施方法拟用于炼厂容器和设备上的释放装置及其排放系统,这些容器和设备的最大设计允许工作压力大于 0.103 MPa。在流量公式中,假定流动是稳定的,流体为牛顿流体。用于散装或集装运输石油产品的压力容器不在本推荐实施方法

的范围内。

②泄压装置的有关定义：

a.泄放阀：是一种由阀前静压力驱动的自动泄压装置。这种阀门的开启系数与超过开启压力的压力增长成比例。该阀主要用于液体介质。

b.安全阀：是一种由阀前静压力驱动的自动泄压装置，其特征是迅速地全开，即具有突然跳启的动作，用于气体或蒸汽介质。

c.安全泄放阀：是一种自动泄压装置，既适合作为安全阀，也适合作为泄放阀（在石油工业中通常用于气体和蒸汽或者用于液体介质）。

d.泄压阀：是泄放阀、安全阀或安全泄放阀的通称。

该标准中详细叙述了泄放阀、安全阀和安全泄放阀的泄压性能和要求。

③运行的排放要求：列出了运行事故及需要的排放量。

a.容器外失火：当烃类物质从炼油设备中泄漏出来，偶然的点火就会引起火灾。烃类物质多数是以液态在等于或高于大气环境温度的蒸气压下储藏的。受热后（如太阳光照射）被升温，然后压力会上升，直到泄放阀开启，所以确定安全泄放阀的尺寸必须考虑到受火的可能性。

b.直接受明火加热容器的泄放要求：对于安装在可能受明火加热的容器之液相区的安全泄放阀或泄放阀，应校核其液体通流量，该通流量应相当于液体受火蒸发所引起的排量。该标准提供了烃类的蒸发潜热资料。

c.容器受火的保护：受火情况下泄压阀的作用有降低容器压力、有效地减少热量的输入。当失火使操作人员不能靠近时，最好能及时使用降压装置。减少受火时热量输入的方法有隔热、盖土储存、用水冷却容器表面、将燃料导离容器等。

d.排放管的设计：当使用常规安全泄放阀并且其整定压力为容器最大允许工作压力时，排放管的尺寸选择应考虑到限制排放管中的压力降。

e.泄放和减压系统排放物的处理：包括远距离处置方法（如引向火炬）、向低压系统排放、不可凝结蒸汽的大气处置法（如将蒸汽直接排向大气）。

附件包括：

①确定受火时吸热量的公式；

②在确定安全泄放阀排量的公式中等熵系数的应用；

③确定安全泄放阀尺寸的程序。

(2)《钢制法兰连接压力泄放阀》(API 526)

①内容：

a.该标准规定了钢制法兰连接安全泄放阀的规格，给定下列基本要求：

● 流道（阀座喉径）代号和面积；

● 阀门进出口的通径和压力级；

● 阀体和弹簧的材料；

● 压力和温度范围；

● 结构长度（面心距）。

b.列出了安全泄放阀的规格式样。

c.给出了铭牌术语和标记要求。

②参考文献：以下文献的最新版本适用于本标准规定的范围。

API 标准(美国石油学会标准):

API 520《炼油厂泄压装置设置、选择和安装》

API 527《泄压阀的阀座密封度》

ASTM(美国材料试验学会标准):

第Ⅷ篇 压力容器第一分篇

ASME(美国机械工程师学会)锅炉和压力容器规范。

ANSI(美国国家标准):

ANSI B16.5《钢管法兰和法兰管件》

③设计要求:

a.该标准所述的安全泄放阀应按照 ASME 锅炉和压力容器规范第Ⅷ篇对压力释放装置的要求进行设计与制造。

b.确定安全泄放阀的喉径面积,应按照 API 520 第一部分设计。

④材料:

a.该标准规定了通常使用的结构材料(如 WCB、WC6、CF8M、LC3 等)。对于特殊的腐蚀问题,以及当阀门应用范围超出本标准的压力 - 温度限制时,其结构材料须径供需双方同意。

b.阀体和弹簧的材料应根据要求的温度范围确定。阀体选择与下列牌号和等级相应或更好的材料:

铸造碳钢　ASTM　A216　等级 WCB

铸造钼钢　ASTM　A217　等级 WC6

铸造奥氏体钢　ASTM　A351　等级 CF8M

铸造 3.5% 镍钢　ASTM　A325　等级 LC3

c.阀门内部零件的材料应根据温度和使用要求按照制造厂的标准确定,并且标明在用户的规格书上。

⑤工厂试验和检查

用户有权在制造厂内按照在订货单上明确的范围观看工厂试验和对阀门进行检查。

a.开启压力试验:所有安全阀和安全泄放阀都应按照 ASME 规范,制造厂执行的标准做法,或按用户要求调整到设定压力值,并加铅封。

b.应该按 API 527 标准通过泄漏量试验。

⑥装运要求:

a.对铭牌的要求:每个阀门都应标记阀门编号或其他识别标记(标记在一个耐腐蚀的标牌上)。

b.装运前的准备:除法兰外都应涂油漆;进出口应采用适当的保护塞堵上;进出口法兰应加以保护。

c.应附有安全阀的规格清单(有 40 项内容),附 1 ~ 14 个流道直径表。

(3)《泄压阀的阀座密封度》(API 527)

①主要内容:该标准叙述了金属密封和软密封泄压阀阀座密封度测定试验程序,包括常规式、波纹管式和先导式结构的阀门。规定了容许的泄漏率,介绍了用空气、蒸汽和水试验的程序。

②适用范围:整定压力从 0.103 ~ 41.4 MPa(表压)时定义其泄压阀最大的允许泄漏量。

确定阀座密封度的试验介质、空气、蒸汽或水,应与确定阀门调定压力用的介质相同。对双重效用的阀门,其试验介质、空气、蒸汽或水应与主要泄放介质相同。

③合格条件

合格条件如表8-30所示。

表8-30 合格条件

额定压力/bar (15.6C)	最大允许泄漏率/(泡·min^{-1})	
	喉径小于F	喉径大于F
1.03 ~ 68.96	40	20
103	60	30
132	80	40
172	100	50
207	100	60
276	100	80
385	100	100
414	100	100

(4)《蒸汽锅炉及压力容器用弹簧载荷式安全阀》(JISB 8210)

①适用范围:本标准适用于圆锥形螺旋弹簧直接载荷式的蒸汽用安全阀和气体用安全阀(以下简称安全阀)。

②名词术语定义:本标准对使用的主要名词术语及其定义做了规定。

③种类划分:安全阀的种类,按其形式、公称通径以及公称压力划分如下。

a. 按形式分类:按流量限制机构(开启高度)不同划分为:

低扬程式:安全阀的开启高度$\frac{d_0}{40} \leqslant h < \frac{d_0}{15}$($d_0$为阀座喉径)。

高扬程式:安全阀的开启高度$\frac{d_0}{15} \leqslant h < \frac{d_0}{7}$。

全扬程式:安全阀的开启高度$h \geqslant \frac{d_0}{7}$,而且其他部位的介质最小流道面积必须大于等于开启高度为阀座口径1/7时介质流道面积的10%。

全量式:阀座口直径大于等于喉部直径的1.15倍,阀瓣开启后,阀座口介质流道面积应大于或等于喉部面积的1.05倍,安全阀进口和接管座的介质流道面积必须大于或等于喉部面积的1.7倍。

b. 按公称通径分类:安全阀的公称通径用介质进口侧的公称通径表示,并根据其连接方式分为法兰连接式、螺纹连接式和焊接式。

c. 按公称压力分类:根据安全阀最高使用压力(指安装安全阀的设备)进行分类,如表8-31所示。

表8-31 安全阀按公称压力分类

公称压力	kg/cm²	1	10	20	30	45	65	110	140	180	250	320
的分类	MPa	0.1	1.0	2.0	3.0	4.5	6.5	11.0	14.0	18.0	25.0	32.0
最高使用	kg/cm²	≤1	≤11	≤22	≤33	≤50	≤72	≤121	≤154	≤198	≤275	≤352
压力	kg/cm²	≤0.1	≤1.1	≤2.2	≤3.3	≤5.0	≤7.2	≤12.1	≤15.4	≤19.8	≤27.5	≤35.2

④性能要求:本标准规定了蒸汽与气体用安全阀开启压力的允许偏差;规定了蒸汽与气体用安全阀的启闭压差(比 GB/T 12243 标准要高);开启高度应达到形式规定的高度。

⑤结构要求:用于蒸汽的最高工作压力超过 30 kgf/cm² 或介质温度超过 235 ℃的安全阀排出的介质不得直接和弹簧接触。即使安全阀部分损坏,仍需具有足够的排量。而且阀座必须固定置于阀体上而不至于脱出。弹簧的调整螺杆应有防松装置,即使弹簧损坏,在结构上也必须保证阀瓣等不会飞出阀体外。安全阀应设有可用以铅封的结构,以防止随意调整压力。有毒气体或可燃性气体用安全阀,不得使用敞开式。

此外,本标准还规定了机械加工时的偏差,锥面、平面和用于蒸汽的阀瓣(要有提升机构)结构,有法兰、螺纹和焊接,并给出了相应的数据表(包括法兰尺寸、螺纹公差直径等)。对阀体作了形状、强度试验等规定(进口侧按 2.2 倍公称压力,出口侧按 1.5 倍法兰公称压力做试验)。对焊接部位及铸件的内部结构做了规定,对弹簧做了尺寸和形位公差规定,对用于安全阀的材料的适用界限做了详细规定(铸铁、球墨铸铁、铸钢等材料的适用压力和温度),对外观做了规定(如铸件的内外表面应光滑、无有害的气孔等),介绍了试验方法和测试项目(零部件尺寸及动作性能等),规定了报告的格式。

4. 有关法规

(1)《压力容器安全技术监察规程》

国家质量技术监督局于 1999 年 5 月颁发的《压力容器安全技术监察规程》中第七章安全附件第 140 条至 158 条详细规定了压力容器用安全阀的技术要求及选型计算等。

①技术要求:

a. 制造安全阀的单位,应经省级以上(含省级)安全监察机构批准。

b. 安全阀不能可靠工作时,应装设爆破片装置或采用二者组合的结构(图 8 - 69)。

c. 安全阀的排放能力必须大于或等于压力容器的安全泄放量。

d. 安全阀的开启压力 P_z 不应大于压力容器的设计压力 P,且安全阀的密封试验压力 P_t 应大于压力容器的最高工作压力 P_w,即 $P_z \leqslant P$,且 $P_t > P_w$。固定式压力容器上装多个安全阀时,其中一个安全阀的开启压力不应大于压力容器的设计压力,其余安全阀的开启压力可适当提高,但不得超过设计压力的 1.05 倍。

e. 移动式(如槽车)压力容器安全阀的开启压力应为罐体设计压力的 1.05 ~ 1.10 倍,安全阀的额定排放压力不得高于罐体设计压力的 1.2 倍,回座压力不应低于开启压力的 0.8 倍。

f. 安全阀出厂必须随带产品质量证明书,并在产品上装设牢固的金属铭牌。产品质量证明书包括的内容和 GB/T 12243 规定的基本一致。同时该规程还列出了安全阀排量计算公式供参考。

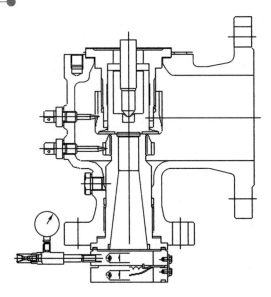

图 8 - 69 爆破片和安全阀组合示意图

● 气体计算公式：

临界条件 $\dfrac{P_0}{P_d} = \left(\dfrac{2}{k+1}\right)^{\frac{k}{k-1}}$ 时，有

$$W_s = 7.6 \times 10^{-2} CKP_d A \sqrt{\dfrac{M}{ZT}}$$

临界条件 $\dfrac{P_0}{P_d} > \left(\dfrac{2}{k+2}\right)^{\frac{k}{k-1}}$ 时，有

$$W_s = 55.84 KP_d A \sqrt{\dfrac{M}{ZT}} \sqrt{\dfrac{k}{k-1}\left[\left(\dfrac{P_0}{P_d}\right)^{\frac{2}{k}} - \left(\dfrac{P_0}{P_d}\right)^{\frac{k+1}{k}}\right]}$$

式中　W_s——安全阀的排放能力，kg/h；

A——安全阀最小排放截面积，mm^2；

C——气体特性系数；

P_d——排放压力（绝压）；$P_d = 1.1P_s + 0.1$（其中 P_s 为安全阀的整定压力，MPa），MPa；

P_0——安全阀的出口侧压力（绝压），MPa；

K——排放系数，全启式安全阀 $K = 0.6 \sim 0.7$，微启式安全阀 $K = 0.4 \sim 0.5$，不带调节圈的微启式安全阀 $K = 0.25 \sim 0.35$；

M——气体摩尔质量，kg/mol；

T——气体的温度，K；

Z——气体在操作温度压力下的压缩系数；

k——气体绝热指数，$k = CP/CV$。

● 液体计算公式：

$$W_s = 5.1 KA \sqrt{\rho \Delta P}$$

式中　ρ——阀门入口侧温度下的液体密度，kg/m^3；

ΔP——阀门前后压力降，$\Delta P = P_d - P_0$（其中 $P_d = 1.3P_s + 0.1$，MPa），MPa；

W_s——安全阀的排放能力，kg/h；

A——安全阀最小排放截面积，mm^2；

K——排放系数，全启式安全阀 $K = 0.6 \sim 0.7$，微启式安全阀 $K = 0.4 \sim 0.5$，不带调节圈的微启式安全阀 $K = 0.25 \sim 0.35$。

- 饱和蒸汽计算公式：参看 GB/T 12241 中公式①和②。

注：波纹管安全阀须乘压力修正系 K_b（表 8 – 32）。

（2）《蒸汽锅炉安全技术监察规程》

"本规程"在第七章第 129 ~ 143 条对安全阀的设置等做了相应的规定，主要是：

①额定蒸发量大于 0.5 t/h 的锅炉，至少装设两个安全阀；小于或等于 0.5 t/h 的至少装一个安全阀。

②额定蒸汽压力小于 0.01 MPa 的锅炉应采用静重式或水封式安全阀，水管内径不应小于 25 mm。

③安全阀的总排量必须大于锅炉最大连续蒸发量。

④对于额定蒸汽压力小于或等于 3.82 MPa 的锅炉，安全阀喉径不应小于 25 mm；对于额定蒸汽压力大于 3.82 MPa 的锅炉，安全阀的喉径不应小于 20 mm。

⑤几个安全阀如共同装置在一个与锅筒直接相连接的短管上，短管的通路截面积应不小于所有安全阀排气面积的 1.25 倍。

⑥安全阀开启压力的确定一般在 1.05 ~ 1.1 倍的工作压力。

⑦对安全阀的提升手柄、开封、铭牌等的要求，基本和 GB/T 12241 的规定相同。

5. 其他标准与规范

（1）《压力释放装置性能试验方法》（GB/T 12242）

①适用范围：本标准适用于直接载荷式安全阀、先导式安全阀。本标准还规定了锅炉、压力容器和管道用安全阀的试验方法。

②一般要求：

a. 试验各方在对被测阀的型号、规格、工况、开启压力等了解的情况下就试验目的、场所、介质、标准等应达成协议。

b. 试验程序及试验人员要对试验的设备，包括各种量仪做好必要的准备和调试工作。

③测试仪表和测试方法：

a. 大气压力采用仪表误差不大于 ±50 Pa 的气压计测量。

b. 小于 0.1 MPa 的压力可采用液体压力计；测量大于或等于 0.1 MPa 的压力可采用波顿管压力计，也可采用其他测压仪表，注意仪表量程和精度。

c. 测量温度采用玻璃液体温度计或其他测温仪表（如双金属温度计、热电偶、热电阻等），测量仪表的最小读数应小于等于 0.5 ℃。测温组件应插入管道中心附近，反映介质实际最高温度。

d. 流量测量采用经校准的标准节流装置或其他流量计，也可采用收集并称量排放介质或其冷凝液的直接测量方法。

e. 测量开启高度原则上采用百分表，也可采用经校准的其他测量仪表。

f. 测量蒸汽湿度采用节流式热量计。

表 8-32　排量的背压力修正系数 K_b

等熵指数 k

a	0.4	0.5	0.6	0.7	0.8	0.9	1.001	1.1	1.2	1.3	1.4	1.5	1.6	1.7	1.8	1.9	2.0	2.1	2.2
0.45																	1.00	0.999	0.999
0.50												1.000	1.000	0.999	0.999	0.996	0.994	0.992	0.989
0.55									0.999	1.000	0.999	0.997	0.994	0.991	0.989	0.983	0.979	0.975	0.971
0.60							1.000	0.999	0.997	0.993	0.989	0.983	0.978	0.972	0.967	0.961	0.955	0.950	0.945
0.65						0.999	0.995	0.989	0.982	0.974	0.967	0.959	0.951	0.944	0.936	0.929	0.922	0.915	0.909
0.70			0.999	0.999	0.993	0.985	0.975	0.964	0.953	0.943	0.932	0.922	0.913	0.903	0.895	0.886	0.879	0.871	0.864
0.75		1.000	0.995	0.983	0.968	0.953	0.938	0.923	0.909	0.896	0.884	0.872	0.861	0.851	0.841	0.832	0.824	0.815	0.808
0.80	0.999	0.985	0.965	0.942	0.921	0.900	0.881	0.864	0.847	0.833	0.819	0.806	0.794	0.783	0.773	0.764	0.755	0.747	0.739
0.82	0.992	0.970	0.944	0.918	0.894	0.872	0.852	0.833	0.817	0.801	0.787	0.774	0.763	0.752	0.741	0.732	0.723	0.715	0.707
0.84	0.979	0.948	0.917	0.888	0.862	0.839	0.818	0.799	0.782	0.766	0.752	0.739	0.727	0.716	0.706	0.697	0.688	0.680	0.672
0.86	0.957	0.919	0.884	0.852	0.800	0.779	0.769	0.742	0.727	0.712	0.700	0.688	0.677	0.677	0.677	0.658	0.649	0.641	0.634
0.88	0.924	0.881	0.842	0.809	0.780	0.755	0.733	0.714	0.697	0.682	0.668	0.655	0.644	0.633	0.624	0.615	0.606	0.599	0.592
0.90	0.880	0.831	0.791	0.757	0.728	0.703	0.681	0.662	0.645	0.631	0.619	0.605	0.594	0.584	0.575	0.566	0.558	0.551	0.544
0.92	0.820	0.769	0.727	0.693	0.664	0.640	0.619	0.601	0.585	0.571	0.559	0.547	0.537	0.527	0.519	0.511	0.504	0.497	0.490
0.94	0.739	0.687	0.647	0.614	0.587	0.565	0.545	0.528	0.514	0.501	0.489	0.479	0.470	0.461	0.453	0.446	0.440	0.434	0.428
0.96	0.628	0.579	0.542	0.513	0.489	0.469	0.452	0.438	0.425	0.414	0.404	0.395	0.387	0.380	0.373	0.367	0.362	0.357	0.352
0.98	0.462	0.422	0.393	0.371	0.353	0.337	0.325	0.315	0.306	0.296	0.289	0.282	0.277	0.271	0.266	0.262	0.258	0.242	0.251
1.00	0.000	0.000	0.000	0.000	0.000	0.000	0.000	0.000	0.000	0.000	0.000	0.000	0.000	0.000	0.000	0.000	0.000	0.000	0.000

排量的背压力修正系数 K_b

④试验一般要求：

a. 被试阀的通径、数量和压力等级应按 GB/T 12241 的规定。

b. 进行动作性能和排量试验时，所用介质种类应按 GB/T 12241 的规定。

c. 进行动作性能和排量的试验系统的容器容积、直径要足够大，以便维持足够的试验持续时间，以保证能获得必要的性能和排量数据。

d. 排量测试时的状况（如调节圈位置、开启高度等）应与该阀做动作性能试验时一致。

e. 每次排量试验的最终结果的偏差应全部保持在平均值的 ±5% 以内。

f. 进行背压高于大气压的阀门试验时，排放管道的通径应至少等于阀门出口通径，并应将排放管道支撑牢固。

g. 确保由有资格的操作人员进行测试和记录。

⑤动作前的常温密封试验要求：

a. 密封试验介质为常温空气。

b. 当整定压力小于 0.3 MPa 时，密封试验压力比整定压力低 0.03 MPa；当整定压力大于 0.3 MPa 时，密封试验压力为 90% 整定压力。

c. 密封试验程序：

· 升高阀进口压力，当压力达到整定压力的 90% 以后，升压速度应不超过 0.01 MPa/s，观察并记录阀的整定压力。

· 降低阀进口压力，使阀重新回到密闭状态，然后装上出口盲板。

· 调节阀进口压力并使之保持在密封试验压力，观察并统计每分钟泄漏的气泡数（引出管为 $\phi 8 \times 1$）。

· 从第一个气泡出现时开始计时，取 2 min 内的平均值，即可认为是该阀的泄漏率（气泡/min）。

⑥动作性能和排量试验要求（根据不同介质，确定了不同的试验系统）：

a. 蒸汽试验，背压为大气压时，测试系统如图 8 - 70 所示。

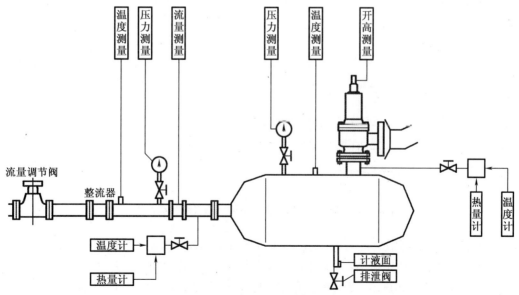

图 8 - 70　蒸汽试验系统示意图

b. 进行以下测量:

● 测量安全阀的进口处压力;

● 测量安全阀的进口处温度;

● 测量安全阀的进口处流量;

● 测量安全阀的进口处湿度;

● 测量安全阀的开启度。

● 装置和管道须进行保温。当采用称量冷凝液法测量排量时,推荐的试验系统按图8-71进行。

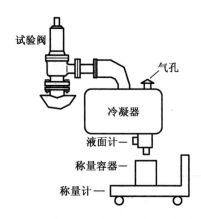

图8-71 蒸汽试验系统排放侧示意图(称量冷凝液方法)

c. 如果被测安全阀为开放式结构(如 A48Y 型),则在试验时一部分蒸汽会经由阀盖处泄漏出去而未被计入排量中,因而试验得到的排量值将小于阀的实际排量,当有关方面认为必要时,应就确定上述蒸汽泄漏率的方法达成协议。

d. 蒸汽试验、背压高于大气压时,测试系统如图8-70所示。

e. 当阀门承受附加背压时,试验阀的排放侧系统布置如图8-72所示,系统应有用以建立附加背压力的容器和供压源。

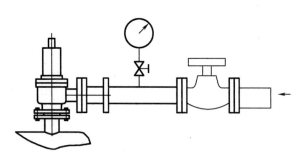

图8-72 阀门承受附加背压力时试验系统排放侧图

f. 当背压力仅为排放背压力时,试验阀排放侧系统布置如图8-73所示。

g. 空气或其他气体试验,背压为大气压时推荐的试验系统如图8-74所示。

h. 空气或其他气体试验,背压高于大气压时,试验阀进口侧系统如图8-74所示。

i. 液体试验,背压为大气压时,试验系统布置如图8-75所示。

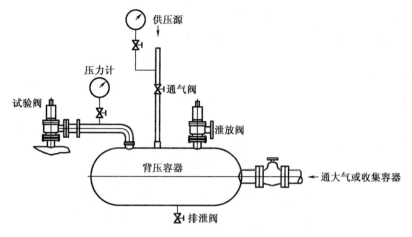

图 8-73 阀门仅承受排放背压力时试验系统排放侧示意图

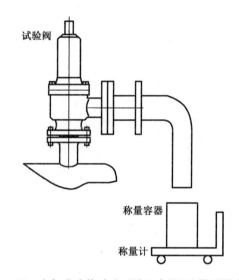

图 8-74 空气或液体试验系统示意图(流量测量方法)

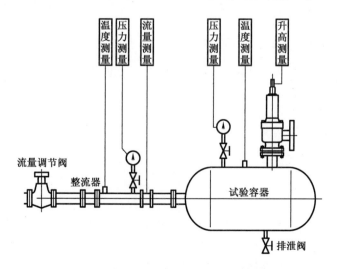

图 8-75 空气或液体试验系统图(流量测量方法)

j. 液体试验,背压高于大气压时,试验阀进口侧系统如图 8-75 所示。

k. 当采用称量法测量排量时,推荐的试验系统按图 8-75 进行。

l. 试验程序操作方法可参阅 GB/T 12241 的详细内容进行。

m. GB/T 12241 中通过对三种介质(即蒸汽、空气和液体)的试验性能的描述,给出了安全阀用于三种状态时的理论排量计算公式。

⑦产品出厂试验要求:由于安全阀制造厂不一定都具有性能测试装置,即使有也只能作为设计时的摸底试验,况且试验装置的容器总量也应有一定的规模,否则在做大口径、高压力安全阀性能试验时,会显得排放量不足而影响测试的数据。

由于性能试验的条件限制,测试费用也较昂贵(费用有可能大于安全阀自身的价格),故制造厂在产品出厂时只做出厂试验。因此,可以这样理解:安全阀出厂试验,其项目只是形式试验中最基本的,也是必须达到的。

8.5.4 预维项目

1. 运行人员巡检

运行人员巡检项目如表 8-33 所示。

表 8-33　运行人员巡检项目

任务标题	运行人员巡检	标准设备类型说明	安全阀
任务目的	这项任务的目的是发现设备的异常情况及影响设备可靠运行的任何情况变化		
任务详细描述	1. 检查阀门是否存在明显部件松动、部件缺失或损坏; 2. 检查阀门是否存在异常的振动或声音; 3. 检查阀门法兰及其他部位是否有介质外漏; 4. 检查阀门相关运行参数; 5. 检查现场设备发生的任何异常状况(观察阀门出口或下游管道,根据参数或表征(如水痕、水迹、灰尘冲刷、排放管道温度上升等),检查是否有阀门开启过的痕迹)		
针对故障模式 (选填)	针对阀门内漏、外漏、部件松脱等故障		
其他说明	本任务的工作对象是整个阀门,不需要生成工单		

2. 设备工程师巡检

设备工程师巡检项目如表 8-34 所示。

表8-34 设备工程师巡检项目

任务标题	设备工程师巡检	标准设备类型说明	阀-安全阀
任务目的	这项任务的目的是发现设备的异常情况及影响设备可靠运行的任何情况变化		
任务详细描述	1. 检查阀门是否存在明显部件松动、部件缺失或损坏； 2. 检查阀门是否存在异常的振动或声音； 3. 检查阀门法兰及其他部位是否有介质外漏； 4. 检查阀门相关运行参数； 5. 检查现场设备发生的任何异常状况（观察阀门出口或下游管道，根据参数或表征（如水痕、水迹、灰尘冲刷、排放管道温度上升等），检查是否有阀门开启过的痕迹）。		
针对故障模式（选填）	针对阀门内漏、外漏、部件松脱等故障		
其他说明	本任务的工作对象是整个阀门，不需要生成工单		

3. 定值校验

定值校验项目如表8-35所示。

表8-35 定值校验项目

任务标题	定值校验	标准设备类型说明	安全阀
任务目的	这项任务的目的是发现异常或对正常运行状态下的设备可靠性有不利影响的变化，校准安全阀的定值，检查阀门的密封性		
任务详细描述	1. 外观检查，检查阀门中法兰及接管法兰部位是否有介质外漏痕迹； 2. 检查阀门定值是否准确； 3. 检查现场设备发生的任何异常状况（包括是否有零件松动或脱落）； 4. 检查进出口法兰面情况； 5. 检查阀体腐蚀、裂纹、损伤情况； 6. 检查排液口情况； 7. 检查阀门密封性是否符合要求； 8. 阀门附件检查； 9. 阀门其余参数、性能的检查（如回座压力、起跳高度等）； 10. 阀门密封不合格时，则需要进一步检查； 11. 采用接管法兰连接的阀门，更换接管法兰密封件		
针对故障模式（选填）	不能开、不能关、开启后不能回座、误动作/误响应、内漏、外漏、部件松脱等		
其他说明	本任务的工作对象是整个阀门，需要生成工单		

4. 解体检查

解体检查项目如表8-36所示。

表 8－36　解体检查项目

任务标题	解体检查	标准设备类型说明	安全阀
任务目的	这项任务的目的是通过对阀门本体易损件更换,降低存在的隐患,降低缺陷发生率		
任务详细描述	1. 主阀阀体阀座组件检查 检查阀体表面有无裂纹、冲蚀、腐蚀、气孔等缺陷; 检查法兰密封面有无影响密封的缺陷,如贯穿性沟槽、划痕等; 清理和检查法兰螺栓有无翻牙、烂牙、毛刺等缺陷; 更换法兰密封件; 检查阀座环密封面有无贯穿性划痕、吹损; 检查阀座和阀体密封面有无吹损划痕等缺陷; 检查阀体和阀座连接处是否存在损伤,如设计上存在密封件则需要更换密封件; 如设计上存在阀芯调节圈,则需要检查调节圈是否存在变形、腐蚀,检查调节圈转动是否灵活,螺纹是否存在损伤,调节圈定位螺栓有无损伤及变形,并记录调节圈原始位置。 2. 阀芯组件检查 检查阀瓣的密封面有无贯穿性划痕、吹损,接触密封面是否连续均匀; 检查阀芯外表面是否存在损伤或划痕; 检查阀瓣组件有无变形及腐蚀情况; 阀芯和阀座密封面色印检查,检查密封线是否清晰连续; 检查阀芯和阀杆结合面是否存在划痕等损伤。 3. 弹簧组件检查 弹簧进行外观检查,弹簧无裂纹、腐蚀、磨损、变形; 检查弹簧上下面是否平整,检查弹簧自由长度,必要时检查弹簧 K 值; 如设计上弹簧存在防腐层,则需要检查弹簧防腐层完整性,检查防腐层有无龟裂、破损等损伤。 4. 阀杆(感压管)检查 检查阀杆表面是否存在划伤、磨损、腐蚀痕迹; 检查阀杆是否存在变形,必要时检查弯曲度; 检查阀杆和阀芯连接状况,连接处有无损伤及其他异常; 检查阀杆和驱动杆连接部位及连接套有无损伤; 如设计上存在阀门波纹管,则需检查波纹管是否损伤,并进行密封性检查(背压外漏检查)。 5. 阀门上盖组件检查 检查阀门上盖表面有无裂纹、冲蚀、腐蚀、气孔等缺陷; 检查阀门弹簧压紧螺母/压紧套螺纹螺栓有无翻牙、烂牙、毛刺等缺陷; 检查弹簧压紧套有无损伤及变形; 检查安全阀手柄组件是否存在损伤,连接部位是否存在缺陷; 检查连接销钉是否存在变形及损伤。 6. 阀门解体后定值校验 阀门组装完成后对阀门进行冷态/热态试验、密封性试验,必要时调整阀门起跳值		
针对故障模式 (选填)	针对阀门拒开、拒关、卡涩、内漏、外漏、部件松脱等故障		
其他说明	本任务的工作对象是阀门本体。也可以同时触发阀门解体后定值校验任务,具体任务触发可根据电厂实际情况确定		

8.5.5　典型案例分析

1. 事件描述

2019 年 4 月 12 日,方家山 104 大修启机阶段执行 PT1RCP002 主系统泄漏率试验时,发现泄漏率高,导致 PT1RCP002 试验不合格,记第一组 IO。维修班组现场检查阀门,发现 1RCV224VP 的呼吸孔处有外漏,通过临时堵头对阀门的呼吸孔进行了封堵后主系统泄漏率合格,退出 IO。而后在 1RCV224VP 上游管道使用冰塞方式对 1RCV224VP 进行隔离,并更换了整阀,机组恢复正常启机运行状态。

事后对拆下的 1RCV224VP 进行了解体检查,阀芯与阀座的密封面完好(图 8 – 76),阀门内部波纹管焊接靠近阀芯部分破裂(图 8 – 77)。

图 8 – 76　经过检查阀芯与阀座的密封面完好

图 8 – 77　破裂波纹管

2. 事件后果

(1)直接后果

①主系统冷却剂外漏,污染 NA214 房间地面。

②主系统泄漏率试验不合格,影响机组启机进程。

(2)潜在后果

无。

3. 事件调查

(1)事件序列

2019 年 4 月 12 日 0:49,主系统进行升模式操作,升压至 15.7 MPa,执行 PT1RCP002 主系统泄漏率试验时,发现 1RCV224VP 有外漏缺陷,运行通知维修机械抢修,同时开始降压。

2019 年 4 月 12 日 3:02,主系统降压至 15.4 MPa。执行 PT1RCP001 主系统泄漏率计算,泄漏率为 313.42 L/h,记录第一组 IO,RCP1,判定 PT1RCP002 试验不合格。

2019 年 4 月 12 日 3:26,维修机械对 1RCV224VP 的现场外漏呼吸孔使用临时堵头进行封堵。

2019 年 4 月 12 日 3:26,机械 1RCV224VP 现场处理完成无泄漏,主控计算短期的泄漏率为 13.12 L/h。

2019 年 4 月 12 日 6:30,运行计算泄漏率稳定 2 小时,为 17.99 L/h,退出 IO。

2019 年 4 月 12 日 09:17,1RCV224VP 前管道进行了冰塞隔离。

2019 年 4 月 12 日 12:00,更换 1RCV224VP 整阀备件与进出口法兰垫片。

至此,设备与系统恢复正常启机运行模式。

(2)缺陷原因调查

①1RCV224VP 阀门结构介绍

1RCV224VP 阀门功能为防止由于上充泵最小流量管线引起的超压,是法国 SARASIN 公司生产的型号为 EJNSJB0050S 的波纹管弹簧式安全阀。该阀门阀杆带有波纹管结构,用于平衡背压,屏蔽安全阀出口介质。波纹管内部筒体与弹簧腔相通,弹簧腔通过呼吸孔与大气相连接。若波纹管破裂,流体可通过呼吸孔排出阀门(图 8 - 78)。该阀门的开启压力为 1.03 MPa,波纹管设计使用寿命(正常开关)1 500 次。

②1RCV224VP 阀门管线设置

1RCV224VP 为 RCV003RF 超压保护阀,位于上充泵小流量再循环管线上,1RCV224VP 的出口与 1RCV203VP 低压下泄管线超压保护阀的出口并联(图 8 - 79),汇集到一条管线排放至容控箱顶部。两台上充泵同时切换时,1RCV224VP 的压力一般不超过 0.85 MPa。

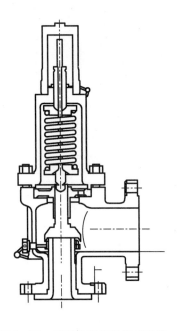

图 8 - 78　1RCV 224VP 阀门结构　　图 8 - 79　1RCV203VP 与 1RCV224VP 并联布置且距离非常近

③缺陷备件检查情况

经过解体阀门检查发现,内部波纹管焊接靠近阀芯部分第 1～2 节发生环切断口。

波纹管破裂,密封面良好,说明 1RCV224VP 在运行期间,阀杆阀瓣组件在安全阀内部多次来回运行,但运动过程中阀瓣没有接触到阀座。符合安全阀"颤振"的缺陷表现形式。

安全阀的"颤振"现象主要指的是安全阀达到整定压力,阀门开启,此时安全阀门内压力得以排放,但是被保护的管道压力还是高于整定压力,安全阀在尚未回座完全时,在压力传导下短时间内又发生起跳,循环往复,产生"颤振"。"颤振"安全阀系统在介质作用下,波纹管异常迅速来回运行,在短时间内达到波纹的疲劳极限,造成波纹管破裂。

④系统工况调查

2019 年 4 月 11 日 20:50 至 24:00 期间,三台上充泵多次经过切换由 003PO 切换至 001PO,再由 001PO 切换至 002PO,再由 002PO 切换至 001PO。其间有较长的时间处于两台上充泵运行的情况。两台泵运行期间,最小流量管线的压力由两台泵进行了叠加,按照设备参数查询,两台泵运行最小流量管线压力约为 0.8 MPa。

方家山 104 大修期间,系统需要进行氧化运行,此时下泄流量维持在较大值,管线与设备内壁的腐蚀活化产物不断累积在 1RCV001FI 上,导致出现多次压差高的缺陷(表 8-37)。

表 8-37 104 大修期间出现 1RCV001FI 压差高相关的问题缺陷

序号		问题
01163012	01	【104 大修】经源项优化小组讨论决定,大修前(3 月 13 日)提前更换 1RCV001FI(房间号 NC431)
01164312	01	【104 大修】大修中氧化运行期间,更换 1RCV001FI(房间号 NC431)
01204291	01	1RCV001FI 过滤器压差高,需更换过滤器
01204239	01	NC331 房间反应堆冷却剂过滤器 RCV001FI 压差 1RCV006LP 读数超量程
01195670	01	NC331 房间 1RCV006LP(001FI 压差表)指针断掉

2019 年 4 月 19 日,机组已经完成 104 大修,RCV 下泄管线处于稳定运行状态。工单 01204291 1RCV001FI 压差高的缺陷于 4 月 19 日进行准备,4 月 20 日完成更换滤芯。说明 4 月 19 日晚上 1RCV001FI 处于压差高的状态(图 8-80),4 月 19 日完成。21:00 至 22:00 点之间,下泄管线突然瞬间出现流量上升(005MD)、压力下降(004MP)的瞬态,应为 1RCV203VP 发生了起跳后马上回座。

图 8-80 压差高工单处理记录

安全阀起跳压力合理性分析:1RCV203VP 的起跳压力为 1.38 MPa,其下游的 1RCV001FI 设计压力为 1.4 MPa,故 1RCV203VP 的起跳定值设置是合理的。1RCV224VP 的起跳定值为 1.03 MPa,两台上充泵同时运行时最小流量管线的压力为 0.85 MPa,故 1RCV224VP 的起跳定值设置也是合理的。

1RCV224VP 在 104 大修期间校验情况：在 104 大修期间通过工单 00775342 对 1RCV224VP 进行了校验，经过检查工单记录，校验过程完全符合规程的要求。且波纹管位于安全阀内部，在校验期间未对安全阀进行解体操作，故由于校验工作导致的波纹管损伤可能性较低。

⑤根本原因分析

在 104 大修期间，机组需要维持较大的下泄流量运行，主系统氧化运行期间的活化产物累积在 1RCV001FI 上，导致 1RCV001FI 滤网压高，由于 1RCV001FI 堵塞没有及时更换过滤器，下泄流量过滤器超压保护安全阀 1RCV203VP 频繁开启。又由于上充泵最小流量超压安全阀 1RCV224VP 与下泄流量过滤器超压安全阀 1RCV203VP 出口并联且距离太近，1RCV224VP 出口管线受到 1RCV203VP 频繁开启的影响，产生剧烈震动，导致 1RCV224VP 定制降低到上充泵最小流量管线最高压力 0.85 MPa 以下，而在此时系统进行切换上充泵操作。较长的时间内处于双泵同时运行，1RCV224VP 的进口压力达到排放值发生起跳，但是由于该阀门的定值受震动影响，未处于设计工况下，回座定值与起跳定值较为接近，出现了安全阀"颤振"现象，波纹管发生疲劳损伤出现外漏。

4. 事件原因分析

（1）直接原因

1RCV224VP 安全阀发生"颤振"，内部波纹管发生疲劳损伤。

（2）根本原因

1RCV224VP 与 1RCV203V 出口并联管线布置太近，震动导致 1RCV224VP 整定值漂移。

（3）促成原因

①1RCV001FI 在大修停机/启机阶段压差高，未及时更换滤芯（或打开旁路阀）。

②1RCV224VP 安全阀无法通过正常手段进行隔离。

5. 普遍意义审查

（1）重发事件审查

1995—2012 年，大亚湾/阳江核电机组至少发生了 6 次 1RCV224VP 安全阀波纹管破裂事件。中国广核集团有限公司在后续针对 1RCV001FI 加装了在线压差传感器，在主控增加了压差高报警信号，及时避免过滤器压差超标。从此没有再出现过 1RCV224VP 安全阀波纹管破裂的问题。

203 大修期间 1RCV224VP 排放管线至容控箱管线的安全阀门 1RCV214VP 也曾经出现过由于波纹管破裂导致的缺陷，大修期间进行了冰塞隔离，借用整阀进行了更换。

（2）事件共性审查

中国广核集团有限公司于 203 大修期间出现的 1RCV214VP 外漏缺陷与本次 1RCV224VP 出现问题的原因相同。

纠正行动如表 8-38 至表 8-40 所示。

表8-38　针对事件直接原因开发的纠正行动

事件描述	部门	预计完成日期
1.1RCV224VP/RCV214V/RCV203/RCV114VP 安全阀校验 PM 项目内提出增加波纹管检查项目(背压检查)	技术四处	2019 年 9 月 30 日
2.204 大修期间 2RCV224VP/RCV214V/RCV203/RCV114VP 安全阀更换波纹管	维修二处	已经完成
3.105 大修校验工单增加 1RCV224VP/RCV214V/RCV203/RCV114VP 安全阀更换波纹管任务	维修二处	2020 年 11 月 31 日

表8-39　针对事件根本原因开发的纠正行动

事件描述	部门	预计完成日期
4.调研 1RCV224VP 与 1RCV203V 出口管线进行改造的可行性(包括管线分离、加装阻尼器/支架等方案)	技术四处	2020 年 2 月 29 日

表8-40　针对事件促成原因开发的纠正行动

事件描述	部门	预计完成日期
5.提出增设 1RCV001FI 在线压差传感器的变更申请	技术四处	2019 年 9 月 30 日
6.核查秦山地区库存,针对核岛重要安全阀每个型号至少储备一台整阀	技术四处	2019 年 9 月 30 日
7.调研 RCV 安全阀加装隔离阀的可行性	技术四处	2020 年 2 月 29 日

6. 经验教训

上充流量管线安全阀波纹管破裂的根本原因是系统布置问题,可以通过改造规避该问题。

8.5.6　课后思考

(1)何为安全阀? 何为公称通径、公称压力,分别用什么单位表示?

(2)开启压力、排放压力、回座压力、密封压力之间的关系是什么,是如何定义的?

(3)对安全阀的基本要求是什么? 全启式安全阀和微启式安全阀的开启高度各是多少?

(4)安全阀型号编制是由几个单元组成的,分别用什么来表示,举例说明。

(5)安全阀是如何分类的? 说出三种不同的分类方法。

(6)弹簧式安全阀、杠杆式安全阀、先导式安全阀的启闭动作各有什么不同之处,又有什么相同之处?

(7)安全阀的相关标准主要有哪些? 试讲述 GB/T 12243 中对弹簧的要求。

(8)压力容器监察规程中对固定和移动压力容器用安全阀的开启压力的规定是什么?